MANUEL

DE L'INGÉNIEUR

DES PONTS ET CHAUSSÉES

RÉDIGÉ

CONFORMÉMENT AU PROGRAMME

ANNEXÉ AU DÉCRET DU 7 MARS 1868

RÉGLANT L'ADMISSION DES CONDUCTEURS DES PONTS ET CHAUSSÉES
AU GRADE D'INGÉNIEUR

PAR

A. DEBAUVE

INGÉNIEUR DES PONTS ET CHAUSSÉES

2me FASCICULE

AVEC 336 FIGURES ET 2 PLANCHES

—

Physique et chimie

PARIS

DUNOD, ÉDITEUR

SUCCESSEUR DE VICTOR DALMONT

LIBRAIRE DES CORPS DES PONTS ET CHAUSSÉES ET DES MINES

Quai des Augustins, 49

—

1872

Sur les demandes réitérés des Conducteurs des ponts et chaussées, nous commençons aujourd'hui la publication du *Manuel de l'ingénieur des ponts et chaussées*, contenant, outre certaines parties des cours de l'École polytechnique, nécessaires comme introduction, tous les cours de l'École des ponts et chaussées. Le prix sera calculé pour chaque fascicule à raison de 45 centimes par feuille grand in-8° très-compacte ou par deux planches demi-raisin. Les feuilles avec vignettes seront comptées de 60 à 70 cent. Le montant de la souscription peut être payé en deux à-compte de 25 à 30 francs les 5 avril et 5 octobre de chaque année.

Prix des deux premiers fascicules, 2 grands in-8° avec Atlas, 22 fr. 50

SOUS PRESSE

3me Fascicule. GÉOLOGIE ET MINÉRALOGIE. Grand in-8 avec 3 planches. — Prix : 7 fr. 50
4me Fascicule. EXÉCUTION DES TRAVAUX. Grand in-8 avec Atlas de 54 pl. — Prix : 24 fr.

Les fascicules ne seront pas vendus séparément jusqu'à nouvel ordre. — En tous cas, ils coûteront 25 p. 100 en plus du prix pour les souscripteurs à l'ouvrage complet.

ANNALES DES PONTS ET CHAUSSÉES

Période quinquennale (1866-1870)

Depuis 1866, époque de notre nouveau traité avec l'administration, les *Annales des ponts et chaussées* ont pris un caractère tout spécial d'appropriation aux besoins et aux désirs des conducteurs.

Elles paraissent tous les mois, contiennent, outre le personnel, complété des renseignements les plus détaillés sur les conducteurs, dans chaque mois les mutations au complet de ce personnel spécial.

Il y a paru un grand nombre de décisions témoignant du parti pris par l'administration de tenir compte des aspirations du corps des Conducteurs des ponts et chaussées et de leur donner satisfaction, telles que les règlements relatifs au contingent d'ingénieurs pouvant être pris parmi les Conducteurs et au nouveau programme d'examen, etc., etc.

Pour faciliter aux conducteurs l'acquisition de cette période quinquennale (1866 à 1870) et la souscription aux années futures, nous consentons à leur envoyer franco. au prix de Paris (20 francs au lieu de 24), les cinq années 1866 à 1870, soit pour 100 francs. Ces 100 francs et les 24 francs correspondant à l'abonnement des années 1871 et suivantes pourront ne nous être versés que par à-compte annuels de 30 francs (ce qui fait une minime dépense de 2 francs 50 centimes par mois).

MANUEL
DE L'INGÉNIEUR
DES PONTS ET CHAUSSÉES

RÉDIGÉ

CONFORMÉMENT AU PROGRAMME

ANNEXÉ AU DÉCRET DU 7 MARS 1868

RÉGLANT L'ADMISSION DES CONDUCTEURS DES PONTS ET CHAUSSÉES
AU GRADE D'INGÉNIEUR

PAR

A. DEBAUVE

INGÉNIEUR DES PONTS ET CHAUSSÉES

2me FASCICULE

AVEC 337 FIGURES ET 2 PLANCHES

—

Physique et chimie

PARIS

DUNOD, ÉDITEUR

SUCCESSEUR DE VICTOR DALMONT

LIBRAIRE DES CORPS DES PONTS ET CHAUSSÉES ET DES MINES

Quai des Augustins, 49

—

1872

PHYSIQUE

PROGRAMME DES MATIÈRES

1. — OBJET DE LA PHYSIQUE. — Propriétés générales des corps. — Mesure de l'étendue, du temps et de la vitesse. — Lois de la pesanteur. — Mesure des poids et des forces; balances; dynamomètres. — Poids spécifiques des solides et des liquides. — Élasticité et compressibilité des solides.

2. — HYDROSTATIQUE. — Pression des liquides. — Vases communiquants ; presse hydraulique. — Principe d'Archimède; aréomètres. — Notions sur les phénomènes capillaires. — Pression des gaz. — Baromètres; mesure des hauteurs. — Loi de Mariotte. — Machine pneumatique et de compression; pompes. — Siphon. — Gazomètre. — Poids spécifiques des gaz.

3. — CHALEUR. — Thermomètres. — Dilatation des solides, des liquides et des gaz. — Sources de chaleur. — Émission et propagation de la chaleur rayonnante. — Unité de chaleur ; chaleurs spécifiques. — Conductibilité. — Réchauffement et refroidissement. — Changements d'état des corps. — Tension et densité des vapeurs. — Chaleur latente. — Notions élémentaires sur l'équivalent mécanique de la chaleur. — Évaporation — Hygrométrie. — Vents ; anémomètre. — Pluie ; udomètre.

4. NOTIONS SUR LE MAGNÉTISME, L'ÉLECTRICITÉ ET L'ÉLECTRO-MAGNÉTISME. — Aimants naturels et artificiels. — Magnétisme terrestre. — Aiguille aimantée; boussole. — Machine électrique. — Électrophore. — Bouteille de Leyde. — Électricité atmosphérique ; effets de la foudre ; paratonnerre. — Pile voltaïque. — Effets physiques et chimiques des courants. — Action réciproque des courants et des aimants. — Multiplicateur. — Électro-aimants. — Principes de la télégraphie électrique.

5. — NOTIONS SUR LA PRODUCTION ET LA PROPAGATION DU SON.

6. — NOTIONS SUR LA PRODUCTION ET LA PROPAGATION DE LA LUMIÈRE. — Photométrie. — Lois de la réflexion et de la réfraction simple; miroirs et lentilles. — Dispersion des couleurs; achromatisme. — Besicles, loupe, miscroscope. — Lunette de Galilée, lunette astronomique, lunette terrestre. — Principes des appareils lenticulaires des phares.

CHIMIE

PROGRAMME DES MATIÈRES

1. — OBJET DE LA CHIMIE. — Corps simples et composés. — Différents états des corps. — Force d'agrégation et de cohésion — Affinité chimique. — Lois des proportions multiples. — Équi-

valents. — Nomenclature chimique : acides, bases, sels. — Division des corps simples en métaux et en corps non métalliques ou métalloïdes.

2. — Métalloïdes. — Oxygène, hydrogène, azote, soufre, chlore, iode, phosphore, arsenic, carbone, bore, silicium. — État naturel, préparation, propriétés physiques, caractères distinctifs. — Usages industriels. — Air atmosphérique. — Principales combinaisons de l'oxygène et de l'hydrogène avec les autres métalloïdes, et de ces métalloïdes entre eux. — Qualités et essais des eaux. — Principes d'hydrotimétrie.

3. — Métaux. — Leur classification. — Métaux alcalins et terreux ; métaux usuels ; aluminium, manganèse, fer, chrome, zinc, étain, plomb, cuivre, mercure, argent, or, platine. — Etat naturel ; caractères distinctifs. — Usages industriels. — Notions sur la fabrication des fers, fontes et aciers. — Combinaisons des métaux entre eux et alliages utiles à l'industrie. — Action de l'oxygène sur les métaux. — Sels neutres, acides, basiques. — Cristallisation, fusion, solubilité des sels. — Caractères distinctifs des sels, d'après leurs acides et d'après leurs bases.

4. — Chimie organique. — Nature des substances organiques. — Principes constituants des matières végétales et animales. — Applications à l'agriculture. — Fermentation alcoolique — Corps gras. — Saponification. — Huiles siccatives et non siccatives.

PHYSIQUE

TABLE DES MATIÈRES

CHAPITRE I

CHAPITRE II

Hydrostatique

CHAPITRE III

De la chaleur

CHAPITRE IV

Magnétisme, électricité, électro-magnétisme

CHAPITRE V

Du son

CHAPITRE VI

Optique

CHIMIE

TABLE DES MATIÈRES

CHAPITRE I

CHAPITRE II

Métalloïdes

CHAPITRE III

Métaux

CHAPITRE IV

Chimie organique

PHYSIQUE

CHAPITRE PREMIER

OBJET DE LA PHYSIQUE

Propriétés générales des corps. — Mesure de l'étendue, du temps et de la vitesse. — Loi de la pesanteur. — Mesure des poids et des forces ; balances ; dynamomètres. — Poids spécifiques des solides et des liquides. — Élasticité et compressibilité des solides.

Objet de la physique. — Les sciences qui concourent à définir un corps sont nombreuses : la géométrie nous permet de calculer les dimensions de ce corps, sa surface et son volume ; si nous ajoutons aux trois coordonnées de la géométrie une quatrième coordonnée, le temps, nous pouvons calculer les positions successives du corps considéré dans l'espace, et c'est la mécanique qui nous permet d'y arriver. Voulons-nous connaître l'endroit où l'on rencontre un corps et la manière dont la nature l'a produit, voulons-nous connaître sa forme, sa couleur et pour ainsi dire sa charpente interne, la géologie et la minéralogie nous offrent de précieux renseignements.

Ce n'est pas tout, si nous nous demandons de quels éléments une substance est formée, ce qu'elle produira si on la met en contact intime avec telle ou telle autre substance, il nous faut recourir à la chimie. Enfin la physique nous enseigne comment le corps considéré se comporte sous l'action des forces, ou des éléments naturels, comment il tombe, comment il se dissout dans l'eau, comment la chaleur, l'électricité ou la lumière le modifient. C'est grâce à ce faisceau de sciences que l'on arrive à la connaissance parfaite des corps de la nature ou de ceux que le génie de l'homme a découverts.

Les faits ou phénomènes de la physique sont donc ceux qui sont dus à l'action des agents naturels : un corps étant placé dans certaines conditions, que ces conditions viennent à changer, il subit lui-même des modifications ; il était soutenu, on enlève l'appui et il tombe ; on change sa température, il change de volume ou d'état, de solide devient liquide, de liquide gazeux. Ce sont là des phénomènes qui se produisent : mais ils possèdent un caractère constant, c'est de ne point altérer la structure du corps, et, si on vient à le replacer dans les conditions initiales, il reprendra sa forme et ses propriétés initiales.

Au contraire, les phénomènes chimiques sont permanents : le zinc, le plomb chauffés à l'air brûlent ou s'oxydent et se changent en poussière qui, abandonnée à elle-même dans les conditions où se trouvait le métal, ne redevient ni zinc ni plomb : c'est que ces métaux ont absorbé un élément de l'air, l'oxygène, et qu'ils ont éprouvé une modification permanente ; ils ne sont plus ce qu'ils étaient. Cette permanence des phénomènes différencie la chimie de la physique, bien que, par plus d'un côté, ces deux sciences soient voisines ; et même, elles se confondent presque toujours; leurs phénomènes sont bien souvent coexistants et l'on ne saurait en séparer l'étude.

Propriétés générales des corps. — La nature est inerte, c'est-à-dire qu'elle ne saurait changer par elle-même ses conditions d'existence. Pour la modifier, il faut une action extérieure. Ainsi la matière ne se meut que si elle y est sollicitée par un effort extérieur, par ce que l'on appelle une force.

Un autre fait, admis de tous, est que la matière est divisible à l'infini : en effet, on conçoit qu'une substance étant réduite en poudre fine on peut encore diviser chaque grain en deux ou plusieurs parties. Toutefois l'esprit répugne à concevoir une divisibilité infinie, et de tous temps les savants ont admis l'existence des atomes (atomes crochus des anciens) ; les combinaisons chimiques s'expliquent facilement en supposant les corps formés en dernière analyse de parties très-petites appelées atomes. Cette hypothèse est commode et nous l'adopterons, d'autant plus qu'elle explique assez bien les deux propriétés suivantes : la porosité et la compressibilité.

On sait que certains corps d'aspect compacte livrent cependant passage à des liquides, ainsi la peau de chamois sert à filtrer le mercure. Cette propriété de livrer passage aux liquides, connue sous le nom de porosité, existe dans tous les corps ; les métaux les plus durs, le fer par exemple, la possèdent ; en effet, prenez un tuyau de fonte hermétiquement fermé et rempli d'eau, soumettez cette eau à une forte pression, vous la verrez suinter à la paroi extérieure du métal. Comme conséquence de la porosité, nous citerons la compressibilité de la matière : vous n'ignorez pas que le caoutchouc par exemple est compressible et par suite extensible, qu'on peut en augmenter ou en réduire le volume : mais cette propriété se rencontre plus ou moins accentuée chez tous les corps de la nature, l'expérience directe la démontre chez les métaux les plus durs.

La matière est élastique, c'est-à-dire que, comprimée, elle revient à son état primitif, la compression cessant, pourvu que l'on n'ait pas dépassé une certaine limite indiquée par l'expérience.

Ce qui précède nous apprend que les corps sont discontinus à l'intérieur, qu'il y existe des espaces vides ; il nous faut donc admettre qu'ils sont formés de parties élémentaires séparées les unes des autres, de molécules, et ces molécules sont rapprochées par la force naturelle ou attraction qu'on appelle cohésion. Je m'empresse de faire remarquer au lecteur que cette hypothèse n'est, en somme, qu'une manière de parler, elle est un reste de cette vieille science bafouée par Molière et qui disait : « L'opium fait dormir parce qu'il y a en lui une certaine vertu dormitive. » La cohésion explique la chose par le mot lui-même, c'est une expression commode et voilà tout.

Les corps sont donc formés de molécules séparées entre elles : il ne faudrait pas confondre la molécule avec les infiniment petits considérés en analyse. La molécule présente l'impénétrabilité de la matière, c'est-à-dire que deux molécules ne peuvent coexister à la fois en un point de l'espace.

Sous l'influence de la chaleur les corps changent d'état : chauffez un solide, il devient liquide ; chauffez un liquide, il devient gazeux. Par le refroidissement on revient inversement du gazeux au solide ; les exceptions à cette règle n'existeraient certainement pas, si nous disposions de sources de chaleur ou de froid assez puissantes.

Or, dans un solide, la cohésion se fait sentir à chaque instant; les molécules restent toujours rapprochées, à moins que quelque cause extérieure ne vienne les séparer et cette cause extérieure doit être d'autant plus énergique en général que le corps est plus éloigné de devenir liquide; dans un liquide, la cohésion est nulle, les molécules s'associent et se dissocient sans effort, le corps prend toute forme que l'on veut et épouse toujours celle du vase où on le renferme; dans un gaz, au contraire, la cohésion est pour ainsi dire négative, les molécules semblent se repousser, le gaz se répand dans tout l'intérieur du vaisseau où on le renferme, quelque grand qu'il soit. Nous avons vu que la chaleur rendait liquides les solides et gazeux les liquides : c'est donc l'ennemie de la cohésion et ces deux puissances sont en lutte perpétuelle. Si la cohésion l'emporte, nous avons un solide; si la cohésion et la chaleur se font équilibre, nous avons un liquide; si la chaleur l'emporte, nous avons un gaz. Les liquides et les gaz possèdent certaines propriétés communes : on les réunit sous le nom de fluides.

Mesure de l'étendue, du temps et de la vitesse. — On écrit quelquefois : l'étendue est une propriété des corps d'occuper dans l'espace une certaine place de dimensions fixées; le temps est la durée d'un phénomène. Ces définitions rentrent dans la catégorie de celle de l'opium, elles expliquent la chose par le mot. L'étendue, le temps sont des notions premières, familières à l'esprit de chacun, que l'on embrouille à vouloir les expliquer; les plus grands savants du monde ne sauraient nous dire clairement ce que c'est, et cependant nous le savons tous.

La mesure de l'étendue est le mètre, la dix-millionième partie du quart du méridien terrestre : nous ne dirons point comment on mesure les longueurs. Nous nous arrêterons seulement au cas où l'on veut le faire avec une grande approximation : on recourt alors à l'emploi du vernier, petit appareil qui porte le nom de son inventeur :

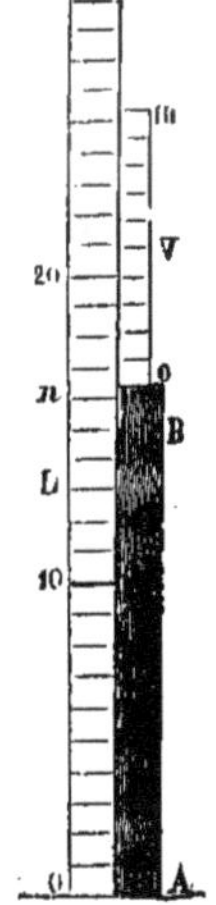

Fig. 1.

Nous avons un objet AB à mesurer, et l'extrémité B de cet objet tombe entre la n^{me} et la $(n+1)$ division, il peut être difficile d'apprécier à l'œil la distance Bn. Imaginons que nous prenions K divisions de la grande règle et que nous divisions la longueur, donnée par ces K divisions, en $K+1$ parties, nous aurons une petite règle qui sera le vernier V. Pour s'en servir, on le place à la suite de l'objet AB, et l'on cherche quelle est la division du vernier qui coïncide avec la division de la règle, si c'est la m^{me}, on aura la longueur AB en ajoutant au nº de la division de la règle qui précède B la fraction $\frac{m}{k}$. Pour le démontrer, supposons la grande règle divisée en millimètres, prenons 9 millimètres, et divisons cette longueur en dix parties; nous aurons le vernier dont une division différera d'une division de la règle de $\frac{1}{10}$ de millimètre. Si maintenant l'extrémité B de l'objet était à $\frac{4}{10}$ de millimètres de la division n de la règle, le premier trait du vernier ne sera plus qu'à $\frac{3}{10}$ de millimètre de la division $n+1$ de la règle, le deuxième trait du vernier ne sera plus qu'à $\frac{2}{10}$ de millimètre du trait $n+2$ de la règle, le quatrième trait du vernier coïncidera avec le trait $n+4$ de la règle. La marche à suivre indiquée plus haut est donc vraie. Il n'arrive pour ainsi dire jamais qu'un trait du vernier soit en coïncidence absolue avec un trait de la règle, mais on distingue bien avec une loupe quels sont les traits les plus voisins.

L'emploi du vernier ne laisse point que d'être assez limité, vu la difficulté de faire une graduation formée de très-petites divisions.

Mesure du temps. — Il est facile de trouver dans la nature des exemples de temps égaux. Un corps qui tombe plusieurs fois dans des conditions identiques met toujours le même temps à tomber. C'est sur ce principe que les anciens avaient fondé le sablier; plus tard vinrent les clepsydres, appareils analogues au sablier, mais dont la précision était rendue plus parfaite par la substitution de l'eau au sable. L'inconvénient de ces appareils saute aux yeux.

L'unité de temps adoptée aujourd'hui est le jour solaire moyen. L'intervalle qui sépare deux passages consécutifs du soleil au méridien du lieu est un jour solaire : or, suivant les saisons de l'année, le jour solaire est variable de quelques minutes en plus ou en moins. On a pris comme unité le jour solaire moyen qui se divise en 24 heures de 60 minutes, la minute est de 60 secondes. Le jour comprend donc 86,400 secondes. Rappelons-nous que la seconde est l'unité de temps adoptée dans tous les calculs de physique et de mécanique, et, que, dans une formule quelconque, t représente un nombre de secondes.

Galilée, considérant dans une église de Pise le balancement d'un lustre, vit que les oscillations en étaient isochrones ou d'égale durée. L'expérience et le calcul montrent en effet que les petites oscillations du pendule sont isochrones ; voilà donc tout trouvé un moyen simple de mesurer le temps ; nos horloges ont pour pièce principale le pendule. Mais, si perfectionnée que soit la suspension du pendule, il est pratiquement impossible de supprimer tout frottement, et, pour entretenir les oscillations, il est utile de lui communiquer à chaque instant une légère impulsion ; c'est l'ancre que l'on charge de ce soin, et l'ancre est lui-même actionné par une roue dentée qu'il arrête à chaque instant bien qu'elle soit sollicitée à se mouvoir et à tourner sans cesse, soit par un poids, soit par un ressort. A chaque oscillation, l'ancre, sorte de compas à branches courbes très-ouvertes, laisse échapper une dent de cette roue dentée dont nous venons de parler, et l'axe de cette roue porte une aiguille qui marque les secondes. Un système de pignons ou petites roues et de grandes roues dentées transmet le mouvement de l'axe des secondes à l'axe des minutes et à l'axe des heures en le diminuant dans les rapports de $\frac{1}{60}$, puis de $\frac{1}{12}$.

Avant de quitter la théorie du pendule, nous dirons que la durée de l'oscillation d'un pendule de longueur l est donné par la formule $t = \pi\sqrt{\frac{l}{g}}$, dans laquelle ($g$) représente ce qu'on appelle l'accélération de la pesanteur (nous la définirons plus loin), $g = 9^{m},8088$. Le temps t est exprimé en secondes, l et g en mètres. Si nous voulons avoir la longueur du pendule simple qui bat la seconde, il suffit de faire dans la formule $t = 1$ et l'on à $l = \frac{g}{\pi^2} = 0^{m},993855$. Nous aurons lieu de revenir en mécanique sur la théorie du pendule. Nous dirons seulement que ce qu'on appelle le pendule simple est une pure conception théorique : il se compose d'un point matériel qui oscille autour d'un point fixe dont il se tient à distance constante. En pratique, le point matériel n'existe pas, il faut au moins une petite boule : le lien théorique n'existe pas non plus, il faut au moins un fil, et l'on a toujours affaire a un pendule composé. On appelle pendule simple, synchrone d'un pendule composé, le pendule simple qui accomplirait son oscillation dans le même temps que le pendule composé : en calcul, c'est toujours le pendule simple que l'on considère.

Mesure de la vitesse. — Lorsqu'un corps se déplace de longueurs égales en emps égaux, on dit qu'il possède un mouvement uniforme, et la vitesse de ce mouvement est le rapport de l'espace parcouru au temps qu'il a fallu pour le parcourir, ce qui revient à dire que c'est l'espace parcouru dans l'unité de temps. Mais le mouvement uniforme est l'exception dans la nature; le mouvement est généralement varié, et l'on appelle vitesse à un moment donné, le rapport de l'espace infiniment petit, parcouru aux environs du moment considéré, au temps élémentaire qu'il a fallu pour le parcourir. On suppose, ce qui se conçoit bien, que le mobile possède un mouvement uniforme pendant un temps infiniment court. En particulier, si l'espace parcouru est fonction algébrique du temps, $e = f(t)$, on aura $V = \frac{de}{dt}$. Ces notions s'éclairciront en mécanique — pour le moment, elles suffisent.

De la pesanteur. — Un corps abandonné à lui-même tombe en suivant une direction fixe en chaque point, direction déterminée par le fil à plomb. Les exceptions à cette règle, telles que les aérostats, ne sont qu'apparentes, et nous verrons plus tard que les ballons sont comme tout autre corps soumis aux effets de la pesanteur. La pesanteur est la force qui fait tomber les corps : telle est la définition. Mais la pesanteur n'est qu'un cas particulier d'un fait plus général : l'attraction qui s'exerce entre deux points matériels quelconques, en quelque endroit qu'ils se trouvent. Nous devons prémunir dès à présent le lecteur contre une confusion fréquente : il ne faut pas croire que deux molécules s'attirent réellement suivant des lois dont nous parlerons en mécanique, il faut dire seulement que les choses se passent comme s'il y avait attraction entre deux points matériels : l'attraction n'est qu'une conception théorique, commode pour expliquer les choses.

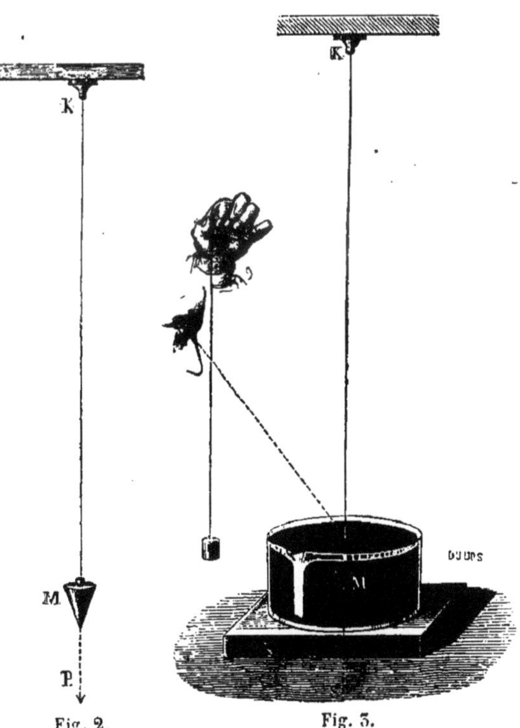

Fig. 2. Fig. 3.

Revenons à la pesanteur ; elle a en chaque point du globe une direction fixe, celle du fil à plomb, et cette direction est normale au sphéroïde terrestre. En effet, la surface du sphéroïde coïncide avec celle des eaux tranquilles (ainsi qu'on peut le vérifier en observant la convexité de la mer) : Si nous disposons un fil à plomb au-dessus d'une surface liquide, de mercure par exemple, nous voyons dans ce miroir l'image du fil dans le prolongement du fil lui-même, et cela dans toutes les directions. Nous verrons en optique que, pour qu'il en soit ainsi, il faut que le fil à plomb fasse dans toutes ces directions le même angle avec la surface, donc il est normal à la surface. Vu les dimensions restreintes du vase, la surface liquide coïncide avec le plan tangent au sphéroïde terrestre. La direction du fil à plomb est la verticale du lieu. Les verticales varient d'un lieu à l'autre. Si la terre était sphérique, elles concourraient toutes au centre de la sphère, mais la terre est un globe aplati aux pôles, et les verticales ne se rencontrent point en réalité, bien que souvent on le suppose dans le calcul ; cette hypothèse du reste n'altère guère la vérité.

Poids. — L'effet de la pesanteur varie avec la quantité de matière que renferme un corps ; à volume égal, l'expérience nous apprend que des corps exigent pour être soutenus un effort plus ou moins grand suivant que les particules y sont plus ou moins condensées. Cet effort variable qu'il faut faire pour soutenir un corps est le poids. Le poids est proportionnel au volume pour une même substance : il varie d'une substance à l'autre suivant la densité (la densité est le rapport du poids d'un corps à son volume). — Il est facile de concevoir deux poids égaux, ce sont ceux qui exigent le même effort peur être soutenus dans l'espace : deux poids égaux constituent un poids double, et l'on arrive de proche en proche à la notion de poids dans un rapport quelconque.

Mesure des poids et des forces. — Pour comparer les poids entre eux, il faut une unité : c'est le poids d'un décimètre cube d'eau pure à 4° centigrades, c'est le kilogramme. Dire qu'un corps pèse quatre kilogrammes, c'est dire qu'il faut pour le soutenir le même effort que pour soutenir quatre décimètres cubes d'eau pure à 4°.

Nous savons par expérience que, pour mettre un corps en mouvement dans une direction quelconque, il faut un effort musculaire plus ou moins grand ; ces efforts, qu'ils soient produits par l'homme, les animaux ou les agents naturels, sont des forces. Les forces sont la généralisation du poids : il est clair qu'on peut les mesurer l'un par l'autre : on imagine très-bien un poids égal à la force qu'il faut pour traîner une voiture. Nous prendrons donc comme unité de force le kilogramme. Pour mesurer les forces, on se sert de dynamomètres ; ils sont le plus ordinairement construits d'après le principe suivant : on a deux lames d'acier réunies par leurs extrémités, on applique en leur milieu une force, ces lames s'écartent et aux écartements correspondent des efforts ou poids déterminés que l'on a trouvés par l'expérience. Nous reviendrons sur les dynanomètres.

Centre de gravité. Équilibre. — Le centre de gravité d'un corps est le point d'application de la résultante des actions de la pesanteur. La pesanteur produit sur chaque molécule une action dirigée suivant la verticale : pour un même corps, les verticales peuvent être considérées comme absolument parallèles : on a donc une série de petites forces parallèles, que la mécanique nous apprendra à com-

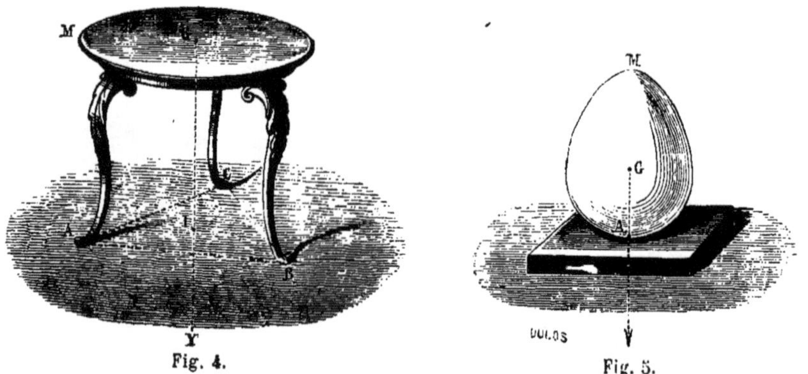

Fig. 4. Fig. 5.

poser en une force unique ou résultante appliquée en un point fixe du corps, appelé centre de gravité.

On dit qu'un corps est en équilibre, lorsqu'il reste immobile bien que sollicité par des forces extérieures ; c'est qu'alors ces forces sont telles, qu'elles s'annulent réciproquement. Or, l'action de la pesanteur se réduisant à une force unique appliquée au centre de gravité, il faut que toutes les autres actions se réduisent à une force égale et de sens contraire. Un corps ne peut donc être en équilibre que si le centre de gravité en est soutenu, et nous distinguerons trois cas d'équilibre : 1° il y a équilibre stable, lorsque la verticale, passant par le centre de gravité G, tombe en un point I situé à l'intérieur du polygone de sustentation, et, en effet, l'objet dérangé de sa position d'équilibre d'une petite quantité tend à y revenir immédiatement (*fig.* 4).

2° Il y a équilibre indifférent, lorsque le point d'attache coïncide avec le centre de gravité : dans ce cas, l'objet écarté de sa position ne tend pas y revenir, il conserve la seconde position qui correspond à un nouvel équilibre ; c'est, par exemple le cas d'une sphère qui tourne autour d'un de ses diamètres pris comme axe. 3° Il y a équilibre instable, lorsque le corps écarté de sa position d'équilibre tend à s'en éloigner le plus possible : c'est le cas d'un œuf qui serait placé sur un de ses bouts (*fig.* 5).

Balances. — La balance se compose essentiellement d'une barre ou fléau inflexible suspendu par un axe horizontal et aux extrémités duquel on attache des poids que l'on veut comparer.

Étudions l'équilibre d'un fléau à deux branches égales. Le fléau étant symétri-

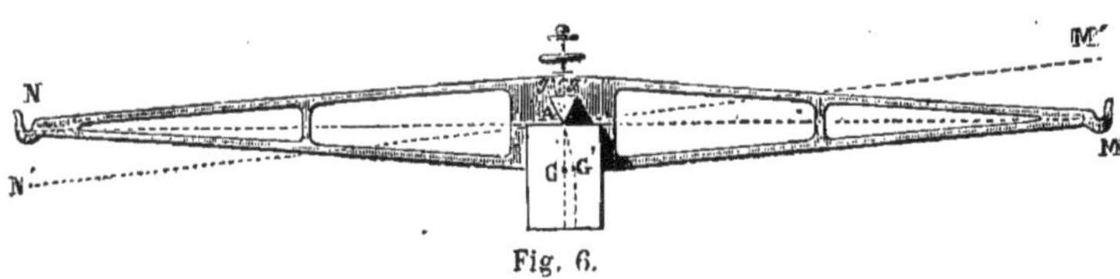

Fig. 6.

que porte à son centre un prisme ou couteau saillant A, fait en acier trempé et reposant sur une surface lisse et dure, telle que de l'agate ou de l'acier. L'axe de suspension est l'horizontale qui passe en A.

1° Si le centre de gravité G est audessous de l'axe de suspension, et qu'on amène le fléau de MN en M'N', le centre de gravité viendra de G en G', en décrivant l'angle GAG' = MAM', et l'on voit que la résultante de la pesanteur appliquée en G' tend à ramener le fléau à sa position initiale, et, en effet, il y reviendra par une série d'oscillations plus ou moins prolongée.

2° Si le centre de gravité G se confond avec A, il y a équilibre indifférent, et le fléau restera dans la position M'N' où on l'aura amené.

3° Si le centre de gravité vient en g au-dessus de A, et qu'on écarte le fléau de la position MN, la pesanteur tendra à l'en éloigner indéfiniment : l'équilibre est instable.

Dans une balance, c'est la première position que l'on adopte, et le calcul suivant nous indiquera ce qui se passe lorsqu'on fait une pesée : Soit p_1 le poids du fléau, P deux poids égaux placés à chaque extrémité du fléau, et p une surcharge à l'extrémité de droite ; il est clair que le bras droit du fléau va s'incliner par l'effet de cette surcharge, et nous avons un système dont il faut chercher l'équilibre. Supposons connue la théorie mécanique du levier, elle nous apprend que : deux forces parallèles F et F' étant appliquées en P et Q d'une droite rigide PQ, ces deux forces peuvent se remplacer par une autre, leur résultante, appliquée en un point M de la droite rigide, tel que $\frac{MP}{MQ} = \frac{F'}{F}$, c'est-à-dire que le rapport des distances est dans le rapport inverse des forces correspondantes.

D'après cela, les poids P appliqués en m'_1 et m_1 ont leur résultante 2P au milieu A de $m_1m'_1$, c'est-à-dire sur l'arête du couteau ; cette résultante est détruite par

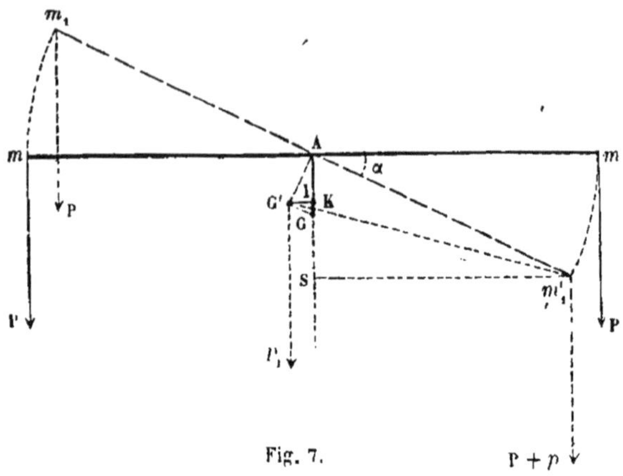

Fig. 7.

l'appui ; reste le poids p_1 du fléau appliqué en G' et la surcharge p appliquée en m_1'. Ces deux forces parallèles ont une résultante comprise entre elles deux, appliquée en un point K de $G'm'_1$ tel que $\frac{KG'}{Km'_1} = \frac{p}{p_1}$. Si nous admettons que m_1m_1' soit la position d'équilibre, c'est que la résultante précédente qui est verticale passe par l'arête A du couteau. Ceci posé, on aura $\frac{p}{p_1} = \frac{KG'}{Km'_1} = \frac{IG'}{Sm'_1} = \frac{AG' \sin G'AK}{Am'_1 \sin SAm'_1}$; ou bien en appelant α l'angle d'inclinaison du fléau, d la distance GA du centre de gravité à l'axe de suspension, l la demi-longueur du fléau,

$$\frac{p}{p_1} = \frac{d \sin \alpha}{l \cos \alpha}. \qquad \text{Tang } \alpha = \frac{pl}{p_1 d}.$$

Ce résultat nous apprend que tang α sera nul pour $p = o$: ainsi, lorsque les poids placés dans chaque plateau de la balance sont égaux, le fléau reste horizontal, et réciproquement. L'horizontalité du fléau est accusée par une longue aiguille mobile sur un cadran.

Sensibilité d'une balance. — La sensibilité d'une balance est mesurée par l'inclinaison α qu'elle prend pour une surcharge donnée, p, un milligramme par exemple (les balances de précision sont seules sensibles au milligramme). La formule nous montre que la sensibilité augmente avec la longueur du fléau et avec sa légèreté ; elle augmente aussi quand le centre de gravité se rapproche de l'axe de suspension, mais il ne faut pas aller trop loin dans cette voie, car tang α devient ∞ pour $d = o$, et si le centre de gravité est trop près du couteau, les oscillations du fléau sont interminables. L'emploi de l'aluminium, métal léger quoique résistant, est très-précieux pour les balances de précision.

Méthode des doubles pesées de Borda. — Nous ne dirons point comment on fait une pesée simple, mais nous expliquerons la méthode des doubles pesées, seule employée dans les dosages chimiques, car elle permet d'arriver à de bons résultats avec un appareil médiocre. Dans un plateau on met le corps, dans l'autre, de la grenaille de plomb et des objets plus légers, de manière à rendre le fléau horizontal; puis on enlève le corps, et on le remplace par une série de poids gradués jusqu'à ce que l'horizontalité du fléau soit rétablie. La somme des poids gradués donne le poids du corps.

Dans la théorie du levier, nous dirons quelques mots de la balance dite romaine, de la bascule, etc.

Lois de la pesanteur. — Jusqu'à présent, nous n'avons considéré que les effets de la pesanteur sur les corps immobiles, passons à l'étude de la pesanteur dans le mouvement.

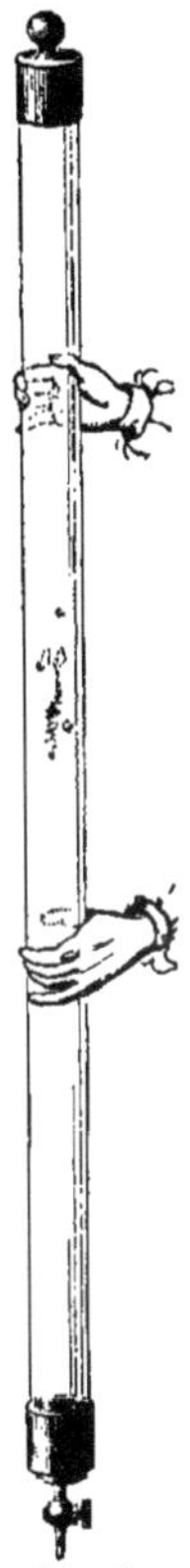

I. Tous les corps tombent avec la même vitesse; à l'air libre, il n'en est rien : une balle de plomb arrive plus vite au sol qu'une feuille de papier. C'est qu'en effet, il y a là une circonstance étrangère à la pesanteur : la résistance de l'air; cette résistance agit sur chacune des molécules, et d'après cela retarde d'autant plus la chute d'un corps, que ce corps est moins condensé, c'est-à-dire qu'il renferme moins de matière sous un volume donné. Dans les calculs, on admet la résistance de l'air proportionnelle au carré de la vitesse du corps. Dans le vide, cette influence externe disparaît : faisons le vide dans un long tube, où par avance on a placé une balle de plomb, un chiffon et une plume, puis retournons le tube, nous verrons les trois objets tomber de compagnie.

Fig. 8.

II. Il suffit donc, pour étudier les diverses phases de la chute d'un corps, de prendre une substance quelconque; la difficulté est qu'il faut opérer à l'air. Galilée la tourna, en réduisant considérablement la vitesse du mobile : il se servait d'un petit chariot, formé de deux poulies à gorge réunies entre elles, et à la traverse qui les réunissait était suspendue une balle de plomb : la gorge des poulies reposait sur une corde peu inclinée, et le lest en plomb maintenait tout l'appareil en équilibre stable. Vu la faible inclinaison de la corde, la vitesse était faible, on pouvait suivre la marche et voir l'espace parcouru par seconde. Le système revenait, en somme, à réduire la pesanteur dans un rapport constant, et les lois n'étaient pas altérées. Il trouva de la sorte que les espaces parcourus étaient proportionnels aux carrés des temps, ce qui se résume dans la formule $e = \frac{gt^2}{2}$, qui donne, pour la vitesse du mobile, à un moment donné, $v = \frac{de}{dt} = gt$.

Nous avons donc affaire à un mouvement uniformément accéléré, c'est-à-dire tel, que la vitesse s'accroît de quantités égales dans des temps égaux. Ici l'accroissement constant est la quantité g que nous avons calculée déjà, et que l'on appelle l'accélération de la pesanteur. Remarquons, en passant, que l'accélération dans le mouvement uniformément varié étant l'accroissement de la vitesse pendant l'unité de temps, la notion de l'accélération dans un mouvement quelconque deviendra comme la vitesse une notion infinitésimale; l'accélération sera la dérivée $\frac{dv}{dt}$ de la vitesse par rapport au temps. Dans l'espèce, $\frac{dv}{dt} = g$.

Appareil du général Morin. — Si on laisse tomber librement d'une petite hauteur un poids considérable, quoique de faible volume, la vitesse n'aura pas le temps de s'accélérer beaucoup; la vitesse étant petite, par rapport au poids, la résistance de l'air sera négligeable. Tel est le principe de l'appareil du général Morin. Il se compose d'un cylindre en bois M, pouvant tourner autour de son axe, grâce à une vis sans fin R, qui est mue par une roue dentée, actionnée elle-même par un poids d'horloge P′. La roue dentée engrène du côté opposé à la vis

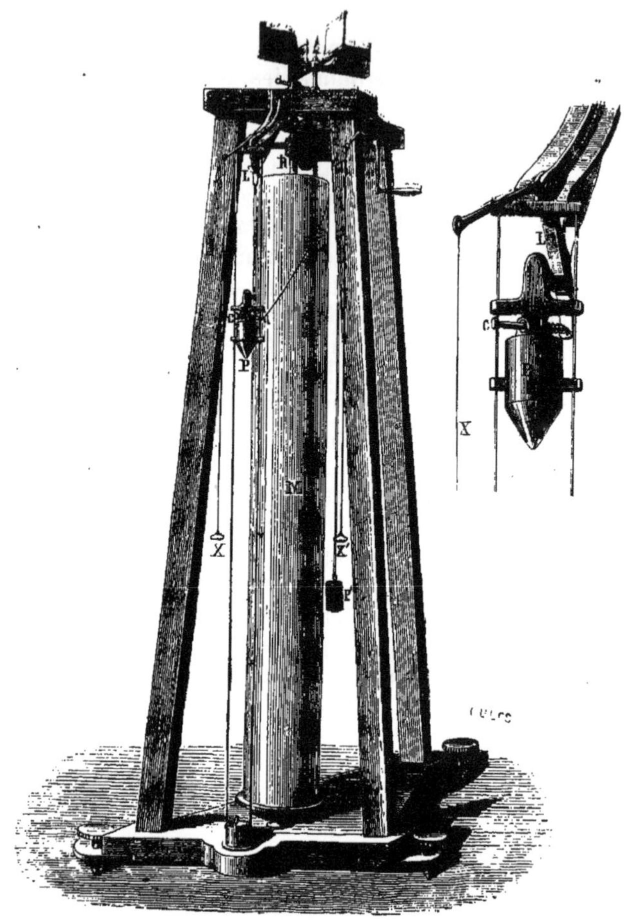

Fig. 9.

R avec une autre vis sans fin, dont l'axe porte les ailettes A. Si le poids P′ est abandonné à lui-même, il tend à prendre un mouvement accéléré, et à le communiquer au cylindre en bois; mais les ailettes sont là, qui subissent de la part de l'air une résistanee très-rapidement croissante avec la vitesse, résistance que l'on peut admettre proportionnelle au carré de la vitesse. Le poids P′ est ralenti, et un mouvement uniforme s'établit au bout de quelques instants. (Disons en passant que le moulin à ailettes est employé dans les horloges et pendules pour régulariser la sonnerie, et empêcher que les coups du marteau ne se précipitent d'une manière gênante.)

Sur le cylindre M est appliquée une feuille de papier blanc, que vient frôler la pointe d'un crayon tendre fixé au poids P, dont nous voulons étudier la chute.

Lorsque le cylindre M a pris un mouvement uniforme, un petit mécanisme permet de lâcher le poids P, qui glisse entre deux fils verticaux, où le guident des oreilles latérales. Le crayon marque sur le papier une courbe, qui est à la combinaison du mouvement du poids avec le mouvement du cylindre. Le cylindre est une surface développable, nous pouvons donc couper la feuille de papier suivant une génératrice, et l'étaler sur un plan. Nous aurons la courbe ci-contre :

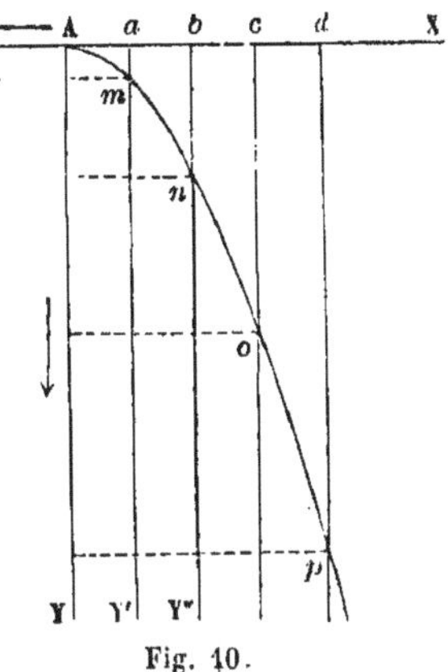

Fig. 10.

L'horizontale de départ AX étant marquée, divisons-la en parties égales; ces parties correspondent à des temps égaux, puisque le mouvement de rotation du cylindre est uniforme, et l'on peut considérer ces longueurs A*a*, *ab*, *cd*... comme mesurant les temps. Les ordonnées correspondantes *am*, *bn*, *co*, *dp* donneront les espaces parcourus par le corps, qui tombe dans des temps t, $2t$, $3t$, $4t$..., et l'on vérifie que les longueurs *am*, *bn*, *co*, *dp* sont entre elles comme les nombres 1. 4. 9. 16. Donc la formule $e = kt^2$ est vérifiée. Il en découle immédiatement : $v = 2kt$, et $g = 2k$. Les formules générales de la chute des corps sont donc

$$e = \frac{gt^2}{2} \qquad v = gt,$$

On peut vérifier directement la loi des vitesses, en menant les tangentes aux points m, n, o; leur coefficient angulaire sera $\frac{de}{dt}$, ou la vitesse. Or ce coefficient angulaire est la tangente trigonométrique de l'angle que fait la tangente à la courbe avec l'axe des temps AX. La vérification graphique est donc facile.

Avant de quitter l'étude de la pesanteur, n'oublions pas qu'elle est variable dans les différents lieux du globe, cela tient à la forme aplatie de la terre. L'intensité g de la pesanteur et la longueur du pendule à secondes que nous avons données, sont celles que l'on trouve à Paris.

Poids spécifiques des solides et des liquides. — La densité d'un corps est le rapport du poids au volume. Le poids spécifique est le rapport du poids du corps au poids d'un égal volume d'eau. Comme nous avons pris pour unité de poids le poids de l'eau sous l'unité de volume, la densité et le poids spécifique sont représentés par le même nombre.

Si D est la densité, c'est le poids de l'unité de volume; donc le poids d'un volume V du même corps sera $P = VD$.

Densités des solides et des liquides. — Mesurer le volume et le poids, $D = \frac{P}{V}$. Cette méthode simple donne une grossière approximation; elle est suffisante en bien des cas pour les matériaux de construction.

1° *Détermination par la balance hydrostatique.* — La balance hydrostatique est celle qui sert à vérifier le principe d'Archimède, qui s'énonce comme il suit : un corps plongé dans l'eau perd une partie de son poids égal au poids du volume d'eau déplacé.

Si l'on a un solide, on le suspend par un fil de platine très-fin sous le plateau de la balance, et on le pèse dans cette position, soit p son poids. Faisons maintenant descendre le corps dans un vase d'eau placé dessous, il perd de son poids, le plateau de la balance se relève, et pour le ramener à l'horizontalité, il faut ajouter des poids gradués p_1, représentant le poids de l'eau déplacée. La densité $d = \frac{p}{p_1}$. Veut-on la densité d'un liquide : on suspend au plateau de la balance une boule de verre lestée ou un bouchon de carafe que l'on équilibre. On le plonge d'abord dans le liquide, puis dans l'eau ; dans chaque cas, il faut,

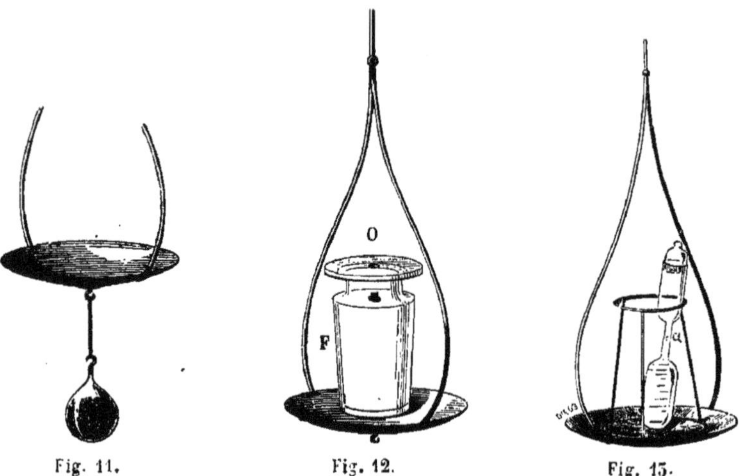

Fig. 11. Fig. 12. Fig. 13.

pour ramener le fléau à l'horizontalité, ajouter des poids p et p_1 dans le plateau ; la densité du liquide est $d = \frac{p}{p_1}$.

2° *Détermination par la méthode du flacon.* — Si l'on a un solide, on pèse à côté l'un de l'autre le corps et le flacon F plein d'eau. On enlève le corps, et on le remplace par des poids gradués qui en donnent le poids p. On enlève ces poids gradués, on introduit le corps dans le flacon, il en fait sortir un volume d'eau égal au sien, on remet le tout sur le plateau ; il faut, pour rétablir l'horizontalité, ajouter des poids p_1. La densité est $\frac{p}{p_1}$.

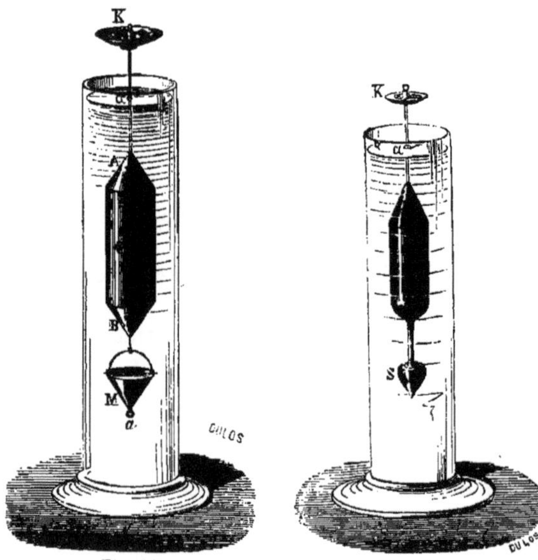

Fig. 14. Fig. 15.

Si l'on a un liquide, on se sert du flacon effilé que montre la figure 13 ; avec du papier buvard on amène le liquide à affleurer le trait α, et on pèse le flacon vide, plein de liquide et plein d'eau ; soit p_0, p et p_1 les poids, $d = \frac{p - p_0}{p_1 - p_0}$.

3° *Aréomètre ou balance de Nicholson.* — ACB est un cylindre avec double cône, creux, en laiton; il est surmonté d'une tige portant la capsule K, et porte le panier conique M, qui est lesté et recouvert d'un grillage. On plonge l'appareil dans l'eau, et on le fait enfoncer jusqu'au trait fixe α, en plaçant dans la capsule le corps avec des grains de plomb. On enlève le corps, et on ajoute des poids p pour reproduire l'affleurement; p est le poids du corps. Plaçons-le maintenant dans le petit panier, enlevons les poids p, il nous faudra en ajouter d'autres p_1 pour amener l'affleurement; p_1 sera le poids de l'eau déplacée par le corps $d = \frac{p}{p_1}$. Le grillage sert à arrêter les corps qui seraient plus légers que l'eau.

4° *Aréomètre de Fahrenheit.* — Il est en verre, et la boule inférieure est lestée. Soit P le poids de l'appareil. On le fait affleurer au trait α, en le plongeant dans le liquide donné, puis dans l'eau, et pour cela il faut ajouter dans la petite coupe des poids p et p_1. Les poids de liquide et d'eau déplacés sont $P + p$ et $P + p_1$, par suite la densité $D = \frac{P + p}{P + p_1}$. (*Fig.* 15.)

Appareils servant à mesurer la concentration des liqueurs. — Pèse-sels. — Pèse-acides. — Les aréomètres précédents sont à volume constant, puisqu'on les fait toujours plonger jusqu'à un trait fixe. Il en est d'autres à poids constant, qui servent à donner des renseignements sur la densité d'une liqueur ou d'un mélange; l'exemple le plus usuel est celui de l'alcoomètre, dont la tige est à 0° dans l'eau pure et à 100° dans l'alcool pur, on comprend bien d'après cela ce que c'est que de l'alcool à 45°, par exemple; la graduation est faite de telle sorte, que le numéro de l'affleurement indique le nombre de centièmes d'alcool pur contenu dans le mélange. La graduation offrait une grande difficulté, car, par exemple, 80 d'alcool et 20 d'eau ne donnent pas pour volume 100, il y a contraction, et l'on obtient un volume inférieur à 100. Il faut donc de la densité du mélange conclure la contraction éprouvée, et calculer ainsi comment on devra composer un mélange contenant 80 pour 100 d'alcool.

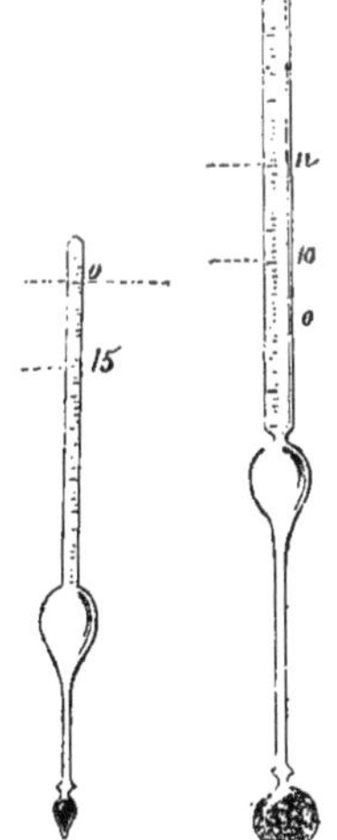

Fig. 16. Fig. 17.

La température influe beaucoup sur les résultats : des tables de correction sont dressées pour les diverses températures, car les expériences ont été faites à 15°. Le génie de Gay-Lussac a été nécessaire pour mener à bonne fin ce travail délicat.

Les aréomètres de Baumé sont les plus usuels. — Celui qui est destiné aux liquides plus denses que l'eau est lesté de façon que le zéro soit en haut de la tige; le numéro quinze est au point d'affleurement dans un mélange de 15 parties de sel marin et de 85 d'eau. On divise l'intervalle 0 à 15 en 15 parties égales et on prolonge la division. Pour les liquides moins lourds que l'eau, le zéro est à la base de la tige; il correspond à l'affleurement dans un mélange de 10 parties de sel marin avec 90 d'eau; le numéro 10 est à l'affleurement dans l'eau pure. On fait la division comme plus haut.

Ces appareils donnent un moyen rapide de vérification des liqueurs : ainsi, l'acide sulfurique marque 66°, l'acide azotique 36° au premier aréomètre.

Remarques. — Quand un corps est soluble dans l'eau, on prend sa densité relativement à un autre liquide, et on multiplie cette densité par la densité absolue du liquide. Si un corps est poreux, il a deux densités, suivant qu'on laisse ou qu'on ne laisse pas l'eau pénétrer à l'intérieur. Dans le premier cas, on l'enduit d'une fine couche de résine et l'eau n'entre pas. Dans le second cas, il faut avoir la précaution de laisser la substance s'imbiber pendant longtemps dans l'eau ; la quantité d'eau qu'un corps peut absorber est intéressante à connaître, notamment pour les pavés et les pierres en général.

TABLEAU DES DENSITÉS DE QUELQUES CORPS A 0°, LA DENSITÉ DE L'EAU ÉTANT 1 A LA TEMPÉRATURE DE 4°

1° *Solides.*

Platine laminé	22,069
Platine forgé	20,337
Or forgé	19,362
Or fondu	19,258
Plomb fondu	11,352
Argent fondu	10,474
Bismuth fondu	9,822
Cuivre rouge fondu	8,788
Acier non écroui	7,816
Fer en barre	7,788
Fer fondu	7,207
Étain fondu	7,291
Zinc fondu	6,861
Antimoine fondu	6,712
Diamant	3,531
Marbre statuaire	2,837
Verre de St-Gobain	2,488
Porcelaine de Sèvres	2,146
Soufre natif	2,033
Houille compacte	1,329
Glace fondante	0,930
Bois de hêtre	0,852
Bois de sapin jaune	0,657
Liége	0,240

2° *Liquides.*

Mercure	13,578
Acide sulfurique	1,831
Acide chlorhydrique	1,210
Acide azotique	1,420
Lait	1,003
Eau de mer	1,026
Eau distillée à 0°	0,999
Vin de Bordeaux	0,994
Huile d'olive	0.915
Alcool absolu	0,792
Ether sulfurique	0,715

Élasticité et compressibilité des solides. — Les solides sont élastiques, c'est-à-dire que, soumis à une extension ou à une compression, ils reprennent leur état primitif quand la force cesse, pourvu que l'on n'ait pas dépassé une certaine limite indiquée par l'expérience. Passé cette limite, la déformation est permanente, jusqu'à ce qu'on arrive à un autre phénomène : l'écrasement ou la rupture du corps.

Pourvu que l'on reste dans les limites de l'élasticité, on démontre que l'allongement d'un corps par la traction d'un certain poids est égal à son raccourcissement sous la compression du même poids. Il suffit donc d'étudier l'allongement produit par une traction : on choisit des barres métalliques, par exemple, dont on saisit l'extrémité supérieure dans une pince invariable, et l'extrémité inférieure est saisie par une autre pince qui supporte un plateau où l'on met des poids. On a soin de charger ce plateau peu à peu pour éviter tout choc brusque, et si l'on a fait deux traits bien apparents sur la tige métallique, il est facile de mesurer à chaque instant leur nouvel écartement, grâce au cathétomètre, appareil formé d'une lunette horizontale qui se meut sur une tige verticale graduée. On reconnaît par ce moyen : 1° que les allongements sont proportionnels aux poids dont on charge la tige ; 2° qu'ils sont proportionnels aux longueurs des tiges, et 3° inversement proportionnels aux sections des tiges. On reconnaît aussi que le volume de la tige augmente : le métal est donc extensible en volume ; il est aussi compressible, ainsi qu'on le constate sur le fer martelé, laminé ou écroué. En effet, il se produit alors une augmentation de densité.

Les pierres ont une élasticité très-faible.

Les liquides sont presque incompressibles : l'eau, comprimée fortement dans des conduites métalliques, suinte à travers plutôt que de se comprimer. Cependant, on a démontré qu'en réalité elle est compressible, mais d'une quantité presque insignifiante. Voici quelques coefficients de compressibilité des liquides :

Eau à 0°	50	millioniémes.
Eau à 11°	48	—
Mercure à 0°	3	—
Éther à 0°	111	—
Alcool à 7°	38	—

CHAPITRE II

HYDROSTATIQUE

Pression des liquides. — Vases communiquants; presse hydraulique. — Principe d'Archimède; aréomètres. — Notions sur les phénomènes capillaires. — Pression des gaz. — Baromètres; mesure des hauteurs. — Loi de Mariotte. — Machine pneumatique et de compression; pompes. — Siphon. — Gazomètre. — Poids spécifiques des gaz.

Pression des liquides. — Quand un liquide est en équilibre dans un vase, c'est-à-dire quand tous ses points sont en repos, il remplit deux conditions : 1° la surface libre est horizontale ; 2° chaque molécule liquide est également pressée dans tous les sens.

1° La surface libre est horizontale, nous l'avons déjà vérifié expérimentalement. On peut le démontrer autrement : chaque molécule est sollicitée par une force verticale, son poids ; le poids peut se décomposer en deux forces, dirigées l'une suivant la tangente, l'autre suivant la normale à la surface; or, la force normale ne pourrait que comprimer le liquide, et il est incompressible, elle se trouve détruite ; donc, la force tangentielle restera seule, et, comme il n'y a pas de frottement d'un liquide sur lui-même, la molécule se déplacera jusqu'à ce que la force tangentielle soit nulle, ce qui a lieu lorsque la normale à la surface libre coïncide avec la verticale. Dans ce cas cette surface libre est horizontale.

2° Chaque molécule liquide est également pressée dans tous les sens.

Principe de Pascal. — « Si un vaisseau plein d'eau, clos de toutes parts, a deux ouvertures, dont l'une soit centuple de l'autre, en mettant à chacune un piston qui lui soit juste, un homme poussant le petit piston égalera la force de cent hommes, poussant le grand piston, et en surmontera quatre-vingt-dix-neuf. Quelque proportion qu'aient ces ouvertures et quelque direction qu'aient les pistons, si les forces qu'on met sur les pistons sont entre elles comme les ouvertures, elles seront en équilibre. »

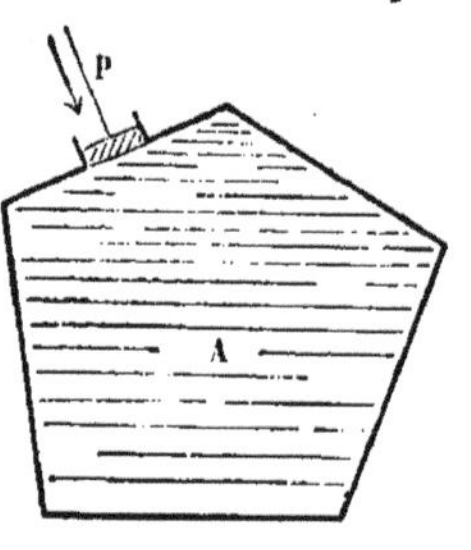

Fig. 18.

C'est en ces termes que le puissant génie de Pascal énonçait la célèbre proposition qu'il avait si logiquement déduite de la fluidité des liquides.

Ainsi, les liquides transmettent avec la même intensité dans tous les sens les pressions exercées sur un point quelconque de leur masse.

Imaginons un vase de forme quelconque rempli par un liquide , et exerçons une pression (p) en une partie de ce liquide ; si A' était un corps solide, la pression p produirait une compression et une déformation dans la direction où elle agit. Mais, ici, à cause de la fluidité, les molécules placées sous le piston tendent à se déplacer et elles poussent non-seulement celles qui sont sous elles, mais encore toutes celles qui les environnent; c'est un effet analogue à celui qui se produit quand on enfonce la main dans un sac de graines : le sac se gonfle de toutes parts, parce qu'il est rempli d'éléments indépendants les uns des autres. Toutes les molécules du liquide s'animent de proche en proche d'un mouvement qui transmet à chacune d'elles, dans quelque direction qu'elle soit, la pression reçue primitivement par une molécule quelconque.

Malheureusement, l'expérience n'est pas réalisable, car, en pratique, nous ne pouvons, comme dans ce qui précède, faire abstraction de la pesanteur, et la pesanteur agira d'une manière variable sur les divers pistons suivant leur position.

Mais le principe de Pascal, s'il n'est point directement démontrable, se trouve néanmoins parfaitement établi quand on considère la presse hydraulique, qui est une application féconde de ce principe.

Presse hydraulique. — P est une pompe aspirante et foulante qui, au moyen

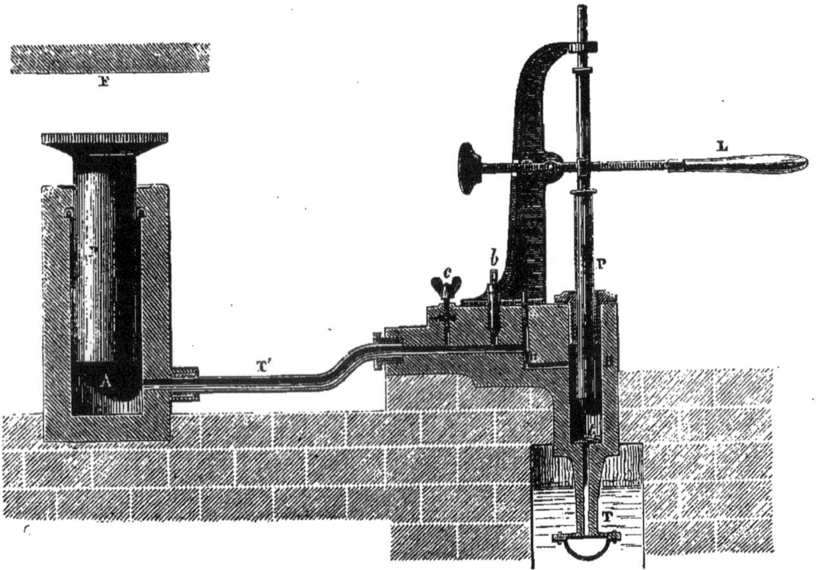

Fig. 19.

de la crépine T et de la soupape *t*, s'ouvrant de bas en haut, puise de l'eau d'un réservoir pour l'envoyer par la soupape *a* et le conduit T′ sous le piston A. La pompe est manœuvrée par la manette L, et l'effort exercé par le piston B se transmet au piston A autant de fois que la section de celui-ci contient la section du premier. Le grand piston est terminé par une plate-forme qui, en se rapprochant peu à peu du plafond invariable F, comprime les corps interposés. La soupape *b* est une soupape de sûreté s'ouvrant sous une pression déterminée ; la vis (*c*) forme robinet et permet d'évacuer l'eau de A et de faire baisser le grand piston.

Avec cette presse, on comprime le coton en balles; on condense les fourrages à transporter; on exprime le jus des betteraves, l'huile du colza ; on essaye les canons et les chaudières, les tuyaux, etc.

Pressions dues à la pesanteur. — 1° La pression sur chaque tranche d'un liquide homogène est proportionnelle à la profondeur du liquide au-dessous de la surface libre.

Preuve expérimentale : Fermons un tube en verre par un disque bien poli de verre (o), et plongeons-le dans un liquide : la pression qui s'exerce de bas en haut sur le disque le maintient contre le tube, et pour faire tomber le disque dans les positions m et m', il est nécessaire de verser dans le tube assez d'eau pour que le niveau à l'intérieur coïncide avec le niveau ab de l'extérieur. Pour que l'expérience soit bien concluante, il est nécessaire de faire passer la ficelle soutenant le disque sur une poulie et de faire équilibre par un contre-poids au poids du disque en verre. Ainsi, si h et h' sont les profondeurs des tranches XY et X'Y' au-dessous de la surface libre ab, les pressions sur le disque de surface s seront $p = sh$ $p' = sh'$.

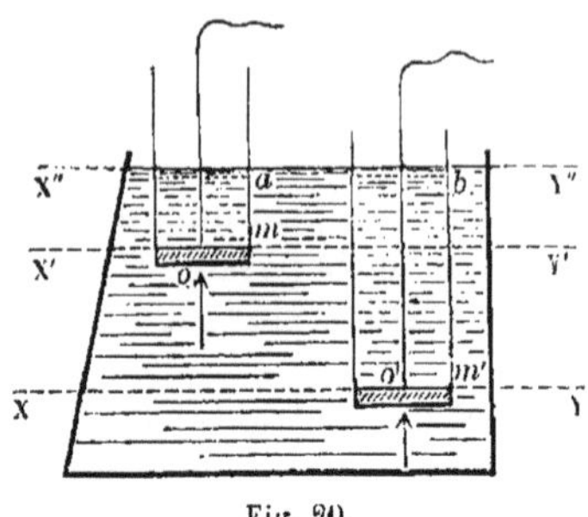

Fig. 20.

2° De là résulte que la pression est constante en tous les points d'une même tranche horizontale.

3° La pression sur une tranche quelconque dépend seulement de la surface de la tranche et de sa profondeur : elle est indépendante de la forme du vase. Ceci est une conséquence des lois précédentes et de la transmission des pressions. Il suffit qu'un point d'une tranche horizontale soit directement pressé par une colonne d'eau pour que la pression qu'il supporte soit transmise à tous les points voisins, quand même ces derniers n'auraient directement au-dessus d'eux qu'une hauteur d'eau très-faible.

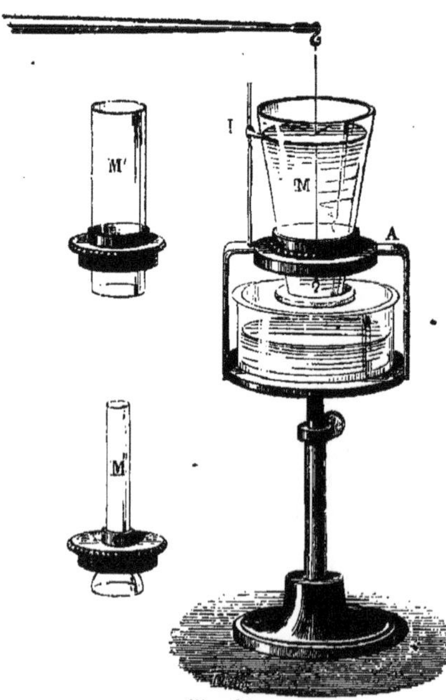

Fig. 21.

D'après cela, la pression sur le fond d'un vase ne dépend que de la surface de ce fond et de la hauteur du liquide dans le vase ; cette pression est indépendante de la forme du vase. En effet, soit trois vases M, M', M'', de forme différente, mais de même section à la base, on prend pour fond mobile un obturateur en verre suspendu à l'extrémité du fléau de la balance hydrostatique. A l'autre extrémité du fléau, dans le plateau, on suspend un poids P, on adapte l'un des vases M sur la monture A, et on y verse de l'eau jusqu'à ce que le fond mobile commence à se séparer du vase ; c'est qu'alors il y a équilibre entre le poids P et la pression de l'eau sur le fond du vase M. Au moyen de l'index I, on marque la hauteur de l'eau dans le vase M ; on recommence l'opération avec les vases M' et M'' sans changer le poids P, et l'on voit que, pour ces vases aussi, le fond se détache au moment où l'eau atteint le niveau marqué par l'index. Donc, la proposition est démontrée.

Pressions sur les parois. — Il existe sur les parois du vase des pressions que nous calculerons en hydraulique, et qui en chaque point sont représentées par la distance verticale de ce point à la surface libre. Nous mettrons ces pressions en évidence par l'expérience du tourniquet hydraulique : un vase V est prolongé par un tube vertical qui se ramifie en deux branches horizontales recourbées à leur extrémité. L'eau du vase V descend dans ces branches, s'échappe, et l'appareil prend un mouvement de rotation en sens inverse de l'écoulement produit. C'est que là où existe l'orifice, il y avait une paroi, et, par suite, une pression qui annulait la pression s'exerçant au fond de la branche recourbée; cette dernière reste seule et produit son effet en entraînant l'appareil en sens inverse de l'écoulement. On peut varier l'expérience au moyen d'un petit chariot bien mobile dont la paroi postérieure est percée d'un orifice : on remplit d'eau la caisse du chariot, on ouvre l'orifice et l'appareil se meut dans la direction opposée à l'écoulement.

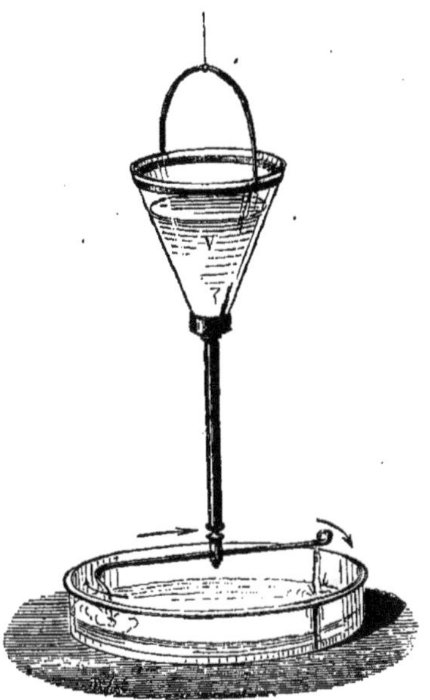

Fig. 22.

Paradoxe hydrostatique. — Une conséquence curieuse de la pression sur le fond des vases est le paradoxe hydrostatique : on peut, avec une quantité faible de liquide, en donnant à un vase la forme de la figure ci-jointe, produire sur le fond une pression énorme, puisque cette pression est égale à la surface AB multipliée par la hauteur qui sépare AB de la surface libre GH. En particulier, chose extraordinaire, on peut faire en sorte que la pression sur le fond du vase soit de beaucoup supérieure au poids de l'ensemble. Ainsi, il est facile de faire voler en éclats un tonneau plein d'eau que l'on surmonte d'un tube aussi mince qu'on le veut et renfermant une haute colonne d'eau.

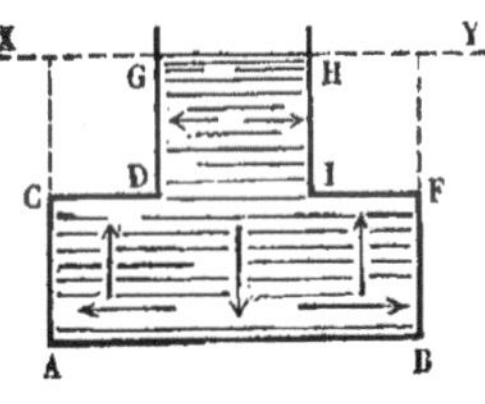

Fig. 23.

Vases communiquants. — Lorsqu'il s'agit d'un même liquide, les surfaces libres dans tous les vases communiquants sont situées dans un même plan horizontal, quelle que soit la forme du vase ; en effet, une section du canal de communication doit être également pressée dans les deux sens, et, comme la pression ne dépend que des hauteurs, il faut que ces hauteurs soient égales ; c'est ce qu'on vérifie avec l'appareil ci-joint; dont le mécanisme se comprend à la seule inspection de la figure.

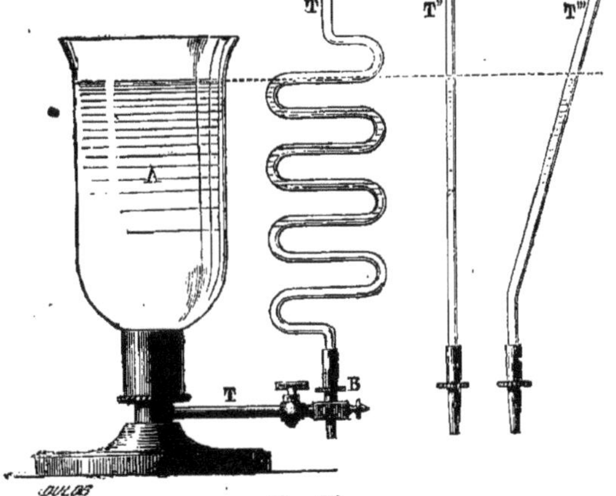

Fig. 24.

Si l'on a des liquides de densités différentes, les hauteurs dans chaque vase sont en raison inverse des densités : c'est encore la conséquence de ce fait que la pression doit être la même dans les deux sens pour la surface de séparation des liquides.

La principale application du principe des vases communiquants est le niveau d'eau, dont le lecteur connaît bien l'emploi.

Liquides mélangés. — Lorsque plusieurs liquides sont mélangés, il ressort immédiatement des principes précédents que : 1° ils se disposent dans l'ordre de leur densité ; 2° que les surfaces de séparation sont horizontales. Il est facile de le vérifier en mélangeant dans un verre du mercure, de l'eau et de l'huile.

Principe d'Archimède. — Un jour, au sortir du bain, Archimède courait presque nu à travers les rues de Syracuse, en criant « J'ai trouvé. » Qu'avait-il trouvé? C'était le principe suivant : Tout corps plongé dans un liquide est soumis à une force ascensionnelle égale au poids du volume d'eau qu'il déplace. Ce principe nous a été fort utile pour la recherche des densités.

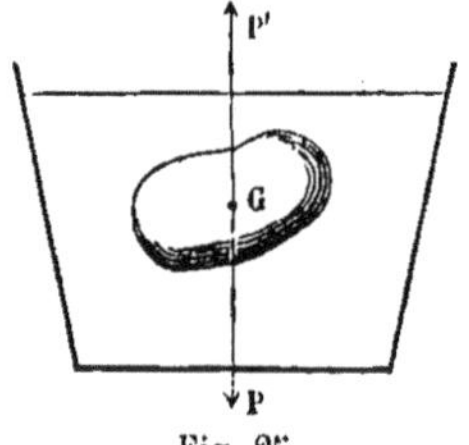

Fig. 25

En voici la démonstration :

Soit, dans un vase, une masse d'eau ; concevons-en une portion G, de volume et de forme quelconques, comme isolée ; cette portion est en équilibre : donc les forces qui la sollicitent se détruisent ; or les forces extérieures se réduisent au poids P ; il faut donc que les forces intérieures provenant du liquide lui-même soient égales, de signe contraire et

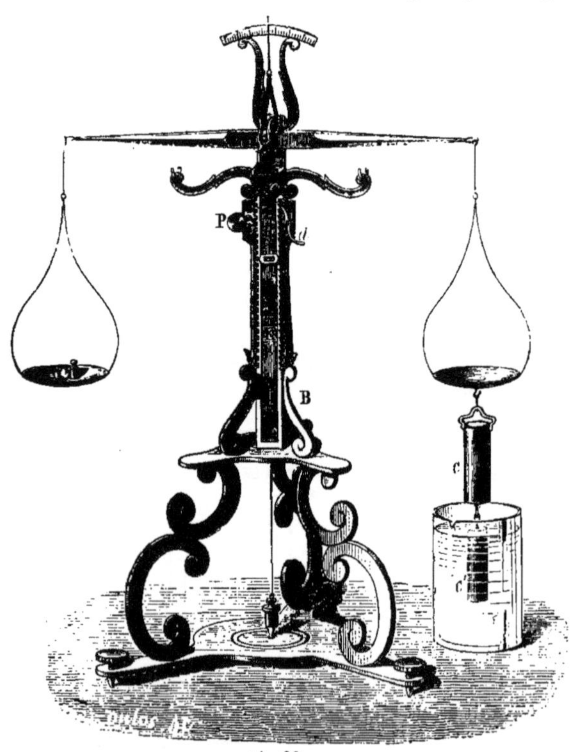

Fig. 26.

appliquées au même point, le centre de gravité.

Supposons, à la place de l'élément liquide, un corps quelconque de même forme ; il n'y aura rien de changé à ces forces provenant de l'action du liquide lui-même, et les pressions se composent en une seule, égale au poids du volume de liquide déplacé et appliquée au centre de gravité de ce volume.

Démonstration expérimentale. — Soit deux cylindres de laiton C et C', le premier est creux, le second est plein et pénètre exactement dans la cavité du premier. On les suspend l'un à l'autre et au plateau de la balance hydrostatique, balance dont la colonne est creuse et renferme une crémaillère se manœuvrant par le pignon P et permettant d'abaisser ou d'élever le fléau. Les cylindres C et C' sont équilibrés par des poids de telle sorte, que le fléau revienne à l'horizontale ; puis on descend le fléau pour faire plonger C' dans un vase plein d'eau ; il y a perte de poids par suite de la poussée, le fléau s'incline du côté des poids gradués, et, pour le ramener, il faut avec une pipette remplir d'eau le cylindre creux C. Cette expérience est la traduction matérielle de l'énoncé du principe.

Les corps flottants obéissent au principe d'Archimède : le poids du volume d'eau déplacé par un navire est égal au poids total du navire.

Notions sur les phénomènes capillaires. — Nous avons exposé, au commencement de cet ouvrage, quelques considérations sur la constitution intime des corps ; nous avons vu qu'il ne fallait point les considérer comme des masses continues, mais plutôt comme un assemblage de molécules infiniment rapprochées par une attraction particulière qui augmente très-rapidement quand la distance diminue de plus en plus. Nous avons fait voir comment la cohésion est en lutte avec la chaleur et comment de cette lutte résultent les trois états : solide, liquide et gazeux.

Nous allons étudier actuellement quelques phénomènes d'attraction que l'on observe au contact des solides et des liquides.

En voici un exemple usuel : plongez dans un liquide une baguette de verre et retirez-la ; une goutte de liquide reste adhérente au bout de la baguette ; il y a donc là une attraction entre le verre et le liquide ; du même coup on démontre l'attraction du liquide sur lui-même, car, imaginez une section horizontale de la goutte, les parties supérieures retiennent suspendues celles qui sont au-dessous, et pour cela exercent une certaine force.

L'attraction des solides pour les liquides donne lieu aux phénomènes capillaires (ils portent ce nom parce qu'on les remarque au plus haut degré dans des tubes de petit diamètre comparables à un cheveu).

1° Cas d'un liquide qui mouille le solide :

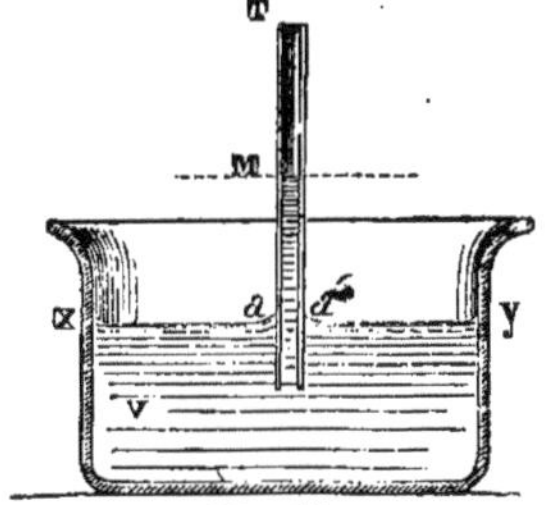

Fig. 27.

Plongez dans de l'eau un tube de verre très-fin T, le niveau du liquide s'élèvera en M au-dessus de la surface libre XY, et la surface en M n'est pas horizontale, mais creuse, c'est-à-dire concave ; cette surface est un ménisque. On observe en outre un petit bourrelet de liquide qui s'élève autour du tube en *aa'* ; ce bourrelet est facile à observer toutes les fois qu'on plonge une lame de verre dans l'eau, on la voit encore sur les bords d'un verre qui n'est pas rempli. Si, au lieu d'un tube, on a deux lames parallèles, le même phénomène se produit, mais le ménisque, au lieu d'affecter la forme d'une calotte sphérique concave, affecte celle d'un demi-cylindre concave à génératrices horizontales (*fig.* 28).

2° Cas d'un liquide qui ne mouille pas le solide (*fig.* 29).

Au lieu d'eau, si l'on prend du mercure liquide qui ne mouille pas le verre, l'effet est inverse : il y a dépression dans le tube ou entre les lames, les saillies *a* et *a'* deviennent des creux, le ménisque est convexe.

Lois expérimentales de la capillarité. — Si le liquide mouille le solide, la hauteur d'ascension est indépendante de la substance et de l'épaisseur du tube; elle varie proportionnellement au diamètre du tube ou à l'écartement des lames,

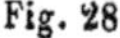

Fig. 28.

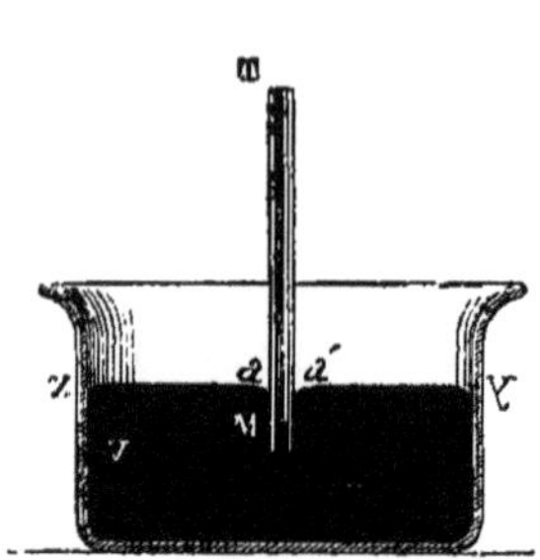

Fig. 29.

et dans le cas des lames elle est moitié de ce qu'elle est avec un tube d'un diamètre égal à l'écartement des lames; l'ascension varie encore avec la nature du liquide, et c'est l'eau qui présente au maximum les phénomènes capillaires.

Si le liquide mouille le solide, les parois du tube se trouvent humectées et lubrifiées par une pellicule mince du liquide qui existe encore lorsque le phénomène a cessé ; à dire vrai, c'est donc dans un tube liquide que se fait l'ascension. Mais, lorsque le solide n'est pas mouillé, la substance qui le compose reprend son influence ; il est impossible qu'elle soit parfaitement lisse, et les lois précédentes ne se vérifient plus avec la même exactitude.

Quoi qu'il en soit, on voit qu'il y a dans la capillarité une cause de perturbation pour les thermomètres et baromètres, et, dans des observations précises, il y aura lieu d'en tenir compte.

Pression des gaz. — Baromètres. — Loi de Mariotte. — *État moléculaire d'un gaz.* — Nous avons déjà vu que dans un gaz la cohésion est vaincue par la chaleur; elle est même négative, puisqu'un gaz tend à occuper tout entier l'espace qu'on lui offre. L'expérience suivante le montre bien : une vessie chiffonnée est placée dans le récipient de la machine pneumatique, on fait le vide et elle se gonfle de plus en plus à mesure que la raréfaction de l'air augmente, jusqu'à ce qu'elle éclate. Un gaz odorant ou coloré peut de même se répandre dans un très-grand espace.

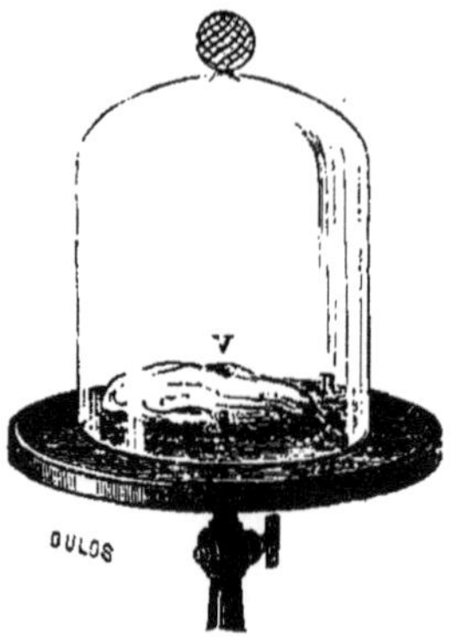

Fig. 30.

Si les gaz sont presque indéfiniment expansibles, ils doivent être nécessairement compressibles. La compressibilité en est mise en évidence par le briquet à air : si on enfonce brusquement le piston P dans le tube, l'air se comprime et s'échauffe au point d'enflammer un morceau d'amadou placé sur le piston P (*fig.* 31).

L'air est donc capable, en se dilatant et en se comprimant, de produire une certaine force ; c'est donc quelque chose de matériel qui doit être pesant, et, en effet, un litre d'air dans les conditions normales, à 0° et sous une pression barométrique de $0^m,76$ de mercure, pèse $1^{gr},293$, et l'on peut d'une façon approximative déterminer ce poids en pesant un ballon de verre d'abord plein d'air, puis vide.

La différence donne le poids d'un volume d'air connu.

Les gaz rentrent, comme les liquides, dans la classe des fluides, c'est-à-dire que leurs molécules possèdent une mobilité parfaite et glissent les unes sur les autres sans frottement ; en réalité, l'absence de frottement des molécules liquides ou gazeuses, les unes sur les autres, est une hypothèse théorique : elle s'approche de la vérité, mais n'est point absolue ; dans la plupart des cas, le frottement à l'intérieur des fluides est très-faible, mais il est tels cas de la pratique, l'écoulement des liquides par exemple, où ce frottement est très-accusé et apporte aux

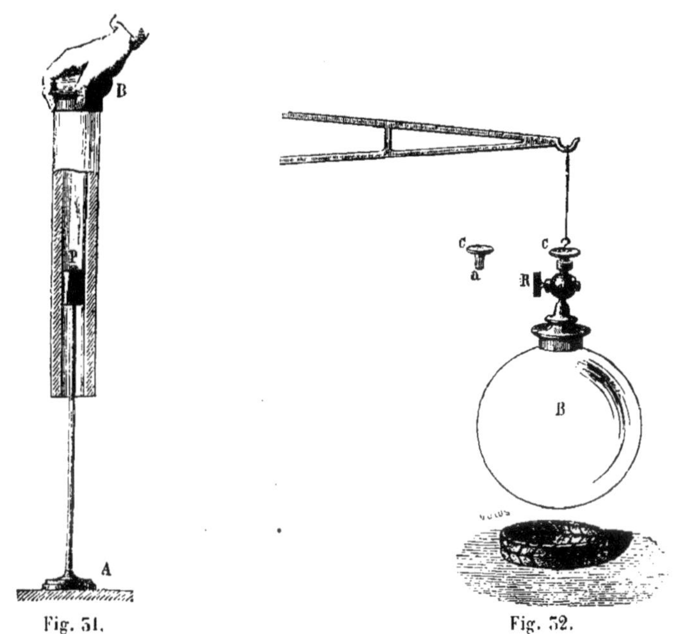

Fig. 31. Fig. 32.

lois théoriques de sérieuses modifications. Cette réserve faite, nous dirons que toutes les propriétés démontrées pour les liquides et qui tiennent à la fluidité seule séparée de l'incompressibilité, sont applicables au gaz. Ainsi, dans les gaz, les pressions se transmettent dans tous les sens proportionnellement aux surfaces; dans un plan horizontal, la pression est constante et égale à la surface de la section multipliée par la distance verticale qui sépare le plan de la surface libre. Dans la pratique, lorsqu'un gaz est renfermé dans un vase, la vapeur d'eau dans une chaudière, par exemple, on admet que la pression est la même sur toute l'étendue des parois; et, en effet, les gaz sont très-légers et la variation de pression due aux poids des tranches supérieures est très-faible, du moins dans les limites nécessairement bornées des machines et appareils usuels.

On peut admettre que le principe de Pascal s'applique absolument aux gaz renfermés dans nos appareils, et qu'il n'est point masqué par l'intervention de la pesanteur.

Pression atmosphérique. — L'air est pesant, donc il exerce une pression sur tous les corps qui s'y trouvent plongés. La chose est maintenant évidente pour nous; les expériences suivantes la rendront plus frappante : faisons le vide dans le vase C, fermé par un parchemin ; le parchemin se creuse sous la pression et finit par crever avec une détonation due à la rentrée brusque de l'air. Vissons sur l'ajutage de la machine pneumatique deux demi-sphères creuses qui peuvent

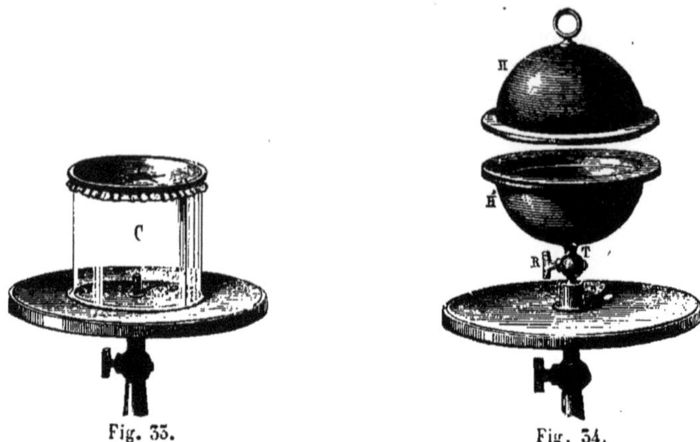

Fig. 33. Fig. 34.

se rapprocher, faisons-y le vide et fermons le robinet R; malgré de grands efforts, nous ne pourrons séparer les deux parties. Otto, bourgmestre de Magdebourg, inventeur de la machine pneumatique, fit cette expérience en grand et attela plusieurs chevaux à l'appareil ; ils furent impuissants à produire la séparation. Mais ouvrons le robinet R, laissons rentrer l'air, aussitôt les deux hémisphères se séparent sans peine.

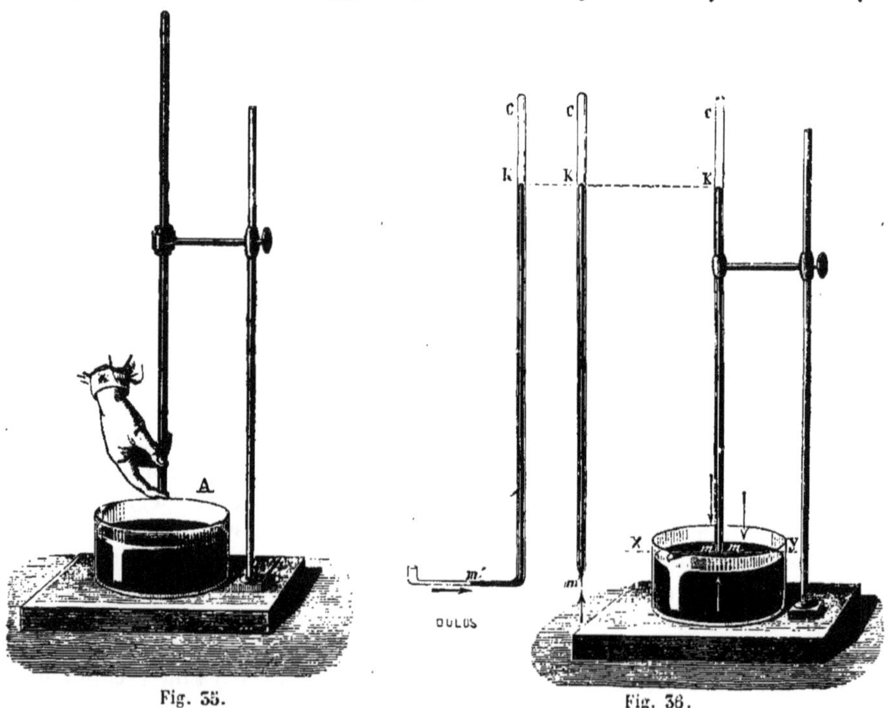

Fig. 35. Fig. 36.

Expérience de Torricelli. — En 1643, Torricelli, élève de Galilée, reconnut qu'en emplissant de mercure un tube de verre et le retournant dans un bain de mercure, sans y laisser rentrer d'air, le mercure ne descendait pas complétement et restait à une hauteur de 0m,76 environ au-dessus du mercure de la cuvette. Or la cuvette et le tube forment deux vases communiquants remplis du même liquide; la pression y est la même en tout point d'un plan horizontal XY. La pression atmosphérique est donc représentée par une colonne de mercure de 0m,76 de hauteur, ou, sur un centimètre carré, elle est égale au poids de 76 centimètres cubes, soit à 1k,033 (la densité du mercure est 13,598). Une pression double, triple, etc., compose une pression de deux, de trois... atmosphères : l'atmosphère est l'unité de pression pour les gaz. En pratique, on admet qu'une atmosphère est une pression de 1 kil. par centimètre carré; c'est ainsi qu'une chaudière à vapeur étant timbrée à 3 kil., 6 kil., est dite de la force de 5, 6, atmosphères.

Expériences de Pascal. — Si la colonne barométrique est soulevée par la pression atmosphérique, la hauteur de cette colonne doit varier avec la pression de l'air, c'est-à-dire : 1° avec l'état atmosphérique en un même lieu, suivant que les ondes des vents sont condensées ou raréfiées; 2° avec l'altitude, et, en effet, Pascal vérifia l'influence de l'altitude sur le Puy de Dôme, où il vit la colonne barométrique s'abaisser progressivement à mesure que l'on montait, et son expérience est le point de départ d'une méthode de nivellement par le baromètre.

Au lieu du mercure, on peut employer dans l'expérience de Torricelli tout autre liquide, et alors les hauteurs barométriques sont en raison inverse des densités. Le baromètre à l'eau donnerait une colonne liquide de 0m,76 × 13,598, soit 10m,33; c'était, à l'époque de Pascal, une hauteur de 32 pieds. On s'était étonné longtemps de voir les pompes ordinaires ne plus fonctionner au delà de 32 pieds, quelle que fût l'adresse du constructeur, et, comme on expliquait l'ascension de l'eau par ce fait que la nature a horreur du vide, il est probable qu'on ajoutait : la nature a horreur du vide seulement jusqu'à 32 pieds. Les expériences de Pascal éclaircirent tout cela.

Construction d'un baromètre. — Prendre un tube de verre de 0m,90 environ, le laver à l'acide nitrique, le remplir de mercure et lui souder une ampoule de verre, puis faire bouillir le liquide en commençant par le bas. De nombreuses bulles d'air se dégagent et soulèvent la colonne mercurielle, qui retombe avec choc; l'opération ne laisse point que d'être assez délicate. L'ampoule de verre empêche le mercure de s'échapper et surtout de s'oxyder au contact d'un air renouvelé. Lorsque le mercure renferme quelques parcelles d'oxyde, il devient fileux et s'attache au verre; on dit qu'il fait la queue.

Fig. 37.

Des baromètres de laboratoires. — 1° *Baromètre fixe de laboratoire* (*fig.* 38). — Au moyen de la vis v, on amène la pointe m au contact du mercure de la cuvette, on voit la pointe de l'objet et la pointe de l'image s'avancer l'une vers l'autre; au moment où les pointes se touchent, le contact a lieu. On connaît une fois pour toutes la longueur de la tige *mv*, et on vise avec un cathétomètre fixe établi à cet effet la tige *v*, puis le sommet du ménisque (*a*) ; on obtient de la sorte la hauteur du mercure avec une parfaite précision.

2° *Baromètre à cuvette ordinaire.* — La graduation est fixe et appliquée le long du tube; mais on suppose que le 0 est fixe, ce qui n'est pas, puisque du mercure rentre dans la cuvette ou en sort suivant que la pression diminue ou augmente. Cette erreur est faible si la section de la cuvette est considérable relativement à la section du tube. Un tel baromètre ne convient que pour de grossières observations (*fig.* 39).

3° *Baromètre de Fortin.* — Ici le zéro est fixe, c'est la pointe d'une aiguille d'ivoire que l'on amène au contact du mercure de la cuvette; pour cela, on soulève ou on abaisse le mercure de la cuvette au moyen de la vis V agissant sur le massif de buis D : à ce massif et à l'anneau de buis K est fixée une peau de cha-

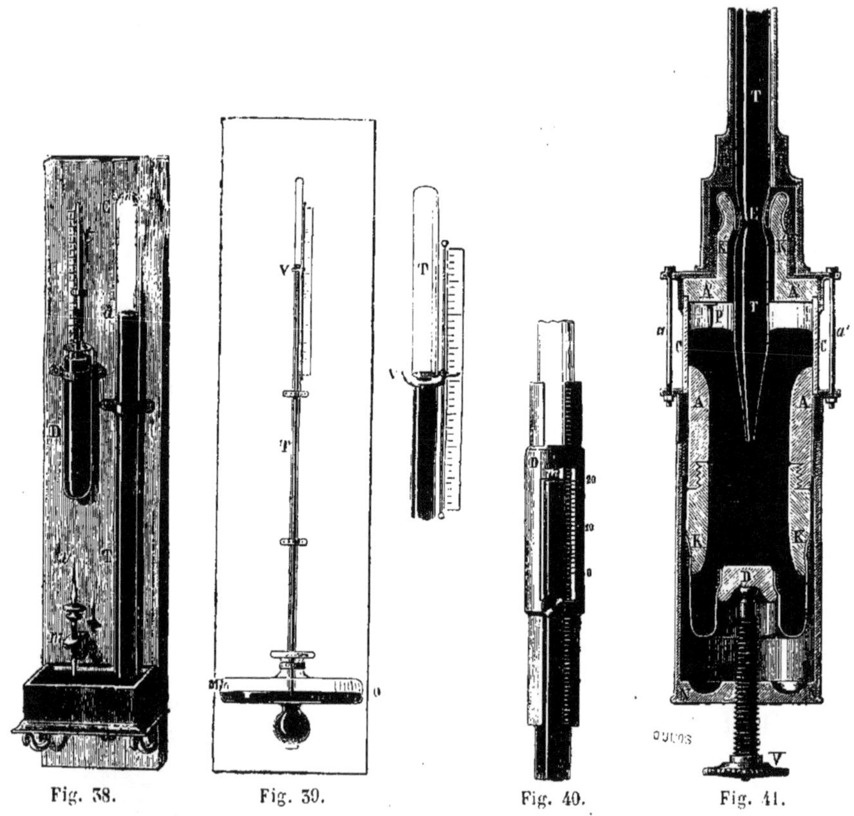

Fig. 38. Fig. 39. Fig. 40. Fig. 41.

mois, qui est le fond mobile de la cuvette. La cuvette est métallique, sauf à la partie supérieure, où des glaces CC sont protégées par des barreaux (*a*). Le tube T est contenu dans une gaîne de cuivre; il est contracté en E, et entouré d'une peau de chamois qui le relie aux montures en buis K'. La lecture se fait en amenant par une vis un curseur en cuivre D affleurer le sommet du ménisque : ce curseur porte un vernier. En voyage, on se sert de la vis V pour relever le mercure, remplir la cuvette, et prévenir ainsi tout choc funeste du liquide. Et même, si le tube vient à casser, il est facile de dévisser la partie inférieure de la cuvette au moyen des vis que l'on aperçoit entre les anneaux de buis A et K ; il est facile alors de remplacer le tube T, en mettant en E une nouvelle peau de chamois. L'appareil est souvent contenu dans un étui qui se développe de façon à faire un trépied auquel le baromètre est suspendu par

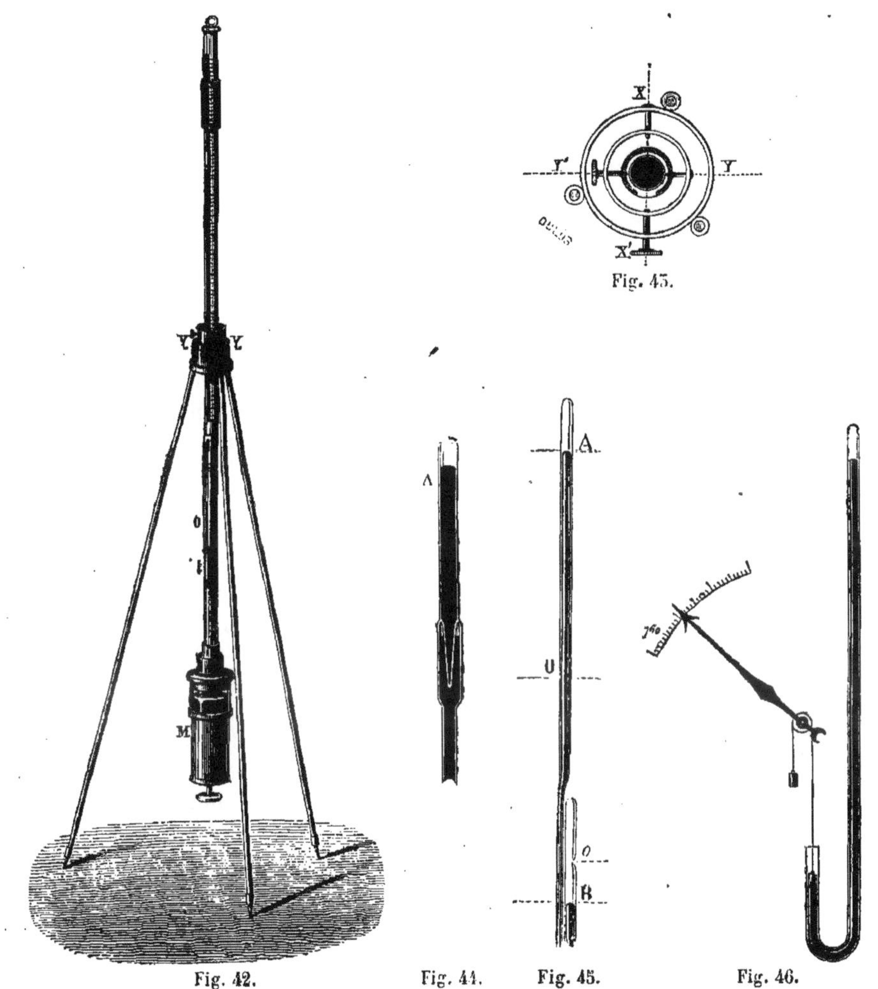

Fig. 43.

Fig. 42. Fig. 44. Fig. 45. Fig. 46.

une suspension à la Cardan que représente la figure 43 : le cercle extérieur est fixe, le cercle intérieur mobile autour d'un axe horizontal XX' ; ce cercle est traversé par l'axe YY', autour duquel peut tourner le baromètre qui y est fixé. Cette suspension à la Cardan est celle qui sert à suspendre la boussole d'un navire dans sa boîte ou habitacle : on voit qu'elle permet au corps qu'elle soutient de rester constamment vertical, quel que soit le mouvement du support.

4°. *Baromètre de Gay-Lussac, perfectionné par Bunsen.* — Le 0 est au milieu du tube, et il y a double graduation en A et B : la pression de l'air se fait sentir par le petit orifice (*o*), et pour empêcher les bulles d'air de pénétrer dans la chambre supérieure où règne le vide, le tube se compose de deux parties se raccordant par une pointe qui pénètre dans un renflement (*fig. 44 et* 45).

5° *Baromètre à cadran.* — Celui-ci n'est guère qu'un objet de pur ornement, vu sa faible sensibilité : un fil qui passe sur la gorge d'une poulie porte d'un côté un poids flottant sur le mercure, de l'autre un contre-poids. A l'axe de la poulie est fixée une aiguille qui tourne avec elle, en parcourant un cadran. On gradue le baromètre par comparaison avec un autre (*fig.* 46).

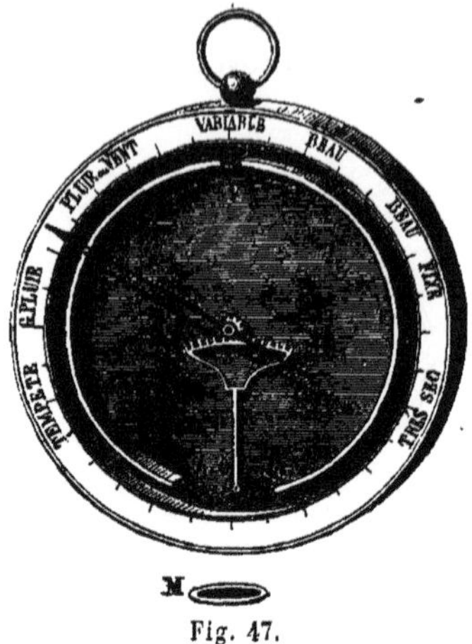

Fig. 47.

6° *Baromètre métallique de Bourdon.* — Dans une boîte en métal est enfermé un ressort creux, dont la section est M, et qui est courbé. Ce tube est vide d'air. Si la pression augmente, le tube s'aplatit, sa courbe se contracte, ses extrémités se rapprochent, font tourner le fléau bb' autour de son centre o, et le mouvement se transmet de ce centre à l'arc denté, au pignon et à l'aiguille centrale. Si la pression diminue, l'effet inverse se produit, la courbe se dilate. Cet appareil se gradue par comparaison avec un baromètre à mercure : il est très-sensible; nous l'avons vu en mer, placé dans une chambre du bateau, accuser par des mouvements brusques de son aiguille les rafales du vent.

Loi de Mariotte. — *A une même température, les volumes occupés par une masse de gaz déterminée varient en raison inverse des pressions qu'elle supporte.*

Vérification expérimentale : 1° *Pour les pressions supérieures à une atmosphère.* — On a un tube recourbé ACB, dont la grande branche est ouverte, la petite fermée : on verse dans l'appareil un peu de mercure, de façon à affleurer le zéro dans chaque branche : l'air confiné en B est alors à la pression de l'atmosphère. Versons maintenant du mercure dans la grande branche, de manière à comprimer l'air confiné et à réduire son volume à la moitié, au tiers, au quart... du volume initial; nous reconnaîtrons qu'il faudra pour cela des différences d'altitude des ménisques dans la grande et la petite branche égales à 2, 3, 4... fois la hauteur barométrique. La proposition est donc démontrée.

2° *Pour les pressions inférieures à une atmosphère.* — On a un tube A qu'on remplit presque de mercure, et qu'on renverse dans une cuvette profonde C : de l'air remonte en B, et y reste. En abaissant le tube, on peut s'arranger pour que les niveaux du mercure dans le tube et dans la cuvette soient les mêmes. Le tube est gradué : soulevons-le, de façon à rendre le volume du gaz 2, 3, 4, 5... fois plus grand, la pression va diminuer, le mercure s'élèvera de quantités égales à $\frac{1}{2}$, $\frac{2}{3}$, $\frac{3}{4}$, $\frac{4}{5}$... de la pression barométrique : la pression du gaz fait à chaque instant le complément de la pression barométrique, cette pression est donc $\frac{1}{2}$, $\frac{1}{3}$, $\frac{1}{4}$, $\frac{1}{5}$, d'atmosphère, et la proposition est démontrée.

L'appareil de Mariotte ne permet d'aller que jusqu'à 8 ou 9 atmosphères. Dulong et Arago vérifièrent la loi jusqu'à 27 atmosphères, grâce à un long tube, qu'ils disposèrent fort ingénieusement dans la tour de Clovis, monument enclavé dans le lycée Napoléon.

Les gaz sont inégalement compressibles, ainsi qu'on peut le voir avec l'appareil ci-contre : dans deux éprouvettes E_1E', on place deux gaz différents, que l'on comprime au moyen de mercure comprimé lui-même par de l'eau, sur laquelle on agit par une vis de pression très-énergique. On reconnaît de la sorte que, en général, les gaz se compriment d'autant plus qu'on approche de leur point de liquéfaction; la compression marche un peu plus vite que ne l'indique la loi, dans l'air et dans l'azote, un peu moins vite dans l'hydrogène. Enfin, l'a-

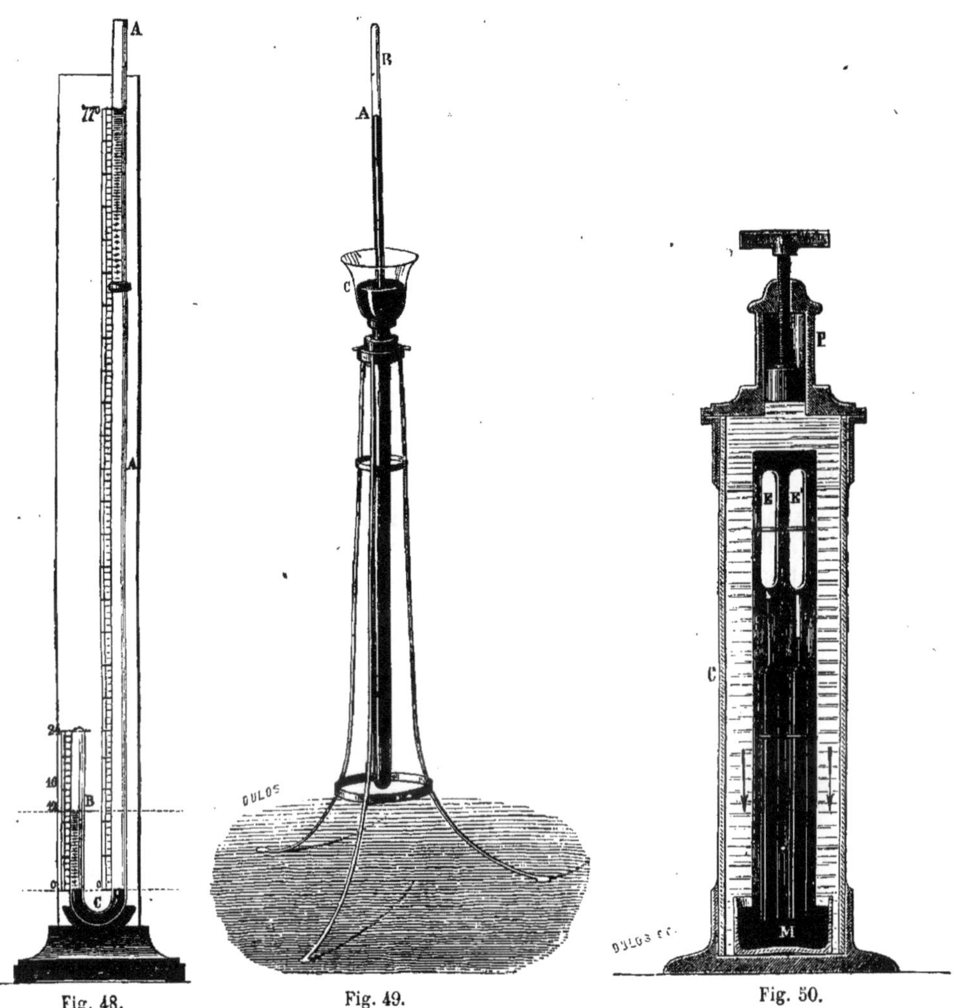

Fig. 48. Fig. 49. Fig. 50.

cide carbonique s'en écarte notablement, si on le soumet à des pressions un peu fortes.

M. Regnault, au moyen d'une pompe foulante énergique, qui faisait refluer le mercure dans une longue colonne de tuyaux, étudia la compression des gaz avec une exactitude merveilleuse. Il arriva aux résultats que nous venons de dire plus haut. En résumé, la loi s'applique aux gaz permanents d'une manière satisfaisante dans la pratique : pour les gaz facilement liquéfiables, elle ne s'applique pas. Il semble résulter des expériences que, pour un gaz donné, la loi de Mariotte n'est vraie qu'à une seule température : pour l'air, l'oxygène, l'azote, cette température est proche de la température ordinaire; pour l'acide sulfureux, l'acide carbonique, elle est bien au-dessus de la température ordinaire, et bien au-dessous, au contraire, pour l'hydrogène. L'acide sulfureux et l'acide carbonique surchauffés, l'hydrogène très-refroidi, vérifieraient la loi de Mariotte.

Expression analytique : Soit une masse de gaz de poids P, de volume V, de pression H, elle prend le volume V′ sous la pression H′. La loi nous apprend que (1) $\frac{V'}{V} = \frac{H}{H'}$, ou $VH = c^{te}$. Mais si D et D′ sont les densités du gaz, dans les deux cas, on a

$$P = VD = V'D';$$

donc

$$\frac{V'}{V} = \frac{D}{D'}$$

par suite (1), devient

(2) $$\frac{D}{D'} = \frac{H}{H'}.$$

Donc, autre énoncé de la loi : A une même température, les densités d'une masse de gaz varient proportionnellement aux pressions qu'elle supporte.

Mélange des gaz. — Dans un espace de volume V, nous introduisons un gaz de volume v à la pression h, il y prendra une pression x égale à $\frac{vh}{V}$. Si nous y introduisons ensuite d'autres gaz de volumes v_1, v_2, v_3..., et de pressions h_1, h_2, h_3..., ils se répandront chacun dans le volume total, comme si les autres n'existaient pas, et donneront lieu à des pressions partielles y. z. u... égales à

$$\frac{v_1h_1}{V}, \quad \frac{v_2h_2}{V}, \quad \frac{v_3h_3}{V};$$

de sorte que la pression finale H sera :

$$H = \frac{vh}{V} + \frac{v_1h_1}{V} + \frac{v_3h_3}{V} = \frac{vh + v_1h_1 + v_2h_2 + v_3h_3 \ldots}{V}.$$

Ceci est facile à vérifier par l'expérience, et on donne à la loi l'énoncé suivant : Dans un mélange de plusieurs gaz qui n'agissent pas chimiquement l'un sur l'autre, la force élastique du mélange est égale à la somme des forces élastiques qu'aurait chaque gaz, s'il occupait seul le volume total du mélange.

Mesure des hauteurs par le baromètre. — Nous empruntons au cours de Routes, professé par M. l'ingénieur en chef, Baron, à l'École des ponts et chaussées, le paragraphe suivant : « Il était naturel d'employer le baromètre pour la mesure des hauteurs. Mais il était clair, *a priori*, que les causes qui influent sur le phénomène sont nombreuses et de natures diverses. Il a donc fallu composer une formule qui tînt compte, d'une manière suffisamment exacte, de toutes les circonstances capables d'influer sur le résultat. Laplace, en donnant cette formule, a fait du baromètre un instrument de nivellement.

« Il est inutile de rapporter ici textuellement le chapitre, assez court d'ailleurs, que cet illustre géomètre a consacré, dans le quatrième livre de la *Mécanique céleste*, à la mesure des hauteurs par le baromètre; ses calculs et diverses expériences l'ont conduit à la formule suivante :

$$Z = 18336^{m} \left\{ 1 + 0,002845 . \operatorname{Cos} 2\psi \right\} . \left\{ 1 + \frac{2(t+t')}{1000} \right\} \left\{ \left(\frac{1+Z}{a} \right) \cdot \log \frac{h}{h'} + \frac{Z}{a} \cdot 0,868589 \right\}$$

dans laquelle h représente la hauteur du mercure, et t la température de l'air à la station inférieure; h' et t' les quantités analogues à la station supérieure; Ψ, une moyenne entre les latitudes de ces stations; a, la distance au centre de la terre de la station inférieure; z, la différence de niveau des deux stations.

« Depuis, on a fait entrer dans cette formule, d'une manière explicite, la correction relative aux variations de température du baromètre, et on y a apporté d'autres légères modifications ou simplifications de forme, dans le but d'en rendre l'application immédiate plus commode. Quelques mots suffiront pour rendre compte de ces changements.

« 1° Pour corriger rigoureusement l'erreur résultant de la différence de température des colonnes barométriques aux deux stations, il faudrait ramener par le calcul des hauteurs de ces colonnes à ce qu'elles devraient être, en partant, pour l'une et pour l'autre, du volume du mercure à 0°. On se borne à multiplier la hauteur h', à laquelle correspond presque toujours la plus petite température, par $[1+k\,(T-T')]$, T et T' désignant les températures des baromètres aux stations inférieure et supérieure, et k la différence entre le coefficient de dilatation du mercure dans le verre et celui du laiton de l'échelle du baromètre; cette différence ayant pour valeur $0{,}00016124=\frac{1}{6200}$, la correction se réduit à remplacer h' par $h'\left(1+\frac{T-T'}{6200}\right)$.

« 2° Au lieu de laisser subsister dans la formule les termes $\left(1+\frac{z}{a}\right)$ et $\frac{z}{a}$ 0,868589, introduits par la correction relative à la variation que subit l'intensité de la pesanteur, selon que, sur la même verticale, on se trouve plus ou moins élevé dans l'atmosphère, on les a supprimés et remplacés par une légère augmentation du coefficient numérique 18336. On a reconnu qu'on tenait très-suffisamment compte de la variation de la pesanteur pour les différences qu'elle produit dans le poids des colonnes atmosphériques, comme dans les poids et les hauteurs des colonnes barométriques, en remplaçant le coefficient numérique 18336 par le coefficient 18393.

« En conséquence de ces deux modifications, la formule a pu être écrite sous la forme suivante :

$$Z=18370\left(1+0{,}002845\ \mathrm{Cos.}\,2\psi\right)\left(1+2\,\frac{t+t'}{1000}\right)\left\{\log h-\log h'\left[1+\frac{T-T'}{6200}\right]\right\}$$

Quand on opère sous des latitudes qui ne diffèrent que de quelques degrés de la latitude moyenne, on néglige le facteur $1+0002845\ \cos.\ 2\Psi$.

« Cette formule est assez compliquée, et son emploi serait pénible, s'il fallait en calculer directement tous les termes dans chaque cas particulier : aussi a-t-on dressé des tables qui abrégent et facilitent beaucoup les calculs. M. Oltmanns a dressé, le premier, ces tables; depuis quelques années on en a étendu les limites, en profitant, en outre, de quelques déterminations nouvelles : elles sont insérées dans tous les annuaires du bureau des longitudes, et on ne croit pas nécessaire de les reproduire ici.

« A défaut de tables, on pourra calculer les différences de niveau par une formule extrêmement simple, facile à retenir, à laquelle M. Babinet a ramené la formule primitive : c'est la suivante :

$$Z=32\left(500+t+t'\right)\frac{h-h'}{h+h'}$$

dans laquelle t, t', h, h', ont les mêmes significations que ci-dessus : on suppose, toutefois, que les hauteurs h et h' ont été ramenés à la même température ; en d'autres termes, que la hauteur de la colonne barométrique à la station supérieure a été multipliée par $1 + \frac{T - T'}{6200}$.

« Cette formule approchée donne des résultats qui diffèrent de 5^{m}. au plus de ceux auxquels conduirait la formule exacte pour des différences de niveau n'excédant pas 2,000 mètres.

« Il convient d'ajouter à ce qui précède quelques explications sur la manière dont on procède aux opérations sur le terrain.

« Une opération est toujours faite par deux observateurs. Chacun d'eux doit être muni d'un baromètre et d'un thermomètre.

« Avant de commencer l'opération, il faut comparer la marche des deux baromètres dans le même lieu, afin de s'assurer qu'ils donnent des résultats identiques. S'il n'en était pas ainsi, on ne pourrait les employer qu'à la condition de corriger les observations d'après les résultats de cette épreuve préalable.

« Les instruments ainsi vérifiés, l'un des observateurs se place à la station inférieure, celle à laquelle on veut comparer les hauteurs des autres stations. L'autre observateur va successivement se placer à ces stations.

« Le premier observateur doit inscrire de dix minutes en dix minutes la hauteur de la colonne du baromètre, les degrés indiqués par le thermomètre fixé à l'instrument et le thermomètre libre, afin d'avoir des observations faites à peu près simultanément avec les opérations des autres stations.

« L'observateur qui occupe successivement les stations note exactement à chacune d'elles les résultats que lui donne chaque instrument et l'heure à laquelle les résultats sont pris.

« Les carnets qui servent à chacun des observateurs doivent donc contenir plusieurs colonnes ; la première indique la station ; la seconde, l'heure de l'observation ; la troisième, la hauteur de la colonne barométrique ; la quatrième, la hauteur du thermomètre accolé au baromètre ; la cinquième, la hauteur du thermomètre libre. On note avec soin dans une dernière colonne, les circonstances atmosphériques qui se sont produites. Toutes les observations faites, on y applique la formule et on obtient les différences de hauteur cherchées. Pour avoir quelque confiance dans les résultats ainsi obtenus, il faut avoir la moyenne d'au moins cinq ou six observations faites à la même heure et à des jours différents ; il faut se garder d'opérer en temps d'orage ou de grands vents. Il faut autant que possible, n'opérer jamais qu'au milieu de la journée. Il est indispensable enfin de maintenir toujours les instruments à l'ombre. Les explications qui ont été données ci-dessus sur les causes diverses et nombreuses qui peuvent influer sur le résultat suffiront pour faire comprendre que le résultat renferme toujours un peu d'incertitude.

« En résumé, on trouve des différences qui peuvent atteindre 4 ou 5 mètres ; mais, pour les opérations auxquelles le baromètre est employé, cette approximation est presque toujours suffisante, et cet instrument peut rendre de véritables services dans les régions montagneuses où les nivellements ordinaires exigeraient un temps et des peines énormes, dans les cas fort rares où ils ne seraient pas absolument impraticables. »

Aérostats. — « La découverte des aérostats est l'une des inventions qui ont le plus fixé l'admiration du public, et bien que les années qui se sont écoulées depuis n'aient pas justifié toutes les espérances qu'elle avait fait naître, on ne peut cependant s'empêcher de la considérer comme l'une des plus extraordinaires des temps modernes. C'est aux frères Montgolfier que nous devons cette merveilleuse découverte. Ils avaient annoncé qu'une grande machine de leur invention serait capable de parcourir l'atmosphère; l'expérience en fut tentée à Annonay, le 5 juin 1783, en présence des états généraux et d'un concours immense de peuple; c'est alors que l'on vit en effet un spectacle nouveau sur la terre, et bien digne d'exciter l'enthousiasme : un globe immense qui s'élevait majestueusement dans les airs, et qui semblait s'y soutenir par quelque puissance invisible. Cette espèce de prodige est cependant bien facile à comprendre.

La *montgolfière* (c'est le nom qu'ont reçu les appareils de cette nature, d'après celui de leurs inventeurs) se compose d'un globe de papier verni ou de taffetas qui porte à sa partie inférieure une ouverture de quelques pieds carrés. Au-dessous de cette ouverture et à quelque distance, est suspendu un panier léger, en fil de métal, contenant un corps combustible, soit de la paille hachée, soit de la laine ou du papier. Ce combustible étant enflammé, l'air chaud qui l'environne monte de lui-même, pénètre dans le globe et en remplit bientôt toute la capacité. A volume égal, l'air chaud pèse moins que l'air froid; ainsi le poids du globe est moindre que le poids de l'air qu'il déplace, et il doit s'élever par l'excès d'énergie de la poussée du fluide. Il s'élève, emportant avec lui le combustible enflammé qui produit sa puissance ascensionnelle, et, pour qu'il s'arrête, il faut qu'il arrive dans des couches d'air assez raréfiées pour que la différence des poids de l'air froid déplacé et de l'air chaud intérieur, soit justement égale aux poids réunis de l'enveloppe, du panier et du combustible qu'il contient.

Pilâtre des Rosiers et le marquis d'Arlandes osèrent les premiers monter dans une nacelle suspendue à une montgolfière et voyager librement dans l'atmosphère, malgré l'immense danger qui les attendait, dans le cas où le feu, qu'il était nécessaire d'entretenir sous le ballon pour maintenir la dilatation de l'air intérieur, viendrait à gagner l'enveloppe et à l'incendier au milieu des airs. Un physicien célèbre, Charles, jeune alors et professeur à Paris, eut l'heureuse idée de remplacer l'air chaud par le gaz hydrogène, dont Cavendish avait fait connaître l'extrême légèreté dès 1766. C'était supprimer l'emploi si dangereux du feu; aussi tous les ballons construits depuis cette époque, l'ont-ils toujours été sur ce principe.

Charles fit construire un ballon de 500 mètres cubes; et, pour montrer la confiance que devait inspirer sa découverte, il entreprit avec Robert ce fameux voyage dans lequel il fut porté en quelques minutes à la hauteur de 900 à 1,000 mètres, et parcourut, dans cette région de l'atmosphère, plus de neuf lieues dans l'espace de deux heures. C'est au milieu des Tuileries que Charles fit son ascension; toute la population de Paris était en mouvement; les places publiques, les sommets des édifices, et tous les lieux élevés étaient couverts de spectateurs; un coup de canon fut le signal du départ, et bientôt on vit monter le ballon, comme un météore qui s'élève sur l'horizon; au plus haut des airs, on distinguait encore les banderoles flottantes, éclairées par le soleil, et les navigateurs tranquilles qui saluaient la terre. Jamais expérience de physique n'excita tant d'admiration et un tel concert d'applaudissements.

Le gaz hydrogène ne pesant que $\frac{1}{13}$ de l'air atmosphérique, on voit que la force ascensionnelle d'un ballon de grande dimension peut être assez considérable. Ainsi un ballon de 10 mètres de diamètre peut aisément, poids de l'enveloppe compris, avoir 500 kilogrammes de force ascensionnelle. Cette force sert à enlever avec l'aéronaute des sacs de sable, ce qui lui permet de partir avec une faible vitesse, et d'atteindre la hauteur qu'il désire en jetant une partie de son lest.

Une précaution essentielle est de ne pas gonfler l'aérostat lors du départ ; car à mesure qu'on s'élève, la pression de l'atmosphère diminuant, le gaz de l'aérostat se dilate et finirait par crever l'enveloppe si elle était tendue.

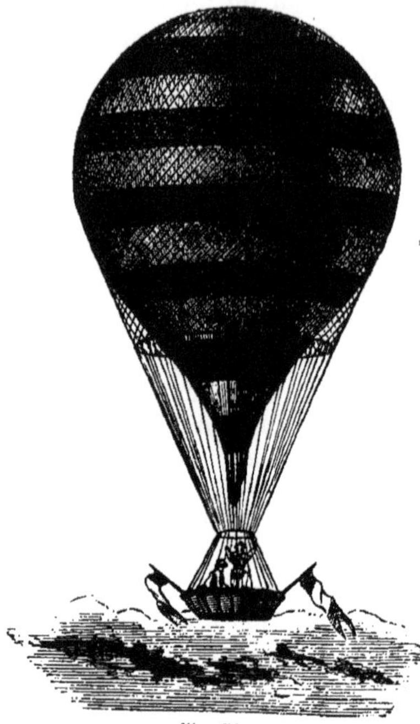

Fig. 51.

Pour descendre, l'aéronaute entr'ouvre une soupape placée à la partie supérieure du ballon et qu'il peut manœuvrer au moyen d'une corde. Le ballon perdant de sa force ascensionnelle, tombe, et par ce moyen combiné avec celui du lest, il devient possible de descendre sans danger. Les ballons sont certes une admirable invention, mais pourra-t-on jamais en tirer une utilité directe?

Pour cela il faudrait avant tout pouvoir parvenir à les diriger, et c'est pour atteindre ce but que des milliers d'inventeurs proposent chaque jour des systèmes nouveaux. Dans l'état actuel de l'art une seule chance s'offre à l'aéronaute qui veut atteindre une région déterminée, chance très - rare et très-précaire.

On a remarqué depuis longtemps qu'il existe souvent, à des hauteurs diverses de l'atmosphère, des courants de direction différente ou même tout à fait opposée.

Quelquefois, au-dessus d'une région calme, il existe un vent très-sensible, ou bien inversement. L'aéronaute peut donc espérer de rencontrer assez fréquemment un vent convenable ; mais la manœuvre de monter ou descendre à volonté pour atteindre les régions où le courant est favorable, abrége essentiellement la durée du voyage, puisqu'elle exige, comme nous l'avons dit, soit une perte de lest pour gagner de la hauteur, soit une perte de gaz pour descendre, en diminuant ainsi la force ascensionnelle du ballon.

Le système qui se reproduit presque constamment consiste à produire le mouvement par des ailes analogues à celles des oiseaux, dont l'exemple a toujours excité la jalousie de l'homme, comme le prouve la tradition d'Icare.

M. Navier, cherchant à étudier cette question au point de vue, négligé par les inventeurs, de la force nécessaire pour produire les effets indiqués, est arrivé à cette conclusion : que l'homme ne dispose pas en chaque instant, toute proportion gardée, de plus de la quatre-vingt-douzième partie de celle que l'oiseau déploie quand il se soutient dans l'air.

Il n'y a donc pas lieu, comme M. Hutton l'a fait il y a quelques années, à chercher à se diriger dans l'air au moyen d'un appareil analogue à celui des oiseaux, en employant la force motrice de la vapeur, car, à poids égal, l'homme est encore le moteur qui produit le plus grand travail continu. Il serait plus rationnel d'essayer un appareil analogue à celui du poisson ; celui-ci se soutient dans l'eau à l'aide de sa vessie natatoire, et se dirige avec ses nageoires et sa queue qui lui sert de gouvernail. Un ballon occupant l'intérieur d'une carcasse, à laquelle seraient fixés un gouvernail et de grandes hélices propulsives, soutiendrait en l'air l'appareil, qu'il ne s'agirait plus que de diriger. Mais alors la force humaine ne serait pas susceptible de développer d'une manière continue l'effort nécessaire pour faire avancer le ballon dans une direction opposée à celle du moindre vent. On ne pourrait pas encore dans ce cas employer de machine à vapeur, de crainte d'incendier le ballon ou le gaz qu'il renferme, indépendamment du poids trop considérable de ce moteur par rapport à son travail. On doit s'en tenir à cette conclusion de M. Navier dans son rapport déjà cité : « Nous pensons que la création d'un art de la navigation aérienne, dont les résultats pourraient être utiles et présenter autre chose qu'un spectacle, est subordonnée à la découverte d'un nouveau moteur dont l'action comporterait un appareil beaucoup moins pesant que ceux qu'exigent les moteurs que nous connaissons aujourd'hui. »

(Extrait du *Dictionnaire des arts et manufactures*, publié par M. Charles Laboulaye.)

Manomètres ou appareils mesurant la pression. — 1° *Manomètre à air libre.* — C'est le premier appareil qui nous a servi à démontrer la loi de Mariotte. Par le robinet I, le gaz du réservoir exerce sa pression sur le mercure de la branche T′ qui descend pendant que le mercure de l'autre branche T monte et indique la pression. La figure montre en détail la disposition du robinet R à trois voies, ce qui permet, soit de faire communiquer les deux tubes, soit de les vider tous les deux à la fois, ou tous les deux séparément. Appareil encombrant, coûteux et agité de chocs perpétuels.

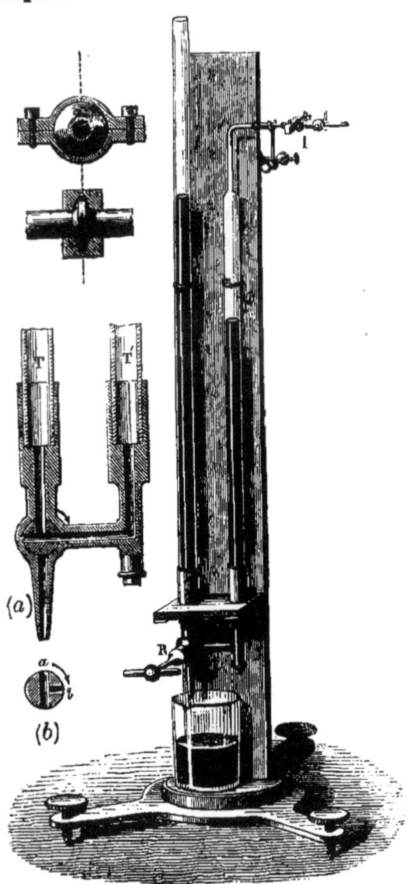

Fig. 52.

2° *Manomètre à air comprimé* (*fig.* 53). — Le gaz arrive par le robinet R dans la cloche C, y comprime le mercure de la cuvette et par son intermédiaire le gaz du tube ; ce gaz confiné diminue de volume, et le tube indique les pressions par sa graduation. On pourrait faire cette graduation par le calcul en prenant pour base la loi de Mariotte ; mais il est beaucoup plus exact de le graduer par comparaison avec un manomètre à air libre.

L'inconvénient de l'appareil est que pour les fortes pressions, c'est-à-dire les plus nécessaires à connaître, la variation du volume du gaz est très-faible et la lecture manque d'exactitude. La forme conique donnée au tube dans la seconde figure est préférable, car elle permet de donner même longueur aux divisions correspondant à une atmosphère (*fig.* 54).

3° *Manomètre métallique de Bourdon.* — Même principe que pour le baromètre. Le ressort creux n'est pas vide, mais la vapeur y pénètre par le robinet R, et ce ressort tend à se dérouler quand la pression augmente, à se replier si la pression diminue. Ces mouvements se transmettent à l'aiguille par un levier.

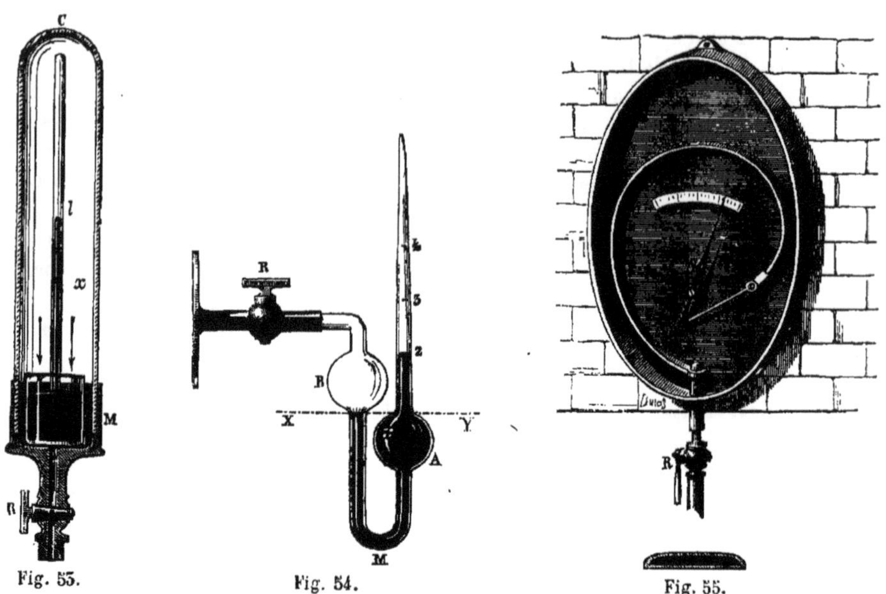

Fig. 53. Fig. 54. Fig. 55.

Machine pneumatique. — Nous avons vu que le vide parfait existait dans la chambre barométrique. Mais il est bien évident que ce n'est pas un moyen simple et commode; on recourt pour faire le vide à la machine pneumatique, dont le principe est dû à Otto von Guericke, bourgmestre de Magdebourg.

La cloche ou récipient M communique par le conduit T avec le dessous X du piston du corps de pompe C, le robinet R étant ouvert. Le conduit T, à son orifice dans le corps de pompe, est recouvert d'une soupape s'ouvrant de bas en haut; une autre soupape X s'ouvrant aussi de bas en haut, ferme l'orifice d'un conduit qui traverse le piston et débouche dans l'atmosphère. Le piston étant au bas de sa course, soulevons-le le vide tend à se faire au-dessous de lui, mais l'air du récipient presse la soupape du bas et vient se dilater dans le corps de pompe; la soupape X ne peut s'ouvrir, pressée comme elle l'est par l'atmosphère. Arrivé en haut de sa course, le piston redescend, comprime l'air au-dessous de lui jusqu'à ce que sa pression égale celle de l'atmosphère. La soupape du bas s'est fermée dès que la descente commence, la soupape X s'ouvre quand la pression intérieure dépasse une atmosphère. Une partie de l'air est expulsée du récipient, et il en est de même aux autres coups de piston. Une abondante quantité d'huile permet au piston de glisser à frottement hermétique dans l'intérieur du cylindre.

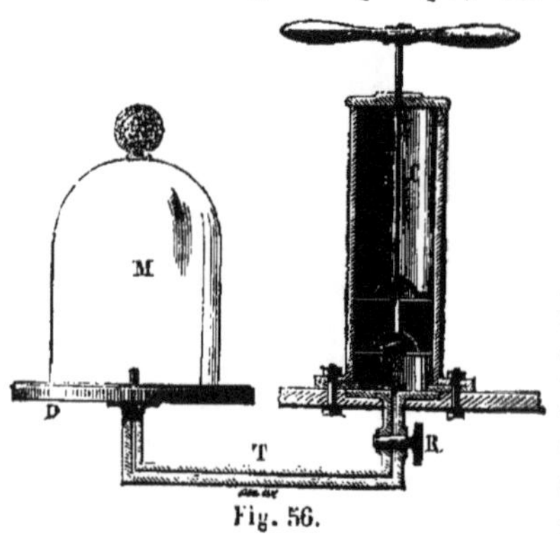

Fig. 56.

Soit R la capacité du récipient, P celle du corps de pompe, H la pression atmosphérique; au premier coup, le volume d'air R, à la pression H, se répand dans la capacité R + P, et la tension du gaz confiné devient $H\frac{R}{R+P} = t_1$; au deuxième coup, le volume R, à la pression t_1, se répand dans le volume R + P et prend une tension $\frac{R}{R+P}t_1 = t_2 = H\left(\frac{R}{R+P}\right)^2$, et au $n^{ième}$ coup, la tension de l'air confiné devient $t_n = H\left(\frac{R}{R+P}\right)^n$. On voit que, la fraction $\frac{R}{R+P}$ étant plus petite que l'unité, la tension de l'air comprimé diminue de plus en plus et tend vers zéro, sans jamais l'atteindre. Plus le corps de pompe est grand par rapport au récipient, plus la tension diminue rapidement.

Dans la pratique il y a toujours un espace nuisible où l'air se condense quand le piston est au bas de sa course ; les rugosités des surfaces empêchent un contact parfait. Il est vrai que, pour le diminuer, on remplace la soupape du bas par un orifice conique fermé exactement par un tronc de cône que manœuvre une tige

Fig. 57.

métallique traversant le piston à frottement dur. S'il n'y avait qu'un corps de pompe, la manœuvre deviendrait bien vite impossible : vu la pression atmosphérique qui s'exerce sur la face supérieure du piston, il faudrait pour le soulever une force considérable. On a donc une double manivelle dont l'axe *o* porte une roue dentée qui engrène avec les tiges à crémaillère de deux pistons : l'un monte pendant que l'autre descend, et la pression atmosphérique est équilibrée.

Nous donnons ci-contre le dessin de la soupape du piston. Nous donnons aussi le dessin du robinet qui est percé d'un conduit *ab* faisant communiquer corps de pompe et récipient, et qui possède un autre conduit $\gamma\gamma'$ fermé par un bouchon LL' et situé dans une direction normale à celle de *ab*. Ce dernier conduit débouche avec l'atmosphère, et sert à faire rentrer dans le récipient l'air extérieur ou bien encore à isoler complétement le récipient du corps de pompe, afin d'empêcher les fuites. La figure 60 montre ce conduit dans ces deux positions.

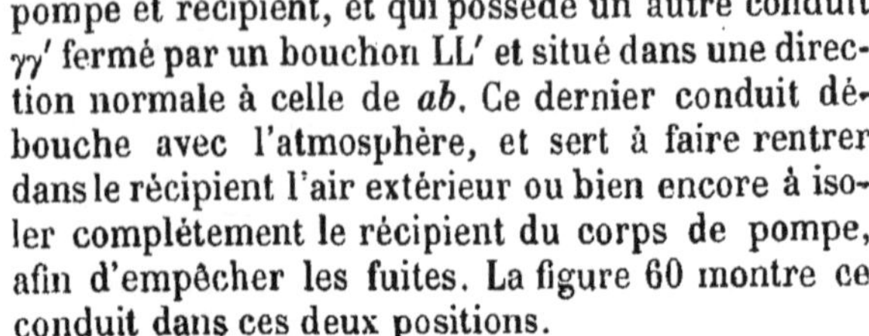

Fig. 58.

Une éprouvette E, qui est un véritable baromètre, sert à apprécier le degré de raréfaction : si le vide était aussi parfait du côté de la branche ouverte, c'est-à-dire dans le récipient, que du côté de la chambre barométrique, les deux ménisques seraient au même niveau, au zéro de l'éprouvette. On comprend facilement ce que signifie faire le vide à un, à deux, à trois millimètres de mercure.

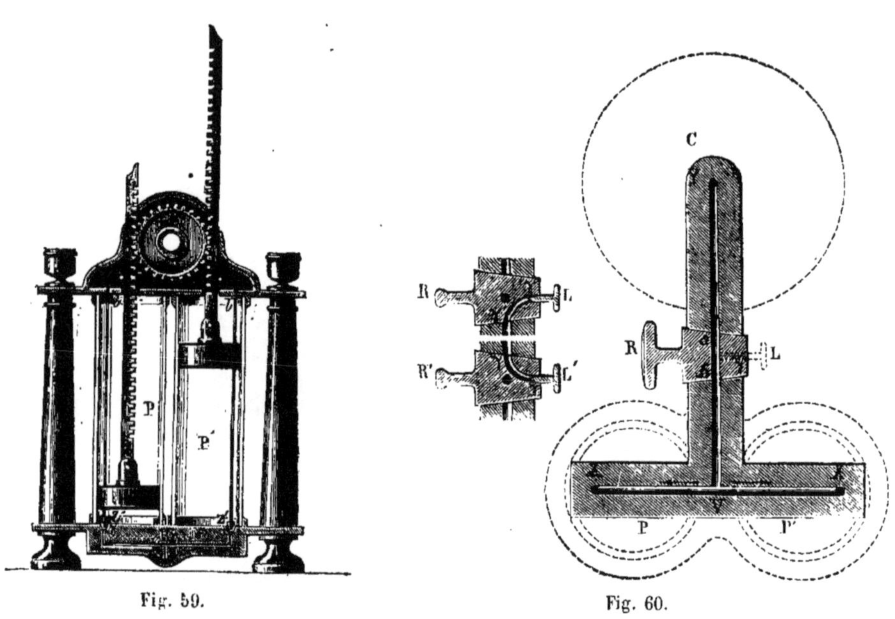

Fig. 59. Fig. 60.

La machine pneumatique permet de démontrer les faits suivants : la combustion, la respiration, la fermentation s'éteignent dans le vide.

Lorsqu'on fait le vide sur une portion de la peau, la pression des liquides intérieurs n'est plus balancée, et le sang jaillit; ce phénomène se produit chez les personnes qui montent à une grande hauteur dans l'atmosphère, où l'air est très-raréfié.

Machine de compression. — Disposition analogue à celle de la machine précédente; le jeu des soupapes est seulement renversé, elles s'ouvrent de haut en bas (*fig.* 62). — On soulève le piston, la soupape Z est ouverte et l'air extérieur pénètre dans le corps de pompe; le piston redescend, l'air se comprime, presse la soupape Z qu'il ferme et la soupape Z' qu'il ouvre, et pénètre dans le récipient. S'il existe sous le piston un espace nuisible (n), que P soit le volume du corps de pompe, et H la pression atmosphérique; la limite x de compression sera la tension telle, que sous cette tension un volume P à la pression H n'occupe plus qu'un volume n, donc la tension limite $x = \frac{n}{P} H$.

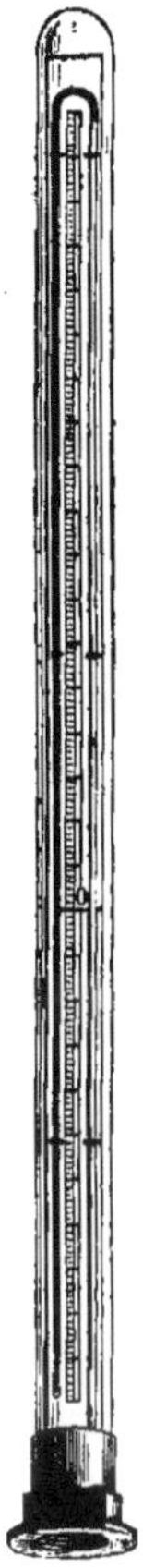

Pompe à main ordinaire. — L'air arrive par le conduit T, traverse la soupape Z pendant que le piston monte, et, quand le piston descend, la soupape Z se ferme, Z' s'ouvre et l'air va dans le récipient par le conduit T'.

Nous parlerons des pompes, du siphon et du gazomètre en mécanique et en chimie.

Poids spécifiques des gaz. — Le poids spécifique d'un gaz est le rapport du poids d'un volume donné de ce gaz au poids d'un égal volume d'air sec à la température 0° et sous la pression $0^{m},76$. Ce rapport étant connu, sachant de plus que le poids d'un litre d'air est $1^{gr},293$ et que, par suite, la densité de l'air par rapport à l'eau est 0,001293, on aura le poids spécifique du gaz par rapport à l'eau en multipliant par 0,001293 le poids spécifique de ce gaz par rapport à l'air.

La densité d'un gaz est en général le rapport du poids d'un volume de ce gaz au poids d'un égal volume d'air sec pris dans les mêmes circonstances. Si la loi de Mariotte était vraie, la densité serait constante et égale au poids spécifique, mais cela n'est pas et la densité des gaz est variable.

En principe, la détermination des poids spécifiques est simple ; il suffit de prendre un ballon plein d'air à la pression H, soit P son poids, d'y faire le vide partiel jusqu'à la pression h, soit p son poids. La différence $P - p$ donne le poids du gaz qui remplirait

Fig. 61.

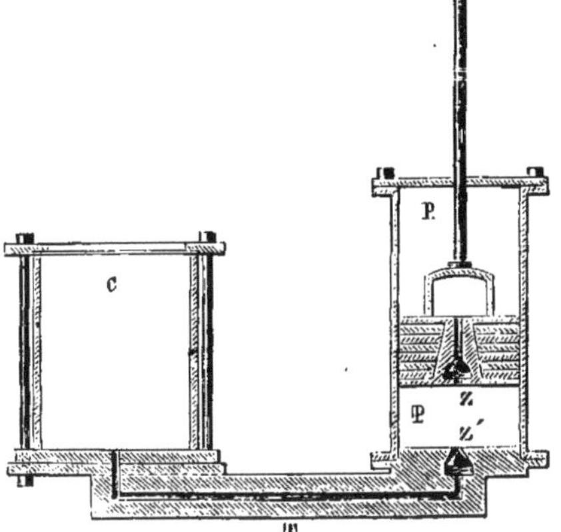

Fig. 62.

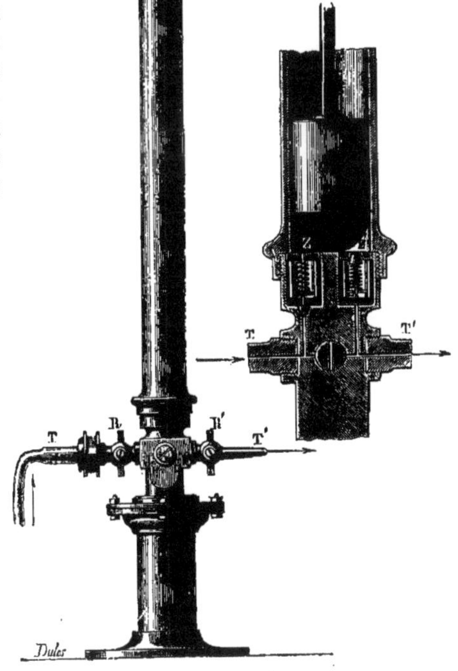

Fig. 63.

le ballon à la pression $H - h$ (c'est ce qui résulte de la loi du mélange des gaz). Connaissant la température et les coefficients de dilatation, on déduit de ce poids celui A de l'air qui remplirait le ballon à 0° et sous la pression 0m,76. On répète la même opération avec le gaz donné, et l'on trouve un poids B ; le poids spécifique est $\frac{B}{A}$. Mais il y a de très-grandes difficultés à connaître exactement les coefficients de dilatation et les températures au moment des pesées : il y a là bien des causes d'erreur.

Méthode de M. Regnault. — M. Regnault prend deux ballons de même volume et de même poids, en un mot, exactement pareils. L'un d'eux est hermétiquement fermé et vide ; tous deux sont suspendus sous les plateaux de la balance hydrostatique. Le ballon vide fait équilibre à l'autre ballon, et on n'a pas besoin de le tarer ; l'excès de poids est dû uniquement au poids du gaz contenu dans l'autre ballon, et il est alors facile de trouver ce poids. Le ballon où l'on pèse le gaz est plongé d'abord dans un vase de zinc entouré de glace, de sorte que ce que l'on pèse ensuite est le poids d'un volume de gaz pris à 0°. Les influences atmosphériques, pendant la pesée, affectent également les deux ballons, et la seule correction à faire est celle des pressions.

Pour la densité des gaz qui attaquent les montures en laiton, tels que le chlore, on se sert de grands flacons bouchés à l'émeri.

	Poids spécifiques.		Poids spécifiques.
Hydrogène	0,0692	Oxygène	1,105
Gaz ammoniac	0,597	Acide chlorhydrique	1,245
Oxyde de carbone	0,967	Acide carbonique	1,529
Azote	0,972	Chlore	2,44
Air atmosphérique	1,000		

CHAPITRE III

DE LA CHALEUR

La chaleur. — En physique, on appelle chaleur la cause qui produit les sensations du chaud et du froid. Ces sensations ont un caractère purement relatif, et dans certaines conditions une source de chaleur peut agir comme une source de

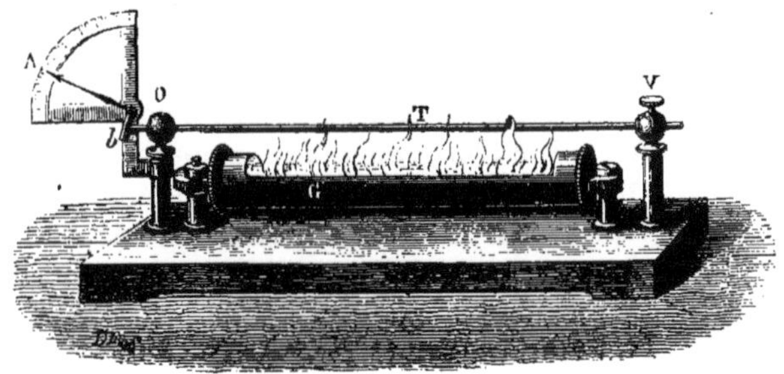

Fig. 64.

froid et réciproquement. La chaleur se manifeste encore en produisant dans les corps des changements de volume, des changements de force élastique, et des changements d'état. Exemples :

Changements de volume ou de dimensions. Une barre T chauffée à l'alcool s'allonge et pousse le levier coudé *b*OA. Un liquide contenu dans un ballon B et chauffé au bain-marie se dilate et monte de *m'* en *m* (il y a d'abord un abaissement à cause de la dilatation du vase qui se fait avant celle du liquide). Le gaz contenu dans une boule de verre se dilate par la chaleur de la main et chasse devant lui l'index de mercure (*a*).

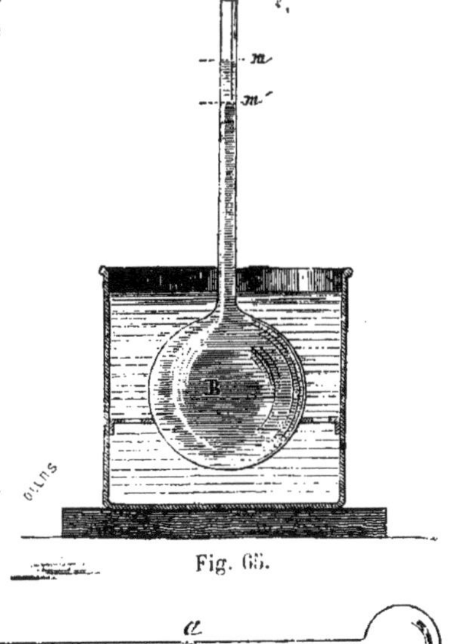

Fig. 65.

Fig. 66.

Température et thermomètre. — Nous empruntons au cours de physique que le regretté M. Verdet professait à l'École polytechnique les considérations suivantes sur les températures et les thermomètres : « On peut remarquer d'une manière générale que, si deux corps ou deux systèmes de corps sont mis en rapport, l'un d'eux fonctionne relativement à l'autre comme une source de chaleur et qu'il éprouve lui-même les effets résultant de l'application d'une source de froid. Cette période de réaction réciproque des deux systèmes a pour conséquence finale un état d'équilibre qui persiste indéfiniment si aucune cause extérieure ne vient le troubler (cette dernière condition impossible à réaliser pratiquement est toujours théoriquement concevable). On dit alors que les deux systèmes *sont en équilibre de température* ou que *leurs températures sont égales*. Il peut arriver que cet état d'équilibre se réalise dès le premier instant et sans qu'aucune modification survienne dans l'état d'aucun des deux systèmes. On dit que les deux systèmes sont initialement à *des températures différentes*, et celui de ces deux systèmes qui fonctionne par rapport à l'autre comme une source de chaleur (qui détermine dans l'autre système des effets de dilatation, fusion ou vaporisation) est dit avoir eu primitivement *la température la plus élevée*.

Deux faits généraux établis par l'expérience justifient l'emploi de ces locutions :

Premièrement, si deux systèmes A et B sont respectivement à la même température qu'un troisième système C, lorsqu'on les mettra en relation l'un avec l'autre, ils se trouveront immédiatement en équilibre. En d'autres termes, deux températures égales à un troisième sont égales entre elles.

En second lieu, si de trois systèmes A, B, C, le deuxième est à une température plus élevée que le premier, et le troisième à une température plus élevée que le deuxième, l'expérience montre que le troisième est à une température plus élevée que le premier. De plus, si, par l'action d'une source de chaleur, on modifie l'état du système A, de façon à l'amener à se trouver en équilibre de température avec le système C, il passera toujours par une suite d'états telle qu'à un certain moment, il se trouvera en équilibre avec le système B. Cette circonstance permet de dire que B est à une température *intermédiaire* entre les températures de A et de C.

Soit un nombre quelconque de systèmes respectivement en équilibre. En ayant égard à ce qui vient d'être dit, il sera possible de les classer dans un ordre tel, qu'un système quelconque soit à une température plus élevée que tous ceux qui le précèdent, et à une température moins élevée que tous ceux qui le suivent. L'ordre ainsi établi, que nous représentons par :

A,B,C. . . . . . . .Z.

sera évidemment unique, et un système quelconque, ne pourra passer à l'état d'un système suivant qu'en traversant les états de tous les systèmes intermédiaires.

Supposons que dans la constitution de tous les systèmes A, B, C,... etc., on ait fait entrer un même corps *m*; dans chaque système, ce corps aura un volume particulier qu'il suffira de connaître pour caractériser d'une manière précise l'état du système relativement à tous les autres. Il suit en effet des définitions précédentes que si, dans deux systèmes, le corps *m* a même volume, ces systèmes sont à des températures égales, et que le système où le volume de *m* est le plus grand est à la température la plus élevée. Un corps commun à divers systèmes en équilibre et dont le volume peut être mesuré commodément est ce qu'on nomme *un thermomètre*.

Convenons maintenant d'appeler *température* d'un système, soit l'expression numérique du volume que possède le thermomètre, soit une fonction quelconque de cette expression ; une telle convention, qui sera d'une grande commodité pour la désignation des états divers que traverse un système soumis à l'action de la chaleur sera entièrement d'accord avec les définitions données plus haut de l'égalité et de l'inégalité des températures en sorte qu'il n'y aura à la faire que des avantages.

Le mot *température,* lorsqu'il est employé isolément n'a donc aucune signification mystérieuse, que les progrès ultérieurs de la science devraient éclaircir, et qu'on devrait aujourd'hui se contenter de sentir d'une manière plus ou moins vague. Il désigne simplement un *nombre* qui satisfait aux conditions suivantes : deux systèmes en équilibre où ce nombre a la même valeur demeurent en équilibre lorsqu'on les mettra en rapport l'un avec l'autre ; deux systèmes où il a des valeurs différentes se modifieront réciproquement, et celui auquel correspond le plus grand nombre fonctionnera relativement à l'autre comme source de chaleur. Il résulte de ce qui précède qu'on peut trouver une série de nombres jouissant de ces propriétés et qu'on en peut même trouver une infinité, selon la diversité des conventions qu'on voudra faire. Les conventions suivantes, qui ne sont peut-être pas les plus avantageuses possibles, ont été universellement adoptées.

1° On appelle *température zéro* la température de tout système où le thermomètre prend un volume particulier défini arbitrairement.

2° On prend pour expression de la température un nombre proportionnel au changement relatif qu'éprouvera le volume du thermomètre en passant de l'état défini par la température zéro à un autre état quelconque. Ce nombre est positif ou négatif suivant que le changement de volume considéré est une dilatation ou une contraction. Il y a d'ailleurs autant d'échelles thermométriques qu'on attribue de valeurs diverses au coefficient par lequel est exprimé la proportionnalité entre la température et les variations de volume du thermomètre.

Les plus anciens thermomètres, ceux de Galilée et des académiciens de Florence, paraissent avoir été entièrement conformes à ces conventions. C'étaient de petits thermomètres à alcool, de dimensions exactement identiques, dont la tige était divisée exactement de la même façon, et où d'ailleurs la position du zéro était entièrement arbitraire. Newton paraît avoir le premier défini le zéro par un phénomène physique, facile à reproduire dans des conditions identiques, la fusion de la glace ; mais son degré était encore une fraction du volume à zéro défini numériquement. Fahrenheit a remplacé cette définition numérique par l'introduction d'un deuxième point fixe qui caractérise l'ébullition de l'eau sous une pression déterminée, la pression de 760 millimètres. Les deux modes de définir l'échelle thermométrique sont au fond identiques ; mais le second est pratiquement beaucoup plus commode que le premier.

Échelle centigrade. — Le degré centigrade est l'élévation de température qui produit une variation de volume du thermomètre égale à la centième partie de la variation qui a lieu lorsque le thermomètre passe de la température de la fusion de la glace à la température d'ébullition de l'eau.

Cette définition n'a un sens tout à fait précis que si l'on fait connaître la matière du thermomètre ; car, si en vertu des conventions faites sur les points fixes, tous les thermomètres doivent s'accorder aux températures 0° et 100°, il n'y a *a priori* aucune raison pour qu'ils s'accordent dans les conditions différentes.

Échelle de Réaumur. — L'intervalle des deux points fixes est divisé en 80 parties égales.

Échelle de Fahrenheit. — L'intervalle des deux points fixes est divisé en 180 parties égales, mais le point de fusion de la glace correspond à la température 32° au lieu de la température 0°, le point d'ébullition de l'eau correspond à la température 212°.

Presque tous les corps sont propres à servir de thermomètres. Des raisons de commodité pratique on fait adopter pendant longtemps l'usage à peu près exclusif du thermomètre à mercure. Des raisons d'une tout autre nature, parmi lesquelles on ne citera pour le moment que la permanence indéfinie de l'état physique de l'air atmosphérique, l'ont fait remplacer dans toutes les recherches scientifiques exactes par le thermomètre à air. De plus, on a substitué dans ce thermomètre l'observation des variations de force élastique à celle des variations de volume.

Thermomètre. — *Choix du corps thermométrique. Thermomètres solides.* — Deux échantillons différents d'un même corps solide n'ayant presque jamais les mêmes propriétés physiques, les thermomètres solides ne sont pas comparables entre eux ; ils peuvent cependant rendre des services comme *pyromètres* lorsqu'il s'agit d'apprécier pour les besoins de la pratique industrielle des températures très-élevées.

Thermomètres à liquides. — L'influence sensible de l'enveloppe solide ne permet pas de regarder comme absolument comparables les indications de divers thermomètres construits avec un même liquide et des enveloppes de nature différente; mais la commodité des thermomètres à liquide est telle, qu'on ne saurait en abandonner l'usage, même dans les recherches les plus précises ; il faut seulement que ces instruments aient été comparés avec un instrument étalon, qui est le thermomètre à air.

Thermomètres à gaz. La dilatation des gaz étant plus de 150 fois supérieure à la dilatation moyenne du verre, les variations de cette dernière dilatation ne peuvent exercer sur les indications d'un thermomètre à gaz qu'une influence inférieure aux erreurs inévitables des expériences ; les divers thermomètres construits avec un même gaz sont donc comparables.

Pyromètre de Wedgwood. — Plaque métallique portant deux rainures de largeur décroissante, dont l'une est la continuation de l'autre; on observe la division où s'arrête un petit cylindre d'argile, qui, avant d'avoir été chauffé, ne pénètre que jusqu'à une division initiale marquée 0°; et qui, en se contractant par la chaleur, peut pénétrer plus loin, la graduation est arbitraire, et l'instrument n'est qu'un indicateur grossier.

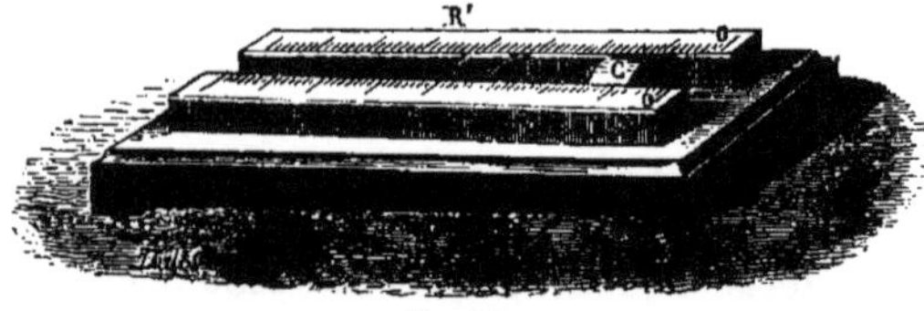

Fig. 67.

Thermomètres à liquide. — Ces instruments seraient comparables si l'on observait les volumes absolus des liquides. Si l'on n'observe que les volumes apparents, comme on le fait d'ordinaire, l'influence de l'enveloppe ne permet pas de regarder *a priori* comme comparables les indications d'instruments divers construits avec un même liquide renfermé dans des enveloppes dont on ne peut garantir l'identité. Néanmoins, la dilatation de l'enveloppe solide étant généralement une fraction assez petite de la dilatation du liquide, son influence est assez restreinte ; d'ailleurs, il est facile de comparer ces instruments à l'un d'entre eux, ou mieux encore au thermomètre à air, pris pour étalon, et de donner ainsi un sens tout à fait précis à leurs indications.

Avantages évidents du thermomètre à mercure : étendue de sa course (de 40° à + 350° du thermomètre à air) ; purification facile du métal (distillation suivie de lavages à l'acide nitrique et à l'acide sulfurique).

Construction. — A l'une des extrémités d'un tube divisé en parties d'égale capacité, on souffle un réservoir cylindrique, ellipsoïdal ou sphérique ; à l'autre extrémité on soude ou on souffle une olive terminée par un tube effilé qui s'ouvre dans l'atmosphère ; on chauffe l'air du réservoir, on plonge le tube effilé dans du mercure chaud, et lorsque le refroidissement de l'air a déterminé l'ascension d'une certaine quantité de mercure, on fait tomber ce liquide dans le réservoir en retournant l'instrument et en lui donnant quelques secousses.

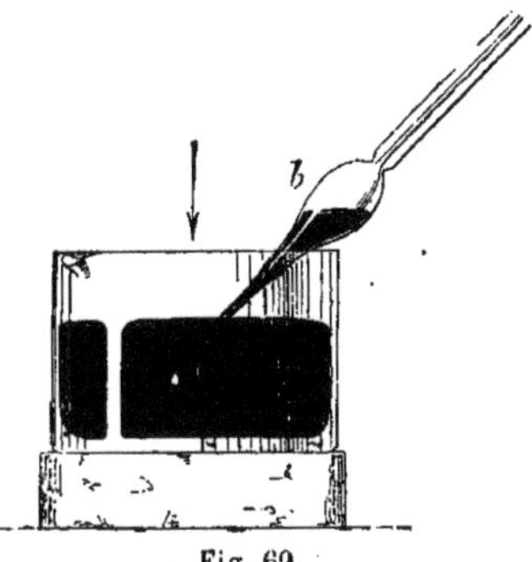

Fig. 69.

On réitère cette opération jusqu'à ce qu'il ne reste plus dans le réservoir qu'une faible quantité d'air, qu'on expulse définitivement par l'ébullition du mercure. On laisse refroidir, on plonge l'instrument pendant quelques instants dans la glace et dans l'eau bouillante, afin de connaître à peu près la position des points fixes, et si cette position ne paraît pas convenable, on introduit une nouvelle quantité de mercure ou on en fait sortir par l'action de la chaleur. On coupe le tube

Fig. 68. Fig. 70.

à la longueur voulue (déterminée par la course qu'on veut donner au thermomètre), et on le ferme à la lampe en ayant soin de laisser à l'extrémité de la tige une petite capacité où le mercure puisse s'accumuler sans briser le tube par sa dilatation, si dans une expérience on vient à dépasser la limite supérieure des températures auxquelles on veut employer l'instrument.

Il s'agit alors de déterminer les points fixes : le zéro du thermomètre centigrade est le point où s'arrête le mercure quand on laisse pendant un certain temps l'appareil plongé dans un vase rempli de glace concassée et qui est en fusion (*fig.* 71).

L'autre point fixe s'obtient en plaçant l'appareil dans l'étuve que représente la figure 72. La vapeur d'eau l'environne de toutes parts ; le vase est à double enveloppe, de façon à maintenir bien constante la température du cylindre intérieur. Au bout de quelque temps, le niveau de la colonne de mercure devient fixe, l'opération est alors terminée.

On marque 100° en ce point fixe, et l'on divise l'intervalle de 0° à 100° en cent parties égales.

Nous avons dit plus haut quelle était la graduation Réaumur et la graduation Fahrenheit.

Thermomètres à maxima et à minima. — 1° *De Bellani.* — Dans le vase A

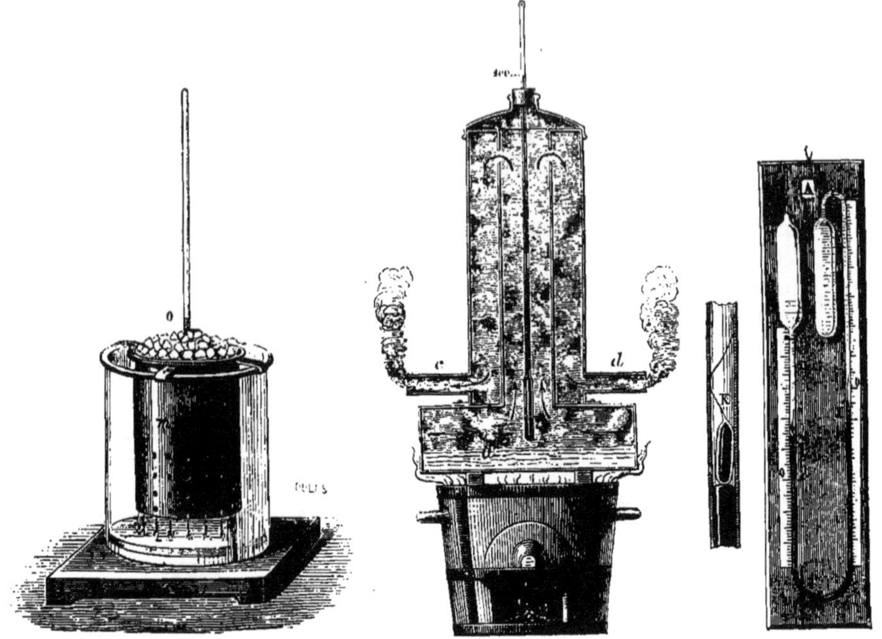

Fig. 71. Fig. 72. Fig. 73.

est de l'alcool qui se dilate ou se contracte et transmet ses mouvements à la colonne de mercure l'I. Sur chaque ménisque flotte un tube en verre rempli de mercure et prolongé par un fil de verre étiré : ce fil de verre est sinueux, s'arc-boute sur les parois du tube; il monte bien, mais ne peut descendre, de sorte qu'en I l'index s'arrêtera à la température maxima et en I' à la température minima. La graduation est faite avec un thermomètre ordinaire (*fig.* 73).

2° *Thermomètre à maxima de Walferdin.* — A une haute température, le mercure se déverse par la pointe (*a*), dans l'ampoule *m*; on le retire, le mercure baisse dans le tube; alors on le chauffe à côté d'un thermomètre ordinaire; au moment où l'écoulement va recommencer en (*a*), le thermomètre ordinaire donne la température maxima à laquelle l'appareil de Walferdin a été soumis.

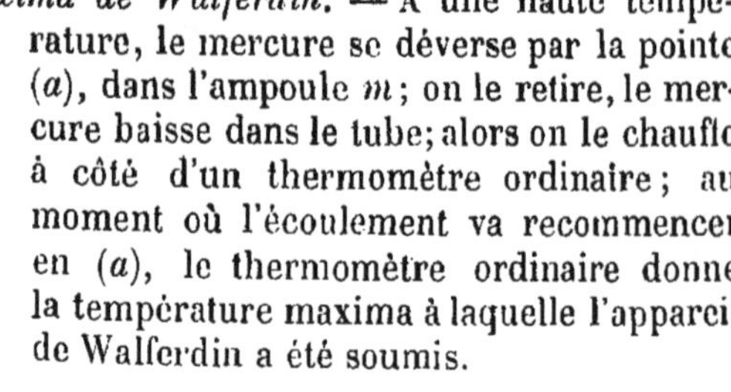

Thermomètre différentiel de Leslie. — De l'air est renfermé dans les boules A et B, et ces deux espaces sont séparés par une colonne d'acide sulfurique ; pour avoir la différence de température de deux enceintes voisines, on plonge une boule dans l'une, et l'autre boule dans l'autre. L'appareil a été gradué à l'avance, et le niveau du liquide

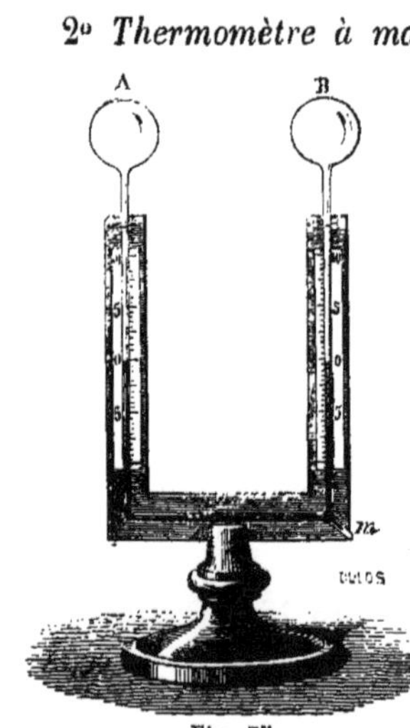

Fig. 74. Fig. 75.

indique en degrés l'excès de la température d'une enceinte sur la température de l'autre.

Dilatation des corps. — Nous avons vu qu'une tige de métal chauffée s'allonge et pousse devant elle un petit levier qui permet de constater et de mesurer grossièrement l'allongement total ou dilatation linéaire.

On appelle K le coefficient de dilatation linéaire, c'est-à-dire la quantité dont varie l'unité de longueur du corps pour une variation de température de 1° centigrade. Ainsi une longueur l portée de o à t devient $l' = l\,(1+Kt)$, et la longueur l portée de t à t' devient $l'' = l'\,(1+K\,[t'-t])$.

Si on considère une surface, réduite à un carré de côté a, sa surface deviendra au lieu de a^2, $S' = a(1+K)\,a(1+K)$, pour un accroissement de 1°, ou $S' = a^2 (1+2K+K^2)$, et comme K^2 est négligeable par rapport à 2K, $S' = a^2\,(1+2K) = S\,(1+2K)$.

Si on considère un volume représenté par un cube de côté a, le volume V deviendra pour un accroissement de 1° $V' = a^3\,(1+K)^3 = V\,(1+K)^3$, $V' = V\,(1+3\,K+3\,K^2+K^3)$, ou en négligeant K^2 et K^3 très-petits par rapport à K $V' = V\,(1+3\,K)$.

Ainsi le coefficient de dilatation de section est double, et le coefficient de dilatation cubique est triple du coefficient de dilatation linéaire.

Formules générales :

$$Vo = \frac{V_t}{1+Kt} \qquad V_t = V_{t'}\left\{1+K(t'-t)\right\}$$

K est ici le coefficient de dilatation cubique.

$$Vo = \frac{V_t}{1+Kt} = \frac{V_{t'}}{1+Kt'} \text{ donc } \frac{V_t}{V_{t'}} = \frac{1+Kt}{1+Kt'} = \frac{D_{t'}}{D_t}.$$

Pour un gaz, le coefficient de dilatation cubique s'appelle α. On a :

$$V_{t'} = V_t \frac{1+Kt'}{1+Kt}.$$

Si les pressions correspondant aux volumes sont différentes et égales à H et H', on résumera les deux effets de la variation de température et de la variation de pression dans la formule :

$$V_{t'} = V_t \times \frac{H}{H'} \times \frac{1+Kt'}{1+Kt};$$

ou bien :

$$D_{t'} = D_t \frac{H'}{H} \times \frac{1+Kt}{1+Kt'}.$$

Mesure de la dilatation des solides. — Nous avons déjà vu le petit appareil qui permettrait à la rigueur de la mesurer. Voici maintenant l'appareil de Laplace et Lavoisier.

Une lame à éprouver est plongée dans un bain d'huile, et vient buter d'une part à l'obstacle fixe FF'TT', d'autre part à la barre LL', qui communique à l'axe *oo'* et à la lunette VV', d'abord horizontale, un mouvement de rotation. Une mire

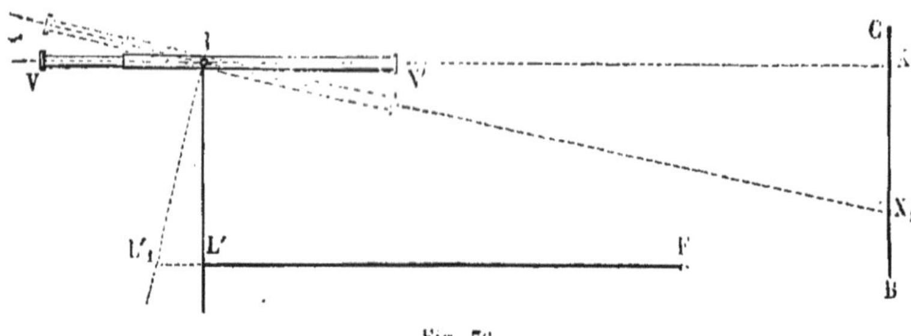

Fig. 76.

est placée à une grande distance dans l'axe de la lunette, et on peut lire la hauteur XX_1 correspondant à l'angle d'oscillation. On a évidemment : $\frac{L'L'_1}{LL'} = \frac{XX_1}{LX}$,

Fig. 77.

et là dedans il n'y a que $L'L'_1$ d'inconnu ; or, c'est l'accroissement de longueur qui, divisé par la température, donne le coefficient linéaire, et, par suite, le coefficient cubique, qui est le triple du premier.

TABLE DE COEFFICIENTS DE DILATATION LINÉAIRE DES SOLIDES ENTRE 0° ET 100°.

Suivant Laplace et Lavoisier.	
Flint-glass anglais. . . .	0,000008116
Verre de Saint-Gobain. . .	0,000008908
Acier non trempé.	0,000010788
Fer doux forgé.	0,000012204
Or au titre de Paris. . . .	0,000015136
Cuivre.	0,000017122
Laiton.	0,000018667
Argent au titre de Paris. .	0,000019086
Plomb.	0,000028483

Suivant Smeaton.	
Verre blanc.	0,000008333
Fer.	0,000012583
Bismuth.	0,000013916
Étain fin.	0,000022833
Zinc.	0,000029416

SUIVANT LE MAJOR GÉNÉRAL ROY.

Fer fondu.	0,000011100
Acier.	0,000011445
Cuivre jaune de Hambourg.	0,000018555

SUIVANT TROUGHTON.

Cuivre.	0,000019188
Argent.	0,000020826

SUIVANT FROMENT.

Platine, un mètre type. . .	0,000007492

MM. Dulong et Petit ont déterminé le coefficient moyen entre 0° et 300° des corps suivants :

Platine.	0,000008842
Verre.	0,000010108
Fer.	0,000011831
Cuivre..	0,000017182

Application de la dilatation des solides. — *Pendule compensateur*. La formule $t = \pi\sqrt{\frac{l}{g}}$, dans laquelle l est la longueur du pendule simple synchrone du pendule composé que l'on considère, montre que t augmente ou diminue avec l, c'est-à-dire avec la température, si le pendule est formé d'une tige unique. Le pendule compensateur a pour but de maintenir l constant.

Les lettres a, b, c, d, représentent des tiges de fer, les lettres b' et a', des tiges de laiton. Par leur dilatation, les tiges de fer tendent à abaisser la lentille du pendule, et les tiges de laiton à la remonter. Les deux effets se détruiront si les longueurs totales de fer et de laiton sont dans le rapport de leurs coefficiens de dilatation.

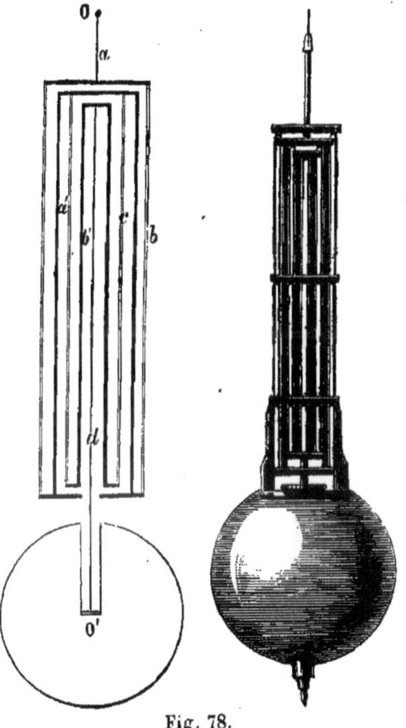

Fig. 78.

Dilatation des liquides. — Nous avons déjà montré la dilatation des liquides, mais nous avons vu en même temps que l'étude en était compliquée par la dilatation du vase qui renferme le liquide. On distingue pour un liquide : 1° la dilatation apparente, c'est-à-dire celle que paraît subir un liquide placé dans une enveloppe qui se dilate, mais dont on néglige le changement de capacité ; 2° la dilatation absolue du liquide. La dilatation apparente est l'excès de la dilatation absolue du liquide sur celle du vase qui le contient ; l'une pourrait donc se déduire de l'autre, si l'on connaissait bien la dilatation du vase.

Dilatation absolue du mercure. — C'est la plus importante à connaître, puisque le mercure se rencontre dans presque tous les appareils d'observation.

Méthode de Dulong et Petit. — Sur un bâtis en bois est placé un T en fer que l'on peut rendre horizontal par deux niveaux à bulle rectangulaires. Le T supporte un tube recourbé à deux branches verticales larges A et B, réunies par un tube horizontal presque capillaire, de sorte que les liquides de B et A ne peuvent se mélanger. On a d'abord rempli les tubes A et B jusqu'à la même hauteur, puis on maintient l'un à 0° dans le manchon M plein de glace, et on porte l'autre à des températures croissantes jusqu'à 300° et 350° au moyen d'un bain d'huile, dont deux thermomètres, l'un à l'air, l'autre à poids décrit plus loin, donnent la température. Un repère fixe r est placé à une certaine hauteur au-dessus de l'axe du tube horizontal de communication, et c'est par rapport à ce repère que l'on prend au moyen d'un cathétomètre les niveaux du mercure en A et B.

En somme, on a à appliquer le théorème des vases communiquants, car les

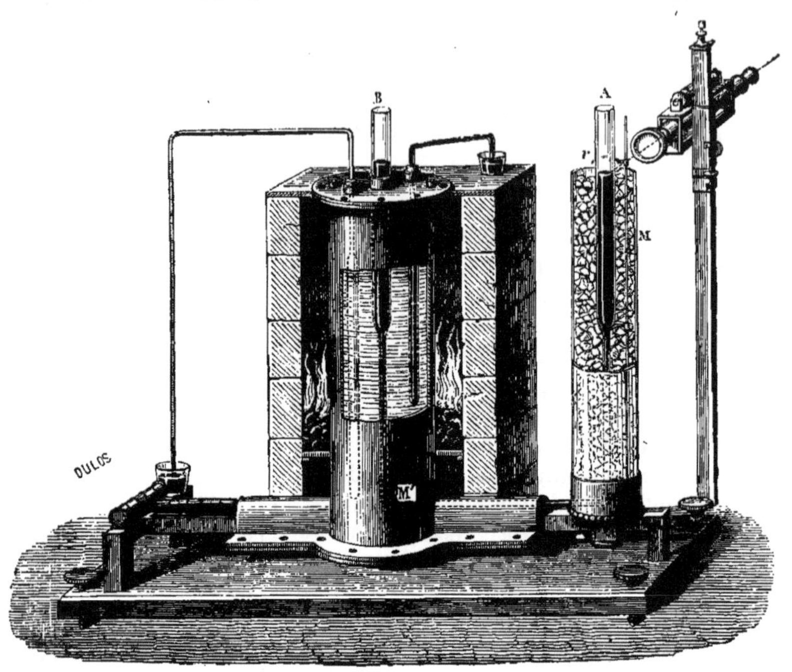

Fig. 79.

deux liquides dont les hauteurs sont h_t et h_0 et les températures t et $o°$, constituent des liquides différents, dont les densités sont d_t et d_0.

On a $\frac{h_t}{h_0} = \frac{d_0}{d_t}$, mais si Δ est le coefficient de dilatation absolue u mercure de $o°$ à $t°$, on aura $d_0 = d_t\,(1 + \Delta.t) = d_t . \frac{h_t}{h_0}$, donc $\Delta = \frac{h_t - h_0}{h_0 t}$.

Les expérimentateurs trouvèrent que de 0° à 100°, $\Delta = \frac{1}{5550}$; puis le coefficient va sans cesse en augmentant ; de 100° à 200°, la moyenne est $\frac{1}{5425}$, et de 200° à 300°, $\frac{1}{5300}$. A mesure qu'on approche de la vaporisation, la dilatation augmente.

Fig. 80.

Dilatation apparente du mercure dans le verre. — *Thermomètre à poids.* — Vase cylindrique en verre blanc avec tube capillaire recourbé ; il est pesé avec soin, ainsi que la capsule qui reçoit le mercure. On remplit le vase de mercure à 0°, on le pèse, et soit P le poids du mercure introduit. On le porte à $t°$, soit p le poids du mercure recueilli dans la capsule, il reste $P - p$ de mercure, et si V et v représentent le volume des poids P et $P - p$ de mercure à 0°, on aura $\frac{V}{v} = \frac{P}{P-p}$; mais $V = v(1 + kt)$, puisque le volume v remplit le vase à t°; donc :

$$\frac{P}{P-p} = \frac{V}{v} = 1 + kt,$$

d'où :

$$k = \frac{p}{(P-p)t}.$$

On trouve de la sorte $k = \frac{1}{6480}$. Ayant une fois calculé k, on peut se servir de l'appareil comme thermomètre; en effet, connaissant p, on aura $t = \frac{p}{(P-p)k}$.

Le coefficient de dilatation absolue du verre est, d'après cela,

$$\Delta - k = \frac{1}{5550} - \frac{1}{6480} = \frac{1}{38700}.$$

La plupart des autres liquides se dilatent assez irrégulièrement, et nous n'ajouterons que quelques mots relativement à l'eau.

Dilatation de l'eau. — L'eau présente une curieuse anomalie. A partir de 0°, elle se contracte jusqu'aux environs de 4° (4°,1 suivant quelques auteurs). A partir de 4°, la dilatation commence, et à 8° le volume est à peu près le même qu'à 0°. La glace, étant plus légère que l'eau, flotte à la surface : au-dessous est de l'eau liquide, et au fond des fleuves est la couche de densité maxima correspondant au maximum de concentration, c'est-à-dire à 4°. Cette température relativement tempérée permet à la vie de ne pas s'éteindre sous des monceaux de glace.

Dilatation des gaz. — Gay-Lussac entreprit sur ce sujet important les pre-

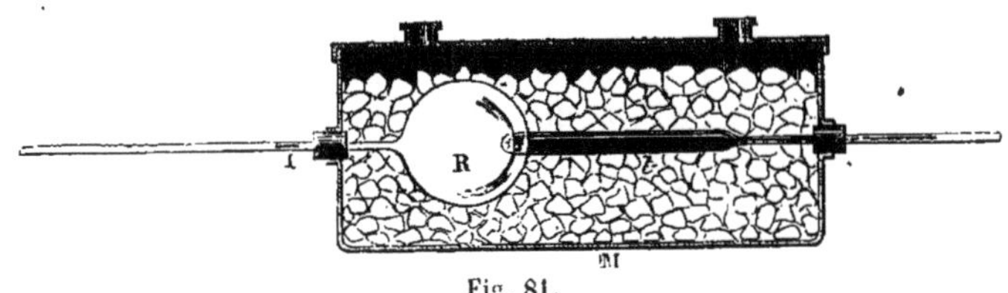

Fig. 81.

miers travaux avec l'appareil suivant : Un tube à réservoir R est plongé dans un récipient à 0°, puis dans une étuve à t°; le déplacement de l'index I indique les variations de volume de l'air sec suivant la température. Gay-Lussac donna les deux lois suivantes :

1° Tous les gaz ont même coefficient de dilatation que l'air; 2° ce coefficient ne change pas avec la pression. Ce coefficient α est égal à 0,00375, c'est-à-dire que de t° à $(t+1)$° un volume d'air augmente de $\frac{375}{100{,}000}$. Budberg reprit ces expériences, montra que la moindre quantité de vapeur d'eau augmentait beaucoup α, et donna pour ce nombre 0,00364. De plus, l'index de mercure, ne mouillant pas le tube, laisse passer une grande quantité d'air.

M. Regnault reprit les expériences avec un appareil perfectionné, et donna pour α la valeur $\frac{1}{273} = 0,003665$; il montra que les deux lois de Gay-Lussac, si simples et si séduisantes au premier abord, ne s'appliquaient pas, comme on peut le voir au tableau suivant. M. Regnault recourut à deux méthodes, il laissait la pression constante et constatait l'accroissement de volume, ou bien il conservait le volume constant et constatait l'accroissement de pression duquel il pouvait déduire l'accroissement de volume qui se serait produit.

TABLEAU DE LA DILATATION DES GAZ DE 0° A 100°

	Sous volume constant.	Sous pression constante.
Hydrogène	0,3667	0,3661
Air.*	0,3665	0,3670
Azote	0,3668	» »
Oxyde de carbone	0,3667	0,3669
Acide carbonique	0,3688	0.3710
Protoxyde d'azote	0,3676	0,3719
Acide sulfureux	0,3845	0,3903
Cyanogène	0.3829	0,3877

SOURCES DE CHALEUR

Insolation. — La principale souce de chaleur, celle qui entretient la vie de tout le règne végétal et animal, est la chaleur due aux rayons solaires.

Percussion. — La percussion produit de la chaleur, ce qui ne peut s'expliquer, pour les corps comme le plomb, dont la densité ne change pas par l'écrasement, que parce que la chaleur est une force vive communiquée aux molécules. (Voy. la théorie mécanique de la chaleur.)

Compression et dilatation des gaz. — On explique de la même manière les effets calorifiques qui apparaissent par ces actions mécaniques; la chaleur qui se produit lorsqu'on comprime un gaz, et l'abaissement de température que l'on observe lorsqu'on laisse croître son volume, sont deux effets du changement de travail mécanique en force vive moléculaire, et inversement. Une expérience de Joule démontre la correspondance des deux effets et est probante en faveur de la théorie mécanique de la chaleur.

Frottement. — Le frottement est aussi une cause de chaleur en faisant naître des mouvements vibratoires moléculaires.

Combustion. — Les combinaisons chimiques, et surtout la combustion des corps combustibles, principalement du charbon, dans l'oxygène de l'air, constituent la source de chaleur artificielle toujours employée dans l'industrie.

Pour mesurer les quantités de chaleur dégagées par une combinaison chimique, il suffit d'effectuer cette combinaison au milieu d'un calorimètre de masse assez considérable pour que la température finale ne diffère de la température initiale que d'un petit nombre de degrés. La quantité de chaleur recueillie par le calorimètre ou cédée par lui est très-voisine de la quantité de chaleur produite ou absorbée par la réaction.

C'est ainsi que MM. Favre et Silbermann sont arrivés à trouver les quantités de chaleur dégagées par la combustion de l'unité de poids de quelques corps simples :

Un kilogramme d'hydrogène en brûlant dégage.	34,460	calories
— de charbon de bois changé en acide carbonique.	8,080	—
— de charbon de bois changé en oxyde de carbone.	2,473	—
— de diamant.	7,770	—
— de soufre octaédrique.	2,220	—
— de soufre prismatique..	2,260	—

La calorie est la quantité de chaleur nécessaire pour changer de 1° la température de 1 kilogr. d'eau.

Il est facile d'appliquer les données précédentes au calcul de la température maxima qui peut être obtenue d'un combustible donné.

Chaleur animale. — Lavoisier lui attribua une origine chimique. Mais il est bien difficile, dans l'état actuel de la physiologie, de prouver que la quantité de chaleur produite est précisément égale à celle que demande la combustion du carbone et de l'hydrogène que l'animal absorbe sous tant de formes. On comprend bien que la question est fort complexe.

La végétation a pour but de fixer le carbone, c'est-à-dire de décomposer l'acide carbonique de l'air. Or la formation de l'acide carbonique dégage de la chaleur; sa destruction doit donc en absorber. Et en effet, on sait que la végétation a besoin de soleil pour se développer, et qu'elle est d'autant plus vigoureuse que le soleil est plus ardent.

Chaleur rayonnante. — Supposez au milieu d'une salle une masse de fer incandescente; elle échauffe tous les objets autour d'elle, et les effets calorifiques se transmettent à travers l'air et les corps interposés. C'est ainsi que le soleil échauffe la terre et les objets qui se trouvent à sa surface.

La chaleur rayonnante est celle que les corps se transmettent à distance ou à travers les milieux interposés. Elle entre en partie dans les corps pour les modifier; elle rebondit ou se réfléchit en partie à leur surface pour aller frapper un autre point.

Un corps, échauffé par d'autres, joue lui-même, par rapport à ces autres corps et par rapport aux corps voisins, le rôle d'un centre de chaleur; il en émet et en rayonne vers l'espace : de sorte qu'à une substance donnée correspondent trois pouvoirs différents :

1° Le pouvoir émissif ou rayonnant : il est mesuré par la plus ou moins grande quantité de chaleur qu'émettent les corps à une même température et sous la même surface;

2° Le pouvoir absorbant : il se mesure par la plus ou moins grande quantité de chaleur, émanée d'une autre source, que le corps peut absorber;

3° Le pouvoir réflecteur : il se mesure par la proportion de chaleur qui rebondit à la surface du corps sans y pénétrer.

Tout ce qui n'est pas absorbé dans un faisceau calorifique est réfléchi, donc les pouvoirs absorbant et réflecteur sont complémentaires.

Dans tous ces phénomènes, nous trouvons toujours le même caractère relatif que nous avons signalé en définissant la chaleur : ainsi un corps plus froid que tous ses voisins leur envoie cependant de la chaleur rayonnante, et tend à se mettre en équilibre avec eux. Il faut bien se pénétrer que nous n'employons pas le terme chaleur dans le sens que le public y attache d'ordinaire.

Thermomètre différentiel de Nobili. — 1° *Pile thermo-électrique.* — Cet appareil se compose d'une série de barreaux d'antimoine A et de bismuth B soudés ensemble, et réunis en faisceaux dans une gaîne de laiton. Ces barreaux

Fig. 82. Fig. 83.

ne se touchent point. Lorsqu'il y a une différence de température entre la face des soudures impaires et la face des soudures paires, il se produit dans le circuit un courant électrique, qui se propage dans les fils de laiton attachés aux derniers éléments métalliques.

2° *Galvanomètre.* — Le galvanomètre se compose d'une aiguille aimantée environnée d'un fil métallique, où passe un courant électrique : la déviation de l'aiguille est proportionnelle à l'intensité du courant, et comme l'intensité du courant produit par la pile thermo-électrique est proportionnelle à la différence de température qui se produit entre les deux faces du faisceau, il est clair qu'on mesurera l'intensité de la chaleur reçue par la pile, en mesurant la déviation de l'aiguille du galvanomètre.

Cet ensemble constitue le thermomètre différentiel de Nobili.

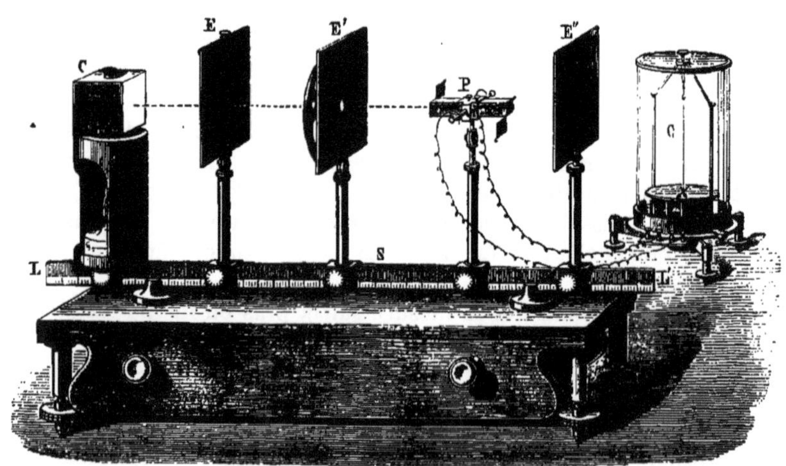

Fig. 84.

En réalité, la proportionnalité de la chaleur reçue à la déviation de l'aiguille n'est pas très-exacte : cependant, il a été reconnu que, dans les limites des expériences, cette hypothèse s'éloignait peu de la vérité.

Appareil de Melloni. — La source de chaleur est en C et se compose soit d'un cube à parois mobiles, et rempli d'eau constamment bouillante, soit de la lampe de Locatelli à mèche prismatique, soit d'un fil de platine maintenu au rouge par les vapeurs qui se dégagent d'une lampe à alcool non allumée. E et E'' sont des écrans qui protégent la pile contre les rayonnements du dehors. E' est un écran percé d'un trou rond, qui limite la section du faisceau de chaleur reçu par la pile. La règle LL' est graduée, et la pile et les écrans sont mobiles le long de cette règle. G est le galvanomètre dont l'aiguille, par ses déviations, indique les températures (*fig.* 82).

Loi du rayonnement. — 1° La chaleur se transmet en ligne droite ; car placez un écran très-petit entre la source et le thermomètre, celui-ci revient à sa température initiale.

2° La chaleur se transmet dans le vide aussi bien que dans l'air : elle a la même intensité dans toutes les directions. Cela est facile à vérifier.

3° L'intensité de la chaleur rayonnante est proportionnelle à la température de la source, en raison inverse du carré des distances, et inversement proportionnelle au cosinus de l'angle que fait la normale à la source calorifique avec la droite qui joint la source au point échauffé. A l'inspection de l'appareil de Melloni, on comprend bien comment ces lois se vérifient : c'est en changeant la température de la source, ou la distance de la source C à la pile P, ou l'inclinaison de la face du cube C sur la ligne LL'.

Quand un corps se refroidit dans un espace vide, il perd sa chaleur par rayonnement. Lorsque plusieurs corps sont en présence, les uns chauds, les autres froids, ils tendent à se mettre en équilibre de température ; les uns envoient moins de chaleur qu'ils n'en reçoivent, les autres plus qu'ils n'en reçoivent.

Pouvoirs émissifs. — Melloni donnait au cube C, de température constante,

Fig. 85.

des faces mobiles, composées de substances différentes : il étudiait l'effet produit sur la pile et le galvanomètre par les diverses faces, et en déduisait les pouvoirs émissifs relatifs.

Des expériences récentes permettent de dresser le tableau suivant :

TABLEAU DES POUVOIRS ÉMISSIFS

Noir de fumée	1,00	Argent poli	0,02
Céruse	1,00	Argent mat	0,05
Colle de poisson	0,91	Or	0,04
Encre de chine	0,85	Laiton	0,05
Gomme laque	0.72	Platine bruni	0,10

Réflexion de la chaleur. — Quand un rayon de chaleur ou de lumière, dit rayon incident, tombe sur une surface réfléchissante en un point C, et s'y réfléchit, le rayon réfléchi RC fait avec la normale CN, un angle égal à celui du rayon incident avec la même normale.

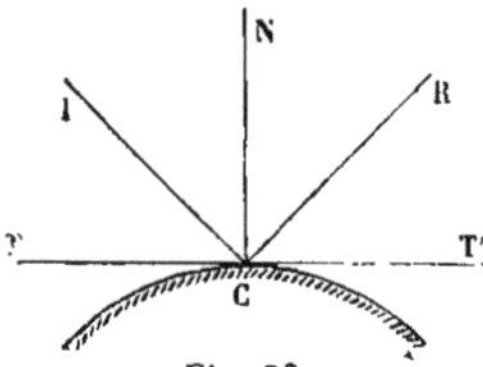

Fig. 86.

Vérifions cette loi pour la chaleur. — Soit deux miroirs paraboliques A et A′, argentés à l'intérieur ; au foyer de A est une source de chaleur, quelques charbons ardents. Les rayons réfléchis sont renvoyés parallèlement à l'axe, rencontrent le miroir A′ et viennent concourir au foyer F′. En effet, un morceau d'amadou placé en ce point s'y enflamme.

On peut encore vérifier la loi de l'angle d'incidence égal à l'angle de réflexion

Fig. 87.

par l'appareil de Melloni modifié comme le montre la figure 88. La pile P n'est échauffée et l'aiguille du galvanomètre ne se meut qu'au moment où la ligne OP fait avec la plaque réfléchissante MM′ le même angle que le rayon incident fait avec cette plaque. Le cercle gradué C donne la mesure de ces angles.

Le même appareil permet de mesurer les pouvoirs réflecteurs, et l'on trouve que

L'argent réfléchit les	0,92	de la chaleur solaire qui le frappe.	
L'acier.	0,60	—	—
Platine poli. . . .	0,60	—	—
Or.	0,87	—	—

Loi de Newton sur l'échauffement et le refroidissement. — La vitesse d'échauffement ou de refroidissement, c'est-à-dire la quantité de chaleur perdue ou gagnée dans l'unité de temps, augmente avec la différence des températures

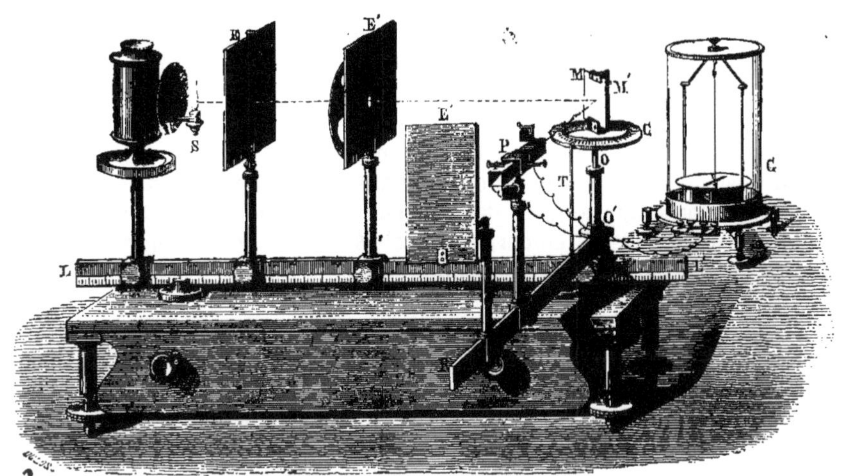

Fig. 88.

du corps et de l'enceinte. Newton avait ajouté que cette quantité était proportionnelle à la différence, Dulong et Petit ont montré que cela était inexact dès que la différence dépassait 15 ou 20° : la quantité de chaleur perdue ou gagnée est alors plus grande que ne le voudrait la loi.

Comme application pratique de la théorie des pouvoirs absorbants, nous dirons que l'emploi des vêtements blancs est parfaitement justifié dans les pays chauds par ce fait que le pouvoir absorbant du blanc est bien inférieur à celui du noir.

UNITÉ DE CHALEUR. — CHALEURS SPÉCIFIQUES

Unité de chaleur. — L'unité de chaleur adoptée par les physiciens est appelée calorie. La calorie est la quantité de chaleur nécessaire pour élever de 0° à 1° un kilogramme d'eau pure ; cette quantité est généralement constante.

Prenons un autre corps, un métal, le mercure, je suppose, et cherchons à élever sa température d'un degré, nous verrons qu'il faut 33 fois moins de chaleur que pour élever d'un degré la température d'un poids égal d'eau ; et les autres corps nous donneront des résultats analogues.

Chaleurs spécifiques. — D'après cela nous appellerons chaleur spécifique ou capacité calorifique d'un corps, la quantité de chaleur nécessaire pour élever de 1° la température de 1 kilogramme de ce corps.

Détermination par la méthode du puits de glace. — Dans un bloc de glace, on taille un trou et un couvercle ; on essuie bien l'intérieur avec un linge fin, puis on y place un corps solide porté à t^o; il fait fondre une partie de la glace, et descend à 0°; alors, on ouvre, et on recueille l'eau fondue que l'on pèse. Or, on sait que pour fondre, pour passer simplement de l'état de glace à 0° à l'état d'eau à 0°, l'eau absorbe 79,2 calories. On a donc la quantité de chaleur perdue par le corps : avec son poids et la température t, il est facile de calculer la chaleur spécifique.

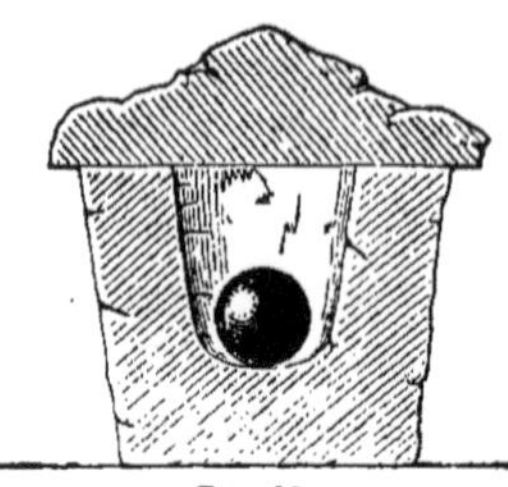

Fig. 89.

Méthode des mélanges. — A un poids connu d'eau à une certaine température, mêlez un poids également connu d'une autre substance à une température supérieure ; agitez le mélange et observez la température finale ; l'eau s'est réchauffée, le corps s'est refroidi, et la quantité de chaleur gagnée par l'eau est précisément celle que le corps a perdu. On sait donc quel changement de température une quantité déterminée de chaleur produit sur l'eau et sur le corps.

Sur un socle de bois et liége repose un vase de laiton rempli d'eau à t^o, on y projette un corps solide contenu dans un petit panier de fil de laiton, le tout à T^o, on agite, et on observe la température finale θ^o. Il y a lieu de tenir compte de la chaleur absorbée par le vase et le panier en laiton, et c'est le poids spécifique du laiton qu'il conviendra de chercher tout d'abord.

Si (m) est le poids de l'eau, (m') le poids du vase, m'' le poids du panier, et M le poids du laiton en expérience dans le panier ; appelons (c) la chaleur spécifique du laiton, celle de l'eau étant 1°.

La chaleur perdue est celle du corps M et du panier m'' ; elle est égale à

$$\mathrm{M}c(\mathrm{T}-\theta)+m''c(\mathrm{T}-\theta)=(\mathrm{M}+m'')c(\mathrm{T}-\theta).$$

La chaleur gagnée l'a été par l'eau m et le vase m', elle est égale à

$$m(\theta-t)+m'c(\theta-t)=(\theta-t)(m+m'c).$$

Égalant la chaleur perdue à la chaleur gagnée, on aura l'équation $(\mathrm{M}+m'')c(\mathrm{T}-\theta)=(\theta-t)(m+m'c)$, équation qui donnera c, chaleur spécifique du laiton.

Si maintenant, nous plaçons dans le panier un autre corps de poids M, et de chaleur spécifique C, la chaleur perdue par le corps M et le panier m'' sera $\mathrm{MC}(\mathrm{T}-\theta)+m''c(\mathrm{T}-\theta)$, la chaleur gagnée par le vase m' et l'eau m sera $m(\theta-t)+m'c(\theta-t)$, et la chaleur spécifique cherchée sera donnée par l'équation.

$$(\mathrm{MC}+m''c)(\mathrm{T}-\theta)=(m+m'c)(\theta-t)$$

Appareil de M. Regnault. — Le corps réduit en poudre est dans le panier C' où plonge la boule du thermomètre T. Le panier est plongé dans l'étuve S', où le fourneau S envoie un courant de vapeur qui vient se condenser dans un serpentin. La température du corps est donc déterminée et bien connue.

Le vase N en laiton, protégé contre le rayonnement de l'étuve et du fourneau par l'écran E', est plein d'eau dont le thermomètre T' donne la température. Ce vase N glisse sur un rail en bois et on peut l'amener sous l'étuve ; on tire alors le tiroir K, on lâche le fil qui soutient le panier de laiton, et le corps tombe dans l'eau. Le vase N est protégé contre le rayonnement du fourneau par un autre vase M de forme particulière, comme le montre la figure, et qui est rempli d'eau. Le

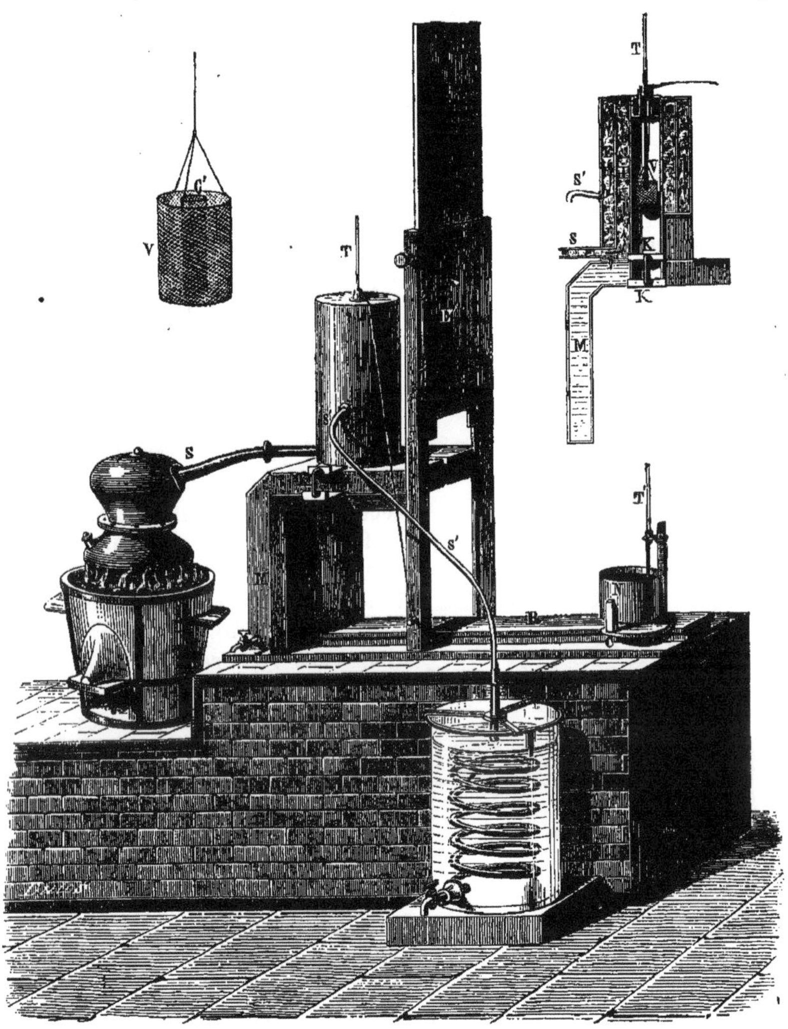

Fig. 90.

thermomètre T' monte, et on observe à distance avec un cathétomètre jusqu'à ce que le maximum de température soit atteint. On voit que toutes les précautions sont prises.

TABLEAU DES CHALEURS SPÉCIFIQUES ENTRE 0° ET 100°

Eau	1,00000	Cuivre	0,09515
Charbon de bois calciné	0,24111	Laiton	0,09391
Verre des thermomètres	0,19768	Argent	0,05701
Fonte blanche	0,12983	Mercure	0,03332
Fer	0,11379	Or	0,03244
Acier doux	0,11650	Platine	0,03243
Zinc	0,09555		

Remarque. — La chaleur spécifique est plus grande à l'état liquide qu'à l'état solide. Pour un même corps, elle croît avec la température.

Loi de Dulong et Petit. — Le produit de la chaleur spécifique d'un corps par son poids atomique est constant. (Voy. en chimie la définition du poids atomique.)

CONDUCTIBILITÉ

Conductibilité. — Lorsqu'on échauffe un corps en un point de sa masse, la chaleur se transmet plus ou moins vite aux points situés à une certaine distance de la source. Lorsque la transmission est rapide, les corps sont bons conducteurs, les métaux en général sont dans ce cas ; lorsque la transmission est très-lente, on dit que les corps sont mauvais conducteurs, c'est le cas du verre, des étoffes, du bois, du charbon.

Les gaz et les liquides sont mauvais conducteurs ; en effet, on peut avoir de l'eau dans un vase, élever la température des couches voisines de la surface jusqu'à 60° ou 70°, sans pour ainsi dire faire varier la température des couches du fond. On reconnaît cependant que la propagation se fait et que les températures varient en progression géométrique, quand les distances à la source varient en progression arithmétique (*fig.* 91).

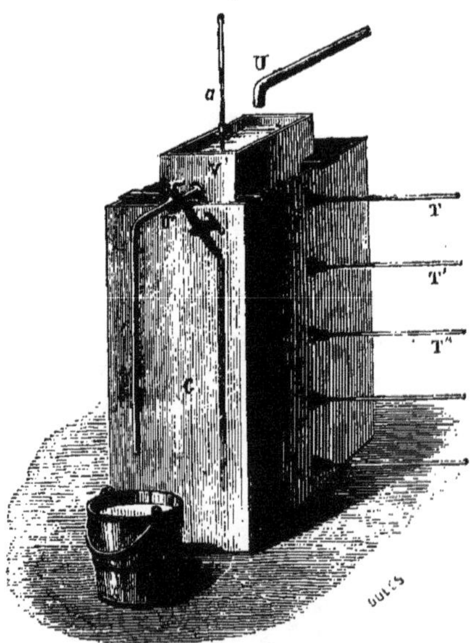

Fig. 91.

Le vase V est rempli d'eau chaude renouvelée à intervalles égaux par les tuyaux U et V' ; les thermomètres TT'T'' sont équidistants.

Quand un liquide est chauffé par le bas, il est impossible de constater sa conductibilité, car les couches du bas dilatées tendent à s'élever, le mélange se fait et une température uniforme s'établit.

Appareil d'Ingenhouz. — Un appareil inventé par Ingenhouz, sert à mesurer les coefficients de conductibilité des solides.

Sur la paroi d'une cuve pleine d'eau chaude on implante des tiges solides formées de diverses substances et recouvertes de cire. La cire fond sur des longueurs inégales que l'on prend pour mesure des conductibilités.

Fig. 92.

Les matières organiques sont mauvaises conductrices de la chaleur : les cristaux présentent des conductibilités différentes dans les diverses directions, de même qu'ils présentaient des dilatabilités différentes.

TABLEAU DE LA CONDUCTIBILITÉ DES SOLIDES

Or	1,000	Etain	303
Platine	981	Plomb	180
Argent	972	Marbre	24
Cuivre	898	Porcelaine	12
Fer	374	Terre de brique	11
Zinc	363		

Loi de la transmission. — Dans une barre solide, échauffée en B, on a ménagé de petites cavités pleines de mercure où l'on met des thermomètres équidistants.

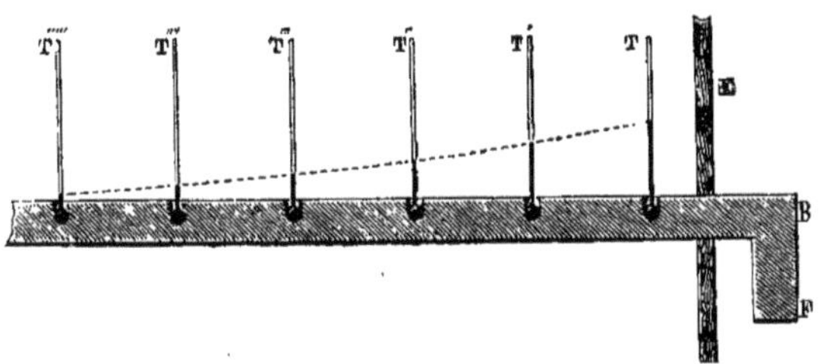

Fig. 93.

On reconnaît de la sorte que les températures varient en progression géométrique quand les longueurs varient en progression arithmétique.

CHANGEMENT D'ÉTAT DES CORPS

Tout le monde sait qu'en chauffant un corps, on le fait passer de l'état solide à l'état liquide, et de l'état liquide à l'état gazeux; l'effet inverse se produit par refroidissement.

Fusion et solidification. — *Fusion.* — La fusion a lieu soit par ramollissement successif (verre, cire, résine, corps gras), soit par liquéfaction brusque quand la température s'élève, et à une température qui reste constante pendant toute la durée du phénomène ; à chaque corps correspond un point de fusion : nous allons donner cette température de fusion pour quelques corps :

TEMPÉRATURE DE FUSION DE QUELQUES CORPS

L'acide sulfureux fond à	—100°	L'acide stéarique fond à	70°
L'acide carbonique	— 78°	Le soufre	115°
Le mercure	— 40°	L'étain	228°
L'acide hypoazotique	— 9°	Le plomb	332°
L'eau	0°	L'antimoine	433°
Le chlorure de calcium hydraté à	29°	L'argent	1000°
Le phosphore	44° 2	L'or	1250°
La cire	64°	Le fer	1500°

Tous les corps sont fusibles, même le platine, même le charbon qu'on est arrivé à ramollir par la chaleur électrique. Les sources de chaleur assez intenses nous font seules défaut.

La solidification a lieu à une température constante qui est celle de la fusion.

Il y a pourtant des exceptions : l'état solide est un état absolument stable que le corps conserve après l'avoir pris, l'état liquide n'a qu'une stabilité imparfaite, et il suffit d'un petit dérangement moléculaire pour amener une solidification instantanée. Ainsi, dans un calme absolu, l'eau peut descendre à — 12° sans se congeler : mais au moindre choc elle se prend en masse et la température remonte brusquement à 0°.

Un tube est rempli à chaud d'une solution concentrée de sulfate de soude, puis il est fermé à la lampe d'émailleur : si on revient à la température ordinaire, le sulfate reste en dissolution, mais, si l'on casse brusquement la pointe du tube, aussitôt le choc de l'air fait prendre la solution en masse solide.

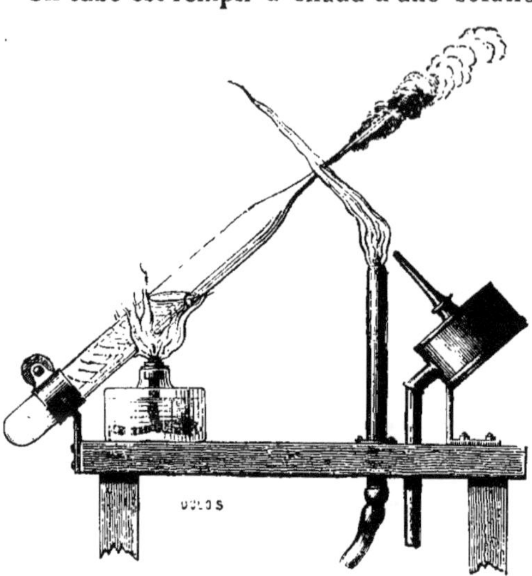

Fig. 94.

Dans la fusion, il y a généralement augmentation de volume ; cependant la glace fait exception, et aussi le bismuth qui, coulé dans des tubes de verre, le fait éclater en se solidifiant ; l'eau, en se congelant, fait de même éclater une bombe creuse ou un canon de fusil.

La pression qui tend à rapprocher les molécules, fait monter la température de fusion. Exemple : La paraffine fond à 46°,5 sous une pression de 1 atmosphère et à 49°,9 sous une pression de 100 atmosphères ; le blanc de baleine fond à 47°,7 à 1 atmosphère, et à 50°,9 à 156 atmosphères.

Deux fragments de glaces étant pressés l'un contre l'autre par une force, si petite qu'elle soit, il doit y avoir fusion au point de contact, puisque la densité tend à augmenter ; mais l'eau ainsi formée, se trouvant soustraite à la pression dès qu'elle s'écarte du point de contact des deux morceaux de glace, se congèle de nouveau, et les fragments de glace deviennent adhérents entre eux. Expérience du professeur Tyndall : la glace comprimée entre deux moules en buis, se brise d'abord en fragments, puis les fragments se soudent par la pression et on peut ainsi fabriquer avec la glace tel vase que l'on veut, par exemple une coupe à boire, une bouteille de glace.

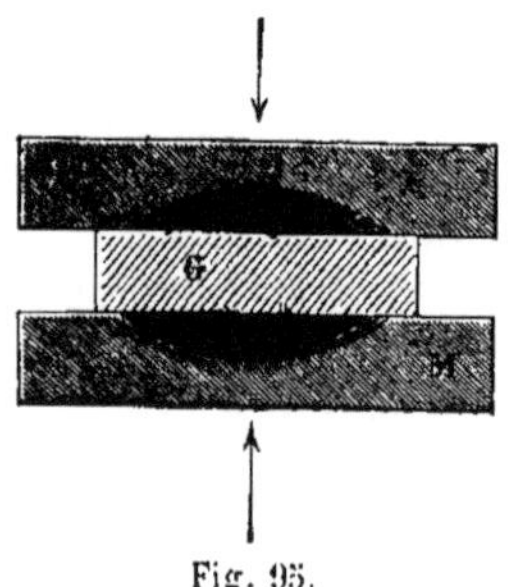

Fig. 95.

Vaporisation. — Le passage de l'état liquide à l'état gazeux, et le passage inverse présentent des caractères très-différents de ceux des changements d'état qu'on vient d'étudier. L'existence simultanée d'un même corps à l'état gazeux et à l'état liquide ou même solide s'observe avec la plus grande facilité et dans une étendue de température très-considérable.

Formation des vapeurs dans le vide. — L'atmosphère par sa pression empêche une vaporisation abondante des liquides. Mais dans le vide, les vapeurs se dégagent instantanément et remplissent l'espace. Si l'on fait passer avec une pipette courbe un peu de liquide dans la chambre barométrique, le liquide se résout en vapeur, et la pression de celle-ci fait baisser la colonne mercurielle. La différence de la colonne restante avec la hauteur barométrique donne la pression ou tension de la vapeur. Cette tension s'appelle force élastique de la vapeur à la température de l'enceinte : on reconnaît ainsi que : 1° Dans le vide, tous les liquides passent instantanément à l'état de vapeur, 2° à la même température, les vapeurs de différents liquides ont des forces élastiques différentes.

Si, au lieu d'introduire, comme nous venons de le faire, une faible quantité de liquide dans la chambre barométrique, nous en avions introduit un excès, tout le liquide ne se volatiliserait pas ; il en resterait une partie, et l'on dit alors très-

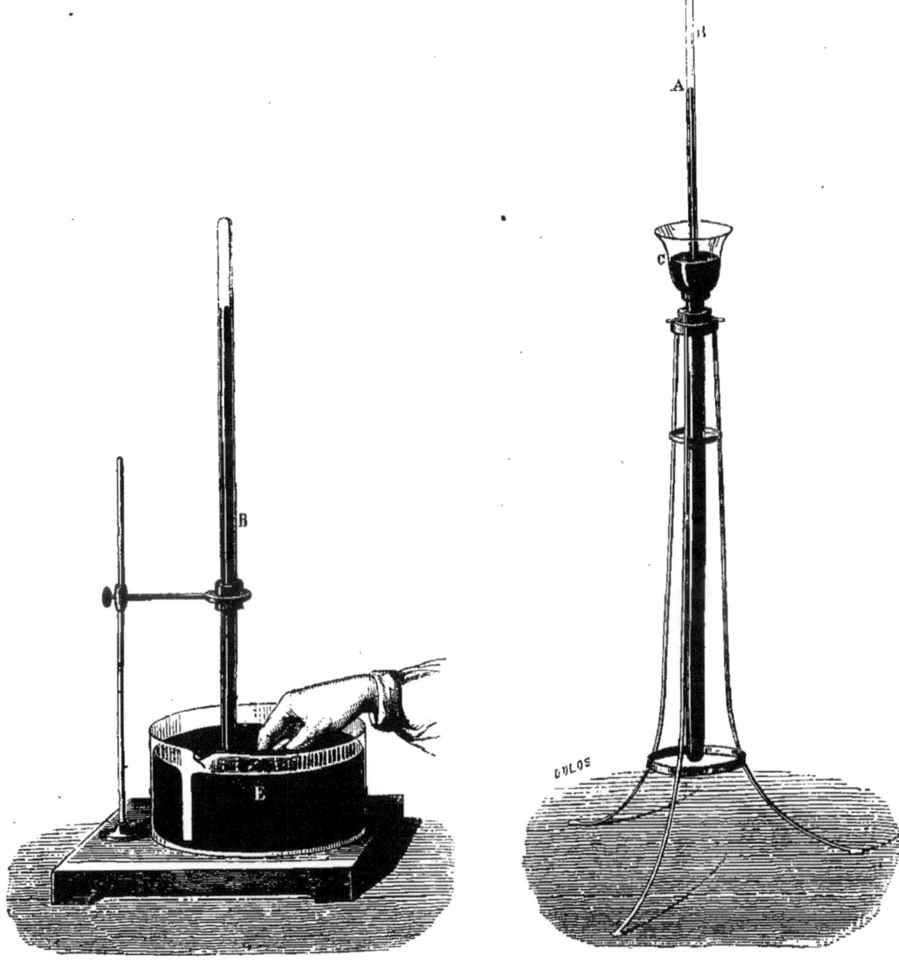

Fig. 96. Fig. 97.

justement que l'espace est saturé de vapeur. La quantité de vapeur nécessaire à saturer un espace augmente ou diminue avec la température : mais, à une même température, la pression reste constante, quel que soit le volume de l'espace saturé. Si l'on a, dans la cuve profonde qui nous a servi pour la loi de Mariotte, si l'on a, dis-je, un tube barométrique, qu'on y fasse passer de l'éther de manière à saturer l'espace, on pourra élever ou abaisser ce tube, faire passer une partie du liquide à l'état gazeux ou inversement, mais la pression restera la même. A moins que le volume augmente tellement, que tout le liquide disparaisse ; alors nous avons affaire à un gaz, et les pressions obéiront à la loi de Mariotte, tant qu'on continuera à élever le tube, et tant qu'on le rabaissera ensuite jusqu'au moment où la saturation se produira de nouveau et où un peu de gaz redeviendra goutte liquide.

Maximum de force élastique. — Le maximum de tension ou de force élastique, à une température donnée, est la tension constante qu'affecte la vapeur lorsque l'espace qui la contient en est saturé. Nous venons de voir, que, dans les

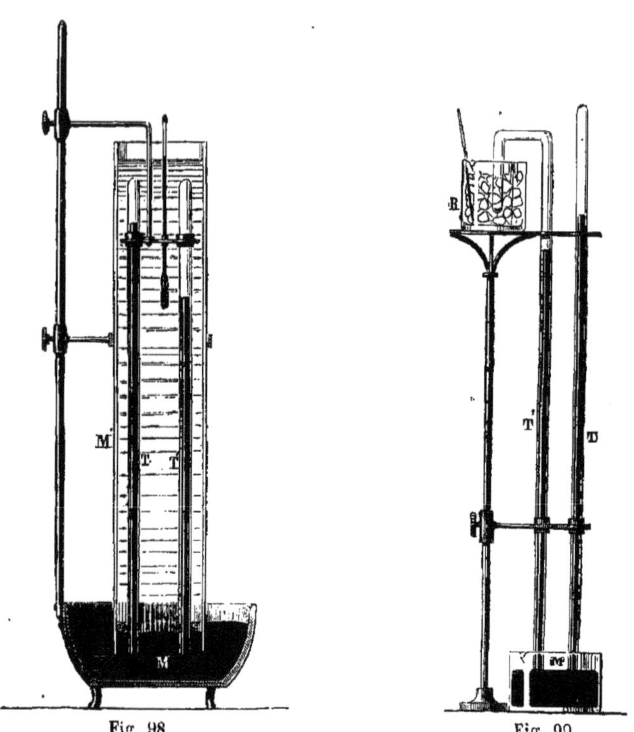

Fig. 98. Fig. 99.

espaces saturés par une vapeur, si la pression augmente, une partie de la vapeur se condense et s'ajoute au liquide ; si la pression diminue, le liquide émet de nouvelles quantités de vapeur et la force élastique reste invariable.

Mesure de la force élastique de la vapeur d'eau à diverses températures. — 1° *Méthode de Dalton.* — Dans une cuve M est de l'eau, qui repose sur une cuve de mercure chauffé par un fourneau ; T est un baromètre ; T' en est un autre pour lequel il y a une petite colonne d'eau au-dessus du mercure. La dénivellation donne la force élastique, à la température indiquée par le thermomètre qui plonge dans l'eau. On a ainsi les tensions jusqu'à + 50° (*fig.* 98).

2° *Méthode de Gay-Lussac.* — Principe du condenseur de Watt : lorsque plusieurs points de l'espace qui contient la vapeur sont à des températures différentes, la tension maxima est celle qui correspond à la plus petite des températures. Ce principe, si utile dans le condenseur des machines à vapeur, a été utilisé par Gay-Lussac pour déterminer les tensions de la vapeur au-dessous de 0° : Il plongeait la branche recourbée du tube barométrique dans un mélange réfrigérant de température connue (*fig.* 99).

Ces appareils sont nécessairement imparfaits : M. Regnault les a perfectionnés, et nous pouvons donner aujourd'hui le tableau suivant très-exact :

TABLEAU DES TENSIONS DE LA VAPEUR D'EAU A DIFFÉRENTES TEMPÉRATURES

Température.	Tensions.	Température.	Tensions.	Température.	Tensions.
— 32°.	0mm 32	30°.	31mm 55	134°.	3atm 008
— 20°.	0 93	40°.	54 91	144°.	4 000
— 10°.	2 09	50°.	91 98	152°.	4 971
— 5°.	3 11	60°.	148 79	159°.	5 966
0°.	4 60	70°.	233 09	171°.	8 036
+ 5°.	6 53	80°.	354 64	180°.	9 929
10°.	9 16	90°.	525 45	189°.	12 155
15°.	12 70	100°.	760 00	199°.	15 062
20°.	17 39	100°.	1atm 000	213°.	19 997
25°.	23 55	121°.	2 025	225°.	25 127
				230°.	27 534

TABLEAU DES TENSIONS A DIVERSES TEMPÉRATURES.

DE LA VAPEUR D'ALCOOL.		DE LA VAPEUR DE MERCURE.		DE LA VAPEUR DE SOUFRE.	
Températures.	Tensions.	Températures.	Tensions.	Températures.	Tensions.
— 20°.	3mm 34	100°.	0mm 746	390°.	272mm 31
0°.	12 70	150°.	4 266	400°.	328 98
+ 10°.	24 23	200°.	19 90	440°.	663 11
20°.	44 46	250°.	75 75	450°.	779 89
30°.	78 52	300°.	242 15	500°.	1635 32
50°.	219 90	350°.	663 18	550°.	3086 51
75°.	665 54	360°.	787 74	570°.	3877 08
80°.	812 91	400°.	1587 96		
100°.	1697 55	450°.	3384 35		
129°.	3746 88	500°.	6520 25		
155°.	8259 49	520°.	8264 96		

Remarque. — 1° Les machines à vapeur à haute pression sont beaucoup plus dangereuses que les machines à basse pression, parce que pour arriver à la tension d'essai, il faut, dans les dernières, une plus grande élévation de température que dans les premières. 2° Le mercure est un excellent liquide pour les manomètres, parce que entre 100° et 200°, la tension des vapeurs mercurielles est très-faible.

Mélange des gaz et des vapeurs. — La pression d'un gaz placé sur un liquide l'empêche de se volatiliser, mais la tension maxima de la vapeur n'en est pas moins celle qui convient à la température de l'espace. Ainsi, la pression de la vapeur d'eau qui se trouve dans l'atmosphère, peut s'obtenir immédiatement, si l'air est saturé, à l'inspection de la table des tensions que nous avons donnée plus haut.

Le tube A étant plein de mercure, on visse dessus le ballon B plein de gaz et on ouvre les robinets RR'R'', le mercure s'écoule et aspire le gaz. Quand il y en a assez on ferme R'' et R', et l'on verse un peu de liquide dans un creux que présente R, puis on ouvre R' et on tourne R ; le liquide tombe dans le gaz et donne de la vapeur dont la tension refoule le mercure pour le soulever dans la petite branche. On a donc la tension de la vapeur, et on voit qu'elle est la même que si e gaz n'était pas là (*fig.* 100).

Densité d'une vapeur. — C'est le rapport du poids d'un volume donné de ette vapeur au poids d'un égal volume d'air pris dans les mêmes circonstances de température et de pression. Les procédés sont analogues à ceux que nous avons signalés pour la densité des gaz.

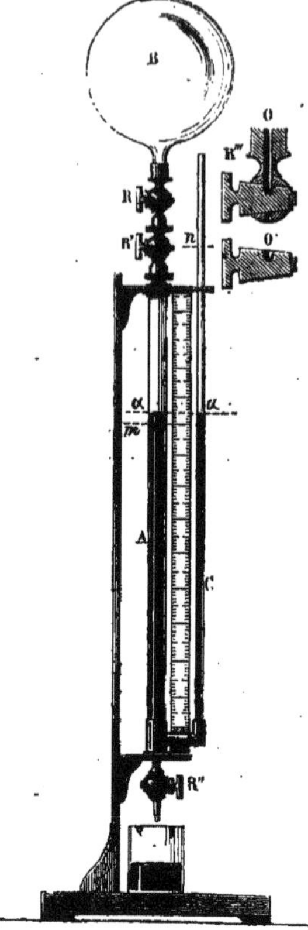

Fig. 100.

La densité n'est pas constante et varie beaucoup avec la température et la pression. En effet, les vapeurs n'obéissent ni aux lois de la dilatation ni à la loi de Mariotte que suivent les gaz, à moins que l'on ne considère les vapeurs à une distance très-éloignée du point d'ébullition de leur liquide. Alors, elles arrivent à prendre une densité constante, ce que l'on constate par exemple pour la vapeur de soufre. En effet, à ce moment, les vapeurs sont devenues de véritables gaz, et elles en ont toutes les propriétés.

Ébullition. — Lorsqu'on élève graduellement la température d'un liquide, il arrive le plus souvent que, lorsqu'une certaine température est atteinte, à l'évaporation superficielle s'ajoute une formation intérieure de bulles de vapeur, qui partent des parois chauffées, traversent le liquide, et viennent crever à sa surface. A partir de ce moment, la température du liquide demeure invariable et ne diffère pas sensiblement de la température où la tension maxima de la vapeur est égale à la pression de l'atmosphère. Il en est du moins ainsi lorsque l'ébullition se fait par bulles petites et nombreuses; si les bulles de vapeur sont volumineuses et rares, la formation de chaque bulle est accompagnée d'une sorte de soubresaut, et la température oscille entre des limites plus ou moins approchées, suivant la nature du liquide, mais toujours supérieures à la température normale d'ébullition qu'on vient de définir.

La pression influe beaucoup sur l'ébullition. — Un liquide commence à bouillir lorsque la tension de la vapeur qu'il dégage dépasse un peu la tension de l'atmosphère qui surmonte le liquide; c'est ainsi que l'eau peut bouillir dans le récipient de la machine pneumatique, et le point d'ébullition s'abaisse d'autant plus que la raréfaction est plus grande. On constate de même que, sur les montagnes, l'eau bout au-dessous de 100°, et cette remarque peut servir à mesurer approximativement les hauteurs.

Sur un matras M, renversé et rempli d'eau chaude non bouillante, on place un linge mouillé A, la tension de la vapeur d'eau qui forme l'atmosphère intérieure du ballon diminue et le liquide se remet à bouillir (*fig.* 101).

La nature du vase influe sur la température d'ébullition. — L'eau bout à une température plus élevée dans le verre que dans un métal; si dans un vase contenant de l'eau dont l'ébullition vient de cesser, on projette de la limaille de fer, l'ébullition recommence aussitôt.

De l'eau purgée d'air par une ébullition prolongée peut, lorsqu'elle est contenue dans un tube à l'abri de l'air, s'échauffer bien au delà de 100°, jusqu'à 135° par exemple, sans entrer en ébullition; mais aussitôt que l'ébullition commence, il y a projection brusque et formation d'une énorme quantité de vapeur.

Lorsqu'on chauffe un liquide dans un vase clos où l'on a laissé un espace vide ou plein d'air, l'accroissement continuel de la force élastique empêche l'ébullition de se produire, et la température de la vapeur peut s'élever bien au delà de 100°, comme dans les chaudières des machines à vapeur, ou dans la marmite de Papin, dont le couvercle est appuyé par un contre-poids (*fig.* 102).

Si l'on projette de l'eau sur une surface incandescente, il se forme des globules mobiles qui ne s'évaporent que très-lentement ; quand la plaque se refroidit, il arrive un moment où les globules détonent et se résolvent en vapeur. Il faut, pour

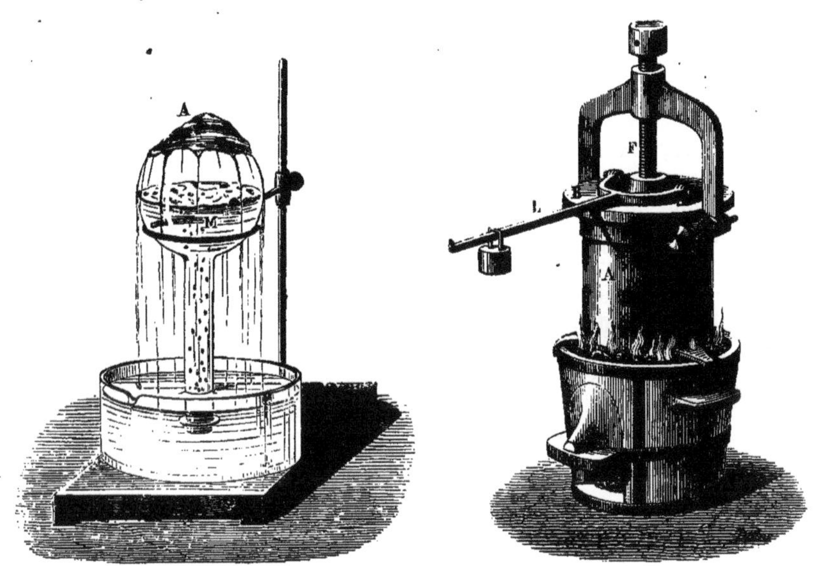

Fig. 101. Fig. 102.

que l'expérience réussisse, que la température de la plaque soit très-élevée. En regardant ces globules, on voit qu'il n'y a pas contact entre eux et la plaque ; l'intervalle est rempli de vapeur qui empêche la transmission de la chaleur. La température du globule est toujours un peu inférieure à sa température d'ébullition.

Chaleur latente. — Nous avons vu que pendant la fusion ou la solidification d'un corps, la température ne change pas, et cependant le foyer ne cesse point de fournir de la chaleur. Cette chaleur est employée à produire la fusion elle-même ; elle est comme absorbée par les molécules qui se liquéfient, elle est nécessaire à leur écartement ; à dire vrai, elle s'est transformée en travail, elle a produit le travail nécessaire à la disjonction des molécules. Elle n'est point perdue pour cela, et quand le corps effectuera son retour à l'état solide, il dégagera une quantité de chaleur égale à celle qu'il avait absorbée. On appelle cette chaleur chaleur latente, et le nombre qui l'exprime est la quantité de calories nécessaire à un corps pour passer de l'état solide à l'état liquide, et inversement.

Un kilogramme d'eau à 0° et un kilogramme d'eau à 79°, donne deux kilogrammes d'eau à 39°,5, mais un kilogramme de glace à 0° et un kilogramme d'eau à 79° donne deux kilogrammes d'eau à 0°. Ainsi, pour passer de l'état de glace à 0° à l'état de liquide à 0°, l'eau absorbe 79 calories.

Mélanges réfrigérants. — La fusion des corps absorbe donc une grande masse de chaleur; on en a profité pour former des mélanges réfrigérants en mettant en présence des corps dont l'un excite la fusion de l'autre.

Exemples :

Proportion des mélanges.	Froid produit.	Proportion des mélanges.	Froid produit.
1. Neige ou glace pilée. . . . . 1. Sel marin(chlorure de sodium).	— 17°	3. Neige ou glace pilée. . . . . 4. Chlorure de calcium cristallisé.	— 28°
5. Acide chlorhydrique. . . . . 8. Sulfate de soude.	— 17°	8. Neige ou glace pilée. . . . . 10. Acide sulfurique étendu. . .	— 68°
12. Neige ou glace pilée. . . . . 5. Sel marin.	— 30°		

La formation des vapeurs exige toujours l'absorption d'une certaine quantité de chaleur latente, et il se passe là quelque chose d'analogue à ce que nous venons d'expliquer pour la fusion : les vapeurs revenant à l'état liquide exhalent ce même calorique qu'elles ont absorbé. L'évaporation ou l'ébullition refroidissent toujours ; les vases appelés alcarazas ne doivent leur fraîcheur qu'à la vaporisation de l'eau qui suinte à travers leurs parois.

La chaleur latente de fusion de l'eau est de 79°,25.

La chaleur latente de volatilisation, calculée si exactement par M. Regnault, est à 100° de 536,67 calories. A mesure que la pression augmente dans la chaudière, le point d'ébullition de l'eau s'élève et aussi sa chaleur latente, et si l'on ajoute à la chaleur latente le nombre T de calories qu'il faut donner à l'eau pour la porter de 0° à T°, on verra que pour porter de l'eau prise à 0° à l'état de vapeur se formant à T°, il faudra une quantité de calories.

$$\lambda = 606,5 + 0,305\,T.$$

Cette formule est utile dans la théorie des machines à vapeur.

Évaporation. — L'évaporation superficielle d'un liquide a lieu à toutes les températures où ce liquide a une tension de vapeur sensible, et ne s'arrête que lorsque l'espace ambiant est saturé de vapeur. Elle est donc évidemment favorisée par toutes les causes qui tendent à augmenter la tension des vapeurs émises par le liquide, ou qui s'opposent à la saturation de l'espace ambiant, c'est-à-dire :

1° Par l'élévation de température du liquide ou de l'atmosphère ambiante ;

2° Par le renouvellement plus ou moins rapide de cette atmosphère ;

3° Par l'absence complète de vapeur préexistante dans cette atmosphère ;

L'influence de l'étendue de la surface libre est trop évidente pour avoir besoin d'être expliquée.

Si l'atmosphère n'est ni entièrement privée ni entièrement saturée de la vapeur du liquide qui s'évapore, et si le liquide a même température que l'atmosphère, on admet, d'après Dalton, que la quantité de liquide évaporée en un temps donné est proportionnelle à l'excès de la tension maxima correspondant à la température actuelle sur la tension de la vapeur préexistante dans l'atmosphère. Dans le cas de l'eau au moins, cette proportionnalité a le caractère d'une loi empirique assez approchée. (On la vérifie en déterminant, dans des conditions atmosphériques diverses, le poids de l'eau qui s'évapore en un temps donné par une surface donnée.)

Hygrométrie. — Puisqu'un liquide émet toujours des vapeurs, même en présence d'un gaz, l'atmosphère est un mélange d'air et de vapeur d'eau en quantité variable. L'air n'est presque jamais saturé, et, à une température donnée, la force élastique de la vapeur est inférieure à la tension maxima correspondante, excepté dans les pays chauds et marécageux, où la vapeur se forme sans cesse. Si l'on appelle f la force élastique de la vapeur contenue dans l'air, et F la tension maxima de cette vapeur à la température t du lieu, on appelle état hygrométrique du lieu la fraction $\frac{f}{F}$, et l'on voit que l'air du lieu s'approche d'autant plus de la saturation que la fraction s'approche de l'unité. Les hygromètres sont des appareils destinés à mesurer f; F est connu par les tables que nous avons données plus haut, puisque l'on connaît la température.

On distingue, avant les hygromètres, les instruments appelés hygroscopes, qui font voir, mais qui ne mesurent que grossièrement l'état hygrométrique.

Beaucoup de matières organiques, parmi lesquelles nous citerons les cheveux, les plumes, les boyaux de chat, présentent la propriété de s'allonger ou de se raccourcir, suivant que l'air ambiant est humide ou sec.

Rappelons ici le capucin qui se couvre ou se découvre par l'action d'un boyau de chat agissant sur un levier, et passons tout de suite à l'*hygromètre de Saussure*. Un cheveu A, arrêté en haut par la pince P, vient s'enrouler sur une poulie P′, et porte à son extrémité un petit poids B, destiné à le tendre. A l'axe de la poulie est une aiguille qui se meut sur un cadran dans un sens ou dans l'autre, suivant que le fil s'allonge ou se raccourcit. Sur le cadran sont marqués des degrés de 0° à 100° : 100° signifie humidité extrême, et s'obtient en laissant l'hygromètre longtemps stationnaire sous une cloche, dont les parois sont humectées d'eau, et qui repose sur un bassin plein d'eau ; le 0 est la sécheresse extrême, et s'obtient par un séjour prolongé sous une cloche remplie d'air sec, et garnie de morceaux de chaux vive destinée à absorber toute humidité.

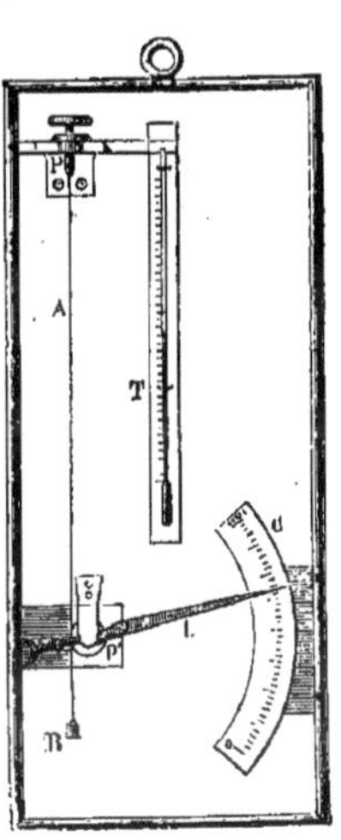

Fig. 105.

L'expérience apprend que les allongements du cheveu ne sont pas proportionnels aux fractions de saturation : l'hygromètre à cheveu n'est qu'un instrument empirique, pour lequel Gay-Lussac a dû construire des tables, dont voici un extrait :

ÉTATS HYGROMÉTRIQUES CORRESPONDANTS AUX INDICATIONS DE L'HYGROMÈTRE A CHEVEU, A LA TEMPÉRATURE DE +10°.

Degrés de l'hygromètre.	États hygrométriques.	Degrés de l'hygromètre.	États hygrométriques.
0	0,000	70	0,472
10	0,022	72	0,500
20	0,094	75	0,538
25	0,120	80	0,612
30	0,148	85	0,696
40	0,208	90	0,791
50	0,278	95	0,891
60	0,363	100	1,000
65	0,414		

Construction : Débarrasser le cheveu de toute la matière grasse qu'il renferme par une ébullition avec le carbonate de soude, ou par immersion dans l'éther ordinaire.

Calcul de la quantité de vapeur existant dans l'air, lorsqu'on connaît l'état hygrométrique.

L'état hygrométrique $E = \frac{f}{F}$, donne $f = E \times F$.

1 litre d'air à 0° pèse $1^{gr},3$, et à t^{o} $\frac{1^{gr},3}{1 + \alpha t}$, et sous la pression f il pèsera $\frac{1^{gr},3}{1 + \alpha t} \cdot \frac{f}{0,76}$. La densité de la vapeur d'eau est 0,622 par rapport à l'air, donc le poids de vapeur contenu dans 1 litre d'air à la température t pour l'état hygrométrique E sera $p = 0,622. \frac{1^{gr},3}{1 + \alpha t} \cdot \frac{f}{0,76}$.

Hygromètre de condensation. — Hygromètre de Daniell. — La boule B en cuivre doré renferme de l'éther et est prolongée par un tube deux fois recourbé, se terminant par une boule B′ recouverte de gaze; avant de fermer l'appareil à la lampe d'émailleur, on a fait bouillir l'éther, dont les vapeurs ont chassé l'air, de sorte qu'il existe à l'intérieur du tube un vide relatif. Si, maintenant, nous versons quelques gouttes d'éther sur B′, il y a refroidissement, condensation de vapeur, diminution de tension, et évaporation de l'éther contenu en B; d'où un refroidissement de cette boule et de l'air qui l'environne; à un moment donné, la boule se ternit et se couvre d'une pellicule d'eau condensée, c'est qu'alors l'air ambiant se trouve sursaturé, et la tension de la vapeur qu'il renferme est F′; elle est donnée par les tables, en regardant la température que marque le thermomètre t plongé dans la boule B. On a donc F′, qui est précisément égal à f. D'autre part, le thermomètre, accolé au montant de l'appareil, donne la température t de l'air, et la table donne la valeur F correspondante; il est facile alors de calculer $E = \frac{f}{F}$. La difficulté est de bien observer le point de rosée sur la boule B : on peut dire de plus que le thermomètre t est plus refroidi que l'air extérieur entourant la boule B; les vapeurs de l'éther versées en B′ altèrent l'état hygrométrique, et la présence de l'opérateur agit dans le même sens. M. Regnault a perfectionné cet appareil, et fait disparaître toute cause d'erreur.

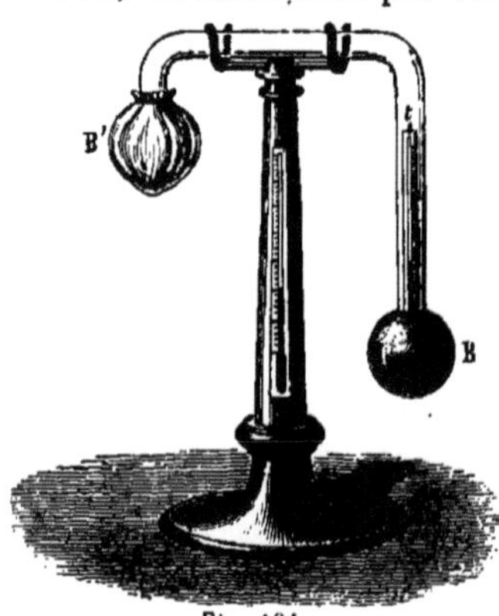

Fig. 101.

Vents. — Vous n'ignorez pas que la terre tourne autour du soleil en l'espace d'une année, et que le rayon vecteur ST décrit un plan appelé écliptique. D'autre part, la terre, sphéroïde renflé à l'équateur, tourne autour d'un axe, qui passe par ses pôles: cet axe n'est point perpendiculaire au plan de l'écliptique, et fait avec la normale à ce plan un angle de 23° environ. L'équateur terrestre fait donc le même angle avec le plan de l'écliptique.

Voyons maintenant l'action de la chaleur solaire sur l'atmosphère terrestre, et supposons pour un moment la coïncidence de l'équateur et de l'écliptique : les régions équatoriales reçoivent la chaleur normalement, et les régions polaires très-obliquement : l'air des premières s'échauffe donc beaucoup plus et tend à monter, et il se fait par en bas un appel des couches plus froides, appel qui donne naissance à un grand courant gazeux rasant le sol, et dirigé du pôle à l'équateur.

Vents alizés. — La terre tourne de l'est à l'ouest, et entraîne dans son mouvement l'atmosphère : au pôle, cette vitesse est nulle, puis elle va croissant jusqu'à l'équateur, puisque la distance à l'axe de rotation croît aussi. Le grand courant gazeux qui du pôle se rend à l'équateur, va se trouver contrarié dans sa

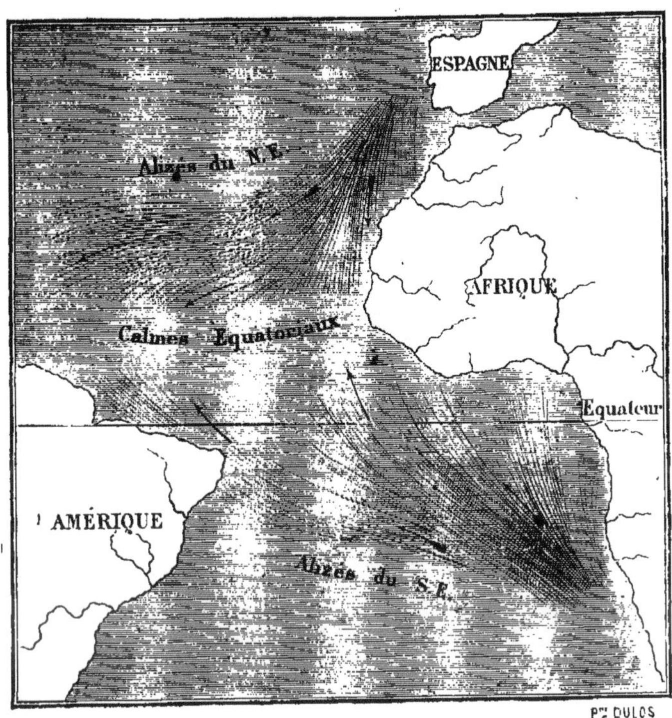

Fig. 105.

marche par la vitesse de l'atmosphère qui est normale à la sienne : les deux vitesses se composent, et donnent un courant d'air régulier ; ce courant forme les vents alizés. Dans l'hémisphère boréal (le nôtre), ils soufflent du nord-est ; dans l'hémisphère austral (sud), ils soufflent du sud-est. Les régions équatoriales jouissent d'un calme très-grand, puisque les mouvements de l'air s'y font verticalement.

Moussons. — Nous avons supposé que l'écliptique et l'équateur se confondaient, il n'en est rien, et certains points de la mer des Indes, par exemple, passent tantôt d'un côté de l'écliptique, tantôt de l'autre côté : ce phénomène a lieu deux fois par an, et donne lieu à des vents périodiques, appelés moussons, qui soufflent pendant six mois dans une direction, et pendant les six mois suivants dans une direction contraire.

Grands courants marins. — Il existe dans la mer de grands fleuves d'eau chaude, animés souvent d'une grande vitesse, et dont la connaissance est précieuse aux navigateurs. Ils sont indiqués sur la carte ci-jointe. On comprend bien qu'ils donnent naissance dans certaines régions à des vents réguliers, puisqu'ils échauffent la couche d'air à leur contact. Le principal est le Gulf-Stream, route ordinaire de France en Amérique, qui longe les côtes de l'Espagne et de

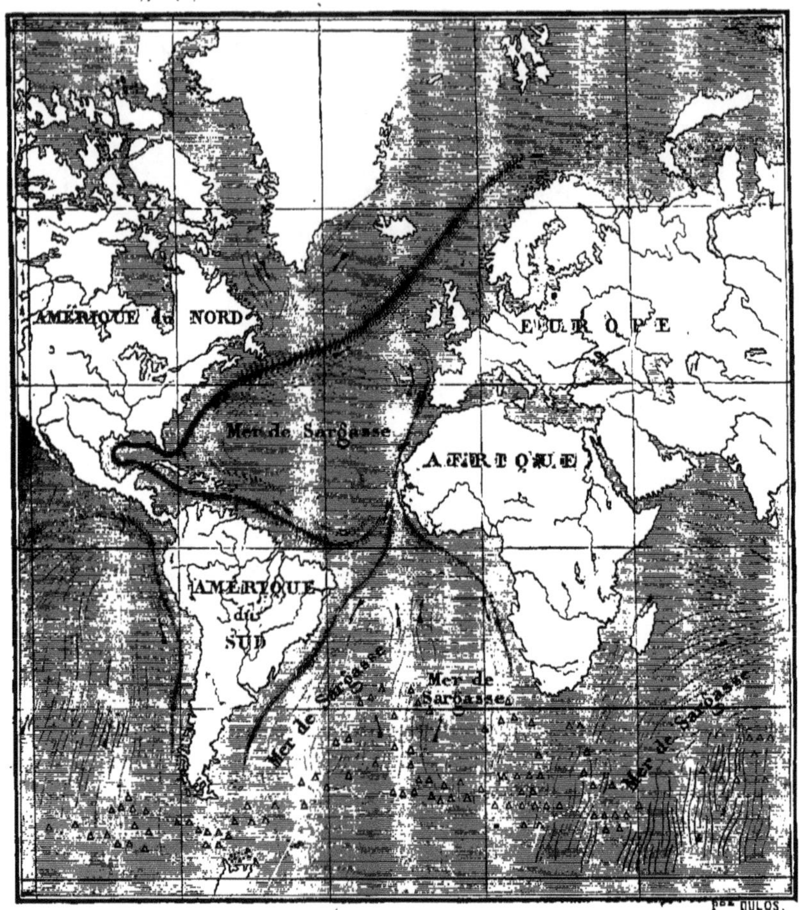

Fig. 106.

l'Afrique occidentale pour rebrousser vers les Antilles, le Mexique, les États-Unis, et aller mourir au nord de la Norwége. C'est à ce courant que l'Islande doit un climat supportable à l'homme.

Ouragans. — Lorsque deux courants gazeux se rencontrent, ils se composent et prennent un mouvement de rotation autour d'un axe variable dans l'espace, et plus ou moins incliné sur la verticale. Ils constituent un cyclone, et la pression est minima au centre, et maxima à une certaine distance. Lorsque l'axe s'appuie sur la mer et y est incliné, il la soulève et produit d'épouvantables ouragans, où périssent les navires les plus solides.

De la comparaison des pressions barométriques en divers points du globe, on peut prévoir, par comparaison, la marche du cyclone, qui s'avance avec une vitesse de chemin de fer, et cette science nouvelle de la prévision du temps est destinée à rendre les plus grands services.

Vents réguliers. — Sur le rivage de la mer, la brise souffle vers la terre pendant le jour, et vers la mer pendant la nuit : la cause en est à l'inégale influence du soleil sur la terre et sur la mer, et à ce fait que l'air prend toujours la température de la surface qu'il touche. La mer, plus difficile à échauffer que l'air, se refroidit aussi moins vite.

Vitesse du vent. — La vitesse du vent se déterminait autrefois par une girouette munie de ressorts : l'appareil était grossier et inexact. La direction du vent était mal indiquée, car il a peu d'action sur la girouette lorsqu'elle est placée dans sa direction, et par suite la girouette restait indécise. Aujourd'hui, on se sert de l'anémomètre (mesure du vent), composé comme il suit. Aux extrémités de deux branches horizontales et perpendiculaires entre elles, sont appliquées des demi-sphères creuses, dont la concavité est tournée dans le même sens. L'effet du vent est plus grand sur la surface concave que sur la surface convexe, et le petit appareil se met à tourner toujours dans le même sens, quelle que soit la direction du vent. La vitesse de rotation mesure la vitesse du vent; pour enregistrer le nombre de tours, l'axe de rotation porte un doigt, qui, à chaque tour, fait avancer d'une dent une roue dentée horizontale, garnie de 200 dents. A chaque extrémité d'un diamètre de cette roue sont deux pointes saillantes, de sorte que, à tous les 100 tours de la girouette, une pointe se trouve en face du fil d'un électro-aimant; ce contact met en jeu une batterie : la batterie soulève un marteau qui retombe sur un papier se mouvant d'un mouvement uniforme, et y marque la place du choc. Suivant le rapprochement des coups de marteau sur le papier, on juge de la vitesse du vent.

Reste à noter la direction; la girouette ordinaire y est impuissante, comme nous l'avons vu; on la remplace par deux roues à aubes hélicoïdales tournées en sens inverse, de sorte qu'à la moindre variation l'instrument revient par une rotation dans la direction voulue. Toutes les dix minutes, il se produit un contact avec un électro-aimant, qui pointe la direction sur une feuille, où sont marqués les points cardinaux et leurs subdivisions en quarts et demi-quarts. A un moment donné, on connaît donc la direction et la vitesse.

Pluie. — Udomètre. — Les vents et la chaleur enlèvent à la mer et aux cours d'eau de la vapeur, que les courants d'air transportent sous forme de nuage. L'eau semble exister dans les nuages, comme dans la vapeur qui s'échappe d'une chaudière, à l'état de particules infiniment petites que montre le microscope, ou bien encore à l'état de vésicules. Les nuages obéissent à la pesanteur, ils tombent sans cesse, mais en tombant ils rencontrent souvent des couches non saturées qui reforment de la vapeur : le nuage fond pour ainsi dire à la partie inférieure, et se reforme dans les régions élevées. Quelquefois, l'eau arrive jusqu'au sol, et c'est la pluie : elle augmente ou diminue en route, suivant qu'elle rencontre des couches qui sont ou ne sont pas saturées.

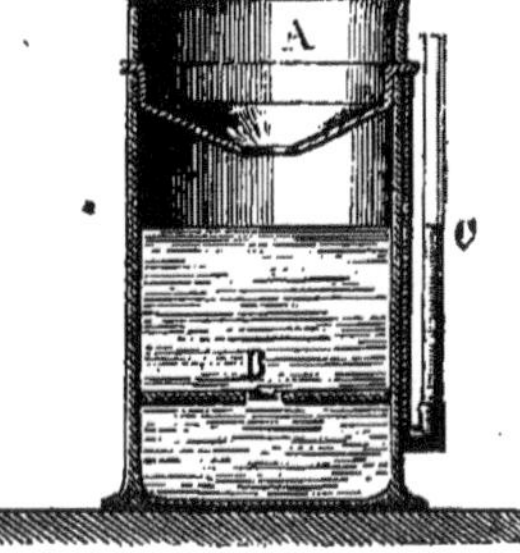

Fig. 107.

Udomètre. — L'eau pénètre dans la cavité B, où elle est soustraite en partie aux influences atmosphériques : le bord du vase est taillé en biseau, de façon à recevoir l'eau qui tombe sur toute la section. Le tube vertical C donne la hauteur d'eau.

Épaisseur de la couche d'eau qui tombe à Paris pendant chaque saison.	
Été	0m 161
Automne	0 122
Hiver	0 107
Printemps	0 174

Hauteur annuelle de la pluie dans quelques pays.	
Paris	0m 564
Bordeaux	0 650
Madère	0 767
La Havane	2 520
Saint-Domingue	2 730

La neige est de l'eau congelée pendant qu'elle se condense : si on la reçoit sur une planche recouverte d'une étoffe noire, on reconnaît qu'elle est formée

Fig. 108.

de quantité de petites aiguilles prismatiques réunies en hexagones, et affectant les figures les plus variées, comme le montre le dessin.

Rosée. — Pendant le jour, le sol s'échauffe plus que l'air ambiant : pendant la nuit, le sol rayonne sa chaleur vers les espaces célestes, et se refroidit plus que l'air ambiant : la couche d'air au contact du sol se refroidit aussi, et ne peut plus maintenir en suspension toute la vapeur d'eau qu'elle renferme, d'où condensation partielle en gouttes d'eau qui se déposent sur les plantes. Le *brouillard* est dû à une cause analogue à celle de la rosée : le sol, où les cours d'eau échauffés par l'été émettent des vapeurs que l'air froid du matin ne peut dissoudre en entier, et une partie reste en suspension à l'état de nuage.

Les variations du baromètre sont dues aux variations de pression de l'atmosphère ; chez nous, les vents secs, venus du nord-est, augmentent la pression et ont monter le baromètre ; les vents humides, au contraire, venus de l'ouest, après avoir parcouru l'Océan, amènent la pluie et les dépressions. Il ne faut ajouter de confiance aux indications du baromètre qu'autant qu'elles sont progressives et se produisent lentement. Les grandes oscillations brusques indiquent la tempête. A l'équateur, le baromètre a des variations diurnes bien régulières, et présente deux maxima à dix heures du matin et à dix heures du soir, et deux minima à quatre heures du matin et à quatre heures du soir.

Température d'un lieu. — Elle varie avec la latitude, c'est-à-dire avec l'angle de la verticale du lieu et de l'équateur ; en effet, quand la latitude augmente, l'inclinaison des rayons solaires augmente et la chaleur reçue diminue. L'altitude des lieux diminue la température : Mexico, qui est à 2,000 mètres d'altitude, est très-froid ; sur les montagnes, règnent des neiges éternelles. Le voisinage des mers élève la température, puisque les vents, chargés d'humidité, en abandonnent beaucoup, et l'eau, revenant à l'état liquide, dégage sa chaleur latente. Ainsi la France est plus chaude que la Hongrie : les vents d'ouest qui arrivent en Hongrie lui enlèvent de l'eau au lieu de lui en donner, parce qu'ils sont desséchés. De plus, les nuages, au voisinage de la mer, protégent le sol et en

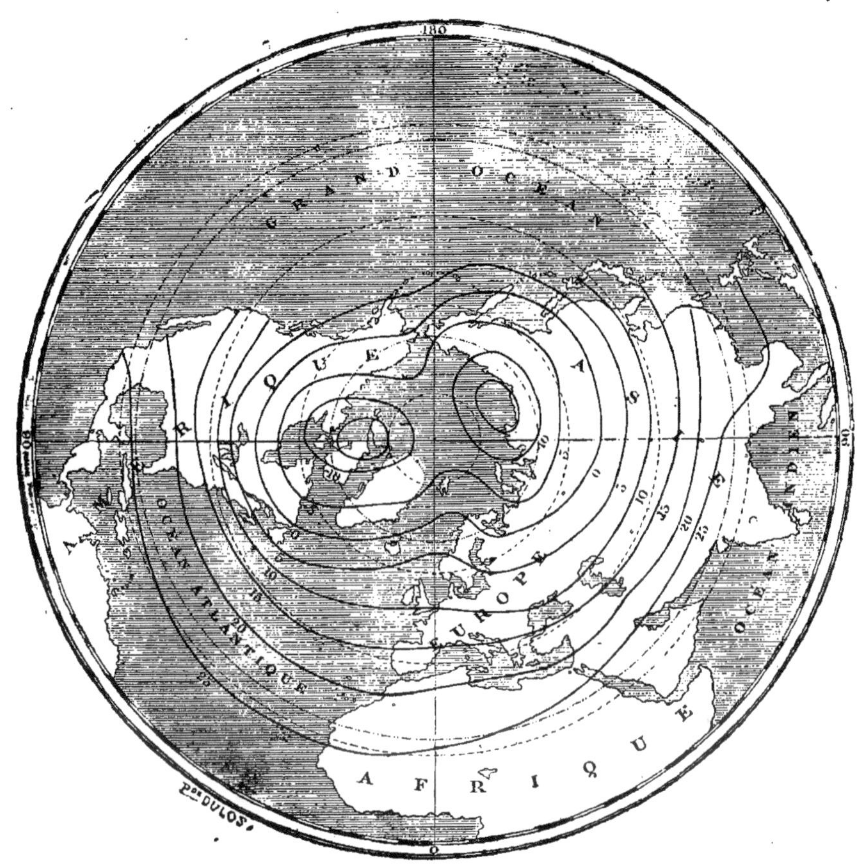

Fig. 109.

empêchent le rayonnement vers le ciel. La figure ci-contre, où sont marquées les courbes d'égale température de 5° en 5° (lignes isothermes de de Humboldt), montre bien les influences dont nous venons de parler.

TEMPÉRATURE MOYENNE EN DIVERS LIEUX DU GLOBE

Pays.	Latitudes.	Températures.	Pays.	Latitudes.	Températures.
Abyssinie.	15°. . . .	+ 31°,0	Genève.	46°.	+ 9°,7
Sénégal (Saint-Louis)..	16°. . . .	+ 24°,6	Mont Saint-Gothard. .	46°. . . .	+ 1°,0
Jamaïque.	18°. . . .	+ 26°,1	Paris.	49°. . . .	+ 10°,8
Mexico	19°. . . .	+ 16°,6	Strasbourg.	49°. . . .	+ 9°,8
Le Caire..	30°. . . .	+ 22°,4	Bruxelles.	51°. . . .	+ 10°,2
Constantine.	36°. . . .	+ 17°,2	Londres.	52°. . . .	+ 10°,4
Pékin..	40°. . . .	+ 12°,7	Moscou.	55°. . . .	+ 3°,6
Naples.	41°. . . .	+ 16°,7	Stockholm..	59°. . . .	+ 5°,6
Constantinople.	41°. . . .	+ 13°,7	Saint-Pétersbourg. . .	60°. . . .	+ 3°,5
Boston.	42°. . . .	+ 9°,3	Mer du Groenland. . .	70°. . . .	— 7°,7
Marseille.	43°. . . .	+ 14°,1	Ile Melvil..	76°. . . .	— 18°,7

CHAPITRE IV

NOTIONS SUR LE MAGNÉTISME, L'ÉLECTRICITÉ ET L'ÉLECTRO-MAGNÉTISME

Aimants naturels et artificiels. — Magnétisme terrestre. — Aiguille aimantée ; boussole. — Machine électrique. — Électrophore. — Bouteille de Leyde. — Électricité atmosphérique ; effets de la foudre ; paratonnerre. — Pile voltaïque. — Effets physiques et chimiques des courants. — Action réciproque des courants et des aimants. — Multiplicateur. — Électro-aimants. — Principes de la télégraphie électrique.

Magnétisme. — Certains corps naturels (l'oxyde de fer, par exemple, le *magnes* des anciens) et certains corps artificiels ayant subi des actions particulières (l'acier, par exemple), ont la propriété d'attirer le fer. Les premiers sont les aimants naturels, les seconds, les aimants artificiels. La science qui s'occupe de ces corps, de leur nature, et des actions qu'exercent sur eux les masses environnantes, cette science est le magnétisme.

Aimants naturels et artificiels. — A est un morceau d'oxyde salin de fer (que l'on rencontre surtout dans les minerais de Norwége) ; il est garni d'une armure de fer, et supporte le morceau de fer P : pour les séparer, il faut un certain effort.

Le fer à cheval AMB, formé de lames d'acier aimanté artificiellement, soutient le poids F et le petit vase qui lui est suspendu.

Fig. 110.

Fig. 111.

L'attraction magnétique est réciproque, et, le fer doux est attiré par un aimant fixe, de même que celui-ci vient s'appliquer sur un morceau de fer fixe. Elle s'exerce à distance et à travers les corps (une feuille de papier ou de bois, par exemple) ; elle diminue et finit par disparaître pour ne plus revenir quand on chauffe un aimant jusqu'au rouge ; elle diminue très-rapidement avec la distance. Enfin, dans une carrière d'oxyde de fer magnétique, certains morceaux seulement présentent la propriété des aimants.

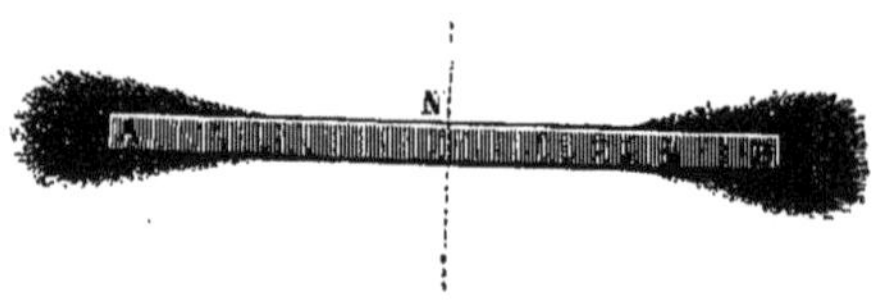

Fig. 112.

Si l'on a un barreau aimanté AB que l'on plonge dans la limaille de fer, les parties extrêmes possèdent seules la propriété magnétique : elles se garnissent de houppes de limaille, tandis qu'au milieu il n'y a plus rien, l'adhérence est nulle. Les houppes sont formées de petits morceaux de limaille placés à la suite les uns des autres : chacun d'eux joue, par rapport à ses voisins, le rôle d'un nouvel aimant; nous verrons, en effet, que l'on peut se procurer des aimants artificiels par le contact du fer ou de l'acier avec un aimant naturel. Les régions d'adhérence et d'attraction maxima sont très-voisines des extrémités, leur centre est aux points A et B qu'on appelle pôles. Dans les aimants naturels, il existe quelquefois plusieurs centres d'attraction intermédiaires que l'on appelle points conséquents.

Pôles d'un aimant. — Nous venons de voir qu'un aimant possède une ligne neutre et au moins deux pôles. Nous allons en montrer les propriétés : un barreau aimanté, auquel on a l'habitude de donner la forme d'une aiguille, est suspendu ou supporté par un point fixe coïncidant avec son centre de gravité : on donne à cette aiguille toute facilité de se mouvoir; par exemple, on la fait reposer sur une pointe d'acier par l'intermédiaire d'une chape d'agate. On reconnaît alors qu'elle prend une direction déterminée en chaque point du globe, direction qui s'écarte peu de celle du méridien du lieu. Cette aiguille possède deux pôles : l'un d'eux est toujours dirigé vers le nord, c'est le pôle nord, l'autre est le pôle sud. La moitié de l'aiguille qui se tourne vers le nord est ordinairement peinte en bleu.

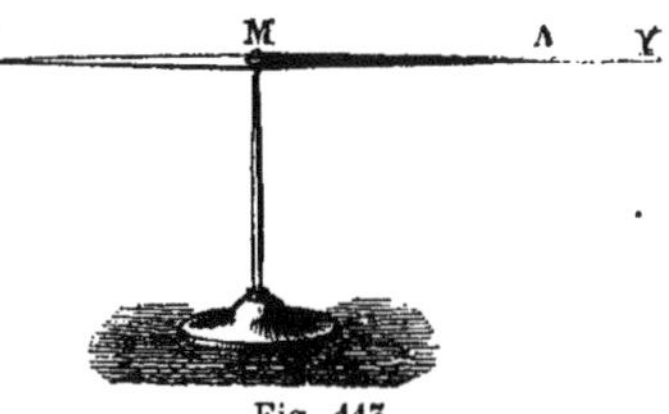

Fig. 113.

Si l'on a deux aiguilles aimantées, que l'on en enlève une de son pivot pour en présenter chaque extrémité aux extrémités de l'autre, on constate ce fait curieux que les pôles de nom contraire s'attirent et les pôles de même nom se repoussent.

Ayant un barreau aimanté qu'on ne peut suspendre, il sera facile d'en reconnaître le pôle nord et le pôle sud, d'après l'action que ses extrémités exercent sur l'aiguille aimantée : le pôle nord, par exemple, est à l'extrémité qui repousse le pôle nord de l'aiguille. On peut de la sorte donner des noms aux pôles de tout aimant, et l'on reconnaît alors que la loi d'attraction et de répulsion s'applique à tous les aimants.

Les pôles de même nom se repoussent : les pôles de nom contraire s'attirent. Ainsi, deux barreaux aimantés, accolés l'un à l'autre de façon à présenter à une extrémité de l'ensemble leurs pôles de nom contraire, se détruisent l'un l'autre et n'attirent plus un morceau de fer qu'on met presque en contact avec eux.

Aiguille aimantée. — Hypothèse de l'aimant terrestre. — L'aiguille aimantée s'oriente dans une direction fixe, nous venons de le voir. A quoi tient cette orientation constante? L'expérience suivante nous permettra de le supposer.

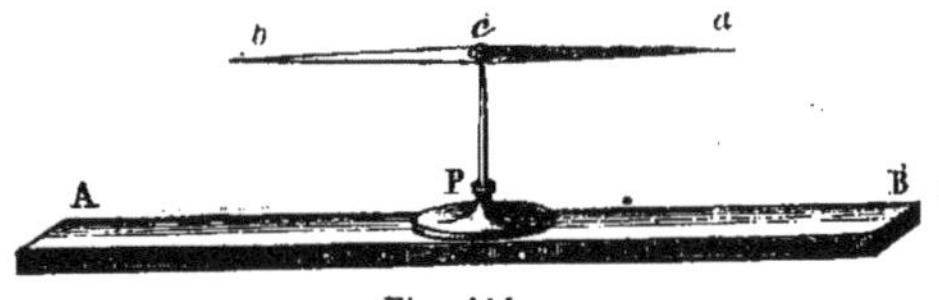

Fig. 114.

Plaçons une aiguille aimantée au-dessus d'un aimant puissant AB, nous verrons aussitôt l'aiguille se mouvoir et prendre une position parallèle au barreau, les pôles de nom contraire A*b*, *a*B se plaçant en face l'un de l'autre. De cette expérience naquit l'idée de l'hypothèse d'un aimant terrestre parallèle à la direction de l'aiguille aimantée et possédant un pôle nord et un pôle sud, et comme notre hémisphère est l'hémisphère boréal, on appelle le pôle nord de l'aimant terrestre pôle boréal ; le pôle sud sera le pôle austral. Par analogie avec cet aimant hypothétique, sachant que les pôles de nom contraire s'attirent, nous dirons que le pôle nord (*a*) de l'aiguille aimantée est un pôle austral, et le pôle sud *b* un pôle boréal. Cette explication si simple n'est pourtant pas démontrée : il faut absolument ne l'accepter que comme une manière commode de dire les choses ; gardez-vous bien de croire à l'aimant terrestre, c'est encore une de ces hypothèses destinées à disparaître avec les progrès de la science.

Avant de nous occuper de l'aiguille aimantée et de ses applications (la boussole), achevons ce que nous avons à dire sur les propriétés et la production des aimants.

Action d'un aimant sur le fer doux. — Soit un morceau de fer doux *ab*, approchons-en les deux pointes d'une aiguille A'B', toutes deux sont attirées. Par exemple, le pôle austral A' est attiré vers (*a*) ; à ce moment approchons de (*b*) le pôle austral A d'un barreau aimanté, nous verrons aussitôt l'aiguille A' s'éloigner de (*a*) comme poussée par une force invisible. Voilà ce qui arrive et comment on explique les choses : il y a dans un aimant deux fluides : le fluide austral et le fluide boréal, qui peuvent se neutraliser l'un l'autre, mais qui, si les molécules sont orientées d'une certaine façon, s'accumulent aux deux extrémités parce que les fluides de nom contraire s'attirent et les fluides de même nom se repoussent. Le fluide austral accumulé en A décompose le fluide neutre du fer doux, attire le fluide boréal en (*b*), et repousse le fluide austral en (*a*) ; alors, comme en A' se trouve aussi du fluide austral, il est nécessaire que *a* et A' se repoussent. Je n'insisterai pas sur cette conception plus ou moins ingénieuse.

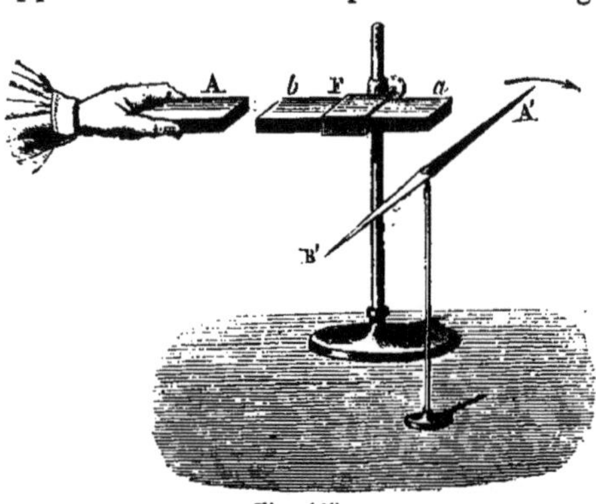

Fig. 115.

Force coërcitive. — Le fer doux *ab* est donc devenu à son tour un véritable aimant. On peut encore le voir par l'expérience suivante : à un morceau de fer doux qui adhère à un aimant, on peut en faire adhérer d'autres F' F''... Mais que l'on vienne à séparer F, immédiatement les autres morceaux se détachent les uns des autres. Au contraire, un morceau d'acier ou de fer, même légèrement aciéreux, devient lui-même un aimant au contact prolongé d'un autre aimant. Nous définirons ce fait en disant que l'acier a une force coërcitive qui n'existe pas dans le fer doux ; le premier conserve la trace du phénomène quand la cause a disparu ; le second voit disparaître l'effet en même temps que la cause.

Fig. 116.

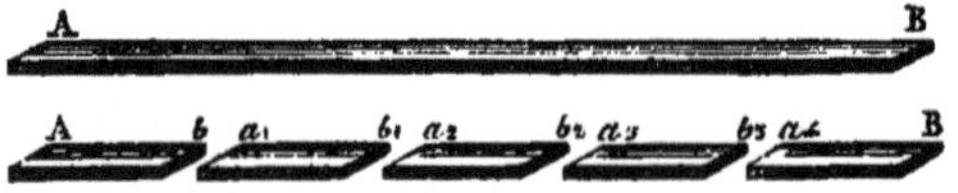

Fig. 117.

L'orientation des molécnles du corps de façon à présenter d'un côté le fluide austral, de l'autre le fluide boréal, se concevait à la rigueur quand on considérait l'expérience de l'aimant brisé. Si l'on prend un barreau aimanté, qu'on le rompe en un nombre quelconque de parties, chaque partie constitue un nouvel aimant dont les pôles sont orientés comme ceux du barreau.

Méthodes d'aimantation. — 1° *Simple touche.* — A la suite d'un barreau aimanté dont le pôle est A, on place un barreau d'acier; le fluide neutre de ce barreau est décomposé, et au bout de quelque temps il s'est formé un pôle boréal en B′, un pôle austral en A′ ; celui-ci est moins énergique que B′, et la ligne neutre est plus rapprochée de A′. Cet effet s'explique bien par l'hypothèse des deux fluides.

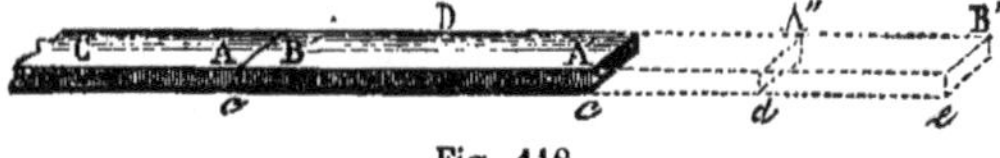

Fig. 118.

2° *Simple touche avec friction.* — Sur un barreau d'acier AB, on promène l'extrémité d'un aimant en frottant toujours dans le même sens; il est clair qu'on tend à produire ainsi une orientation fixe des molécules, et l'on arrive à faire un aimant du barreau d'acier AB.

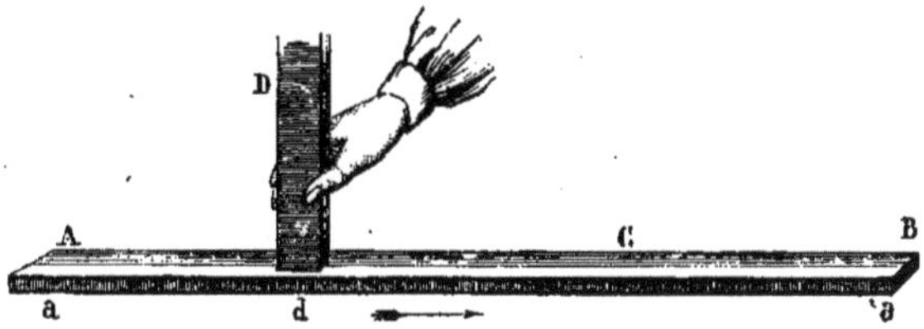

Fig. 119.

3° *Touche séparée.* — Le barreau d'acier A′B′ repose sur les pôles de nom contraire A et B de deux aimants; à son milieu, on applique deux autres aimants A″B″, inclinés à 25° environ, et disposés de telle sorte que le pôle austral A″ corresponde au pôle austral A et B″ à B ; on écarte l'un de l'autre les barreaux A″ et B″, et chacun d'eux frotte une moitié du barreau d'acier ; arrivé aux extrémités de ce barreau d'acier, on revient au centre, sans jamais frotter en sens contraire. Il y a ici orientation énergique des molécules, et on arrive vite à produire un aimant.

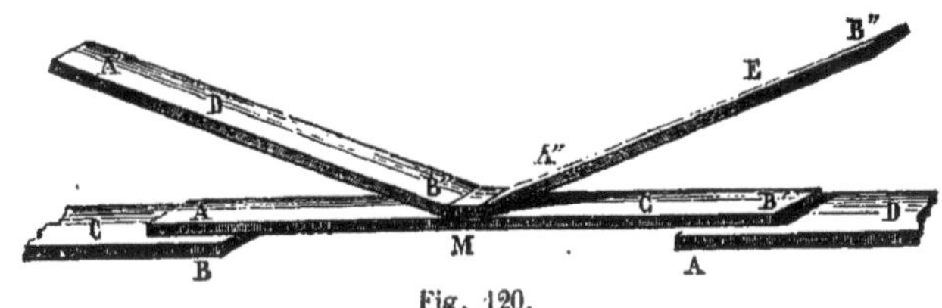

Fig. 120.

4° *Double touche.* — On sépare les deux barreaux A″B″ par un taquet en bois, et on promène tout le système sur le barreau d'acier de gauche à droite et de droite à gauche.

5° Enfin, nous dirons qu'en laissant longtemps un barreau d'acier dans la direction du méridien magnétique, c'est-à-dire dans une position parallèle à celle de l'aiguille aimantée, le barreau d'acier finit par devenir un aimant.

Aiguille aimantée. Déclinaison. Inclinaison. — Nous avons vu que l'aiguille aimantée prenait une direction fixe, à peu près celle du nord au sud ; écartée de cette position, elle y revient par une série d'oscillations. Nous avons expliqué tout cela par l'hypothèse de l'aimant terrestre. Il nous reste à dire les usages de l'aiguille aimantée.

Déclinaison. — L'aiguille aimantée est dans un méridien, c'est-à-dire dans un grand cercle de la terre qu'on appelle méridien magnétique ; en chaque lieu, on considère en outre le méridien astronomique, c'est-à-dire le grand cercle qui passe par le lieu et par l'axe de rotation de la terre qu'on appelle ligne des pôles. Le méridien magnétique ne coïncide pas avec le méridien astronomique : leur angle est la déclinaison du lieu. Les pôles de l'aimant terrestre ne coïncident donc pas avec les pôles géographiques de la terre.

Si l'on considère la méridienne d'un lieu NS (trace du méridien sur le sol) et la méridienne magnétique (direction de l'aiguille aimantée), que l'on prenne l'angle de la projection horizontale de l'aiguille avec la méridienne NS, on a l'angle formé par les deux méridiens eux-mêmes, c'est-à-dire la déclinaison. Suivant que, pour un observateur regardant le nord, l'aiguille est à droite ou à gauche du méridien qui passe par son centre, la déclinaison est orientale ou occidentale.

La déclinaison de l'aiguille aimantée varie avec le temps, comme le montre le tableau suivant :

DÉCLINAISONS OBSERVÉES A PARIS

Dates.	Déclinaisons.	Dates.	Déclinaisons.
1580.	11°30′ déclinaison orientale.	1785.	22°
1618.	8°	1813.	22°28′
1663.	0°	1814.	22°34′
1678.	1°30′ déclin. occidentale.	1825.	22°22′
1700.	8°10′	1830.	22°12′
1780.	19°55′	1850.	20°30′

Ce sont les variations séculaires ; il existe en outre des variations diurnes régulières, dont l'amplitude est d'environ 15 minutes. La déclinaison varie avec les

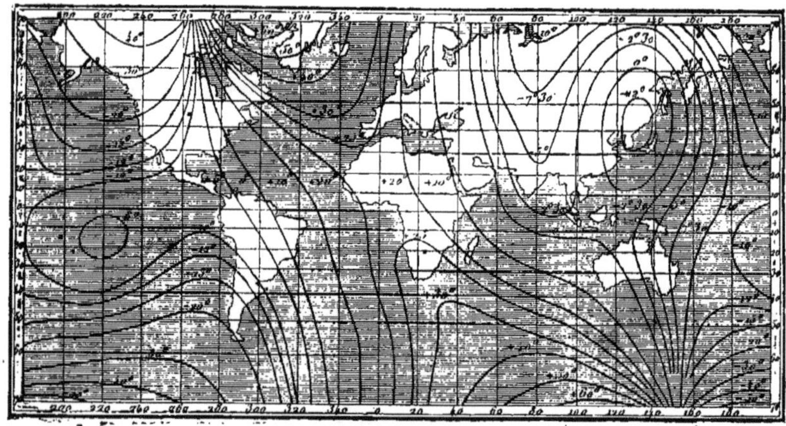

Fig. 121.

lieux : il y a des lignes sans déclinaison, sinueuses et irrégulières; il y en a deux au moins d'un pôle à l'autre. La figure ci-contre donne les lignes d'égale déclinaison.

Enfin, on constate des perturbations accidentelles, souvent énergiques, qui coïncident avec les aurores boréales, les orages et les éruptions volcaniques.

Inclinaison. — Si l'on suspend une aiguille aimantée par son centre de gravité au moyen d'un axe bien mobile, et qu'on la place dans le plan du méridien magnétique, cette aiguille fait avec la partie de l'horizontale dirigée vers le nord un angle que l'on appelle inclinaison. L'inclinaison, constante pour un même lieu, augmente à mesure que l'on s'approche du pôle ; il est un point dans les mers boréales de l'Amérique septentrionale, dans ces mers où le courageux Gustave Lambert voulait se frayer un passage, il est un point où l'inclinaison est de 90°. C'est le pôle magnétique boréal; le pôle austral est dans les mers du Sud, au delà de l'Australie. L'inclinaison d'un lieu varie avec le temps; à Paris, elle diminue de trois minutes par an.

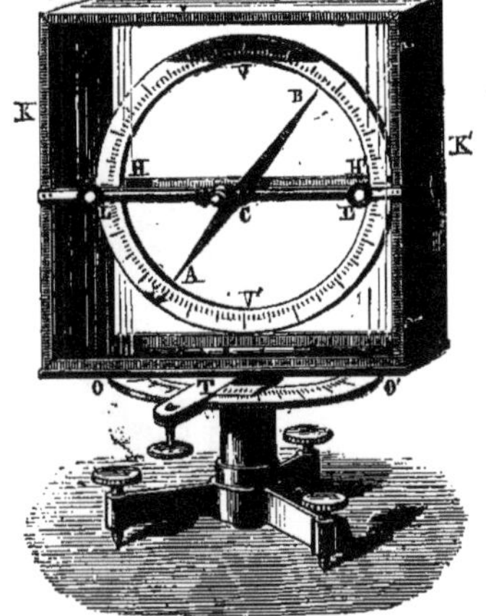

Fig. 122.

Quand on met le plan de la boussole d'inclinaison en dehors du méridien magnétique, l'inclinaison augmente jusqu'à ce que l'on soit dans un plan perpendiculaire à l'aiguille aimentée ordinaire, alors l'aiguille d'inclinaison est verticale.

Boussole marine. — La boussole de déclinaison est précisément la boussole marine, le compas des marins. Elle est suspendue dans une boîte ou habitacle au moyen d'une suspension à la Cardan, pareille à celle que nous avons décrite pour le baromètre de Fortin. De la sorte elle ne participe point aux mouvements du vaisseau. L'aiguille repose sur une feuille de talc qui est éclairée pendant la nuit au moyen d'une lampe placée dans l'habitacle; le talc est transparent et le pilote a toujours sous les yeux les moindres variations de l'aiguille.

Fig. 123.

Sur la feuille de talc est marquée la rose des vents: elle se compose des quatre divisions nord, ouest, sud, est (N., O., S., E.), qui, partagées en deux, donnent quatre autres divisions (N.-O.), (S.-O.), (N.-E.), (S.-E.). Les huit divisions ainsi obtenues, partagées en deux parties, donnent huit nouvelles directions, qui sont par exemple, pour le quadrant nord-est, les lignes (N.-N.-E.), (E.-N.-E.) nord-nord-est, est-nord-est.

Les seize divisions obtenues sont encore partagées chacune en deux parties, et ces trente-deux parties constituent ce qu'on appelle les quarts de la rose des vents; on comprend, d'après cela, ce que veut dire (N. 1/4 E.) et (N.-N.-E. 1/4 N.) (ces deux directions coïncident). On tend un peu à abandonner ces dénominations pour se servir de la division en 360 degrés ou en 400 grades.

La masse de fer qui entre aujourd'hui dans les vaisseaux est une grande gêne pour l'usage de la boussole : on est arrivé à remédier à cet inconvénient au moyen du compensateur de Barlow.

ÉLECTRICITÉ STATIQUE

Phénomènes électriques. — Un bâton de cire frotté avec de la laine, un morceau d'ambre (*electron* en grec), un bâton de verre frottés avec une peau de chat possèdent la propriété d'attirer les corps légers, des fragments de papier, par exemple, ou de petites boules de moelle de sureau. Tous les corps ne présentent pas cette propriété ; ainsi, les métaux font exception. Le frottement n'est pas la seule cause qui développe dans les corps cette propriété attractive : toute opération mécanique produit le même effet ; il arrive même, quand l'action a été énergique, que le corps soumis à cette action non-seulement attire les corps légers, mais encore émet à leur contact de bruyantes étincelles. L'électricité étudie tous ces phénomènes.

Tous les corps s'électrisent, même les métaux; ainsi une armature de laiton, portée par une tige de verre et frappée d'une peau de chat, prend des propriétés électriques. Cependant, un morceau de métal tenu directement à la main ne

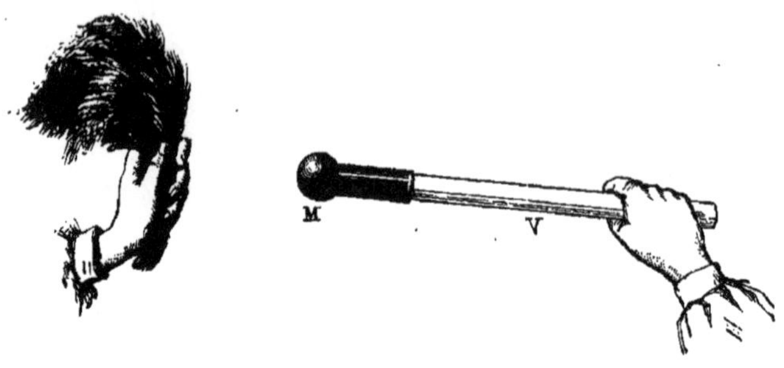

Fig. 124.

s'électrise pas, c'est que tout à l'heure nous l'isolions du contact de la main par une tige de verre. D'où deux grandes classes de corps : 1° les corps isolants ou mauvais conducteurs qui conservent l'électricité développée en un de leurs points ; 2° les corps conducteurs, tels que les métaux, le corps humain et la terre qui, électrisés en un point, laissent l'électricité se propager librement et disparaître, à moins que les corps conducteurs ne soient soutenus par des corps isolants.

Pendule électrique. — Petite balle de sureau suspendue à un fil. Approchez en un corps électrisé, la balle est attirée et vient au contact ; si alors, vous maintenez prés d'elle le bâton électrisé, vous verrez que la balle de sureau est constamment repoussée. Or elle a pris par le contact l'électricité du bâton ; donc nous devons dire que les électricités de même nom se repoussent. C'est ici le cas de présenter l'hypothèse des deux fluides électriques : le fluide positif et le fluide négatif qui peuvent se neutraliser à quantités égales. L'électricité positive est celle que possède le verre frotté avec de la laine (on l'appela longtemps électricité vitrée) ; l'électricité négative est celle de la résine frottée aussi avec de la laine (électricité résineuse). Mettez la boule du pendule en contact avec le verre électrisé, elle est chargée d'électricité positive et repoussée : approchez-en maintenant le bâton de résine, elle sera attirée. Il est donc facile, d'après la définition précédente, étant donné un pendule chargé avec le verre, de classer les corps en deux grandes classes, 1° ceux qui sont électrisés positivement (ils repousseront le pendule), 2° ceux qui sont électrisés négativement (ils attireront le pendule).

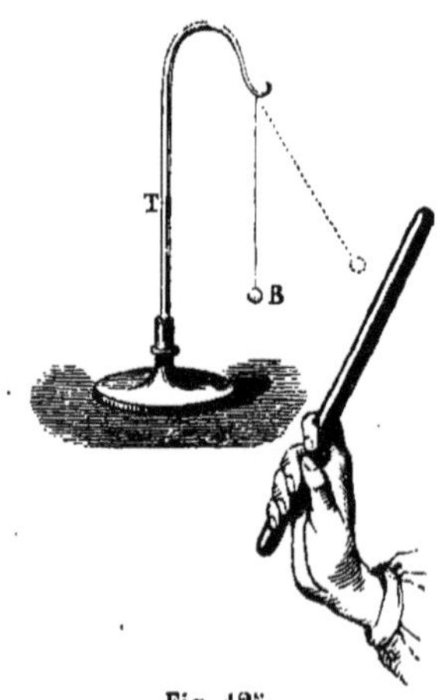

Fig. 125.

Les électricités de même nom se repoussent; les électricités de nom contraire s'attirent. Le fluide neutre est formé de quantités égales de chacun des fluides positif et négatif.

Dans le frottement, les deux corps s'électrisent en sens contraire : si le verre est positif, c'est que la laine a pris le fluide négatif. Un même corps peut prendre l'un ou l'autre fluide suivant qu'il est frotté par tel ou tel corps ; — ainsi, frotté avec une peau de chat, le verre prend l'électricité négative.

Balance de torsion. — A un long de fil de platine est suspendu une baguette de gomme-laque garnie à une extrémité d'un morceau B de clinquant. — OA est une tige de verre portant une boule métallique A qui, mise en contact avec le corps à éprouver, prend à ce corps une quantité d'électricité proportionnelle à

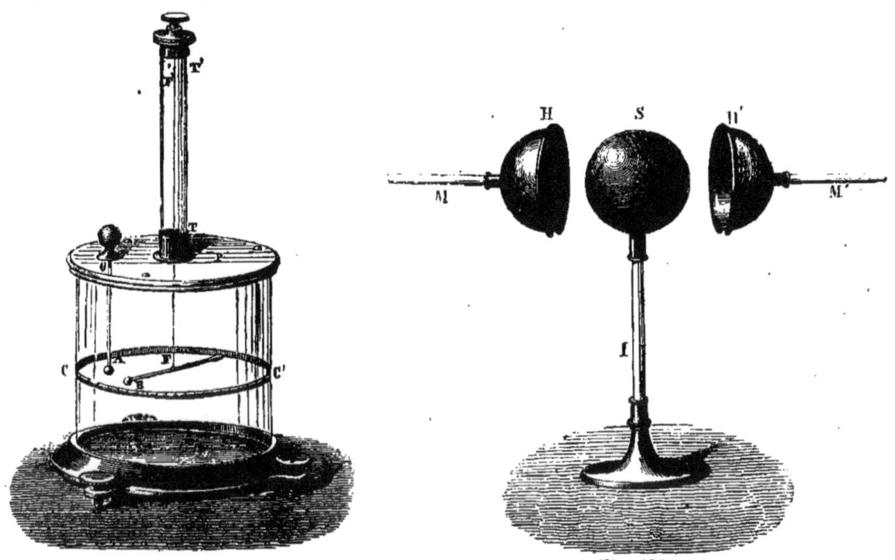

Fig. 126. Fig. 127.

celle que le corps possède. Introduite dans l'appareil, la boule A repousse le disque de clinquant B ; l'angle d'écart que l'on peut lire sur le cercle gradué CC' mesure la force électrique. C'est avec cet appareil que l'on vérifie les deux lois suivantes :

1° Les répulsions et les attractions entre deux corps électrisés sont en raison inverse du carré de la distance ;

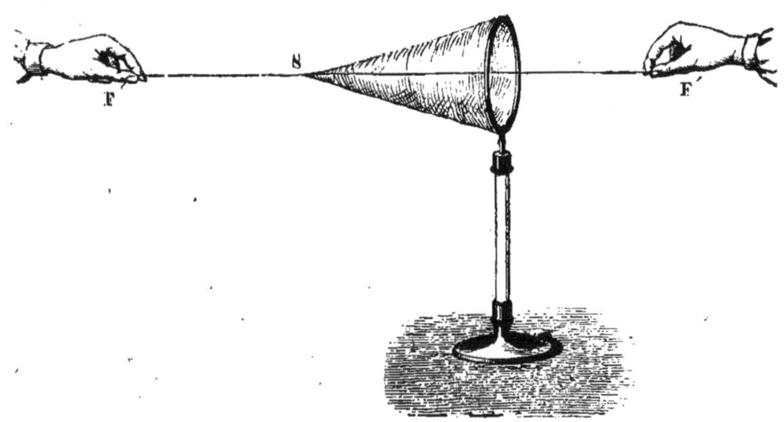

Fig. 128.

2° Elles sont proportionnelles aux quantités d'électricité que possèdent les deux corps.

L'électricité se porte à la surface des corps. — L'appareil ci-joint le montre bien : la boule S recouverte des deux hémisphères H et H′ est électrisée : enlevez les hémisphères, le pendule montre que chacun d'eux est électrisé ; mais la boule S ne l'est plus (*fig.* 127).

Autre expérience : sac conique de chanvre chargé d'électricité,. le pendule montre qu'il est électrisé à l'extérieur et ne l'est pas à l'intérieur ; avec les deux

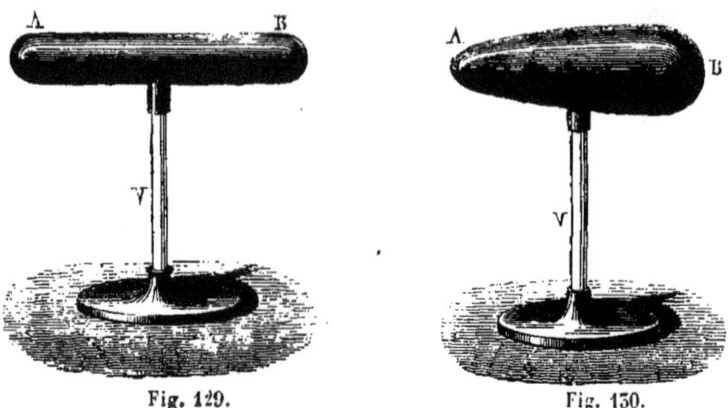

Fig. 129. Fig. 130.

fils de soie FF′ (corps isolant) on retourne le sac, et l'on constate que l'électricité a changé de place pour revenir à la surface extérieure qui était tout à l'heure surface intérieure.

Accumulation de l'électricité sur les surfaces saillantes. — A la surface d'un corps, l'électricité n'est pas également répandue ; elle s'accumule sur les parties saillantes, où sa tension est maxima. Il est facile de le vérifier en chargeant d'électricité les deux appareils ci-contre, et les soumettant à l'analyse de la balance de torsion (*fig.* 129, 130).

Pouvoir des pointes. — La tension électrique augmente à un tel poiut sur

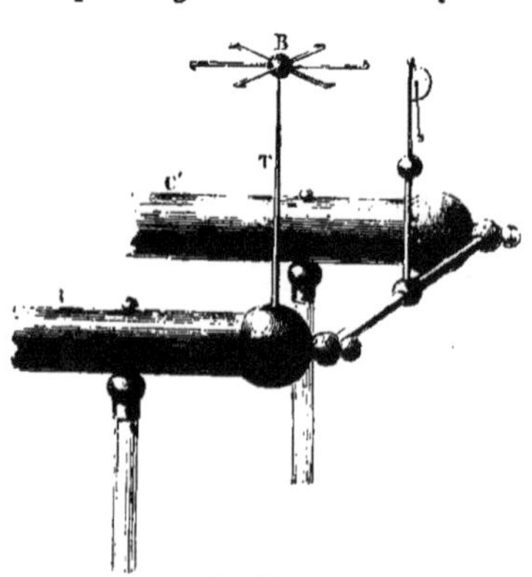

Fig. 131.

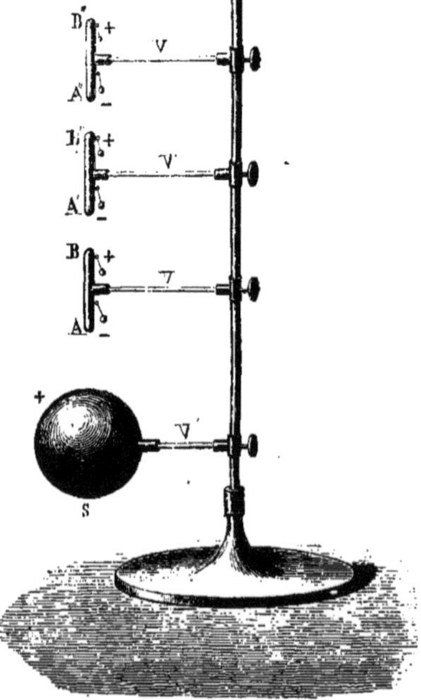

Fig. 132.

les parties saillantes devenues des pointes, que l'électricité ne peut être contenue et s'échappe. Sur le conducteur C d'une machine électrique, on place un tourniquet métallique à pointes B : l'électricité s'écoule, ainsi que le montre le petit pendule dont la balle de sureau, écartée de la verticale, y revient. L'air en contact avec les pointes est électrisé et prend le même signe que les branches du tourniquet ; il se produit une répulsion entre les deux fluides de même nom, et c'est ce qui explique le mouvement de rotation que prend le tourniquet.

Électricité par influence. — Supposez électrisée une boule métallique isolée S, et approchez d'elle un barreau métallique isolé, AB, aux extrémités A et B duquel sont de petits pendules électriques. Le fluide positif de S décompose le fluide neutre de AB, attire à lui le fluide négatif et repousse le fluide positif. Le corps AB est donc électrisé, en effet les deux pendules se soulèvent et on reconnaît en approchant un bâton de verre frotté avec de la laine, c'est-à-dire chargé positivement, on reconnaît qu'il y a du fluide négatif au pôle A et du fluide positif au pôle B. Le corps AB est dit électrisé par influence, et son fluide revient à l'état neutre, les pendules s'abattent dès que l'on décharge le corps S. Les signes + et — par lesquels on désigne les fluides positif et négatif sont très commodes pour indiquer ce qui se passe. L'influence reçue par AB se transmet de même à A'B', et par A'B' à A"B" ; les pôles qui se regardent sont toujours de sens contraire (*fig.* 132).

Pouvoir des pointes. — Le conducteur C étant chargé, si on en approche une pointe AB, l'électricité de C disparaît instantanément ; en effet cette électri-

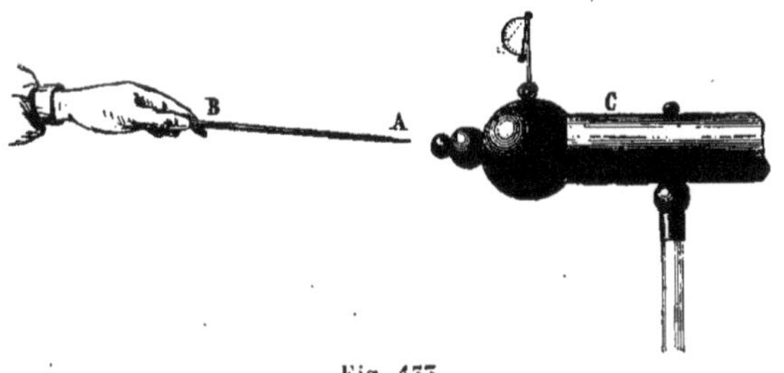

Fig. 133.

cité décompose le fluide neutre de AB, et attire à la pointe le fluide de nom contraire : celui-ci s'échappe aussitôt pour venir neutraliser le fluide de C, et ce conducteur est aussitôt ramené à l'état neutre.

Machine électrique ordinaire. — Un plateau de verre P (dont le diamètre atteint souvent $1^m,00$ à $1^m,20$) reçoit de la manivelle M un mouvement de rotation et passe à frottement doux entre deux paires de coussins KK', placés en haut et en bas du diamètre vertical du plateau. Ces coussins en cuir à la surface duquel est étendu de l'or mussif (bisulfure d'étain) chargent le plateau de verre d'électricité positive et se chargent eux-mêmes d'électricité négative : mais, communiquant avec le sol, ils sont sans cesse ramenés à l'état neutre. D'autre part le plateau P passe aux deux extrémités de son diamètre horizontal entre deux mâchoires F et F' garnies de pointes (*p. p*) : ces mâchoires sont le prolongement des conducteurs CC'. Voici ce qui arrive : le plateau chargé de fluide positif arrive entre les mâchoires, décompose le fluide neutre des conducteurs, attire le fluide négatif et repousse le fluide positif aux extrémités A et A'. Le fluide négatif attiré s'écoule par les pointes *p*, et se combine avec le fluide du plateau : celui-ci revient à l'état neutre, mais après un quart de rotation il passe entre deux coussins, se charge de nouveau d'électricité qu'il va abandonner aux autres pointes après un autre quart de rotation. De la sorte on voit que le fluide neutre des conducteurs est décomposé et que finalement il ne reste plus sur ces conducteurs que du fluide positif. Le pendule R indique par son écart le moment où les conducteurs sont complétement chargés. Il est bien entendu que les conducteurs reposent sur des colonnes de verre : la chaîne T sert à mettre les coussins en communication constante avec le sol (*fig.* 134, 135).

Machines Armstrong. — Nous ne pouvons la passer sous silence. Une chaudière, isolée sur des pieds de verre, lance des jets de vapeur mélangée de gouttelettes d'eau par des ajutages en buis (*a*) : le frottement et le choc électrisent ces gouttelettes qui décomposent l'électricité neutre du peigne métallique (*v*) communiquant avec la boule B. La boule B se charge positivement, et la chaudière négativement, et l'on arrive à faire jaillir entre elles des étincelles de un mètre de longueur. Il est nécessaire que la vapeur soit humide et chargée de gouttelettes d'eau : il faut aussi des ajutages en buis pour obtenir le maximum d'effet (*fig.* 136).

Fig. 134.

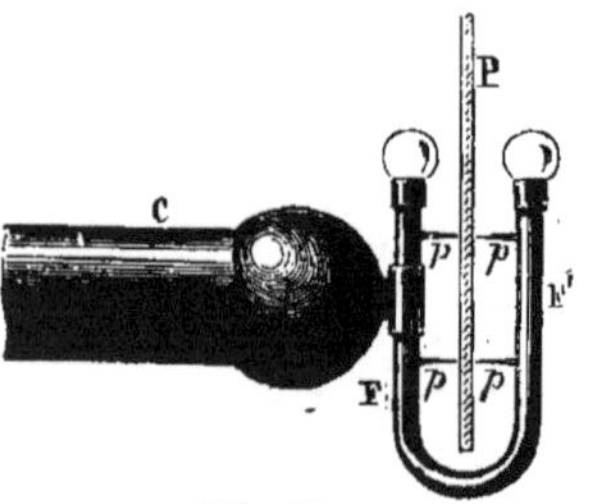

Fig. 135.

Électrophore de Volta. — C'est la machine électrique la plus simple. Dans un cylindre creux en bois on coule de la résine de façon à obtenir un gâteau FG. Sur ce gâteau s'applique un plateau P en bois recouvert d'une feuille d'étain : ce plateau agit comme un plateau métallique, puisque l'électricité ne se porte qu'à la surface. Le plateau P est fixé à un manche isolant V.

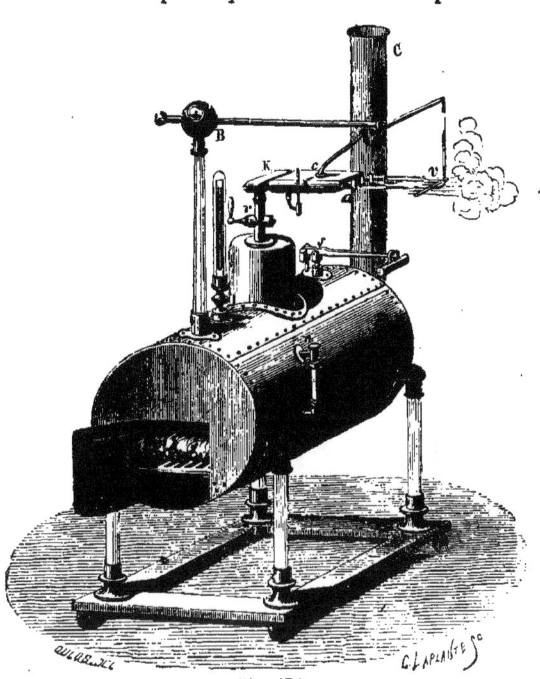

Fig. 136.

Avec une peau de chat, on bat le gâteau de résine de manière à produire en même temps un frottement : la résine se charge d'électricité négative. Sur le gâteau on pose le plateau métallique : son fluide neutre se trouve décomposé, le fluide positif attiré vers la résine, le fluide négatif repoussé à la face supérieure. Touchez cette face supérieure avec le doigt, le fluide négatif s'écoulera par vous dans le sol ; enlevez le plateau P et l'électricité positive dissimulée sur sa face inférieure se répand sur toute sa surface (*fig.* 137).

Bouteille de Leyde. — *Condensateur* (*fig.* 138). — On a deux plateaux d'électrophore A et B, séparés par une lame de verre d'un diamètre plus grand. Le plateau A est mis par un point C en communication avec une source de fluide positif, et le plateau B communique avec le sol par le doigt D. Le fluide positif se répand sur A mais par influence il décompose le fluide neutre de B, et attire le fluide négatif, vers la lame de verre. La quantité de fluide négatif ainsi développée est moindre que la quantité de fluide positif possédée par A ; le fluide négatif de B attire près de la lame de verre une partie du fluide positif de A. L'excès de A sur B reste seul libre et produit une divergence du pendule (*a*) ; le pendule (*b*) reste en repos. Les deux quantités égales de fluide qui sont sur A et B près de la lame de verre ne manifestent plus leur action, c'est de l'électricité dissimulée. A peut donc recevoir de la source une nouvelle quantité d'électricité positive qui attirera encore une autre quantité de fluide négatif sur la surface de B appliquée sur la lame de verre. D'où une nouvelle quantité d'électricité dissimulée. La source fournira ainsi de nouvelles quantités de fluide, jusqu'à ce que la somme des quantités d'électricité, qui, a chaque fois, reste en excès sur A, soit égale à la tension de la source S.

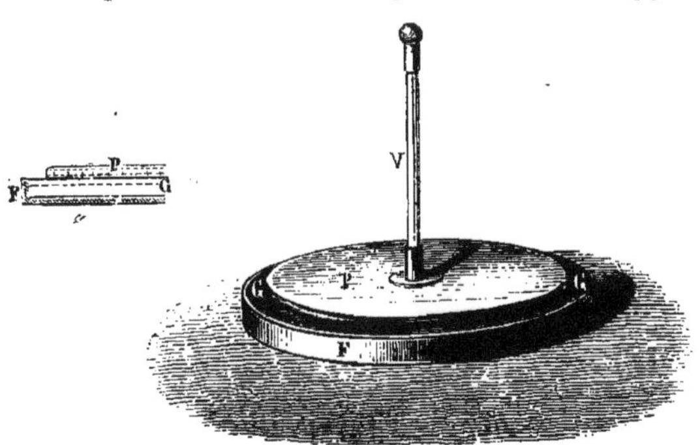

Fig. 137.

En réalité, le phénomène ne va pas par saccades : il est continu, et l'on voit que de la sorte on a sur les deux plateaux des quantités souvent considérables d'électricité dissimulée. Il y a en outre un excès sur A ; si on touche A avec le doigt cet excès disparait, le pendule (*a*) retombe ; mais le pendule *b* se lève parce qu'il n'y a plus assez de fluide positif sur A, pour maintenir tout le fluide négatif de B, et une partie de ce fluide devient libre: si avec le doigt, on le fait disparaître dans le sol, le pendule (*b*) retombe, mais le pendule (*a*) se lève parce qu'une partie du fluide positif de A devient libre. On peut ainsi pendant très-longtemps faire lever et retomber alternativement les deux pendules, et on arrive à décharger complétement l'appareil.

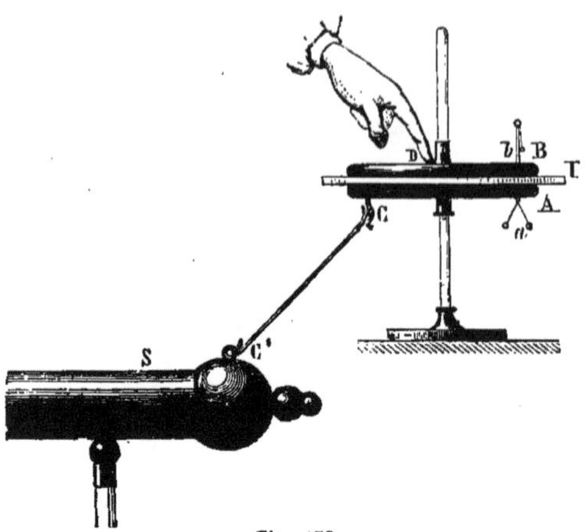

Fig. 138.

Si l'on veut une décharge instantanée, on prend l'excitateur à manche de verre : c'est un compas métallique, isolé de l'opérateur par des manches de verre; on approche l'extrémité D du plateau A, et l'extrémité C de B; dès qu'elle en est voisine, la décharge se fait d'un seul coup, et une forte étincelle jaillit.

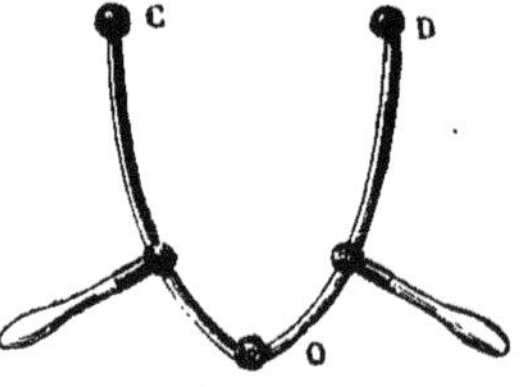

Fig. 139.

Si la lame de verre est mince, ou la charge très-forte, les quantités d'électricité dissimulée de chaque côté de cette lame deviennent assez considérables pour avoir la force de se recombiner à travers la lame de verre qui se trouve crevée.

Bouteille de Leyde. — C'est un condensateur, dont le plateau A est remplacé par des feuilles de clinquant chiffonnées et placées dans un flacon; dans ces feuilles plonge une tige, dont le bouton A sert à produire des décharges. Le flacon est en partie entouré d'une feuille d'étain, qui ne doit point s'approcher trop près du bouton A pour éviter une décharge accidentelle. Le col du flacon est garni de cire-résine pour le même motif. La bouteille est suspendue aux conducteurs de la machine électrique par son crochet, et l'appareil se charge rapidement (*fig.* 140).

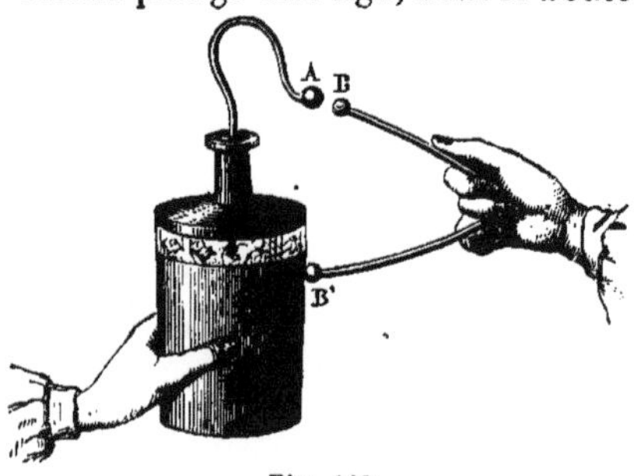

Fig. 140.

Quelquefois, la bouteille a simplement la forme d'un verre compris entre deux gobelets métalliques. On reconnaît, au moyen de ces éléments mobiles, que l'électricité dissimulée s'est portée sur les deux faces du verre (*fig.* 141).

La bouteille de Leyde est déjà un engin puissant, mais si vous réunissez plusieurs bouteilles ou bocaux analogues, de manière à faire communiquer entre elles les armatures intérieures, et aussi les armatures extérieures, vous obtenez une batterie électrique, dont l'effet est quelquefois terrible.

La figure 142 montre que si l'on place un fil métallique F entre deux pinces A et A', la pince A communiquant par une chaîne avec l'armature extérieure de la batterie, et la pince A′ étant reliée par l'excitateur à l'armature intérieure, l'étincelle jaillit à travers le fil et le porte au rouge, quelquefois même le réduit en poussière oxydée.

Expériences diverses. — Entre les boules A et B communiquant avec l'inté-

Fig. 141.

rieur et l'extérieur d'une bouteille de Leyde, on suspend une balle de sureau C; elle est attirée, puis repoussée par chacun des boutons, et oscille entre les deux jusqu'à ce que la bouteille soit déchargée (*fig.* 143).

La figure 144 montre que les deux pointes T et T′ communiquant, l'une

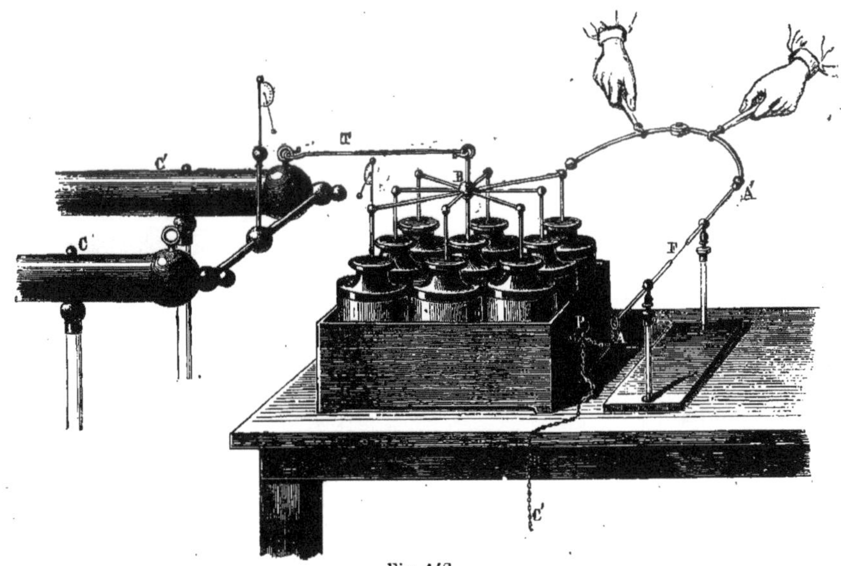

Fig. 142.

avec l'extérieur, l'autre avec l'intérieur d'une bouteille de Leyde, laissent jaillir entre elles une étincelle qui perce soit une carte, soit une lame de verre.

Dans un petit mortier de bronze est une couche d'éther; on fait jaillir une étincelle entre les tiges T et T′, et la boule B est projetée (*fig.* 145).

L'étincelle d'une machine électrique qui jaillit sur de l'éther contenu dans une cuillère enflamme cet éther (*fig.* 146).

De l'étincelle. — L'étincelle a la forme d'une ligne brisée analogue à l'éclair.

Dans le vide, l'étincelle qui jaillit entre deux boutons, s'étale et se répand, en produisant une lueur en forme de globe, c'est l'œuf électrique (*fig.* 148).

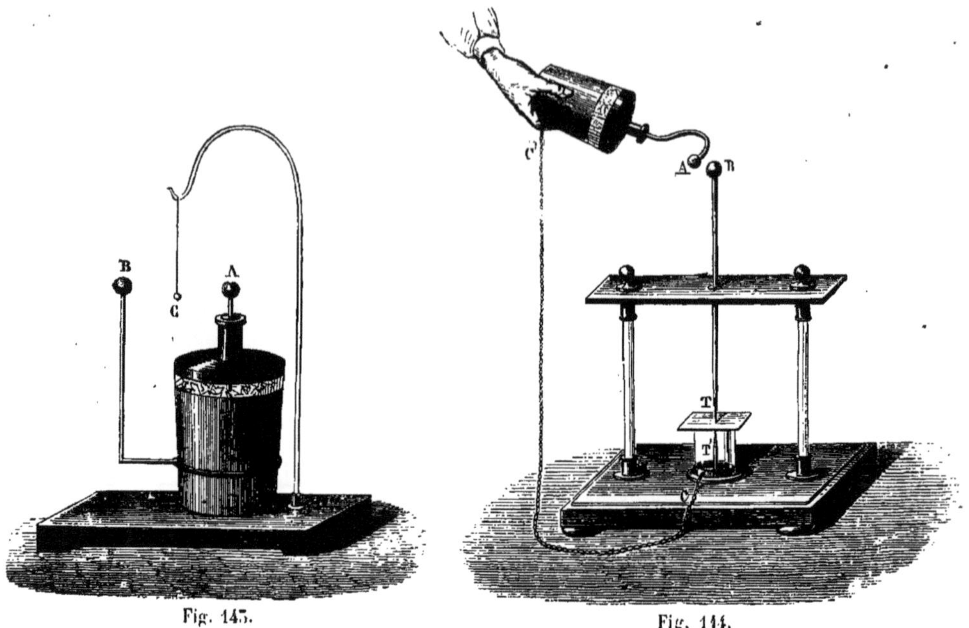

Fig. 143. Fig. 144.

L'étincelle est de couleur variable, suivant le métal des boutons, et suivant le gaz raréfié à l'intérieur du globe : si la charge est très-forte, c'est l'influence du

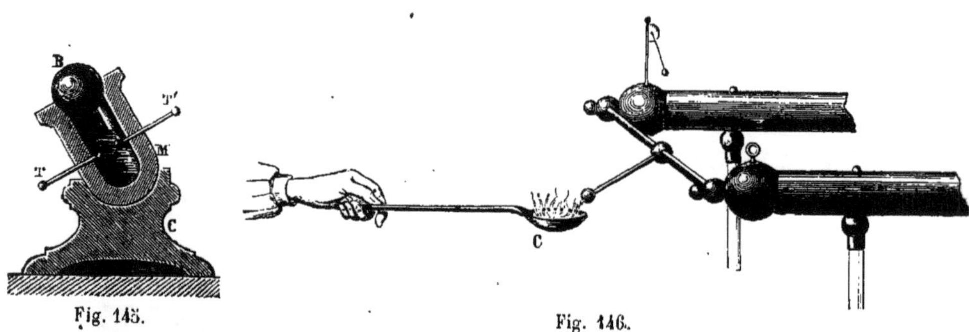

Fig. 145. Fig. 146.

métal qui l'emporte. Avec l'argent et le cuivre, la lueur est verte; avec le bismuth et le fer, rouge; avec l'or, jaune. Dans l'air, la lueur est violette ainsi que dans l'azote; elle est bleue dans l'acide carbonique, et rouge dans l'hydrogène.

Fig. 147.

Électricité atmosphérique. — L'analogie entre l'étincelle électrique et l'éclair devait frapper l'esprit de tous les physiciens. Franklin, le grand citoyen de l'Amérique, imagina, un jour, de garnir de fer la pointe d'un cerf-volant, qu'il enleva dans les airs; la corde était terminée par une clef fixée elle-même par un cordon de soie à un arbre. La soie isolait la clef, et une pluie fine étant arrivée mouilla la corde du cerf-volant, et la rendit conductrice : à ce moment, on tira de la clef des étincelles. Franklin croyait avoir soutiré l'électricité du nuage : mais c'était le nuage électrisé qui avait décomposé le fluide neutre de l'appareil, attiré à lui par la pointe métallique le fluide contraire au sien, et repoussé dans la clef le fluide du même nom.

Pour faire l'expérience à coup sûr, il suffit de mêler à la corde du cerf-volant un fil conducteur métallique.

Nous avons dit déjà que presque tous les effets mécaniques produisaient de l'électricité. Les phénomènes de la vie animale et végétale, l'évaporation de tous les liquides, donnent naissance à de l'électricité. Dans les temps calmes, l'atmosphère est ordinairement chargée de fluide positif, et l'intensité est maxima dans les lieux élevés et isolés. Cette électricité n'est, du reste, sensible qu'à environ 1m,50 au-dessus du sol; elle est plus forte en hiver qu'en été, maxima au lever et au coucher du soleil, minima à deux heures de l'après-midi et au milieu de la nuit. En temps calme, le sol est toujours électrisé négativement.

Fig. 148.

Toute vapeur qui se dégage est électrisée; les nuages le sont donc, et leur signe est variable comme leur lieu de naissance. D'après cela, des attractions et répulsions se produisent entre les nuages; quelquefois même, une décharge se produit entre les nuages avec l'accompagnement d'une étincelle (l'éclair) et d'une détonation (le tonnerre).

L'éclair est blanc s'il éclate près du sol, et violet s'il éclate dans les régions supérieures raréfiées; ordinairement, il a la forme d'un zigzag : quelquefois, il paraît comme une vaste lueur ou comme un globe de feu. Il faut distinguer les éclairs de chaleur, dus sans doute à la réverbération d'éclairs qui se produisent au-dessous de l'horizon.

La lumière a une vitesse énorme (80,000 lieues par seconde) relativement à la vitesse du son (340 mètres par seconde); nous percevons l'éclair avant d'entendre le tonnerre, et l'intervalle peut mesurer la distance qui nous sépare de l'orage.

Quelquefois, la décharge se produit non pas entre deux nuages, mais entre un nuage et le sol. Le nuage décompose le fluide neutre du sol, et attire sur les points saillants (un arbre, un clocher) le fluide de nom contraire au sien; si la tension devient trop forte, l'étincelle jaillit entre le nuage et le point saillant, et les effets de ce phénomène (la foudre) sont en grand ceux que nous avons vu en petit. Tout est détruit, percé, brûlé; les animaux périssent instantanément, les métaux sont fondus, la boussole est affolée, le fer se change en aimant. Quelquefois même, on est frappé par ce qu'on appelle le choc en retour, bien que l'on soit loin de l'orage; sous l'influence de l'orage, l'animal ou l'objet s'est électrisé contrairement à lui : aussitôt la décharge produite, le nuage revient à l'état neutre, il en est de même de l'objet; il y a donc une brusque secousse, qui peut amener les plus graves désordres. L'air que traverse la foudre s'électrise; il s'y forme un corps odorant, que l'on pense être une modification de l'oxygène, l'ozone.

Paratonnerre. — Le paratonnerre est l'expérience de Franklin, mise en pratique; une pointe fournit au nuage un courant d'électricité contraire à la sienne, et celle-ci se trouve neutralisée. Nous empruntons la notice qui suit à l'excellent *Dictionnaire des arts et manufactures*, publié sous la direction de M. Ch. Laboulaye, ouvrage que nous aurons de temps en temps l'occasion de citer.

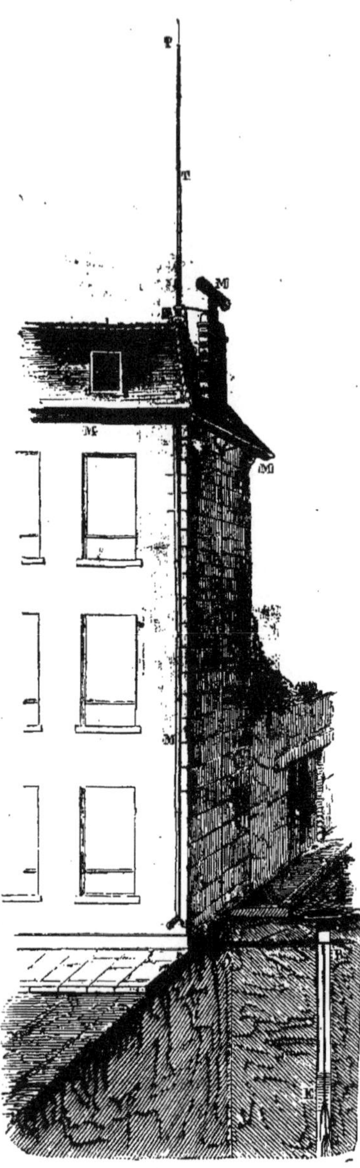

Fig. 149.

Les paratonnerres se composent d'une tige métallique pointue, qui s'élève dans l'air, et d'un conducteur qui descend de l'extrémité inférieure de la tige jusqu'au sol.

Les conditions nécessaires pour qu'ils puissent produire leur effet sont : 1° que la pointe de la tige soit bien aiguë; 2° que le conducteur communique parfaitement avec le sol; 3° que depuis la pointe jusqu'à l'extrémité inférieure du conducteur il n'y ait aucune solution de continuité; 4° que toutes les parties de l'appareil aient des sections convenables.

La tige d'un paratonnerre a environ $9^{m},25$ de longueur; elle se compose habituellement de trois pièces ajustées bout à bout, savoir : une barre de fer de $8^{m},60$, une baguette de laiton de 60 centimètres, et une aiguille de platine de 5 centimètres; leur ensemble forme un cône qui s'amincit régulièrement jusqu'au sommet, et dont la base a 5 centimètres de diamètre. L'aiguille de platine est soudée à la baguette de laiton avec de la soudure d'argent, et on enveloppe encore cette jonction avec un petit manchon de cuivre. La baguette de laiton se réunit à la barre de fer, au moyen d'un goujon qui entre à vis dans toutes deux; ce goujon est ensuite fixé dans chacune d'elles par deux goupilles à angle droit. Pour ajuster la tige au-dessus du bâtiment, on perce le toit, et on la fixe avec des brides ou des étriers solides, soit contre un poinçon, soit contre le faîtage.

Au bas de la tige, à 8 centimètres du toit, on soude une embase, destinée à rejeter l'eau. Un peu au-dessous de l'embase, sur 5 centimètres de longueur, la tige est cylindrique et parfaitement rodée pour recevoir un collier brisé à charnière, qui doit réunir la tige au conducteur. Ce dernier consiste, tantôt en une barre de fer carrée de 15 à 20 millimètres de côté, tantôt en un câble en fil de fer, qui descend jusqu'au sol. On soutient ce conducteur, au moyen de pattes appliquées sur la couverture et le long du mur, de manière à soulager le point d'attache. Si l'on a à sa disposition un puits qui ne tarisse pas, ou si, avec une petite sonde, on peut atteindre une profondeur où l'eau soit permanente, il suffira d'y faire arriver le conducteur, en le divisant en plusieurs branches. Pour multiplier le contact, on mènera le conducteur au puits ou au trou par des tranchées creusées dans la terre, que l'on remplira ensuite avec de la braise de boulanger. On aura, de cette manière, le double avantage de préserver le fer de la rouille, et de le mettre déjà en contact avec cette braise, qui est un très-bon conducteur. On emploie avec succès du fer zingué, dit fer galvanisé, pour prévenir l'oxydation. Lorsque l'on n'aura pas d'eau, il faudra chercher au moins un lieu humide, et y mener le conducteur par une longue tranchée, dans laquelle il sera bien enveloppé de braise. On pourra même alors, pour plus de sécurité, former des tranchées perpendiculaires à la première, et plus ou moins longues, dans lesquelles on fera passer des ramifications du conduit.

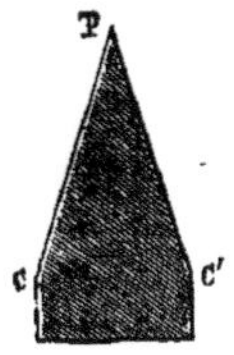

Fig. 150.

L'expérience a démontré qu'une tige de paratonnerre de 9 à 10 mètres de hauteur, établie suivant les règles ci-dessus, garantit des effets de la foudre tout ce qui est autour d'elle dans un cercle de 20 mètres de rayon, c'est-à-dire à peu près double de sa hauteur.

ÉLECTRICITÉ DYNAMIQUE

Galvanisme. — Les phénomènes qui précèdent nous ont montré l'électricité s'accumulant en certains points des corps où elle reste en repos ; c'était l'électricité statique. Nous allons entrer dans un autre ordre de phénomènes où l'électricité se conçoit comme une force sans cesse en mouvement dans les conducteurs qui la contiennent.

Le point de départ en est dans l'expérience faite en 1789 par le docteur Galvani pour étudier la constitution des grenouilles ; il avait passé un fil de laiton entre les nerfs lombaires (poitrines) et la colonne vertébrale : toutes les fois que l'autre bout du fil Z venait à toucher les muscles cruraux, c'est-à-dire la cuisse, le fragment de grenouille était agité de soubresauts convulsifs. Ces phénomènes disparaissaient une demi-heure après la mort de la grenouille. Galvani disait que ces soubresauts étaient dus à un fluide particulier (fluide galvanique); l'animal était comme une bouteille de Leyde dont les nerfs jouaient le rôle d'armature extérieure et les muscles celui d'armature intérieure.

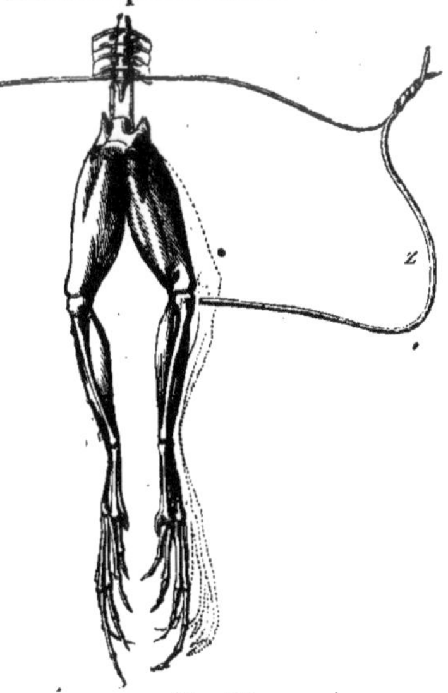

Fig. 151.

Volta cherchait la cause du phénomène dans l'arc métallique lui-même et dans les phénomènes qui se produisaient au contact du métal et de la matière animale. Il prétendait, ce qui était loin d'être démontré alors, que le contact de deux substances hétérogènes produit toujours de l'électricité.

La discussion s'engagea vivement entre Volta et Galvani, et elle eut pour résultat de montrer que les deux savants avaient raison. Il se produit de l'électricité dans les animaux, électricité variable suivant la texture particulière des parties considérées; mais il s'en produit aussi au contact de deux substances différant, soit par leur nature intime, soit par les conditions physiques où elles sont placées.

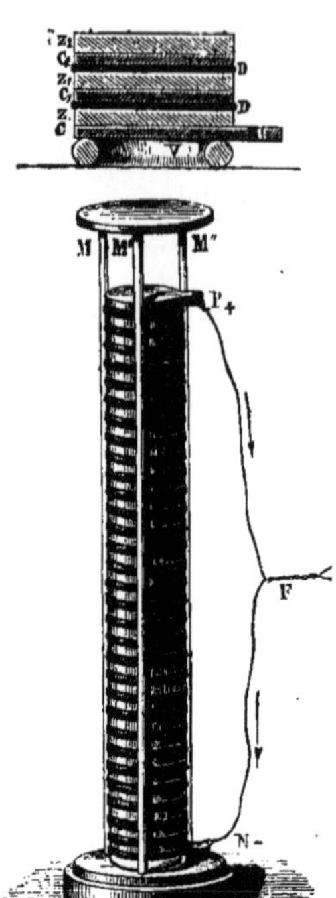

Fig. 152.

Pour se répondre, les deux contradicteurs entassèrent expérience sur expérience, et c'est à cela que nous devons la pile voltaïque.

Pile de Volta. — Entre trois colonnes de verre s'élève une pile ou colonne formée de rondelles se succédant périodiquement dans l'ordre suivant : « Une rondelle de cuivre, une rondelle de zinc, une rondelle de drap trempé dans une dissolution faible d'acide sulfurique. » L'extrémité cuivre, celle du bas, mise par un fil conducteur en communication avec un condensateur, le charge d'électricité résineuse ou négative; au contraire, l'extrémité zinc, celle du haut, le charge de fluide vitré ou positif. La portion centrale de la pile ne donne pas d'électricité ; la quantité d'électricité donnée par les pôles cuivre et zinc augmente avec le nombre des éléments ou groupes de rondelles. L'effet peut durer plusieurs heures, jusqu'à ce que les rondelles de drap aient perdu toute trace d'humidité. La tension augmente avec le diamètre de la pile; elle varie avec le liquide dont on humecte le drap. Le pôle cuivre est le pôle négatif, le pôle zinc est le pôle positif. Si on réunit les deux pôles par un circuit conducteur, il n'y a plus une décharge électrique instantanée, mais une décharge permanente, un courant d'électricité. Un courant est donc une recomposition continue des deux fluides électriques; on comprend, sans qu'il soit besoin de le dire, ce que c'est qu'un courant ou circuit fermé ou ouvert ; on admet que le courant va dans les conducteurs ou rhéophores du pôle positif au pôle négatif, et dans la pile du pôle négatif au pôle positif.

En réalité, ce n'est point au fait même du contact qu'il faut attribuer la production de l'électricité dans les piles voltaïques ; c'est toujours à une réaction chimique. Dans la pile à colonnes que nous venons d'étudier, c'est l'action du zinc sur l'acide sulfurique qui produit le courant.

Différentes espèces de piles. — 1° *Pile à auge, dite de Cruikshank.* — Les

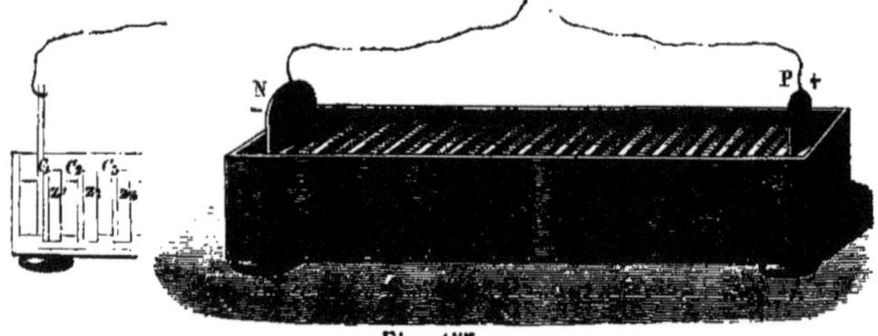

Fig. 153.

éléments cuivre-zinc sont réunis ensemble et on les plonge dans une auge remplie d'eau acidulée ; entre chaque élément un intervalle libre laisse circuler le liquide.

C'est la pile de Volta rendue horizontale et plus commode. Quand la tension baisse, on la ravive par un renouvellement de l'eau acidulée.

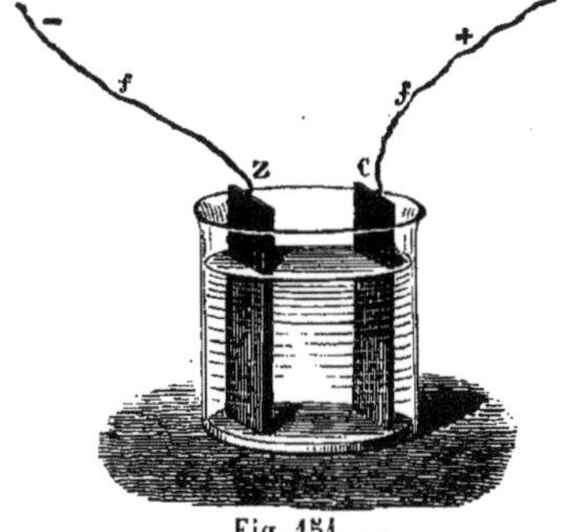

Fig. 154.

On reconnaît toujours les pôles d'une pile par le principe suivant : Connaissant le liquide, on sait toujours lequel des deux métaux est attaqué, et c'est sur celui-là que s'accumule l'électricité négative. Ainsi, avec l'acide sulfurique, le cuivre et le zinc, c'est le zinc qui est attaqué, et qui représente le pôle négatif.

2° *Pile de Wollaston.* — A une barre de bois sont suspendus des éléments cuivre-zinc plongeant chacun dans un vase rempli d'eau acidulée à l'acide sulfurique.

Chaque élément est formé d'une feuille de cuivre contournant une lame de zinc. La première lame-cuivre donne le pôle positif ; la dernière lame-zinc donne

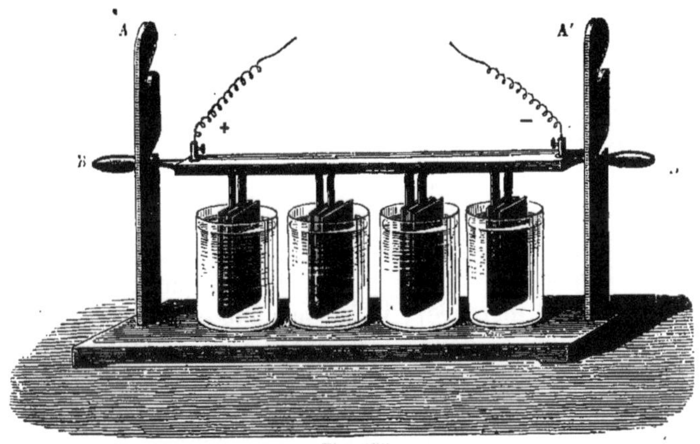

Fig. 155.

le pôle négatif. Quand la pile ne sert pas, on enlève les éléments hors du liquide, et l'on a de la sorte moins d'usure. Il est bon de ne pas oublier que le zinc d'un élément communique avec le cuivre du voisin par une tige deux fois recourbée à angle droit et accolée à la barre de bois.

Nous ne parlerons point des autres piles à un seul liquide (pile de Munch, de Smée), et nous arriverons immédiatement aux piles à deux liquides, qui ont sur les premières l'immense avantage de conserver longtemps un courant uniforme ; aussi les appelle-t-on piles à courant constant.

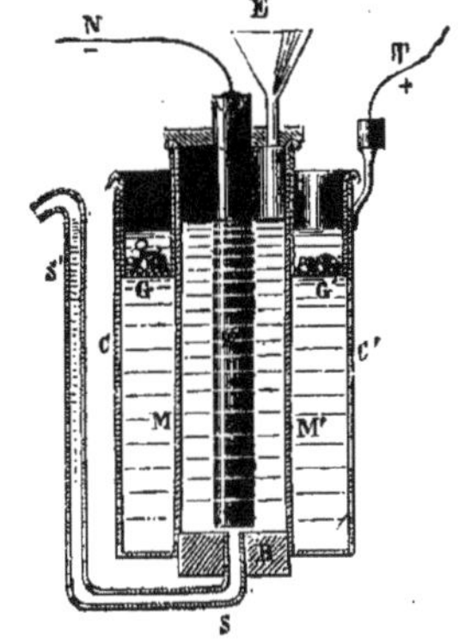

Fig. 156.

3° *Pile de Daniell.* — La feuille de cuivre forme un vase cylindrique CC', qui contient une solution de sulfate de cuivre toujours saturée par les cristaux GG' de sulfate reposant sur un grillage. Puis vient le vase MM' en terre de pipe, c'est-à-dire poreux : il contient l'eau acidulée ou du chlorure de sodium (sel marin), qui est décomposé par le zinc en donnant du chlorure de zinc. Dans le vase poreux est placé un cylindre creux en zinc Z, auquel correspond le pôle négatif N.

Qu'arrive-t-il ? Le zinc, en présence de l'acide sulfurique, décompose l'eau, en prend l'oxygène pour former du sulfate de zinc, et l'hydrogène se dégage. Maintenant le courant qui va du pôle zinc au pôle cuivre, traversant une solution de sulfate de cuivre, la décompose (nous le verrons plus loin) ; du cuivre se dépose sur le vase de cuivre CC′, et de l'acide sulfurique avec de l'oxygène se trouve libre. A travers le vase poreux, l'acide sulfurique et l'oxygène passent, celui-ci rencontre l'hydrogène libre et il se reforme de l'acide sulfurique. Il y a décomposition de sulfate de cuivre, et les cristaux disparaissent peu à peu.

Les équations chimiques suivantes expriment le phénomène :

$$So^3 + Zn + Ho = ZnO,SO^3 + H \qquad CuO,SO^3 = Cu + O + SO^3.$$
$$O + SO^3 + H = SO^3Ho.$$

4° *Pile de Breguet, employée par l'administration des télégraphes.* — La figure montre bien la disposition de cette pile. — C'est absolument la précédente, légèrement modifiée. L'eau acidulée est remplacée par de l'eau ordinaire, qui n'attaque pas le zinc ; il n'y a usure que lorsque la pile fonctionne, parce qu'alors l'acide sulfurique du sulfate de cuivre décomposé traverse le vase poreux.

Fig. 157.

Si l'on veut éviter que le zinc soit attaqué, même lorsque la pile fonctionne, il suffit d'amalgamer le zinc (un amalgame est un alliage d'un métal avec le mercure) ; il est reconnu que, par ce moyen, le zinc s'use beaucoup moins tout en donnant naissance à un courant aussi fort.

5° *Pile Marié-Davy.* — L'inconvénient du sulfate de cuivre est qu'il filtre à travers le vase poreux, vient se décomposer au contact du zinc, sur lequel se dépose un peu de cuivre. Cela donne naissance à un courant de sens contraire au premier, et celui-ci est diminué. M. Marié-Davy emploie, au lieu de sulfate de cuivre, du sulfate de mercure, et, quand celui-ci traverse le vase poreux, il vient amalgamer le zinc, ce qui est une excellente chose.

6° *Pile de Bunsen.* — C'est la plus répandue. Dans un vase de terre on place de l'eau acidulée et une lame Z de zinc qui trempe dans ce liquide, puis un vase poreux V rempli d'acide azotique, dans lequel plonge un cylindre de charbon dur (charbon des cornues à gaz). On réunit les éléments par des feuilles métalliques

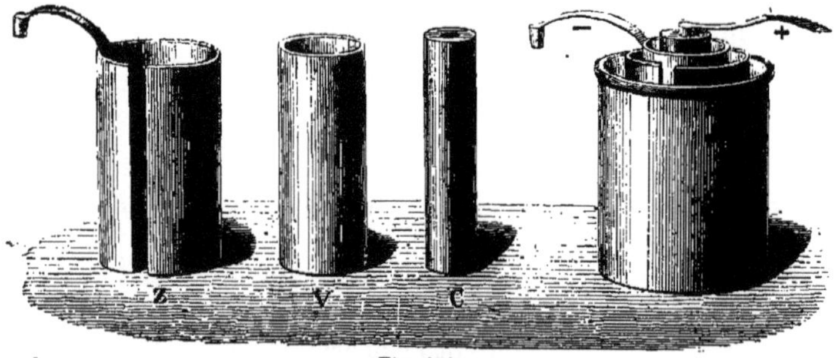

Fig. 158.

qui, fixées au zinc, se terminent par un cône de laiton enfoncé dans le charbon de l'autre élément. L'acide sulfurique, en présence du zinc, détermine une décomposition de l'eau, il se forme du sulfate de zinc et se dégage de l'hydrogène qui, travers le vase poreux, vient réduire un peu de l'acide azotique; il y a donc production d'acide hypoazotique, dont il est facile de reconnaître l'odeur quand on pénètre dans une pièce où il y a une pile de Bunsen.

Effets des piles. — 1° *Effets physiologiques.* — Nous les avons vus dans l'expérience de Galvani. Lorsqu'on prend en main les deux rhéophores ou électrodes d'une pile, si l'on a les mains un peu humides, le courant traverse le corps et l'agite de convulsions qui peuvent même donner la mort si l'appareil est puissant; les muscles se contractent, même chez les cadavres. On ne peut quitter les électrodes qu'autant que le courant est interrompu ; ils semblent être attachés aux mains.

2° *Effets mécaniques.* — Ce sont surtout des phénomènes de transport qui coexistent avec la plupart des autres.

3° *Effets calorifiques.* — Ils sont extraordinairement puissants. Des fils métalliques fins où passe un courant, sont portés au rouge, quelquefois même volatilisés. L'énergie de ces effets dépend plus de la surface que du nombre des éléments. Avec une pile de 600 éléments, M. Despretz est arrivé à ramollir le charbon.

Fig. 159.

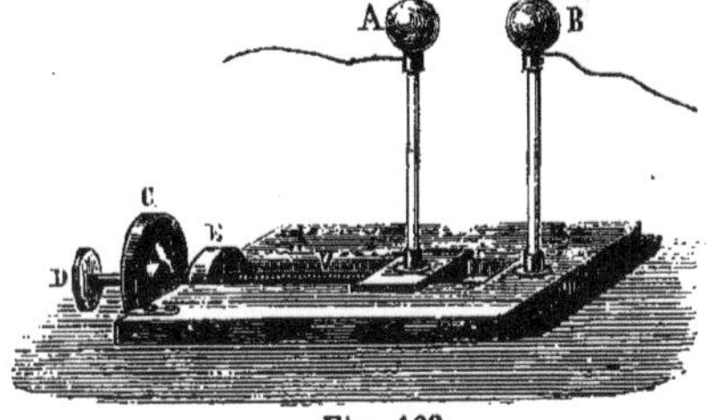

Fig. 160.

4° *Effets lumineux.* — En rapprochant les électrodes terminés à des boules A et B, on obtient une étincelle fort brillante, quelquefois même de véritables aigrettes lumineuses. Pour transformer cette étincelle en source de lumière fort brillante, il suffit de produire l'incandescence des conducteurs que suit le courant; il y a alors transport des matières solides du pôle positif au pôle négatif. Ainsi, en faisant jaillir l'étincelle entre deux charbons, on arrive à produire une lumière comparable à celle du soleil seul. Le charbon de bois brûle très-vite: on prend des baguettes de coke, qui durent plus longtemps; mais il y a transport de particules solides du pôle + au pôle —, et le premier se creuse en forme de champignon, tandis que le second conserve sa forme conique. Au bout de peu de temps, la distance augmente et la lumière diminue beaucoup; il fallait un mécanisme régulateur destiné à rapprocher sans cesse les charbons: M. Foucault l'a construit. Grâce à ce perfectionnement, la lumière électrique a été utilisée pour éclairer de grands ateliers où on travaille la nuit; on l'a appliquée aux phares, et les grands phares du Havre sont aujourd'hui éclairés par ce moyen.

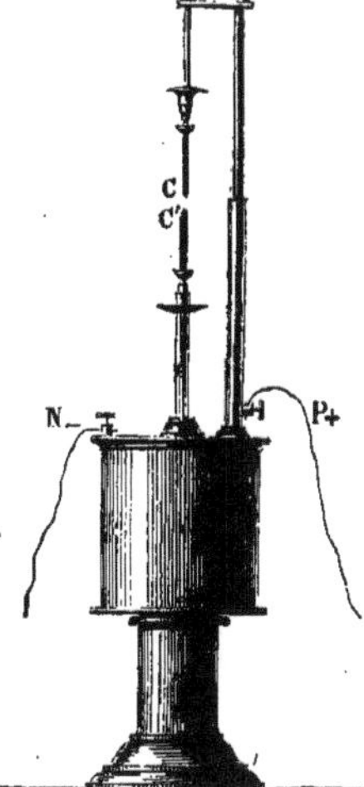

Fig. 161.

5° *Effets chimiques.* — Décomposition de l'eau par Carlisle et Nicholson, en 1800. — Sur les deux électrodes L et L' reposent deux tubes remplis d'eau acidulée. Le courant est établi et traverse l'eau, on recueille au pôle + de l'oxygène et au pôle — de l'hydrogène, dont le volume est double de celui de l'oxygène. L'eau est donc formée de deux volumes d'hydrogène et d'un volume d'oxygène.

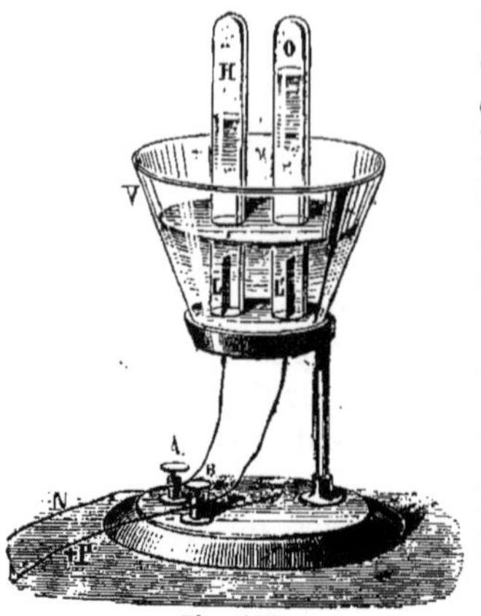

Fig. 162.

Tous les composés binaires, la potasse, la soude, sont décomposables comme l'eau. Davy prépara le potassium en creusant dans un morceau de potasse humide une cavité où il mit une goutte de mercure : le courant étant disposé comme le montre la figure, le mercure s'épaissit; il se forme un amalgame duquel on peut extraire le potassium par distillation (*fig.* 163).

Les sels aussi sont décomposés. Prenons un sel alcalin ou terreux, le sulfate de potasse par exemple, placé dans un tube en U; la dissolution, qui est neutre, est colorée en violet par du sirop de violettes. Au pôle positif, la dissolution rougit, l'acide sulfurique s'y est donc porté ; au pôle négatif, la dissolution verdit, la base potasse s'y est donc rendue. Ainsi, le sel est décomposé en acide et base : nous admettrons qu'il est décomposé en potassium et en acide sulfurique et oxygène ; le potassium se rend au pôle négatif, mais décompose l'eau instantanément et donne de la potasse ; l'hydrogène de l'eau décomposée s'unit à l'oxygène libre pour reformer de l'eau (*fig.* 164).

Fig. 163.

On fait l'hypothèse que nous venons de dire, parce qu'avec les métaux ni alcalins, ni terreux, le sulfate de cuivre, par exemple, c'est le métal seul, le cuivre, qui se dépose sur l'électrode négatif ; il y a production d'acide sulfurique et dégagement d'oxygène au pôle positif. Le même effet se produit avec les sels d'or et d'argent. Tel est le principe de la galvanoplastie ; disons un mot de la dorure.

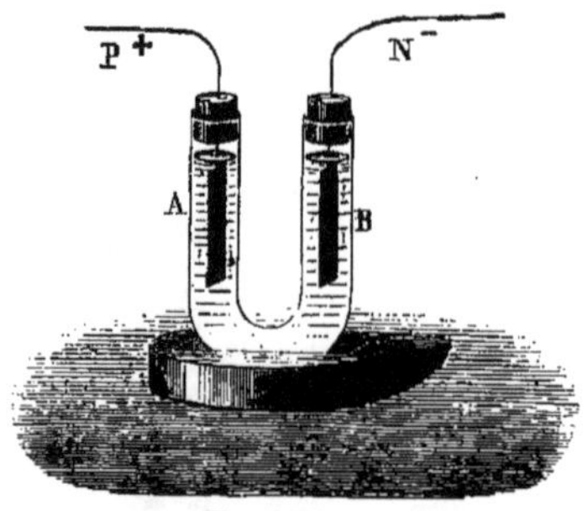

Fig. 164.

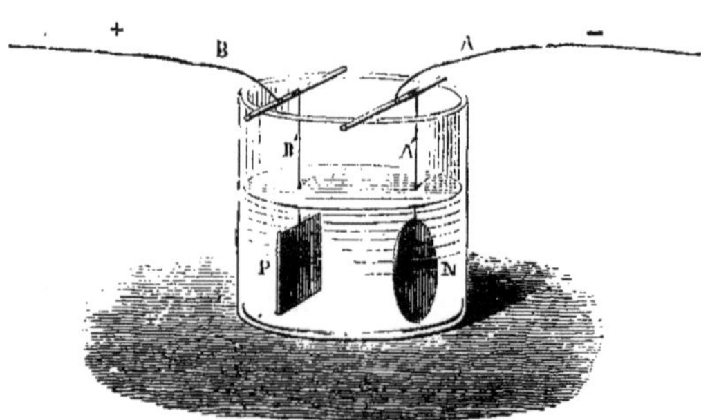

Fig. 165.

Galvanoplastie, dorure. — Au pôle négatif est placé l'objet à dorer N, lequel a été préalablement décapé en le portant au rouge et le trempant dans les acides, puis le lavant à l'eau distillée. Le bain renferme une dissolution de cyanure d'or ;

au pôle positif est attachée une feuille d'or P. Le courant passe, le cyanure d'or est décomposé, l'or se dépose sur l'objet N, et le cyanogène se porte au pôle positif, où il attaque la feuille d'or et reforme du cyanure. De la sorte, la dissolution se maintient théoriquement constante.

ACTION RÉCIPROQUE DES COURANTS ET DES AIMANTS

Expérience d'Œrsted. — En 1819, le Suédois Œrsted approcha d'une aiguille aimantée AB un fil donnant passage à un courant électrique FF'; le fil est placé

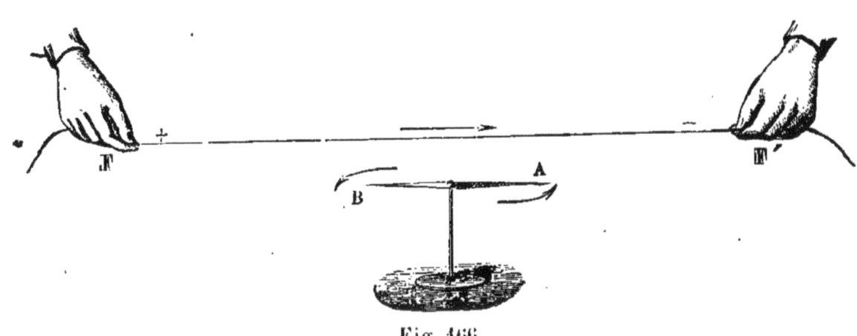

Fig. 166.

parallèlement au méridien magnétique et horizontalement au-dessus de l'aiguille. Il reconnut que l'aiguille est déviée de sa direction normale et tend à devenir perpendiculaire au courant. La déviation se produit toujours dans le même sens

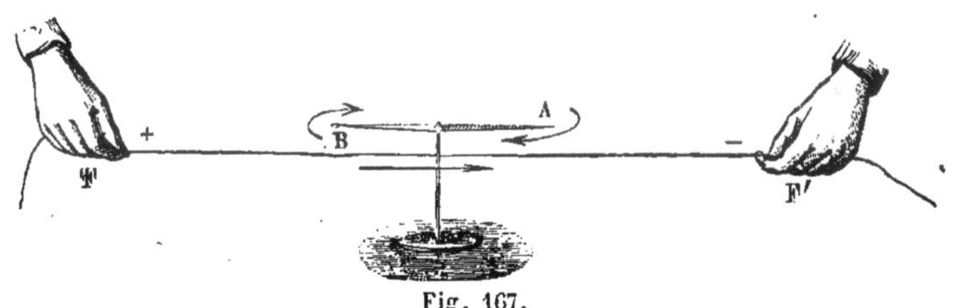

Fig. 167.

quand la direction du courant ne change pas, et elle est d'autant plus voisine d'un angle droit, que le courant est plus intense. Le courant étant au-dessus de l'aiguille et dirigé du sud au nord, le pôle austral A de l'aiguille est dévié vers l'ouest; le courant étant au-dessous de l'aiguille et dirigé du sud au nord, le pôle austral est dévié vers l'est.

Il est toujours facile de prévoir le sens de la déviation par la remarque suivante, due à Ampère : placez un petit personnage le long du fil, la face tournée vers l'aiguille, de telle sorte que le courant lui entre par les pieds et lui sorte par la tête, l'aiguille est toujours déviée vers la gauche de ce petit personnage.

L'expérience d'Œrsted amène immédiatement à concevoir l'identité des courants et des aimants, identité aujourd'hui démontrée.

Multiplicateur. — Galvanomètre. — L'expérience d'Œrsted permet de connaître la direction d'un courant par le sens de la déviation, et l'intensité par l'angle de déviation. Schweiger, en 1821, perfectionna le principe par la multiplication du courant; il s'arrange pour que le courant contourne l'aiguille, et l'on voit que, pour les quatre portions CD, DE, EF, FG, la gauche du bonhomme d'Ampère est toujours du même côté du méridien magnétique; donc les quatre effets se superposent pour augmenter la déviation de l'aiguille.

L'invention des aiguilles astatiques perfectionna encore l'appareil; ce qui empêche la déviation de l'aiguille, c'est l'attraction de l'aimant terrestre, et il est évident qu'on annihilerait cette attraction avec un système de deux aiguilles AB, A'B' dirigées en sens contraire. L'attraction exercée sur le pôle A par la terre

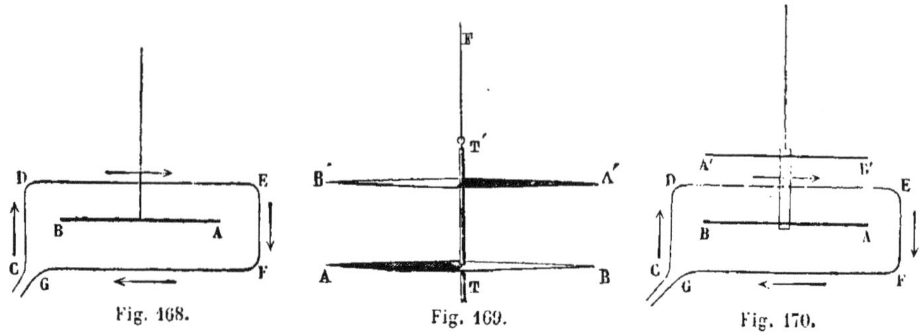

Fig. 168. Fig. 169. Fig. 170.

se trouve être détruite par la répulsion exercée sur B'. Il est bien entendu que le lien TT' rend les deux aiguilles parfaitement solidaires. Dans la pratique, une des aiguilles a toujours un excès de force sur l'autre, afin que l'ensemble, non soumis à l'influence d'un courant, se place dans le méridien magnétique.

Fig. 171.

Le système astatique augmente encore l'intensité de la déviation, car le courant CDEFG agit sur la seconde aiguille dans le même sens que sur la première AB; en effet, les actions de CD et EF, égales et de signe contraire, se détruisent; les actions de DE et FG sont de sens contraire, mais DE, plus rapprochée, l'emporte, et le petit bonhomme nous apprend qu'elle donne un effet de même sens que celui qui est produit sur AB. On ne se contente pas de faire faire un tour au courant autour de l'aiguille, on lui en fait faire plusieurs milliers, et on arrive de la sorte à mesurer l'effet de courants d'une minime intensité.

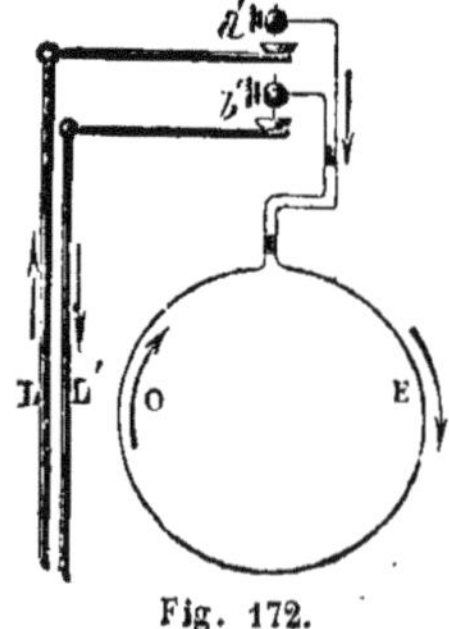

Fig. 172.

L'appareil usité a la forme indiquée par la figure 171 : les deux extrémités du fil viennent aux boutons (*a*) et (*b*), que l'on peut mettre en rapport avec les fils d'un courant quelconque.

L'expérience apprend que jusqu'à 20° les angles de déviation croissent proportionnellement à l'intensité du courant.

Lois de l'intensité des courants. — L'intensité d'un courant est constante en tous les points du circuit; elle est en raison inverse de la longueur du fil conducteur, en raison directe de la section ou du carré du diamètre du fil, en raison directe de la conductibilité du métal qui compose le fil.

La terre est un aimant fixe, elle doit donc diriger les courants. En effet, soit le courant circulaire OE, mobile autour de l'axe $a'b'$ formé de deux pointes en acier reposant sur le fond poli de petites cuvettes pleines de mercure : le courant suit le chemin (L à EOb'L'), et, aussitôt qu'il passe, le plan du cercle se meut et tend à devenir perpendiculaire au méridien magnétique.

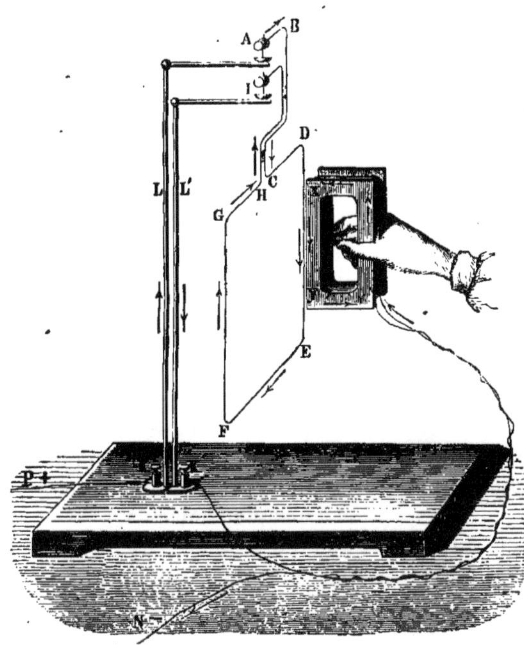

Fig. 173.

Action des courants sur eux-mêmes. — Nous ne pouvons la passer sous silence. Deux courants parallèles de sens contraire s'attirent, de même sens se repoussent. Deux courants faisant un angle s'attirent lorsque tous deux marchent vers le sommet de l'angle ou que tous deux s'en éloignent; ils se repoussent si l'un marche vers le sommet de l'angle, tandis que l'autre s'en éloigne.

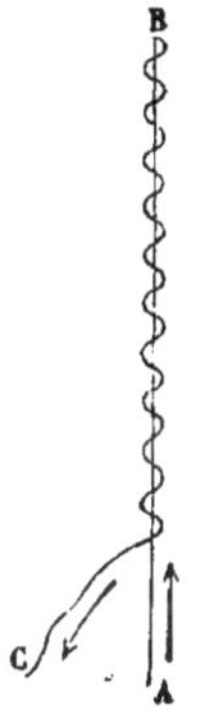

Fig. 174.

L'appareil précédent permet de le vérifier sans peine : le courant part du pôle positif, passe par la colonne L dans le rectangle mobile, où il suit les flèches, descend la tige L', passe dans le multiplicateur portatif XY et retourne au pôle négatif N. XY et DE sont deux courants de même sens, XY et GF sont des courants de sens contraire; en les inclinant, on a des courants angulaires. Et il est facile de démontrer les faits d'attraction et de répulsion démontrés plus haut.

L'action d'un courant sinueux BC, ou hélicoïdal, par exemple, équivaut à un courant rectiligne BA, projection du courant sinueux qui l'enroule. En effet, l'ensemble ABC est sans influence sur un courant parallèle; donc, l'effet de AB annule l'effet de BC. Il est bon de dire que le fil métallique ABC est entouré de soie, corps isolant : de la sorte, les deux courants voisins ne s'influencent pas l'un l'autre, théoriquement du moins, car pratiquement ils se nuisent généralement.

Solénoïdes. — Un solénoïde se compose de deux fils verticaux qui se replient horizontalement jusqu'en A et B, et qui reviennent de A et B pour se réunir au centre en décrivant une hélice dont le pas est très-petit, de sorte que l'on peut supposer les différentes spires remplacées par des cercles égaux et parallèles. Le courant rectiligne AB est annulé, comme nous venons de le voir, par l'ensemble du système qui l'entoure, et il ne reste plus à considérer qu'une grande quantité de petits courants circulaires, tous dirigés dans le même sens (*fig.* 175).

Expériences : 1° un courant horizontal amène le solénoïde dans une direction perpendiculaire à la sienne ; 2° un courant vertical attire ou repousse, suivant que les parties des cercles voisines de ce courant sont traversées par un courant de sens contraire ou de même sens que lui ; 3° les aimants agissent sur les solénoïdes comme sur d'autres aimants; 4° la terre exerce sur les solénoïdes l'action directrice qu'elle exerce sur les aimants, d'où l'existence d'un pôle austral et d'un pôle boréal ; 5° chez les solénoïdes, comme chez les aimants, les pôles de même nom se repoussent, les pôles de nom contraire s'attirent.

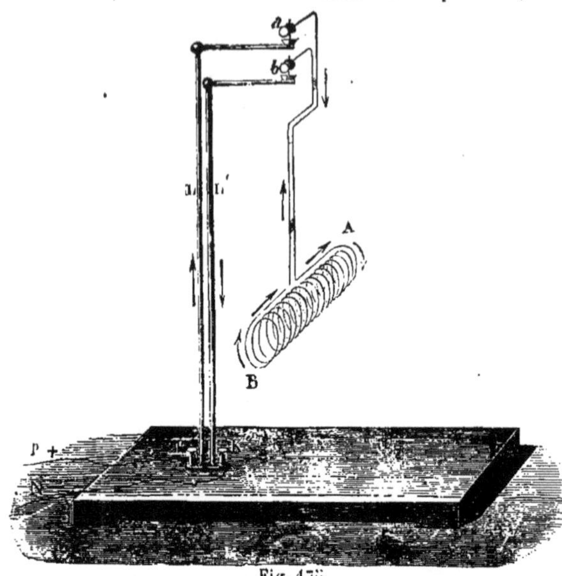

Fig. 175.

Partant de là, Ampère admet que les aimants sont de véritables solénoïdes et que les cercles égaux sont représentés dans les aimants par des courants de direction parallèle qui parcourent chaque molécule.

Électricité d'induction. — Nous en dirons quelques mots seulement pour faire comprendre la bobine de Ruhmkorff, une des plus belles applications de l'électricité.

Voici les faits qui en sont le point de départ :

1° Un courant qui commence fait naître dans un circuit voisin un courant de sens contraire, dit courant induit ;

2° Un courant qui finit fait naître dans un circuit voisin un courant de même sens ;

3° Un courant qui s'approche d'un circuit agit comme un courant qui commence, et un courant qui s'éloigne agit comme un courant qui finit.

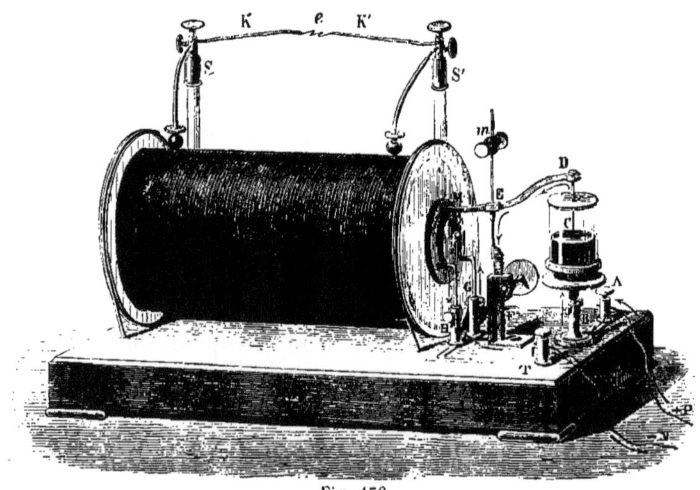

Fig. 176.

Les courants induits sont de faible durée ; il est possible de les produire au moyen d'un aimant qui s'approche d'un circuit et s'en éloigne rapidement.

Dans la bobine de Ruhmkorff, deux fils sont enroulés et isolés sur une bobine, dans l'axe de laquelle est un cylindre de fer doux. Le fer doux, entouré d'un courant sineux, prend aussitôt les propriétés d'un aimant (nous le verrons au prochain paragraphe). Si donc on fait passer un courant dans un des fils, ce courant va produire un courant induit dans le second fil ; il va changer le fer doux en aimant, et cet aimant produira lui aussi un courant induit sur le second fil ; enfin, les différentes spires de ce second fil produisent, en agissant l'une sur l'autre, d'autres courants induits. C'est ainsi que se produira dans le second fil un courant induit, somme des précédents, courant dont la puissance est souvent énorme.

Il est nécessaire que le courant inducteur soit à chaque instant rompu et rétabli, que le fer doux prenne et abandonne à chaque instant les propriétés d'un aimant pour que les courants induits soient continus, car nous avons vu qu'ils duraient fort peu de temps ; le petit appareil placé à droite de la figure a pour but de produire ces interruptions perpétuelles du courant inducteur.

La machine de Ruhmkorff est employée pour enflammer à distance les grandes mines ; dans la cartouche pénètrent les deux fils du courant induit et entre eux jaillit l'étincelle.

Électro-aimants. — L'aimantation résultait, d'après Ampère, d'une orientation des molécules du fer ; si l'on peut produire cette orientation avec un courant, on créera des aimants.

Le fil de laiton que traverse un courant possède des propriétés magnétiques ; lorsqu'on l'approche de la limaille de fer, il s'en recouvre et les petites aiguilles de fer se placent en croix avec le courant.

Ampère plaça dans un tube de verre un barreau d'acier non aimanté AB, et autour du tube enroula en hélice régulière un fil de laiton recouvert de soie. Dès qu'un courant a traversé le fil, ne fût-ce qu'un instant, le barreau est aimanté. Chaque cercle de l'hélice, d'après Ampère, agit sur le barreau pour en orienter les molécules et transformer le fer doux ou aciéré en aimant. Car l'expérience réussit parfaitement aussi avec le fer doux, mais l'aimantation est fugitive et n'existe que tant que le fer doux est en présence du courant ; nous avons vu dans l'étude des aimants que le fer doux n'a pas de force coërcitive, c'est-à-dire que l'orientation de ses molécules y est en équilibre instable.

Fig. 177.

Le pôle austral est toujours à la gauche du courant ; il sera donc facile de prévoir la position des pôles en plaçant sur le fil le petit bonhomme d'Ampère. Suivant que l'hélice est dextrorsum ou sinistrorsum, c'est-à-dire s'enroule de gauche à droite ou de droite à gauche, on voit que le pôle austral est à l'extrémité par laquelle sort le courant ou à celle par laquelle il entre. Si l'enroulement change de sens en un point, l'aimant présentera un point conséquent à l'endroit correspondant.

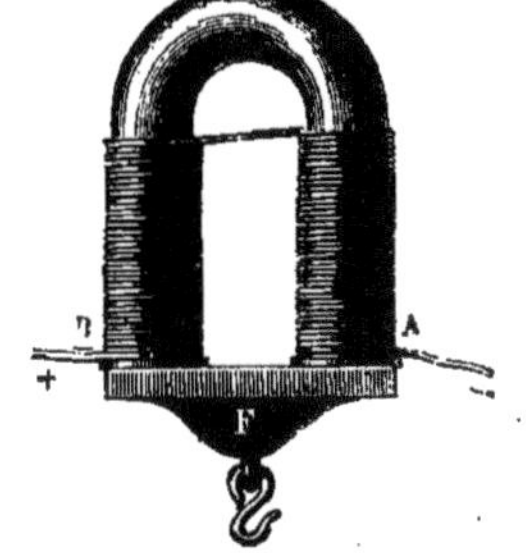

Fig. 178.

Le fer doux s'aimante d'une façon fugitive sous l'action d'un courant ; c'est avec lui que l'on forme les électro-aimants, dont le type est donné par la figure ci-jointe : autour d'une lame de fer doux courbée en U s'enroule un fil de laiton recouvert de soie; l'hélice de l'une des branches passe sur l'autre, de telle sorte, que le sens de l'enroulement en montant sur la première branche soit le même que le sens de l'enroulement en descendant sur la deuxième branche. Une des hélices est dextrorsum, l'autre sinistrorsum, il se produit un pôle austral en A, un pôle boréal en B; on obtient un aimant, à qui l'on peut faire porter des centaines de kilogrammes, si la pile donnant le courant est un peu puissante (*fig.* 179).

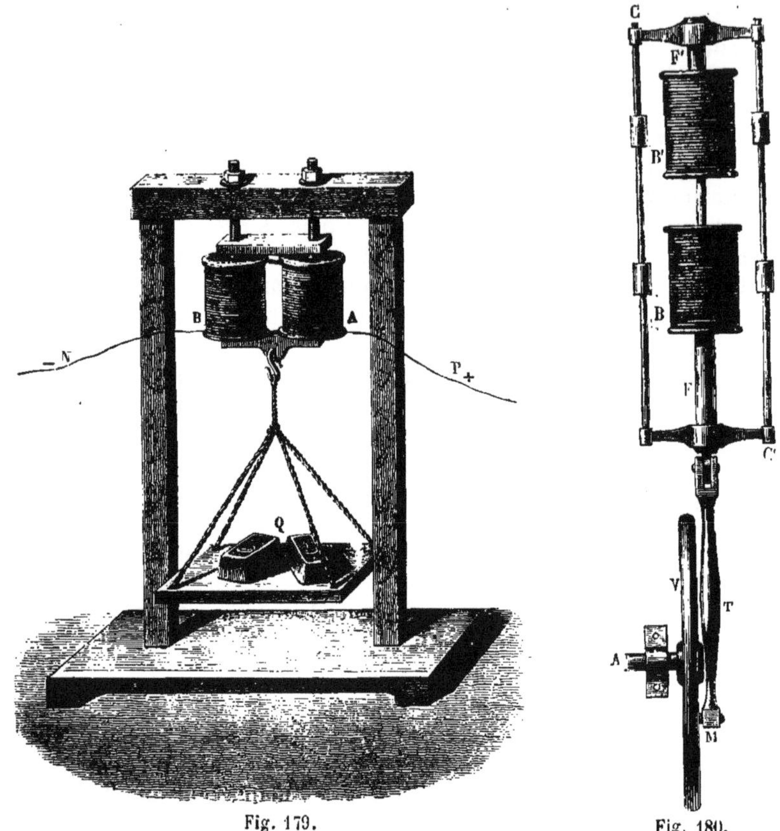

Fig. 179. Fig. 180.

Machine à électro-aimants. — En voici le principe : L'électro-aimant B peut attirer le fer doux F, et l'électro-aimant B' attirer le fer doux F'. Les deux fers F et F' sont reliés à un même cadre, qui actionne une manivelle. Si on s'arrange, de manière à ce que le courant passe alternativement dans l'une et l'autre bobine, on aura évidemment un mouvement de va-et-vient, que la manivelle transforme.

Le travail dû à l'électricité vient de l'oxydation, c'est-à-dire de la combustion du zinc, le travail de la vapeur vient de l'eau volatilisée; or, pour produire le zinc, il faut employer beaucoup de charbon; il semble donc démontré que la machine électro-motrice ne pourra lutter avec la machine à vapeur, tant qu'on n'aura pas trouvé une source d'électricité simple, peu coûteuse, et en même temps fort énergique.

Télégraphes. — La transmission rapide de la pensée à travers l'espace a été inventée par Chappe, à la fin du siècle dernier; elle se faisait par des signaux, exécutés au moyen de lames articulées mobiles, placées sur des tours élevées.

En 1820, Ampère conçut un appareil télégraphique; et en 1840 M. Wheatstone inventa le premier télégraphe pratique, mu par un électro-aimant.

Principe fondamental : Une pile est placée à Paris, et ses fils se rendent à Bordeaux dans un électro-aimant, dont le fer doux s'aimante et attire le taquet métallique A : quand le courant cesse, le taquet A est ramené en arrière par un ressort à boudin. Chaque interruption et chaque ouverture du courant produisent donc un mouvement de A, et ce mouvement peut se transmettre à tel appareil qu'on voudra, exigeant très-peu de force pour se mouvoir.

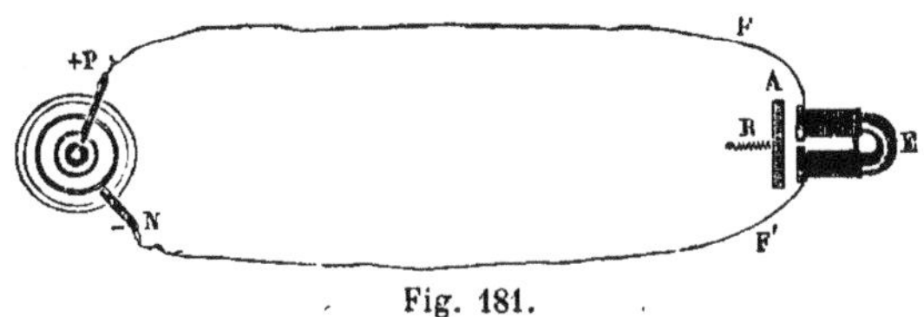

Fig. 181.

Le taquet A doit marcher avec précision et rapidité, il faut donc qu'il soit léger, et en fer doux très-pur pour que l'aimantation cesse instantanément.

La vitesse de l'électricité est assez grande pour qu'on la considère presque comme instantanée pour les distances terrestres. Mais l'intensité du courant varie en raison inverse de la longueur et en raison directe de la section du fil; il faudra donc pour avoir un effet constant, quelle que soit la distance, varier la grosseur du fil avec cette distance.

Il est reconnu que le fil de retour de l'électro-aimant à la pile est inutile : la terre ferme le circuit, et dispense d'avoir un fil de retour. On comprend tout de suite que de ce fait résultent économie et simplicité.

Le fil de ligne est celui qui emporte le courant de la pile, et l'amène à l'électro-aimant : à chaque station, il y a en outre le fil de terre.

Une personne placée à Paris veut communiquer avec Bordeaux, il lui faudra d'abord une pile. (On emploie d'ordinaire celle de Bunsen ou celle de Breguet, et il en faut de 10 à 30 éléments, suivant la distance à parcourir.) Il faut, en outre, pouvoir fermer et ouvrir brusquement le circuit de la pile; l'appareil chargé de cette fonction est le manipulateur. De Paris part le fil de ligne, soutenu par des poteaux, dont il est isolé au moyen de godets en porcelaine, ou enfoui dans le sol, et isolé par de la gutta-percha. Les fils, ou câbles sous-marins, sont formés, par exemple, de quatre fils de cuivre isolés à la gutta-percha, et protégés par dix gros fils de fer galvanisé contournés en hélice. Au point d'arrivée, à Bordeaux, se trouvent l'électro-moteur et l'appareil qui enregistre le mouvement, c'est le récepteur. Au récepteur est annexé un appareil d'avertissement : alarme ou sonnerie.

Pour que l'on puisse répondre de Bordeaux à Paris, il faudra encore une fois les appareils précédents, disposés en ordre inverse, mais on pourra se servir du même fil de ligne, grâce aux permutateurs qui permettent de le faire communiquer, soit avec le manipulateur, soit avec le récepteur d'une station.

L'appareil de Morse est fort régulier, c'est aujourd'hui le plus usuel, et nous en donnerons une explication sommaire (*fig.* 182 *et* 183) :

L'électro-aimant E attire un cylindre A de fer doux, implanté dans un levier LL', mobile autour de l'axe O, et limité dans sa course par les vis V et V', qui arrêtent l'extrémité L. Quand le fer doux est attiré, l'extrémité L du levier s'abaisse, l'extrémité L' se lève, et vient appuyer une bande de papier P contre une roue M, toujours chargée d'encre grasse, fournie par le tambour T. La bande de papier, enroulée en R', est tirée par les deux cylindres CC qui se meuvent en sens contraire sous l'influence d'un mouvement d'horlogerie. Suivant que le contact du papier sur la roulette M est plus ou moins long, la roulette marque un trait ou un point sur le papier. Or toutes les lettres de l'alphabet sont repré-

Fig. 182.

sentées par des combinaisons de points et de traits. Exemple : *a* (. —), *b* (— . . .), *h* (. . . .), etc... Entre les lettres on laisse un intervalle, et un autre intervalle plus grand entre les mots.

Le manipulateur se compose du levier AB; P est le fil de la pile qui communique avec l'enclume E, L est le fil de ligne qui communique avec le levier AB; le ressort (*r*) soutient le levier, empêche le contact de l'enclume avec la pointe fixée au levier, juste au-dessus de l'enclume. En appuyant avec la main sur le bouton A, on ferme le circuit, et le courant passe dans le fil de ligne. Suivant que le contact de la manette avec l'enclume est plus ou moins prolongé, il se produit au récepteur un trait ou un point. Avec un peu d'habitude, on arrive à produire les lettres avec une précision et une vitesse vraiment extraordinaires. En l'état de repos, le fil de ligne L communique par le levier et par l'enclume E′ avec le fil R, qui communique, lui, avec la sonnette d'alarme, destinée à avertir de l'arrivée d'une dépêche.

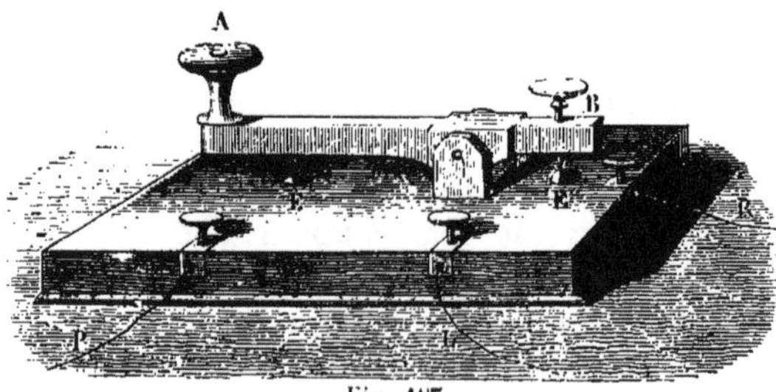

Fig. 183.

Nous dirons, en finissant, que l'abbé Caselli a, dans ces dernières années, construit un appareil, transmettant à distance l'écriture et les dessins.

CHAPITRE V

NOTIONS SUR LA PRODUCTION ET LA PROPAGATION DU SON

Le son est l'effet produit sur l'organe de l'ouïe par les vibrations de la matière, vibrations qui se transmettent à l'oreille par l'intermédiaire d'un milieu gazeux, liquide ou solide.

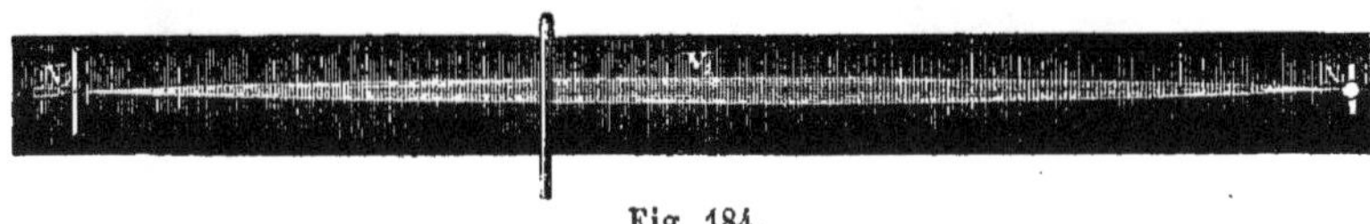

Fig. 184.

Production du son. — Il prend naissance dans l'état vibratoire des corps,

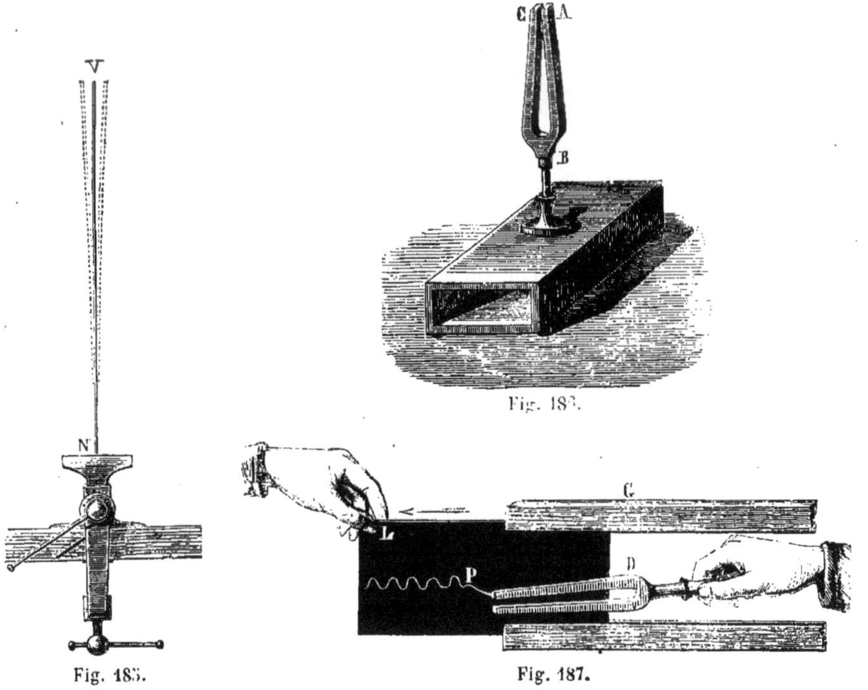

Fig. 186.

Fig. 185.

Fig. 187.

ainsi que nous le démontrerons par les expériences suivantes :

1° Une corde fixée à ses deux bouts, et que l'on écarte de sa position en la pinçant au milieu, émet un son; et si la corde se projette sur une surface noire, on la voit parfaitement vibrer; l'œil la perçoit à la fois dans toutes ses positions, elle semble se renfler au milieu : on dit qu'elle présente un ventre au milieu. Tout point de la corde qui reste fixe est un nœud (*fig.* 184);

2° La même sensation se produit avec une verge métallique prise dans un étau N; elle vibre, présente un ventre en V et un nœud en N; en même temps elle donne un son (*fig.* 185);

3° Le diapason, instrument connu de tous, est précisément une application des

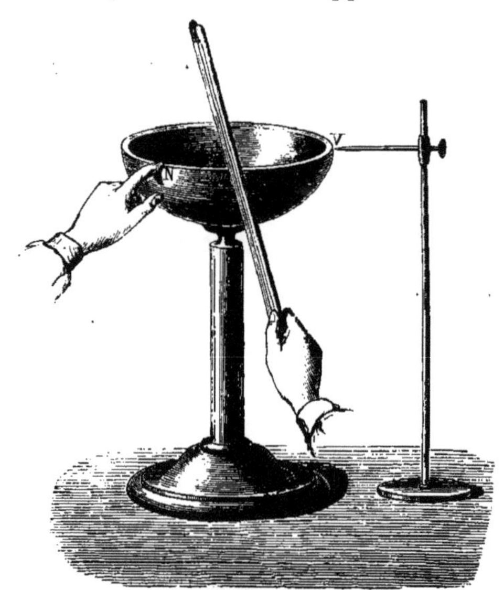

Fig. 188.

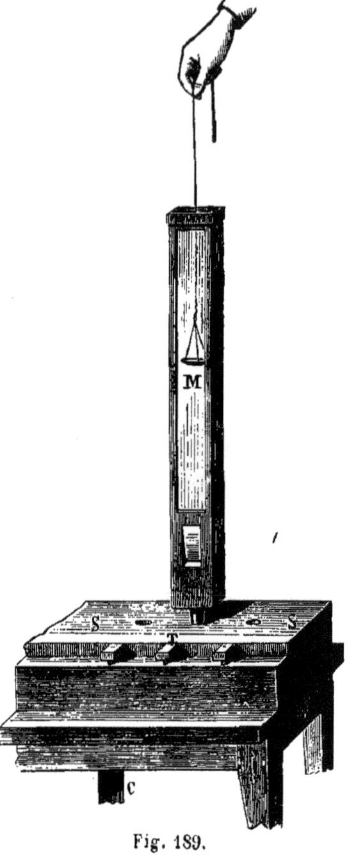

Fig. 189.

verges vibrantes. Pour en tirer un son, on écarte les deux branches A et C, qui se mettent à vibrer. On le monte sur une caisse creuse, qui renforce le son. Les vibrations d'une branche de diapason sont faciles à enregistrer : il suffit de fixer à cette branche, normalement au plan du diapason, une pointe métallique, et de promener en face une plaque recouverte de noir de fumée : la pointe marque sur cette plaque la sinusoïde des vibrations (*fig.* 186 *et* 187);

4° On fait résonner avec un archet un timbre N : il est facile de sentir avec le doigt les vibrations du métal. D'autre part, si l'on dispose près du timbre une aiguille métallique, on entend parfaitement une série de chocs du métal contre l'aiguille : on entend aussi les tressautements d'une bille placée dans le timbre;

5° De l'eau comprimée qui s'échappe d'un petit orifice produit un son;

6° Dans un tuyau d'orgue placé sur une soufflerie, et que l'on fait résonner, on descend un petit plateau rempli de sable fin : on reconnaît que le sable s'agite en certains points (ce sont les ventres), et reste en repos en certains autres (ce sont les nœuds) (*fig.* 189).

Un milieu pondérable est nécessaire à la transmission du son. — Dans les circonstances ordinaires, les vibrations du corps sonore se communiquent à l'air qui les transmet à la membrane ou tympan de l'oreille. L'air est nécessaire à la transmission; en effet, placez sous la cloche d'une machine pneumatique un timbre T, frappé par un marteau M, que meut un mouvement d'horlogerie : à mesure que la raréfaction augmente, le son s'affaiblit et finit par disparaître, bien que l'on voie toujours le marteau frapper le timbre.

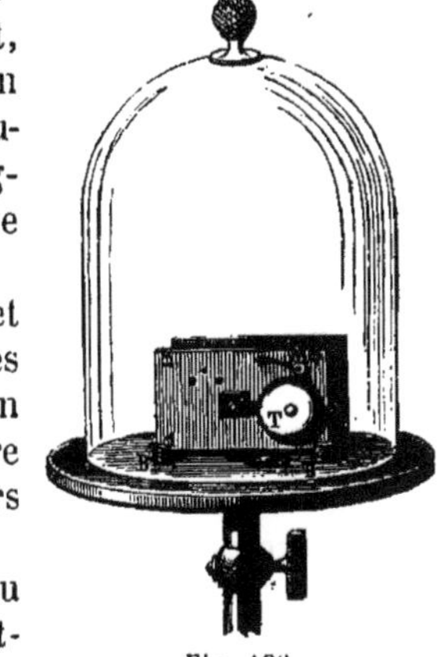

Fig. 190.

A défaut de l'air, tout corps solide ou gazeux transmet aussi le son, et la vitesse est même plus grande dans les solides et dans les liquides que dans les gaz. Souvent on applique l'oreille sur le sol pour entendre une voiture éloignée, un bruit d'artillerie..., etc.; les plongeurs perçoivent parfaitement les bruits du dehors.

Vitesse du son dans l'air. — En 1822, le bureau des longitudes fit des expériences entre Villejuif et Montlhéry. A chaque station, étaient des observateurs, munis de chronomètres : on tirait un coup de canon à Villejuif, par exemple, les observateurs de Montlhéry apercevaient la lumière presque instantanément, car la vitesse de la lumière est énorme : mais ils n'entendaient le bruit que quelque temps après. La distance des deux stations, divisée par ce temps, donnait la vitesse du son. Cette vitesse est d'environ 340 mètres par seconde. Elle est la même pour tous les sons, car une symphonie se transmet à distance aussi pure que l'orchestre la produit.

La vitesse du vent influe pour augmenter ou diminuer d'autant la vitesse du son. Les vents de tempête ont des vitesses qui atteignent 40 mètres par seconde. L'influence la plus funeste du vent sur le son est une notable diminution d'intensité : c'est là ce qui rend peu efficace l'emploi des cloches d'alarme dans les phares.

Fig. 191.

Vitesse du son dans l'eau. — Elle fut déterminée sur le lac de Genève : si on coupe le fil P, le marteau M vient frapper la cloche C; la mèche M, sollicitée par un ressort, vient enflammer la poudre P. L'observateur, placé en O à une distance connue, voit la lumière de la poudre, et entend peu après le bruit transmis par l'eau au cornet acoustique T. La vitesse dans l'eau est de 1,435 mètres par seconde.

De la propagation du son. — Imaginons une colonne d'air contenue dans un tube horizontal. L'air de cette colonne est bien homogène, et le son y est produit par une membrane vibrante placée à l'extrémité A : il est évident que nous aurons le même effet sur la colonne d'air, en remplaçant la membrane par un

Fig. 192.

piston animé d'un mouvement de va-et-vient de faible amplitude. Le piston avance de A en C, nous savons qu'il ne chasse pas la colonne d'air en bloc, car l'air est compressible, mais qu'il produit seulement une compression ou condensation de la couche d'air contiguë. Mais cette couche comprimée, tend par son élasticité à revenir à son volume primitif; elle transmettra donc sa compression à une couche voisine, celle-ci à la suivante..., etc. Voici donc une couche ou onde condensée qui parcourt le tube avec une vitesse que nous connaissons (340 mètres par seconde). Supposons maintenant que le piston revienne de C en A, la couche contiguë va se dilater, puis revenir à sa position première, en dilatant sa voisine. Voici donc une onde dilatée qui va suivre l'onde condensée, et parcourir le tube avec la même vitesse, c'est-à-dire que les deux ondes vont se suivre à distance égale. L'ensemble des deux ondes s'appelle une ondulation complète ou onde sonore. L'ondulation est d'autant plus courte que la membrane se meut plus rapidement.

Imaginons maintenant un point ou boulet sonore suspendu dans l'espace : l'onde sera sphérique, et se propagera dans l'espace en augmentant de diamètre et étant alternativement condensée et raréfiée. L'intensité du son sur l'ensemble de la surface d'une sphère quelconque est une quantité constante, donc l'intensité en un point de l'espace variera comme la surface de la sphère qui passe en ce point, c'est-à-dire comme le carré de la distance du point à la source sonore.

Dans un son, on distingue trois propriétés principales : l'intensité, la hauteur et le timbre.

Intensité du son. — Elle dépend non pas du nombre de vibrations exécutées par le corps en une seconde, mais de l'amplitude de ces vibrations; elle varie, nous venons de le voir, comme le carré de la distance; elle est modifiée par le vent, et renforcée par le voisinage d'un corps sonore capable d'entrer lui-même en vibration. Ce dernier fait permet de comprendre le rôle des caisses sonores dans les instruments à cordes.

Hauteur du son. — La hauteur ou tonalité est cette propriété qui fait dire qu'un son est grave ou aigu, bas ou élevé.

L'expérience nous apprend que, de deux sons, le plus grave correspond au plus petit nombre de vibrations à la seconde et le plus aigu au plus grand nombre de vibrations à la seconde. La hauteur du son est déterminée par le nombre de vibrations sonores qui se produisent en une seconde. Deux sons se trouvent à l'unisson lorsqu'ils proviennent d'un nombre égal de vibrations.

En général, les sons dont les nombres de vibrations à la seconde sont dans un rapport simple, forment un ensemble harmonieux, ce qu'on appelle un accord : si le rapport est complexe, il y a discordance.

Timbre du son. — C'est la propriété qui distingue deux sons d'égale hauteur produits par deux instruments différents, par exemple une flûte et un violon. Le timbre semble tenir à la nature même du corps vibrant.

Réflexion du son. — Elle se produit comme la réflexion de la chaleur, et une salle du Conservatoire des arts et métiers offre deux points ou foyers tels, que, si un observateur parle à voix basse en un de ces points, un autre observateur placé à l'autre foyer entend distinctement les paroles du premier. L'écho est dû à une réflexion du son, sur une surface tellement disposée, que le son réfléchi revienne à la source sonore.

Interférences du son. — Il semble que deux bruits devraient toujours se renforcer : il n'en est rien, et deux bruits peuvent en certains points donner du silence. En effet, qu'est-ce qu'un son transmis? C'est une simple vibration de l'air. Que cette vibration en rencontre une autre égale et de sens contraire, leur effet se détruira réciproquement : l'air restera en repos, et par suite on ne percevra aucun son. Si les deux ondes ne sont pas égales, ce qui est le cas ordinaire, il y aura suivant les points et les moments d'observation une série de renforcements et de diminution du son. La découverte des interférences est la meilleure preuve qu'on a pu donner à l'appui de la théorie des ondulations.

CHAPITRE VI

NOTIONS SUR LA PRODUCTION ET LA PROPAGATION DE LA LUMIÈRE

Photométrie. — Lois de la réflexion et de la réfraction simple ; miroirs et lentilles. — Dispersion des couleurs; achromatisme. — Bésicles, loupe, microscope. — Lunette de Galilée, lunette astronomique, lunette terrestre. — Principes des appareils lenticulaires des phares.

« L'optique est la partie de la science qui traite des conditions où les corps deviennent aptes à produire en nous les sensations lumineuses, et par conséquent sont visibles.

« Les corps peuvent être lumineux par eux-mêmes, ou seulement visibles par éclairement. Un corps lumineux est visible lorsque les droites menées des points de ce corps à l'œil sont toutes contenues dans un milieu homogène et transparent, ou traversent une série de milieux transparents limités par des faces parallèles; il est totalement ou partiellement invisible, lorsque ces droites rencontrent en totalité ou en partie certains corps appelés opaques. Les conditions d'éclairement d'un corps non lumineux par lui-même sont identiques aux conditions de visibilité d'un corps lumineux. »

L'expression de ces faits expérimentaux est ce qu'on appelle la loi de propagation rectiligne de la lumière : le développement de leurs conséquences constitue la théorie géométrique des ombres.

Soit un point lumineux L et un corps opaque OP, si nous menons les droites

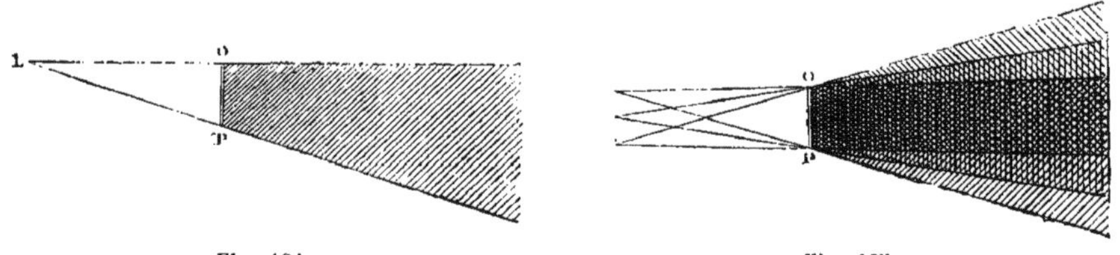

Fig. 194. Fig. 195.

LO, LP, elles limitent dans le plan de la figure la partie éclairée ; l'espace AOPB est dans l'ombre.

Soit une ligne lumineuse LL' ; si L était seul, l'ombre serait AOPB ; si L' était seul, l'ombre serait A'OPB'. Dans une partie AOPB' de l'espace les deux ombres se superposeront, on aura l'ombre absolue: les triangles extérieurs BPB', A'OA sont éclairés seulement par un des points lumineux, ces triangles constituent la pénombre. En prenant un point intermédiaire L'', on verra que la pénombre est d'autant moins obscure que l'on approche davantage de sa limite externe.

On passe donc par des dégradations insensibles de l'ombre absolue à l'éclairement absolu.

« L'observation attentive de certains phénomènes astronomiques a montré que l'éclairement d'un corps commence et finit en réalité quelque temps après qu'il est sorti de l'ombre portée par un corps opaque, ou qu'il y est entré. Des procédés fort délicats et néanmoins fort précis ont permis de constater et même de mesurer la durée de cet intervalle dans des expériences de laboratoire. On a reconnu qu'elle est proportionnelle à la distance qui sépare le corps éclairé du corps opaque, et on a appelé *vitesse de la lumière* le quotient constant de cette distance par la durée de l'intervalle dont il s'agit. La valeur la plus probable de cette vitesse, lorsqu'on prend la seconde pour unité de temps est de 300,000 kilomètres environ: c'est dire qu'on peut se dispenser d'y avoir égard dans toutes les expériences qui n'ont pas pour but spécial la mesure des plus petits intervalles de temps.

Ces faits conduisent à regarder la lumière non comme une force qui ferait sentir instantanément son action à toute distance, mais comme un système de molécules matérielles animées d'une vitesse très-grande, mais finie, ou comme une modification de l'état des corps qui se propage graduellement tout à l'entour des corps lumineux ou éclairés. La dernière hypothèse est seule admissible aujourd'hui. Les lignes suivant lesquelles cette modification se propage reçoivent le nom de *rayons de lumière;* les lois précédentes permettent de les regarder comme rectilignes dans un milieu homogène. Ce ne sont pas de pures abstractions géométriques, car, lorsque certaines conditions sont satisfaites, il est permis de leur attribuer des propriétés physiques déterminées.

PHOTOMÉTRIE

L'œil distingue dans ses sensations la *couleur* et l'*intensité;* bien qu'il reconnaisse des différences d'intensité entre des couleurs diverses, il ne juge un peu exactement de l'intensité qu'autant que la couleur est la même. Dans cette condition même, il n'apprécie bien que l'égalité d'intensité et ne donne aucune notion d'un rapport numérique entre des intensités différentes.

Si deux sources de lumière de mêmes dimensions éclairent deux surfaces de même nature placées dans les mêmes conditions de distance et d'inclinaison par rapport aux sources et à l'œil, lorsque les impressions éprouvées par l'œil sont égales, on doit considérer les deux sources comme identiques. Si deux, trois, quatre sources de lumière identiques éclairent simultanément une surface donnée dans les mêmes conditions, on est convenu de dire que l'éclairement est doublé, triplé, quadruplé, etc., ou que la surface reçoit une quantité double, triple, quadruple, etc., de lumière, il n'est d'ailleurs pas certain que ces nombres expriment l'accroissement d'énergie de la sensation proprement dite.

Un corps lumineux de forme quelconque, dont tous les éléments superficiels sont placés dans les mêmes conditions physiques, ne peut se distinguer d'un plan lumineux lorsque sa distance à l'œil est assez grande pour que les droites qui joignent ses divers points à l'ouverture de la pupille soient presque parallèles (exemple de la lune et du soleil). Par conséquent les éléments que découpent sur la surface du corps divers cylindres presque parallèles ayant pour base l'ouverture de la pupille, envoient à l'œil des quantités égales de lumière. Comme les étendues de ces éléments sont inversement proportionnels au cosinus de l'angle formé par la normale à l'élément avec les arêtes du cylindre, il en résulte que la quantité *de lumière envoyée par un élément lumineux donné dans diverses directions est proportionnelle au cosinus de l'inclinaison.* — Il est d'ailleurs évident que la quantité de lumière envoyée par un élément lumineux à une surface très-éloignée (relativement à ses dimensions) est proportionnelle au cosinus de l'angle formé par la normale à la surface avec la direction des rayons lumineux.

Loi du carré des distances. — L'intensité de la lumière varie comme le carré des distances. Preuve expérimentale : l'éclairement produit par une source (agissant sous une inclinaison donnée) est égal à l'éclairement produit par quatre sources identiques (agissant sous la même inclinaison) placées à une distance double.

Expression de la quantité de lumière envoyée par une surface à une autre, lorsque la distance est très-grande par rapport aux dimensions des deux surfaces :

$$I = \frac{S.E.S'}{D^2}$$

S = projection de la surface lumineuse sur un plan perpendiculaire à la direction des rayons ;

S' = projection de la surface éclairée sur le même plan ;

D = distance ;

E = coefficient dépendant de la source de lumière, ou *éclat intrinsèque ;*

Photomètre de Rumford. — Entre les deux sources que l'on compare et un écran translucide, on place un cylindre opaque, et on fait varier la distance des sources jusqu'à ce que les deux ombres portées paraissent de même valeur.

Lorsque cette égalité a lieu, il est évident que l'ombre relative à la source A reçoit de la source B autant de lumière que l'ombre relative à la source B en reçoit de la source A. On peut donc, en apeplant D_1 et D, les distances A M et BN poser encore l'équation :

$$\frac{SE}{D^2} = \frac{E_1S_1}{D_1^2}.$$

Mais la méthode est extrêmement défectueuse en raison de l'éloignement des deux surfaces que l'on compare entre elles. »

Réflexion. — Lorsqu'un rayon lumineux rencontre une surface polie, il se réfléchit en totalité ou en partie, c'est-à-dire qu'il est renvoyé vers le milieu d'où il émane.

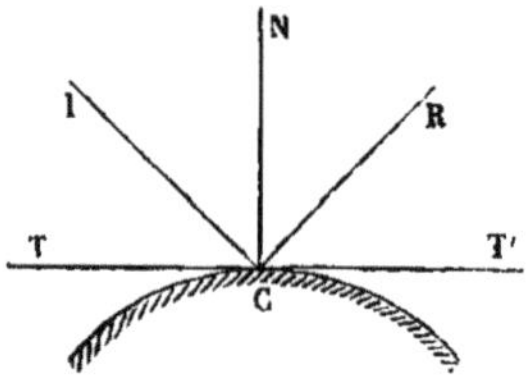

Fig. 193.

Nous avons déjà vu pour la chaleur incidente ce qu'était le rayon incident I et le rayon réfléchi R, l'angle d'incidence ICN et l'angle de réflexion RCN.

Ceci posé, voici les lois de la réflexion d'un rayon lumineux :

1° Le rayon réfléchi est dans le plan de la normale et du rayon incident ;

2° L'angle de réflexion est égal à l'angle d'incidence.

Le long d'un cercle gradué vertical se meuvent deux tuyaux ou alidades, dont l'axe passe toujours par le centre du cercle. Ces tuyaux sont en partie fermés et ne possèdent qu'un petit trou placé dans leur axe. Au diamètre horizontal du cercle est adapté un miroir plan, lui-même horizontal. On reçoit un rayon lumineux par l'axe du tube II', et l'on reconnaît que l'on peut trouver son rayon réfléchi avec l'autre tuyau : donc les deux rayons sont dans un même plan parallèle au plan vertical du cercle, c'est-à-dire normal au miroir. On reconnaît de plus sur les cercles gradués que les angles des rayons avec la verticale N normale au miroir sont égaux. Les deux lois énoncées plus haut sont donc démontrées.

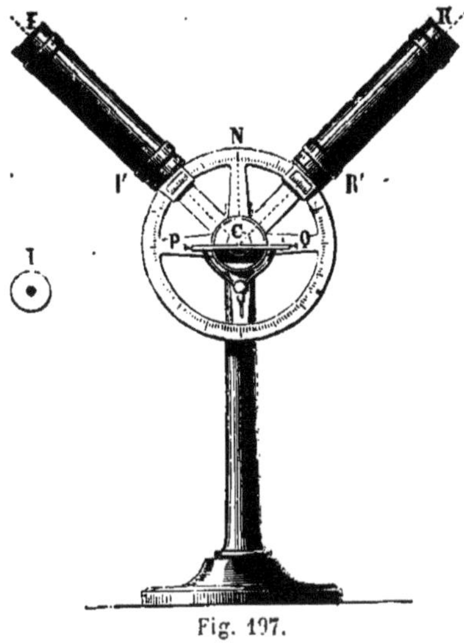

Fig. 197.

Miroirs plans. — 1° L'image d'un point A est le point A' symétrique de A par rapport au plan du miroir. En effet l'image du point se trouve à la rencontre des rayons réfléchis CR, C'R' que l'œil reçoit : or les droites CR sont les prolongements des côtés CA', C'A' des deux triangles isocèles CAA', C'AA' : car l'angle de réflexion est égal à l'angle d'incidence ; donc NCR = NCA = CAA' = CA'A ; or CN et AA', sont parallèles, donc CR est dans le prolongement de CA'.

2° L'image d'un objet est l'ensemble des images des points de cet objet ; l'image de l'objet AB est donc la figure A'B' symétrique de AB par rapport au plan du miroir.

Il est facile de voir que l'image A' d'un point A n'est visible que pour l'observateur situé dans l'espace R'PQR que limitent les rayons réfléchis extrêmes (*fig.* 200).

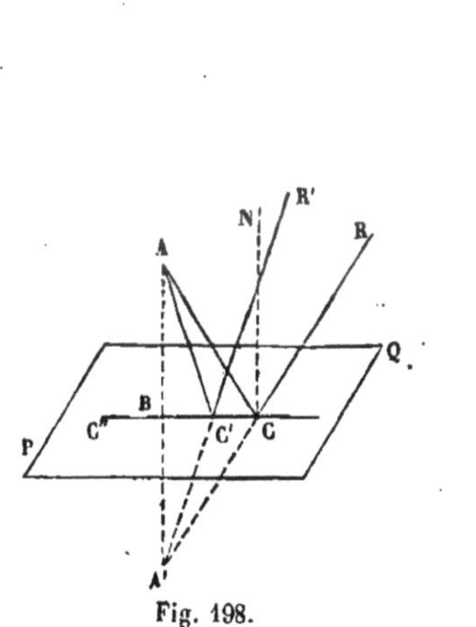

Fig. 198.

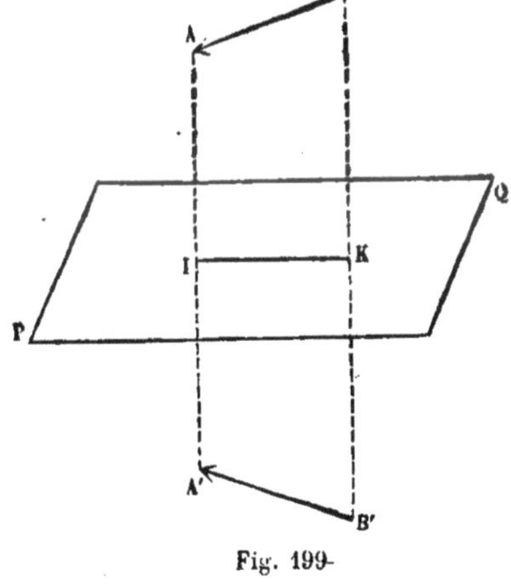

Fig. 199.

3° Si l'on considère un miroir formé de deux miroirs plans placés à angle droit, un objet placé dans leur angle donnera une image dans chacun : mais les rayons réfléchis sur un miroir, le miroir vertical par exemple, sont comme de nouveaux rayons lumineux qui émaneraient de l'image A' dans le plan vertical : il en résultera une troisième image A''' symétrique de A' par rapport au plan horizontal. De même les rayons réfléchis sur le plan horizontal, semblant émaner de l'image A'', viendront rencontrer le plan

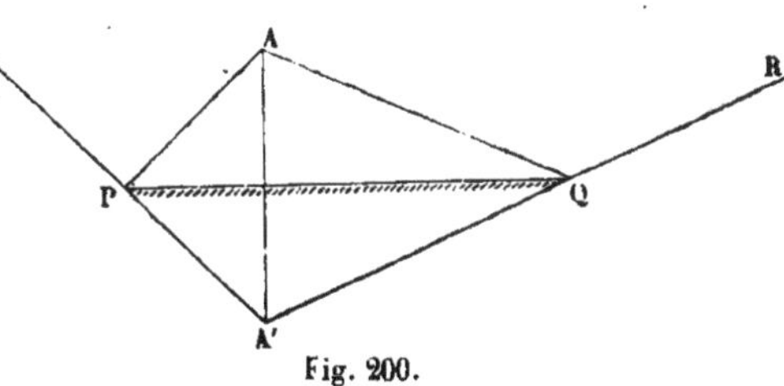

Fig. 200.

vertical ; ils donnent une image A^{IV} symétrique de A'' par rapport au plan vertical. Il est facile de voir par le dessin que A''' et A^{IV} coïncident. Donc, en résumé, on a trois images de l'objet A. Les propriétés des miroirs inclinés sont utilisés dans le jouet appelé kaléidoscope.

4° Deux miroirs parallèles donnent une infinité d'images de A, car chaque

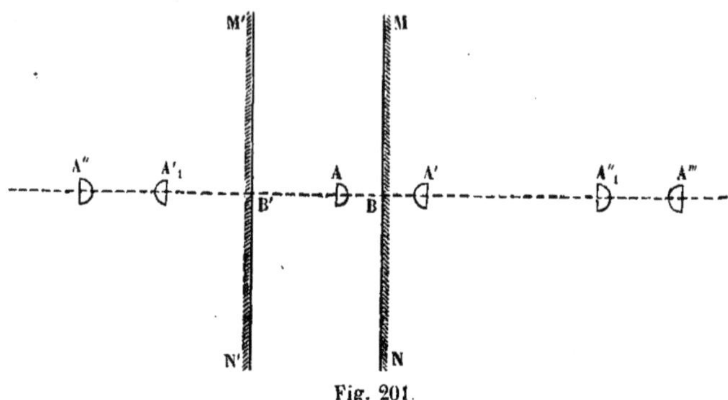

Fig. 201.

image formée dans un miroir donne naissance à une nouvelle image dans l'autre miroir.

Miroirs sphériques. — 1° *Miroirs concaves.* — Imaginons un arc de cercle MN et le diamètre CO qui passe au milieu de cet arc; CO est l'axe principal, et le miroir est engendré par la rotation de l'arc MN autour de l'axe CO. La surface réfléchissante est la surface concave. Un faisceau lumineux cylindrique, parallèle à l'axe principal, se réfléchit très-sensiblement suivant un cône dont le sommet est en F au milieu du rayon de courbure OC du miroir. Cette proposition s'approche

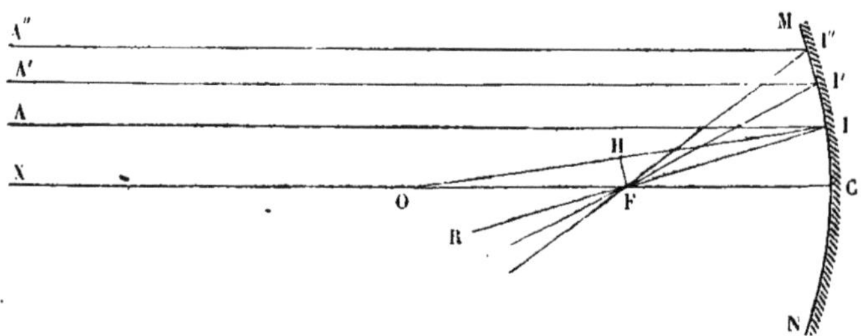

Fig. 202.

d'autant plus de la vérité que le rayon de courbure CO est plus grand et l'ouverture MN du miroir plus étroite. Prenons un rayon incident AI, il se réfléchit suivant le rayon IR faisant avec la normale IO l'angle OIF = OIA ; mais l'angle OIA = l'angle IOC ; donc IOC = OIF, c'est-à-dire IF = OF. En supposant l'ouverture petite et le rayon très-grand, la longueur FI diffère très-peu de FC ; donc, on peut admettre que OF = FC. Ainsi, tous les rayons incidents concourent sensiblement, après leur réflexion, au point F, milieu de OC, qu'on appelle foyer du miroir.

En réalité, le foyer ne se réduit pas à un point F ; il comprend la courbe, enveloppe de tous les rayons lumineux, et occupe un certain espace, comme le montre la figure 203. Cette existence de plusieurs foyers, au lieu d'un seul, est ce qu'on appelle l'aberration de sphéricité du miroir ; elle a pour effet de donner des images très-peu nettes, lorsque le rayon du miroir est trop petit ou l'ouverture

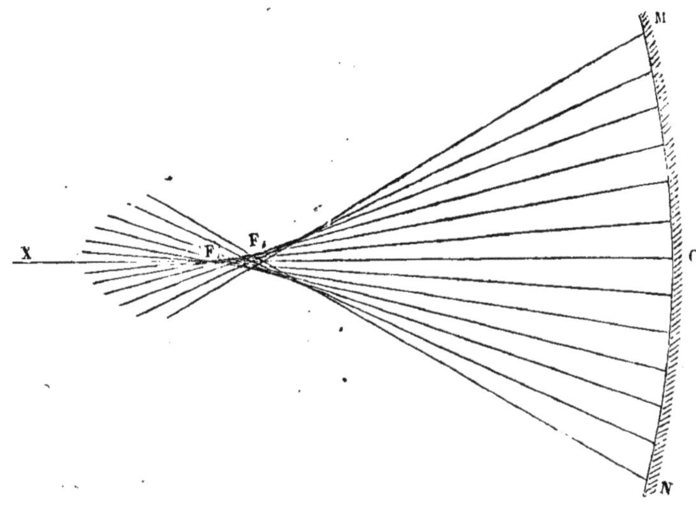

Fig. 203.

trop grande. En plaçant en F un petit écran, on voit sur cet écran l'image du point A situé à l'infini sur l'axe principal du miroir.

Foyers conjugués. — Un point lumineux P, situé sur l'axe principal du miroir a une image qui se confond sensiblement avec le point P′ (toujours en admettan

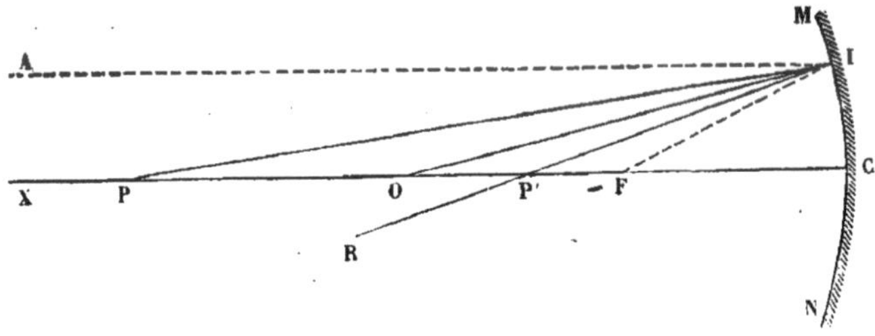

Fig. 204.

pour le miroir petite ouverture et grand rayon). La ligne IO est la bissectrice de l'angle PIP′; donc elle partage la base en deux parties proportionnelles aux côtés, et l'on a : $\frac{OP}{OP'} = \frac{PI}{P'I}$. Appelons p et p' la distance du point lumineux et de son image au centre du miroir, et soit $2f$ le rayon du miroir. PI et P′I sont sensiblement égales à PC et P′C, c'est-à-dire à p et p' ; le rapport précédent devient donc $\frac{p-2f}{2f-p'} = \frac{p}{p'}$, ou bien $\frac{1}{p} + \frac{1}{p'} = \frac{1}{f}$, équation qui donne p', connaissant p et f. On voit que si la source P part de l'infini pour venir en O, son foyer part de F, milieu de OC ($p' = f$) pour arriver en O ($p' = 2f$); quand la source est au centre de courbure, elle est à elle-même son foyer. Enfin, quand la source varie de O en F, son foyer s'éloigne de O jusqu'à l'infini. Si la source s'avance de F au centre du miroir, le foyer n'existe plus, les rayons réfléchis divergent; on dit alors qu'il y a un foyer virtuel, c'est le point de concours du prolongement des rayons réfléchis derrière le miroir. On obtient sa distance p' au centre en changeant dans la formule p′ en $-p'$; elle devient alors $\frac{1}{p} - \frac{1}{p'} = \frac{1}{f}$.

Axes secondaires. — Toute ligne qui passe par le centre de courbure présente

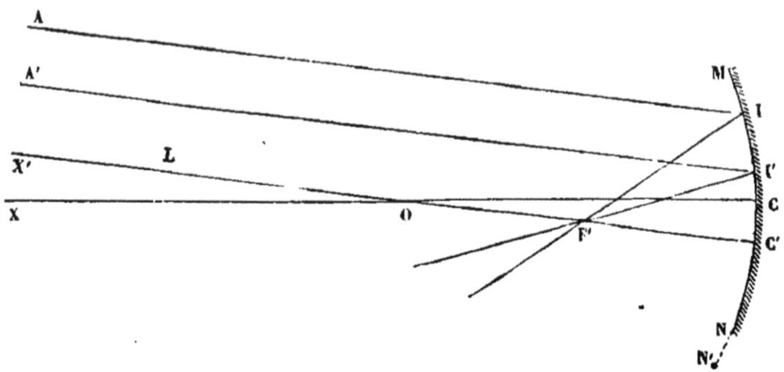

Fig. 205.

les mêmes propriétés que l'axe principal, relativement aux sources lumineuses qui la parcourent. Une telle ligne est un axe secondaire (*fig.* 205).

Image d'un objet. — Étant donné un objet AB, le point A, par exemple, a son foyer conjugué sur la droite AOC′, et tous les rayons émanés de A vont sensiblement concourir en ce foyer après leur réflexion ; parmi ces rayons, il y en a un AI qui est parallèle à l'axe principal et qui a pour rayon réfléchi la droite IF partageant le rayon OC en deux parties égales ; il est donc facile de construire le rayon réfléchi IF et par suite le point A′, foyer du point A. On construira de même B′, foyer conjugué de B, et A′B′ sera l'image de AB, image que l'on peut recevoir sur un petit écran et qui sera très-nette si l'ouverture du miroir est très-petite et son rayon très-grand. Elle sera quelquefois un peu confuse, toujours à cause de l'aberration de sphéricité.

Quand l'objet donné AB se trouve entre F et le centre C du miroir, les rayons réfléchis divergent ; l'image est derrière le miroir, c'est une image virtuelle, on

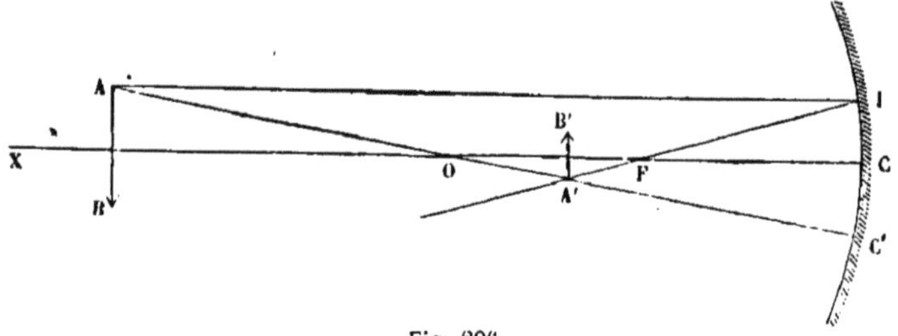

Fig. 206.

la voit, mais on ne peut la recueillir sur un écran. Il est facile de voir que, suivant la position de l'objet, l'image peut être une réduction ou un agrandissement de cet objet.

2° *Miroirs convexes.* — Les rayons parallèles tels que AI concourent en un foyer virtuel F situé au milieu de OC.

Un objet AB a une image virtuelle A′B′ que l'on construit d'une manière analogue à celle que nous avons employée pour les miroirs concaves. La formule des foyers conjugués est ici : $\frac{1}{p} - \frac{1}{p'} = -\frac{1}{f}$; on l'établit comme celle de plus haut

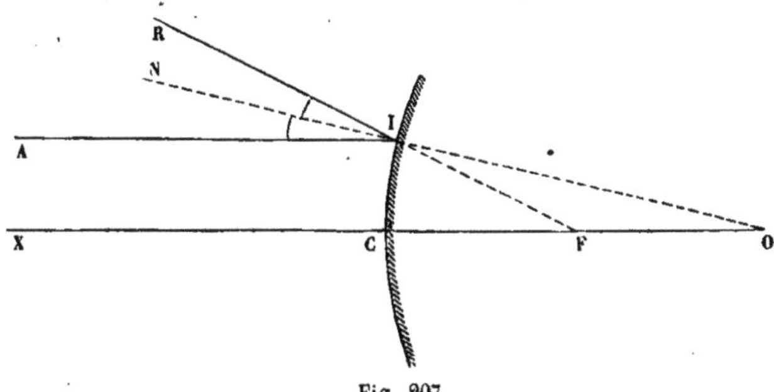

Fig. 207.

Réfraction. — Les rayons lumineux qui rencontrent obliquement un corps transparent y pénètrent en changeant de direction ; la direction nouvelle est généralement la même pour tous les rayons d'un même faisceau ; quelquefois ce-

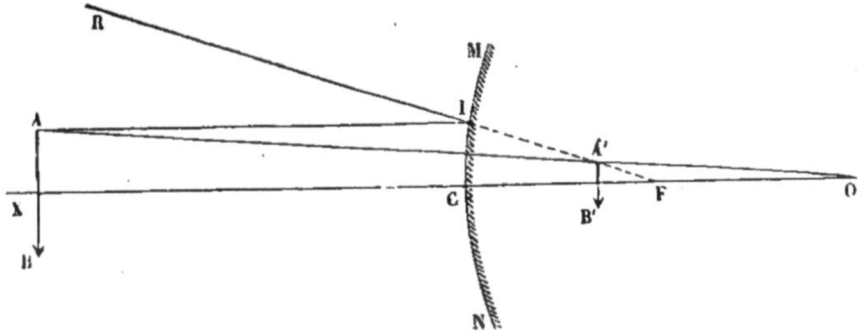

Fig. 208.

pendant, certaines substances décomposent le faisceau lumineux en deux parties ; ce fait constitue le phénomène de la double réfraction. Nous ne nous occuperons que de la réfraction simple. Un milieu où pénètre un rayon est plus réfringent que le milieu d'où il sort, si le rayon se rapproche de la normale à la surface de séparation.

Lois de la réfraction. — 1° Le rayon incident, le rayon réfracté et la normale à la surface de séparation, sont dans un même plan ; 2° le sinus de l'angle d'incidence est au sinus de l'angle de réfraction dans un rapport constant pour deux milieux donnés ; ce rapport change avec les milieux (*fig.* 209).

Cette dernière loi se traduit géométriquement par la relation

$$\frac{IP}{QR} = \frac{I'P'}{Q'R'} = \text{constante } n.$$

Vérification. — Dans une chambre noire, on reçoit sur le miroir mobile M un rayon de soleil entrant par le trou d'un volet. On incline le miroir de façon à diriger le rayon réfléchi dans l'axe d'un tube ; soit IC ce rayon, il rencontre normalement un cylindre en verre à génératrices horizontales, à moitié rempli d'eau : la réfraction se produit à la surface horizontale AB de l'eau, mais il n'y a pas de réfraction à la surface du verre, car les rayons IC et CR sont normaux à cette surface. Il est facile de suivre dans l'obscurité le rayon lumineux et de constater qu'en passant dans l'eau il se rapproche de la verticale, c'est-à-dire de la normale à la surface de séparation. Il est facile de vérifier aussi la loi des sinus en

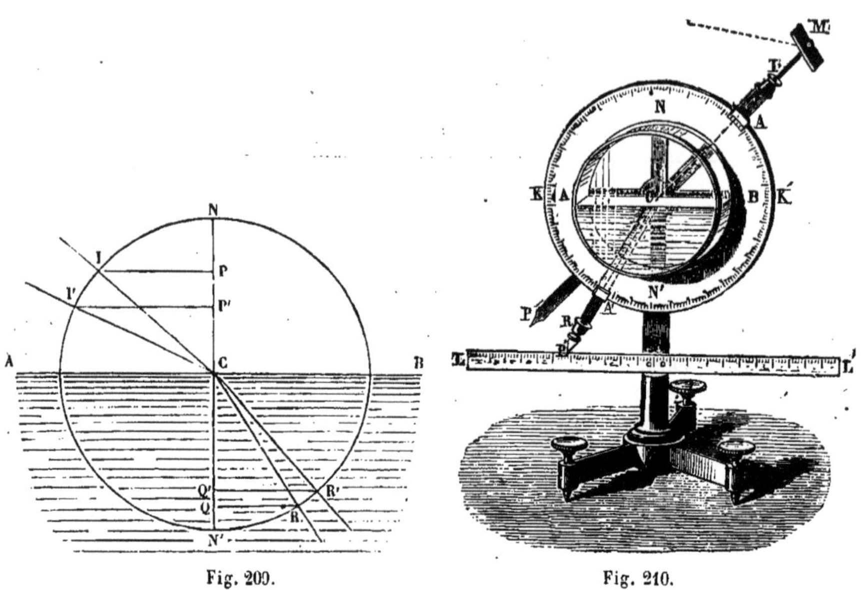

Fig. 209. Fig. 210.

faisant varier l'angle d'incidence et lisant les angles d'incidence et de réfraction. On peut encore se servir d'une règle horizontale LL' mobile le long de la colonne de l'appareil ; on lit directement les sinus sur cette règle, que l'on met successivement en contact avec les extrémités pointues P et P' des deux alidades.

La loi s'exprime algébriquement par $\frac{\sin i}{\sin r} = n$; n est l'indice de réfraction pour le passage de l'air dans l'eau ; l'indice de réfraction pour le passage de l'eau dans l'air serait $\frac{1}{n}$. Le rayon s'éloigne de la normale en passant de l'eau dans l'air. On a $\frac{\sin i}{\sin r} = \frac{1}{n}$, et l'on voit que $r = 90°$ ou $\sin r = 1$, pour $\sin i = \frac{1}{n}$; lorsque $\sin i$ prend la valeur limite $\frac{1}{n}$, on voit que le rayon qui passe de l'eau dans l'air ait un angle de 90° avec la normale NN', c'est-à-dire qu'il est situé dans le plan horizontal HH'. Lorsque ($\sin i$) est plus grand que $\frac{1}{n}$, il n'y a plus réfraction, le rayon lumineux retourne dans l'eau et prend la direction C_1K ; il y a alors réflexion totale du rayon lumineux. Ainsi, lorsqu'un rayon situé dans un milieu vient frapper la surface de séparation de ce milieu et d'un autre milieu moins

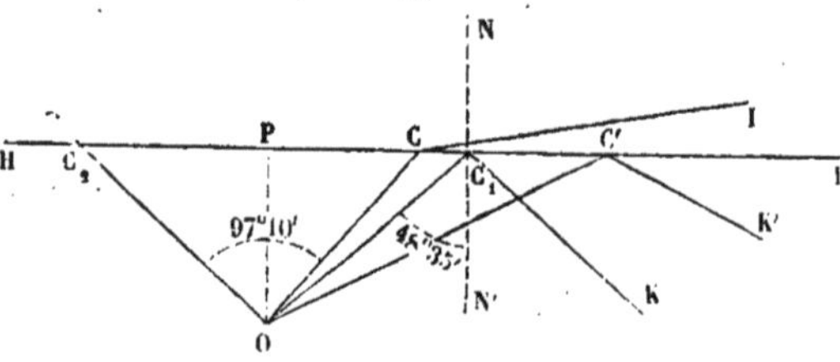

Fig. 211.

réfringent, il n'y a pas toujours réfraction; il y a réflexion totale lorsque l'angle d'incidence dépasse une certaine limite.

Effets de réfraction. — 1° Dans un vase, placez une pièce de monnaie P, et mettez l'œil en O, de façon à ne voir que la limite extrême de cette pièce; versez maintenant de l'eau dans le vase, et vous apercevrez la pièce tout entière, parce qu'un rayon tel que PC se réfracte à son arrivée dans l'air, s'éloigne de la verticale et peut parvenir jusqu'à votre œil. Quand vous plongez un bâton dans l'eau, il semble rompu à la surface de séparation : c'est un effet de réfraction; vous voyez le bâton, non pas à la place qu'il occupe réellement dans l'eau, mais à l'endroit où concourent les rayons réfractés. La partie immergée semble donc relevée, comme la pièce de tout à l'heure.

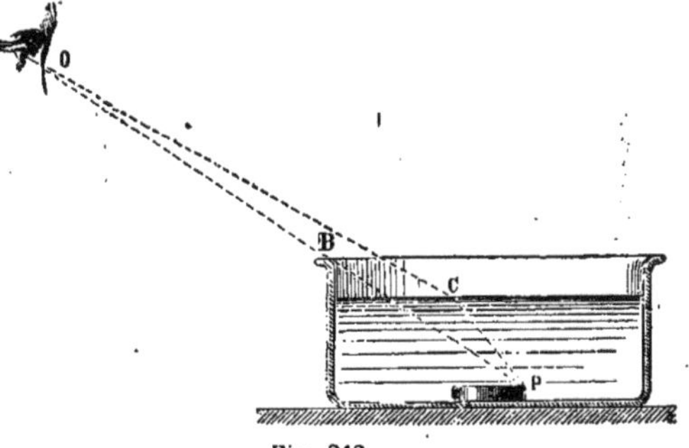

Fig. 212.

2° *Mirage.* La réfrangibilité des milieux diminue avec leur densité. Dans les pays chauds, le sol est à une température élevée; les couches voisines du sol s'échauffent plus que les couches supérieures, et sont moins réfrangibles que celles-ci. D'après cela, le rayon AB s'écarte de la verticale et prend la direction

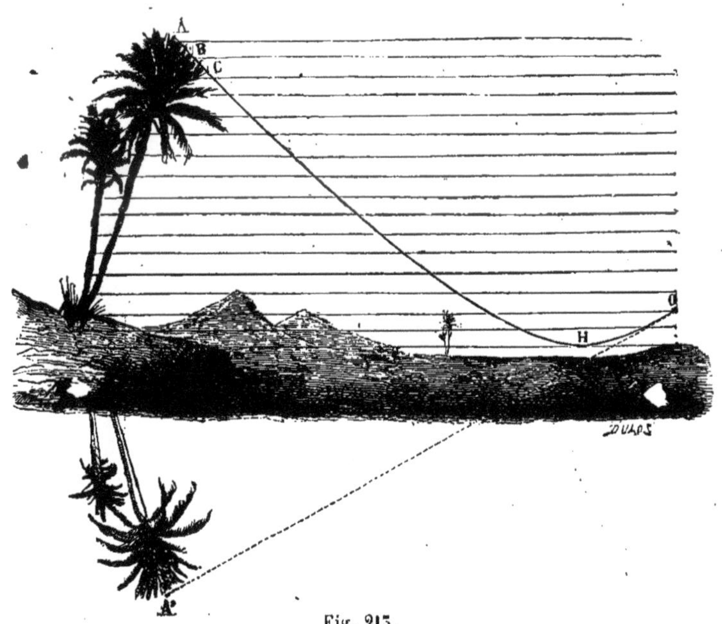

Fig. 213.

BC; il s'écarte ainsi de la verticale jusqu'à une certaine couche où il éprouve en H une réflexion totale et se dirige vers le point O, par exemple. L'observateur placé en O verra le point A en A'. C'est ainsi qu'en Égypte, nos soldats croyaient approcher de bois de palmiers imaginaires. Le bleu du ciel se réfracte aussi, et fait l'effet sur le sol de lacs immenses qui reculent sans cesse devant le voyageur altéré.

Applications de la réfraction. — 1° *Lame à faces parallèles.* — Le rayon incident EF se rapproche de la normale et devient FG, qui, passant de la lame

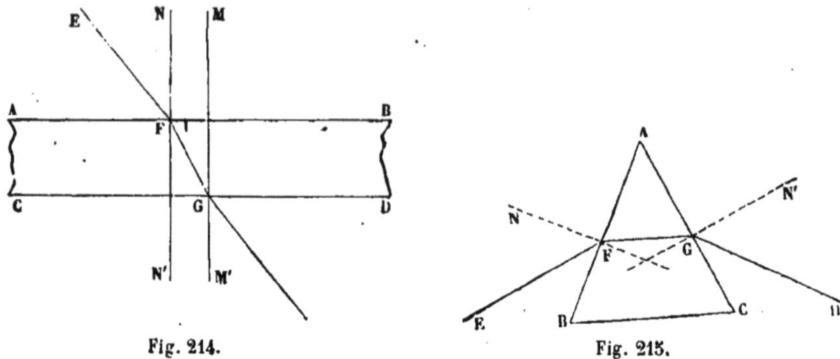

Fig. 214. Fig. 215.

dans l'air, s'écarte de la normale de la quantité dont il s'en était rapproché. Le rayon GH est donc parallèle à EF. Le rayon lumineux qui traverse une lame à faces parallèles reste parallèle à lui-même.

2° *Prismes.* Soit un prisme de verre ou de cristal dont ABC est la section : le rayon incident EF rencontrant la surface AB s'infléchit vers le bas en se rapprochant de la normale N, il devient FG; celui-ci rencontrant la surface AC, s'infléchit encore vers le bas; en s'éloignant de la normale N', il devient GH. Si EF est

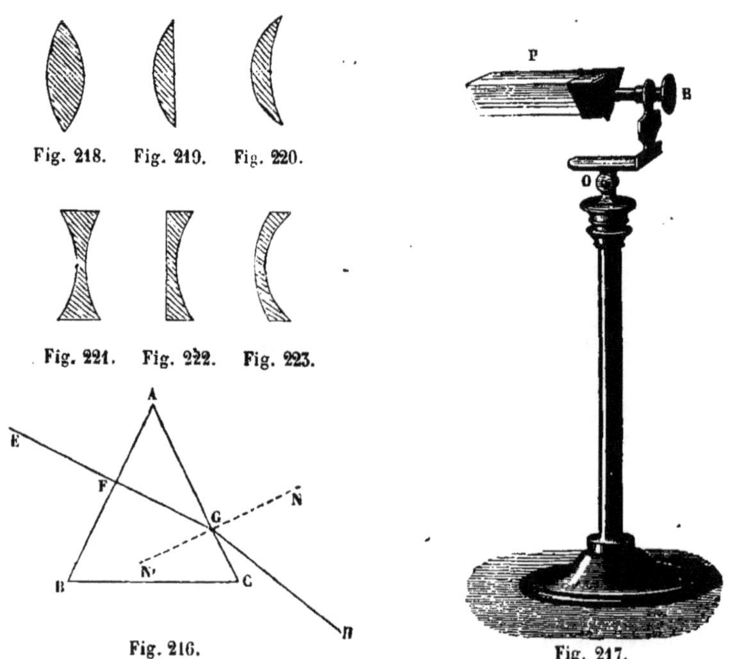

Fig. 218. Fig. 219. Fig. 220.

Fig. 221. Fig. 222. Fig. 223.

Fig. 216. Fig. 217.

normale à AB, il n'y a qu'une déviation, et le rayon émergent est GH. Si le rayon lumineux FG rencontre la face AC sous un angle supérieur à l'angle limite, il y a réflexion totale sur cette face AC, et le rayon lumineux émerge par la base BC.

Dans tous les cas, le prisme tend à rejeter vers sa base les rayons qu'il reçoit. Dans la pratique, un prisme est monté comme on le voit sur la figure 217.

3° *Lentilles.* — Ce sont des morceaux de substances transparentes limités par des surfaces sphériques.

On les distingue : 1° en lentilles convergentes qui sont à faces convexes, ou qui n'ont qu'une surface concave d'un rayon supérieur à celui de la surface convexe, et 2° en lentilles divergentes qui sont à surfaces concaves ou qui n'ont qu'une surface convexe d'un rayon supérieur à celui de la surface concave.

Lentille convergente. — Soit C et C′ les centres des deux ménisques ou calottes sphériques qui limitent la lentille ; XX est l'axe principal de la lentille. Un point lumineux P envoie le rayon PI, la normale en I est IC et la loi des sinus

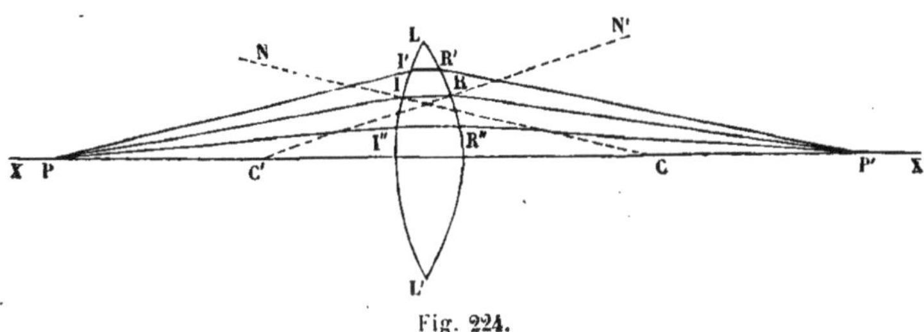

Fig. 224.

permet de construire le rayon réfracté IR ; la normale en R est RC ; le nouveau rayon réfracté peut encore se construire, grâce à la loi des sinus, soit RP′ ce rayon.

Sur une lentille placée dans une chambre obscure, recevez un faisceau de rayons lumineux parallèles à l'axe principal ; ces rayons émergent de la lentille et vont

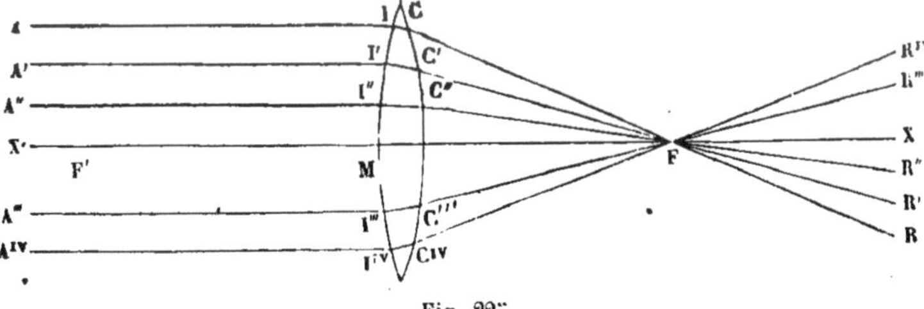

Fig. 225.

concourir en un point F appelé foyer principal de la lentille. Retournez la lentille, vous obtiendrez un second foyer principal F′, à la même distance de la lentille que le foyer F.

Si en un point de l'axe principal d'une lentille (voir. la figure 224) vous placez une source lumineuse très-petite P, vous pourrez avec un écran recueillir en P′ l'image de P. P′ est le foyer conjugué de P.

Un rayon lumineux dirigé suivant l'axe principal d'une lentille, ne subit pas de déviation (*fig.* 226). On appelle axe secondaire toute droite MM′ qui joint deux points pour lesquels les tangentes aux deux ménisques sont parallèles. Tout rayon qui entre en M et sort en M′, est dans la même condition que s'il traversait une lame à faces parallèles ; il reste parallèle à lui-même. Si la lentille est peu épaisse, ce qui arrive toujours, on peut admettre que IM′ et MR sont dans le prolongement l'une de l'autre et peuvent se remplacer par la ligne droite très-voisine X_1X_1' qui devient alors l'axe secondaire ; le point O où MM' rencontre l'axe principal CC', est le centre optique de la lentille. On démontre que toute droite MM' qui y passe rencontre les ménisques en deux points où les tangentes sont parallèles. Tout rayon X_1X_1' qui passe au point O n'est point sensiblement dévié par son passage à travers la lentille, pourvu que l'épaisseur de cette lentille soit petite relativement à la hauteur LL'.

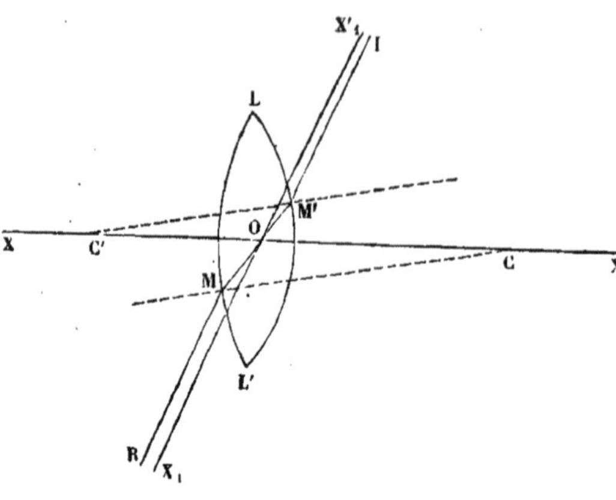

Fig. 226.

L'expérience nous apprend que les foyers conjugués P_1P' se produisent pour les axes secondaires comme pour les axes principaux (*fig.* 227).

Image d'un objet (*fig.* 228). — Pour le point A, il est deux rayons faciles à construire : 1° le rayon AO passant par le centre optique ; ce rayon n'est pas dévié ; 2° le

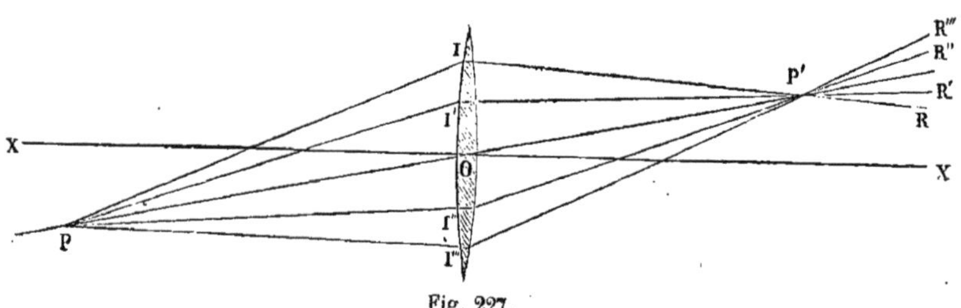

Fig. 227.

rayon AI, parallèle à l'axe principal et qui, après réfraction, passe en F au foyer principal. L'intersection des deux rayons donne A', foyer conjugué ou image de A. On

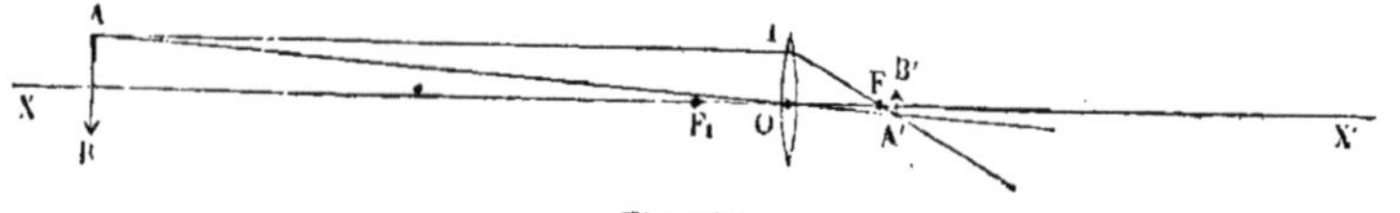

Fig. 228.

obtiendra de même l'image B' de B, et A'B' sera l'image de AB ; l'image est renversée, et agrandie ou diminuée suivant la position de l'objet par rapport au

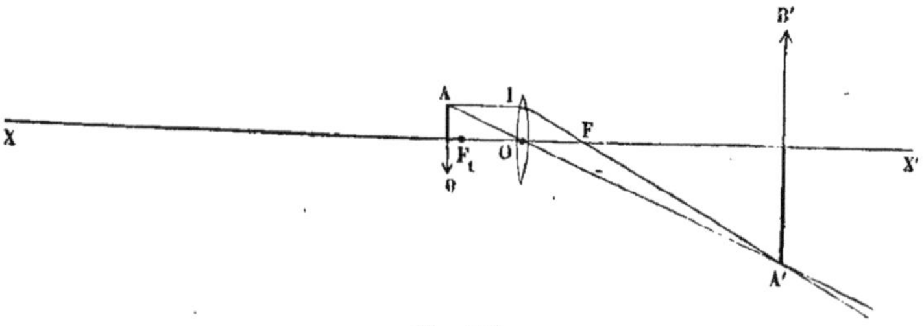

Fig. 229.

foyer principal. Si l'objet est très-éloigné comme dans la figure 228, l'image est très-petite et voisine du foyer principal F. L'image s'agrandit à mesure que l'objet s'approche du foyer F_1 et en même temps elle s'éloigne de F pour s'en aller à l'infini lorsque AB arrive en F_1 (*fig.* 229).

Enfin, lorsque l'objet AB est compris entre le foyer principal F_1 et la lentille, l'image est virtuelle, se produit en A'B', et l'observateur placé à droite de la lentille l'aperçoit au travers de cette lentille (*fig.* 230).

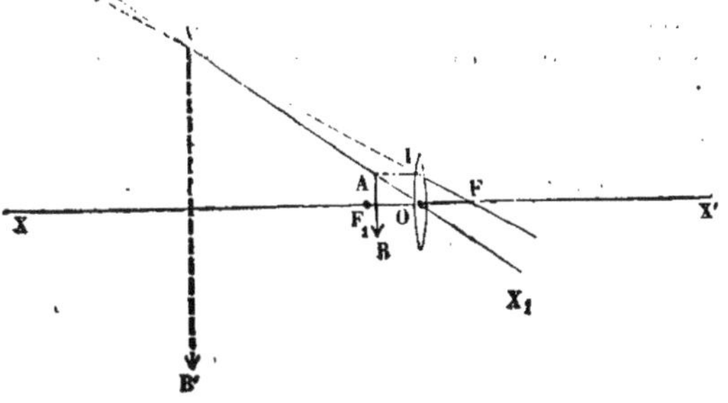

Fig. 230.

Si l'on pose $OA = p$, $OA' = p'$, $OF = f$, la formule des foyers conjugués est $\frac{1}{p} + \frac{1}{p'} = \frac{1}{f}$ pour les images réelles, et $\frac{1}{p} - \frac{1}{p'} = \frac{1}{f}$ pour les images virtuelles.

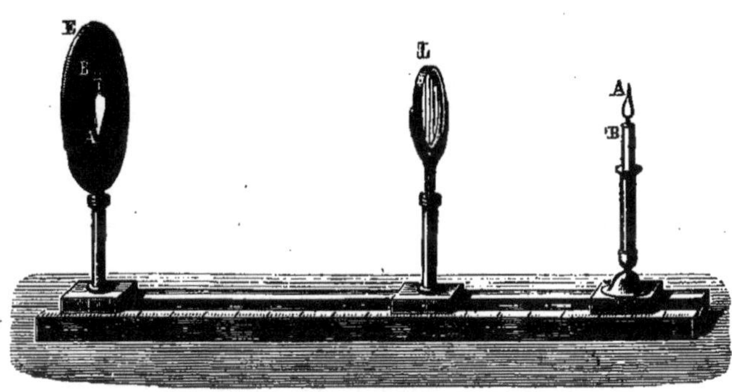

Fig. 231.

La vérification expérimentale de la formule peut se faire avec l'appareil représenté figure 231, appareil dont le mécanisme se comprend de lui-même.

Il ne faut pas oublier que, dans toutes ces considérations théoriques, nous supposons l'épaisseur des lentilles très-petite ; il n'en est pas toujours ainsi dans la pratique, et les lois précédentes ne sont que l'expression approchée de la vérité.

Lentilles divergentes. — Le caractère des lentilles divergentes est d'augmenter la divergence des rayons qui divergent déjà, et de diminuer la convergence de ceux qui concourent en un point. Il est facile de reconnaître sur la figure 232 cette propriété des lentilles biconcaves.

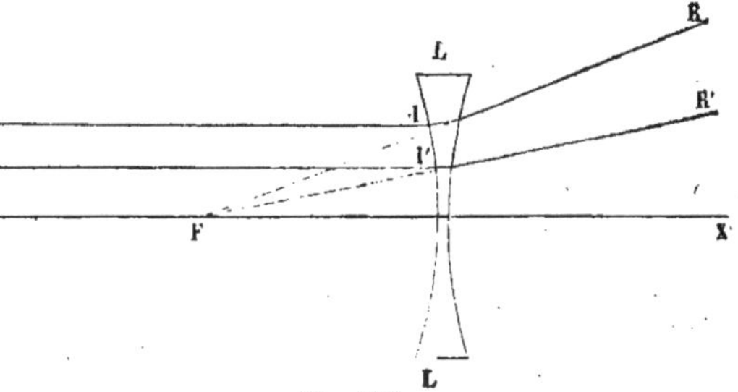

Fig. 232.

Dispersion des couleurs. — Spectre solaire. — Dans le volet d'une chambre obscure, on perce un petit trou par lequel on reçoit un faisceau de lumière solaire ; ce faisceau traverse un prisme et se dilate comme le montre la figure 233, il semble que la lumière solaire soit formée de plusieurs lumières inégalement réfrangibles.

L'image oblongue, recueillie sur un écran, présente sept teintes principales qui sont, en commençant par l'extrémité la plus éloignée du faisceau lumineux initial :

Violet, indigo, bleu, vert, jaune, orangé, rouge.

De cette expérience, Newton tira les trois principes suivants :

1° La lumière blanche est composée d'une infinité de rayons colorés se rapportant à sept teintes principales, appelées couleurs élémentaires ;

Fig. 233.

2° Les rayons diversement colorés sont inégalement réfrangibles : le violet est le plus réfrangible, le rouge offre le minimum de réfrangibilité ;

3° Les couleurs élémentaires sont simples, c'est-à-dire indécomposables : en effet, si on fait tomber successivement chacune d'elle sur un prisme, il n'y a pas de décomposition.

Il faut donc concevoir un rayon lumineux solaire comme composé d'une infinité de rayons colorés dont la teinte varie d'une manière continue du violet au rouge, et dont la réfrangibilité diminue du violet au rouge. Nous donnons ici une image du spectre solaire (*fig.* 234).

Newton présenta à l'appui des principes précédents plusieurs expériences :

1° Regardez à travers un prisme mince une bande moitié rouge, moitié violette collée sur un fond noir ; l'image que vous en apercevez sera scindée en deux parties et la partie violette aura subi la plus grande déviation (*fig.* 235).

2° Expérience des prismes croisés : Recevez un faisceau lumineux sur un prisme à arête horizontale, vous obtiendrez un spectre solaire oblong dans le sens vertical ; recevez ce spectre sur un prisme à arêtes verticales, vous produirez sur un écran une image du spectre qui ne sera plus verticale, mais inclinée, et la teinte violette s'écartera plus que toutes les autres de la verticale initiale.

Pour porter dans les esprits une conviction plus profonde, Newton opéra la recomposition de la lumière blanche par les expériences suivantes :

1° Sur le trajet du faisceau décomposé, il plaça un prisme placé en sens inverse du prisme décomposant : les diverses couleurs simples recevaient une déviation égale et de sens contraire à celle qu'ils avaient reçue du premier prisme, de sorte qu'à la sortie du second prisme on retrouvait un faisceau de lumière blanche.

2° Une lentille convergente placée perpendiculairement à la route suivie par les rayons du spectre les recompose et donne à son foyer une image blanche que l'on peut recevoir sur un écran.

3° Mélangez plusieurs poudres colorées des couleurs du spectre : l'impression résultant du mélange est une teinte grise, s'approchant du blanc.

4° Sur un cercle en carton, mobile autour de son axe, collez des secteurs en papier colorés des teintes du spectre, et donnez à l'appareil un vif mouvement de rotation. L'œil perçoit à la fois toutes les teintes, et l'impression résultante est une teinte grise.

La coloration des objets tient à ce qu'ils réfléchissent une des couleurs simples de la lumière blanche et absorbent toutes les autres. Les feuilles sont vertes parce qu'elles absorbent toutes les couleurs du spectre sauf les rayons verts qu'elles réfléchissent.

Achromatisme. — Nous avons constaté pour les lentilles comme pour les miroirs un défaut de netteté dans l'image, défaut qui tient à la forme sphérique des lentilles et que nous avons appelé aberration de sphéricité.

Mais cette aberration est faible à côté de ce que nous appellerons l'aberration de réfrangibilité. En réalité, un rayon lumineux qui traverse une lentille est dans le même cas que s'il traversait un prisme, et ce rayon est décomposé en ses couleurs simples, qui sont inégalement réfrangibles. Il en résulte une grande confusion de l'image ; les bords, au lieu d'être limités par une ligne bien accusée, sont formés de plusieurs bandes présentant les couleurs du spectre.

Les lentilles spéciales donnant des images incolores sont dites achromatiques (de α privatif et χρῶμα, couleur, sans couleur).

Fig. 234.

Prismes achromatiques (*fig.* 236). — Prenons deux prismes inverses: le rayon incident ID sort du premier décomposé ; les rayons rouges sont en RR′, les rayons violets en VV′. Ces divers rayons tombant sur un second prisme sont relevés et deviennent R″R‴, V″V‴ dont la direction se rapproche de celle du rayon incident. Si les deux prismes sont identiques, les rayons émergeant du second seront parallèles au rayon incident ID; la lumière sera recomposée, on aura un système achromatique. Mais ce système ne servira à rien en pratique, puisque les rayons lumineux le traversent sans déviation.

Voici ce qu'imagina Dollond : il fit le second prisme d'une substance autre que celle du premier, et, grâce à la connaissance des indices de réfraction, il arriva

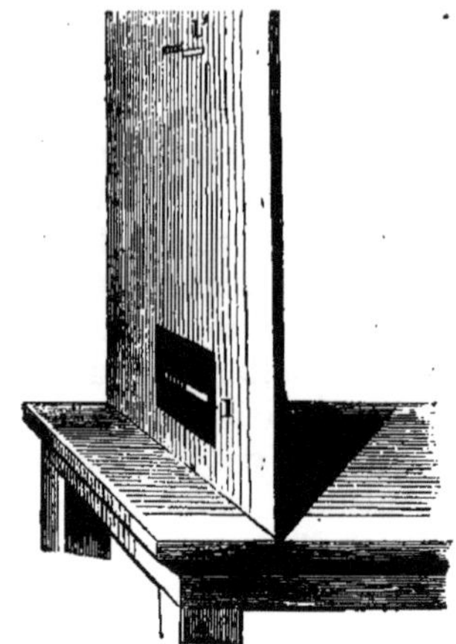

Fig. 235.

à calculer pour les angles au sommet de ses prismes des valeurs telles, que les rayons simples redevenaient parallèles à la sortie du second prisme, en ayant cependant complétement changé de direction.

Lentilles achromatiques. — Le calcul seul permet de se rendre un compte exact de leur composition. Nous ferons seulement remarquer que si on mène les plans tangents à une lentille aux points de pénétration et de sortie d'un rayon

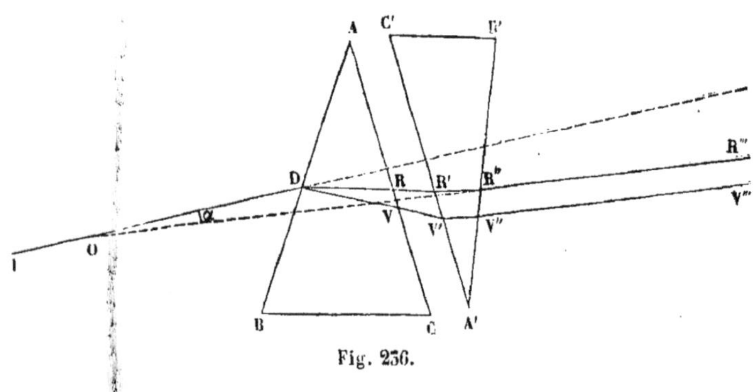

Fig. 236.

lumineux, ce rayon sera dévié comme s'il traversait un prisme dont l'arête serait à l'intersection de ces deux plans tangents. La dispersion subie par la lumière qui traverse une lentille semble, d'après cela, devoir être combattue en plaçant derrière cette lentille un milieu qui joue par rapport à elle le rôle d'un prisme inverse. C'est-à-dire que, si l'on a une lentille convergente, il faudra lui accoler une lentille divergente, tellement calculée qu'elle change en faisceau cylindrique le faisceau conique qui sort de la lentille convergente. C'est, en effet, en accolant et en soudant ensemble deux lentilles, l'une convergente l'autre divergente que l'on arrive à produire un objectif achromatique.

En réalité l'achromatisme n'est jamais parfait, car on fait le calcul de manière à rendre les rayons rouges et les rayons violets parallèles à la sortie : mais il n'en résulte pas que les rayons intermédiaires leur sont parallèles. Cela n'a jamais lieu, et l'on n'arrive pas à un achromatisme parfait.

Étude sommaire du spectre solaire. — Bien que cette étude sorte un peu du cadre de notre programme, il nous semble impossible de passer sous silence les faits curieux que l'on rencontre dans l'étude du spectre solaire.

Nous avons vu que le spectre présentait des rayons colorés compris entre le violet et le rouge. Si l'on cherche, soit avec un thermomètre sensible, soit avec la pile thermo-électrique que nous avons employée dans l'étude de la chaleur rayonnante, si l'on cherche l'intensité de chaleur qui règne aux divers points du spectre, on trouve que le maximum de chaleur se trouve au delà des rayons rouges dans la partie obscure, que l'on appelle partie des rayons infra-rouges.

Nous savons que la lumière décompose certaines substances chimiques, les sels d'argents par exemple, dont on recouvre les feuilles photographiques ; recevant l'image du spectre sur une feuille ainsi préparée, nous verrons que la décomposition ne se fait pas dans le rouge, qu'elle va en croissant à partir de là jusqu'au violet, et que le maximum se trouve dans la partie obscure située au delà du violet, dans la région des rayons ultra-violets.

Le spectre ne se compose donc pas uniquement de rayons lumineux, il comprend en outre des rayons calorifiques obscurs situés en deçà du rouge, et des rayons chimiques qui s'étendent au delà du violet dans la partie obscure. N'est-ce pas là un fait bien singulier, et qui nous porte à donner une origine commune à ces trois grandes manifestations de la matière : chaleur, lumière, électricité.

Le spectre solaire dont nous avons plus haut donné l'image, est sillonné de raies obscures remarquées et classées pour la première fois par Frauenhofer. Nous donnons ici une complète étude de ce phénomène, étude remarquable empruntée au cours professé par Verdet à l'École polytechnique.

Étude des spectres de diverses origines. — Le spectre solaire est caractérisé par la présence d'un très-grand nombre de raies obscures de largeurs très-inégales, distribuées de la façon la plus irrégulière. Les procédés photographiques constatent qu'il existe de semblables raies dans la partie du spectre, plus réfrangible que le violet, qui n'affecte pas notre œil, parce qu'elle est, suivant toute apparence absorbée dans les milieux réfringents avant d'arriver à la rétine. On doit présumer qu'il en existe aussi dans la partie moins réfrangible que le rouge, qui n'affecte pas non plus notre œil pour la même raison, et qui ne nous est sensible que par ses effets caloriques ; mais la délicatesse des appareils thermoscopiques n'est pas suffisante pour apprécier de petites solutions de continuité dans cette partie du spectre.

Le spectre des corps solides ou liquides incandescents est au contraire continu et s'étend d'autant plus vers le violet que la température est plus élevée ; lorsque la température est suffisante, il contient une partie ultra-violette invisible, mais continue comme la partie visible. La partie infra-rouge, constituée par des rayonnements calorifiques obscurs, est donc aussi probablement continue. Si l'on rapproche ces divers faits, on peut exprimer la loi générale du rayonnement des corps solides et liquides en disant :

1° Qu'à de basses températures ce rayonnement ne contient que les rayons de réfrangibilité minima, insensibles pour notre vue, mais doués de la faculté calorifique ;

2° Qu'à mesure que la température s'élève, il s'ajoute à ce premier rayonnement des rayons de plus en plus réfrangibles ;

3° Que la température du *rouge* est celle où le rayonnement commence à contenir une proportion sensible de rayons assez réfrangibles pour être perçus par l'œil ;

4° Que la température du *rouge blanc* est celle où l'accroissement de réfrangibilité des rayons émis atteint l'extrémité violette du spectre solaire visible ;

5° Qu'au-dessus de cette température le rayonnement contient des rayons ultra-violets invisibles pour notre œil, mais propres à modifier l'état de certains composés chimiques peu stables ou à développer dans divers corps le phénomène de la fluorescence.

Le spectre des gaz incandescents, c'est-à-dire des flammes gazeuses qui ne contiennent aucune particule solide en suspension, est discontinu et formé, en général, d'un petit nombre de bandes lumineuses assez larges. Le nombre de ces bandes augmente, en général, à mesure que la température s'élève, mais sans aucune loi régulière. La flamme du gaz à éclairage, celle de l'huile, de la cire, de la stéarine et, en général, des matières organiques riches en carbone, donnent un spectre continu, qui n'est que le spectre du charbon incandescent, dont la présence est l'origine du pouvoir éclairant de ces flammes. Lorsque, par un excès d'air ou d'oxygène, on détermine une combustion assez rapide pour n'être pas précédée d'une décomposition du gaz ou de la vapeur combustible, le spectre continu disparaît, et fait place à un spectre discontinu d'éclat incomparablement moindre. La partie inférieure de la flamme des bougies ou des becs de gaz donne un spectre de ce genre.

L'étincelle d'induction, produite dans un gaz (ou une vapeur) très-raréfié, entre des électrodes peu volatiles, donne un spectre discontinu, qui paraît être celui du gaz (ou de la vapeur) incandescent.

Enfin, l'arc voltaïque donne un spectre, constitué par un grand nombre de bandes brillantes souvent très-fines, irrégulièrement réparties du rouge au violet. Le nombre et la disposition de ces bandes dépendent principalement de la nature de l'électrode positive. Si cette électrode est un alliage, on retrouve dans le spectre les raies brillantes caractéristiques des métaux qui le constituent. Comme, d'ailleurs, l'observation directe montre que l'électrode positive ne cesse de se fondre et de se volatiliser, on doit admettre que l'arc voltaïque n'est qu'un courant de vapeur incandescente, et que le spectre qu'il fournit est le spectre du métal de l'électrode positive à l'état de vapeur.

Lorsque l'électrode positive est en charbon, la nature des vapeurs qui constituent l'arc voltaïque n'est pas déterminée avec certitude. Pour observer, dans ce cas, le spectre de l'arc, il faut écarter les charbons le plus possible ; lorsqu'ils sont voisins, la plus grande partie de la lumière est fournie par leur surface incandescente, et le spectre que l'on observe est la superposition du spectre continu du charbon avec les bandes brillantes du spectre de l'arc voltaïque. Lorsque les charbons sont très-rapprochés, ces bandes ne sont même plus aperçues.

On remarque fréquemment dans le spectre de l'arc voltaïque, et dans celu des lumières artificielles, une bande jaune, qui paraît occuper la place de la raie D du spectre solaire. M. Foucault, en éclairant une moitié de la fente nécessaire à la production du spectre par la lumière du soleil, et l'autre moitié par la lumière de l'arc voltaïque, a démontré que cette coïncidence est absolue ; la bande brillante s'est montrée à lui comme formée de deux bandes très-fines et très-rapprochées, exactement placées sur le prolongement des deux traits obscurs qui constituent la raie D de Fraunhofer. De plus, en faisant passer la lumière solaire à travers un arc voltaïque, dont le spectre présentait la double bande jaune dont il s'agit, il a rendu la raie obscure D du spectre incomparablement plus accusée que dans le spectre de la lumière solaire directe. *Toutes les fois que l'arc voltaïque a la propriété d'émettre avec une grande intensité la lumière caractérisée par la réfrangibilité de la raie D de Fraunhofer, il a aussi la propriété d'absorber cette même lumière avec une grande énergie.*

M. Swan a, de son côté, expliqué la fréquente production de la double bande jaune, en montrant qu'elle ne diffère pas de celle qui constitue tout le spectre de la flamme monochromatique de l'alcool chargé de sel marin, et qu'on peut la produire à volonté, en introduisant dans une flamme une quantité minime d'un sel quelconque de sodium. Ainsi, une lame de platine de quelques centimètres carrés de surface, plongée dans de l'eau qui ne contient que $\frac{1}{50000}$ de son poids de sel marin, et portée ensuite dans la flamme d'un bec de gaz, suffit à développer cette raie brillante dans le spectre de la flamme; si dans un volume de 60 mètres cubes d'air, on fait détoner 3 milligrammes de chlorate de soude, mélangés de sucre de lait, on fait apparaître la raie brillante dans le spectre d'une flamme placée à l'extrémité du laboratoire la plus éloignée du point où a lieu la détonation, et elle y persiste pendant 10 à 15 minutes. La fréquence de cette raie indique donc simplement l'abondante diffusion des composés de sodium (surtout du sel marin) dans la nature; le moyen le plus délicat de déceler dans une matière la présence de ces composés est de l'introduire dans une flamme aussi chaude, et par elle-même aussi peu brillante que possible, et d'observer si la raie jaune apparaît dans le spectre.

Les découvertes de M. Swan et de M. Foucault ont été généralisées dans ces derniers temps par MM. Kirchhoff et Bunsen. En introduisant dans la flamme à peine visible, que donne le gaz à éclairage lorsque sa combustion est complète, de faibles quantités de divers sels métalliques, ils ont vu la flamme se colorer diversement, et donner naissance à un spectre formé de bandes brillantes étroites plus ou moins nombreuses, toujours identiques pour les divers sels d'un même métal, mais variables avec la nature de l'élément métallique. Dans le cas où le métal du sel est susceptible d'être employé comme électrode de l'arc voltaïque, le spectre ainsi produit ne se distingue que par une moindre intensité du spectre de l'arc auquel ce métal donne naissance, cette identité justifie complétement l'opinion qui ne voit dans la lumière de l'arc que la lumière d'une vapeur métallique incandescente, et qui ne considère l'électricité que comme la cause indirecte de la lumière dite électrique. L'éclat des raies brillantes étant d'autant plus vif, que la température de la flamme est plus élevée, il arrive souvent qu'en se servant de la flamme de l'alcool ou du gaz, on ne voit qu'une partie des raies brillantes que le métal est apte à produire, qu'on en voit un plus grand nombre avec la flamme du gaz mélangé d'oxygène, et un plus grand encore avec la flamme du chalumeau à gaz hydrogène et oxygène. Ces deux dernières flammes donnent assez d'éclat aux spectres pour qu'on puisse les projeter sur un tableau, et les rendre visibles à un nombreux auditoire.

En second lieu, toutes les flammes ainsi préparées absorbent les rayons de même réfrangibilité que ceux qu'elles émettent. L'interposition d'une de ces flammes fait apparaître dans le spectre solaire ou dans le spectre continu des charbons incandescents, qui transmettent l'arc voltaïque, des bandes obscures exactement correspondantes aux bandes brillantes du spectre de la flamme. On ne fait, en réalité, dans cette expérience que substituer la lumière de la flamme à la lumière de même réfrangibilité, émise par le soleil ou par les charbons incandescents; l'obscurité des bandes est un effet de contraste qui disparaît, si l'on supprime par un écran convenable les parties voisines du spectre solaire ou du spectre électrique. Avec une flamme quelconque et un corps incandescent quelconque donnant par lui-même un spectre continu, l'expérience ne réussit qu'autant que la température du corps incandescent excède suffisamment celle de la flamme.

On a donné une forme intéressante à l'expérience du renversement des raies, dans le cas du sodium. Si l'on place un fragment de ce métal sur l'électrode positive de l'arc voltaïque, la chaleur que dégage le courant détermine la formation d'une atmosphère abondante de vapeurs de sodium autour du charbon incandescent, et le pouvoir absorbant de ces vapeurs fait apparaître dans le spectre la double raie obscure D. Au bout de quelque temps, cette atmosphère se dissipe, il ne reste plus de vapeurs de sodium que dans l'arc voltaïque, et la raie obscure est remplacée par la double bande brillante, caractéristique de cette vapeur incandescente.

Une importante série de conséquences découle de chacune des deux lois générales établies par MM. Kirchhoff et Bunsen. L'observation du spectre des flammes est devenu pour l'analyse chimique qualitative un procédé d'une sensibilité extraordinaire, qui a conduit déjà à la découverte de trois métaux alcalins nouveaux : le césium, le rubidium et le thallium, très-remarquables par leurs propriétés chimiques. L'expérience du renversement des raies a permis de comprendre l'origine des raies obscures du spectre solaire. Il suffit, pour s'en rendre compte, d'admettre une hypothèse, évidente en quelque sorte par son seul énoncé, savoir : que le globe solaire est entouré d'une atmosphère, dont la température est moins élevée que celle du globe lui-même, mais qui, cependant, est assez chaude pour contenir un nombre très-varié de substances à l'état de vapeurs. Le pouvoir absorbant de ces vapeurs s'exerçant sur la lumière émise par le globe qu'elles environnent, transforme le spectre, probablement continu, qué donnerait cette lumière, en un spectre, sillonné d'une multitude de raies obscures. On comprend que si un certain nombre de ces raies obscures coïncide avec les raies brillantes du spectre de diverses vapeurs incandescentes, on en pourra conclure avec une certaine probabilité la présence de ces vapeurs dans l'atmosphère solaire. La probabilité s'élèvera à la certitude, si, comme cela a lieu dans le cas du fer, on observe jusqu'à 70 coïncidences dans l'espace compris entre les raies E et F de Fraunhofer.

Les expériences faites jusqu'ici par M. Kirchhoff indiquent dans l'atmosphère solaire la présence des métaux suivants :

Potassium.	Magnésium.	Cobalt.
Sodium.	Zinc.	Nickel.
Calcium.	Fer.	Cuivre.
Baryum.	Chrome.	

Les métaux suivants paraissent, au contraire, y manquer :

Lithium.	Antimoine.	Mercure.
Strontium.	Plomb.	Silicium.
Aluminium.	Étain.	Argent.
Arsenic.	Cadmium.	Or.

On comprend l'intérêt que ce point de vue nouveau donne à l'étude du spectre des étoiles. Malheureusement, cette étude, abordée autrefois par Fraunhofer, et reprise, il y a peu d'années, par M. Donati, n'a pas donné de résultats très-concluants. On sait seulement que les raies principales de ces spectres ne sont pas les mêmes que celles du spectre solaire. L'observation n'est, d'ailleurs, possible que pour les étoiles de première grandeur, sous un ciel très-pur, et à la condition de concentrer un large faisceau de lumière sur la fente étroite des appareils, au moyen d'une lentille de grande surface.

Interférences. — La lumière se compose-t-elle de particules spéciales infiniment ténues envoyées jusqu'à nous par les corps lumineux? Newton répondait oui, et expliquait les divers phénomènes de l'optique en supposant aux diverses couleurs simples des vitesses différentes. C'est ce qu'on appelle la théorie de l'émission.

Elle explique suffisamment quelques faits, mais il est des phénomènes qui se trouvent complétement en désaccord avec elle, celui des interférences par exemple.

De la lumière ajoutée à de la lumière peut donner de l'obscurité. Cela ne se conçoit pas avec la théorie de l'émission. Mais on le comprend sans peine avec la théorie des ondulations : « La lumière est un état vibratoire transmis des sources lumineuses jusqu'à nous par l'intermédiaire d'un fluide élastique impondérable, répandu dans les espaces: ce fluide hypothétique est l'éther qui transmet les vibrations destinées à produire sur nous par l'intermédiaire de l'œil les sensations lumineuses, comme l'air transmet les vibrations destinées à produire par l'intermédiaire de l'ouïe les sensations sonores. » A chaque couleur simple correspond une longueur d'ondulation différente : c'est en partant de ces principes que l'illustre Fresnel arriva par son puissant génie à mettre au jour ces expériences et ces calculs qui font de l'optique une science vraiment mathématique. Quelques principes simples et tout le reste en découle ; tous les résultats du calcul se vérifient par l'expérience. Faut-il en conclure l'existence réelle de l'éther? Non certainement, car notre esprit ne saurait le concevoir : mais tous les faits se passent comme si l'éther existait réellement.

Le phénomène des interférences, qui se manifeste surtout dans l'expérience des anneaux colorés, s'explique bien par ce fait que deux rayons ou vibrations concourantes s'ajoutent ou se retranchent suivant qu'elles sont de même sens ou de sens contraire. Il en résulte soit un renforcement, soit une diminution plus ou moins complète dans l'intensité de la lumière.

PRINCIPAUX INSTRUMENTS D'OPTIQUE

Bésicles. — Pour en comprendre l'emploi, il est nécessaire de décrire sommairement l'organe de la vue : L'œil est un globe irrégulier dont les parois se composent d'une membrane fibreuse S, la sclérotique, elle est opaque et devient transparente seulement en T pour livrer passage aux rayons lumineux : T est la cornée transparente. C est une lentille charnue transparente, le cristallin ; il est baigné de liquides et constamment humide, sauf le cas de maladie ; en avant du cristallin est l'humeur aqueuse, en arrière est le corps vitré qui remplit tout l'intervalle jusqu'à la sclérotique. La lumière traverse ces milieux (cornée transparente, humeur aqueuse, cristallin, corps vitré), se réfracte en les traversant,

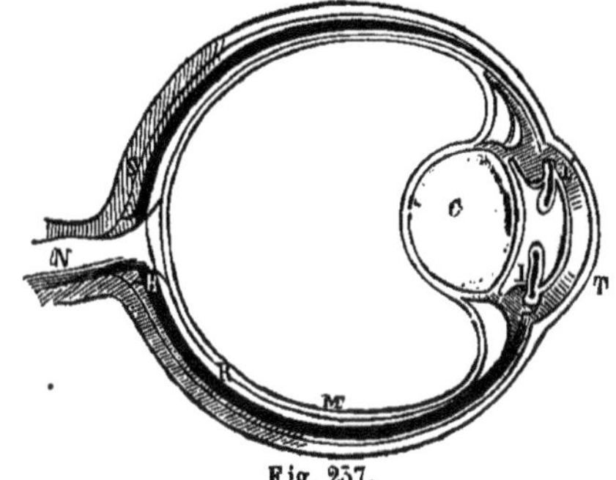

Fig. 237.

et vient frapper la membrane nerveuse R, appelée rétine ; la rétine perçoit les sensations et les transmet au cerveau par le nerf optique N. En avant du cristallin existe une membrane annulaire II', facilement contractile, qui permet à la lumière de s'introduire en plus ou moins grande abondance.

Sans entrer dans plus de détails, nous dirons que, pour chaque individu, il y a une distance fixe, à laquelle il faut placer un objet pour l'apercevoir distinctement, c'est la distance de la vision distincte. Pour une bonne vue ordinaire, cette distance est de 30 centimètres. On est myope, lorsqu'on n'aperçoit nettement que les objets placés à une distance inférieure à celle de la vue distincte ; on est presbyte dans le cas contraire. Ces défauts se corrigent, pour les myopes par l'emploi de besicles à verres concaves ou lentilles divergentes, et pour les presbytes par l'emploi de besicles à verres convexes ou lentilles convergentes.

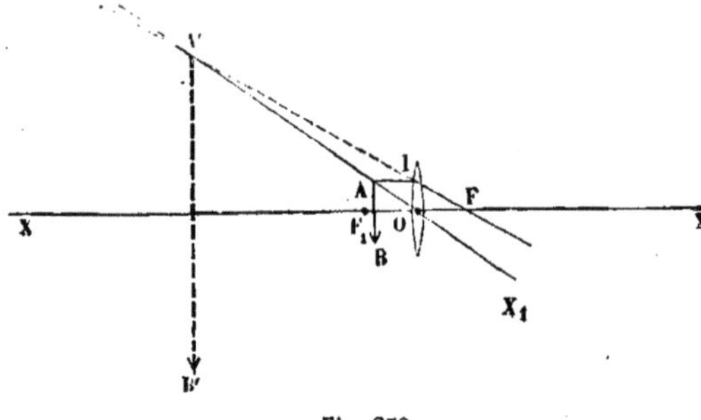

Fig. 238.

Loupe, microscope. — La loupe est le microscope simple, elle sert à amplifier l'image des petits objets. C'est une lentille convergente que l'on place devant l'œil et très-près (Voir la théorie des lentilles convergentes) ; il se forme une image virtuelle A'B' de l'objet AB, image agrandie, dont la distance à l'œil est celle de la vue distincte.

Soit I la grandeur de l'image, O celle de l'objet, le grossissement $G = \frac{I}{O}$, et l'on a d'après la figure $G = \frac{I}{O} = \frac{OA'}{OA} = \frac{p'}{p}$.

p' est constant pour un individu donné ; c'est la distance D de sa vue distincte ;

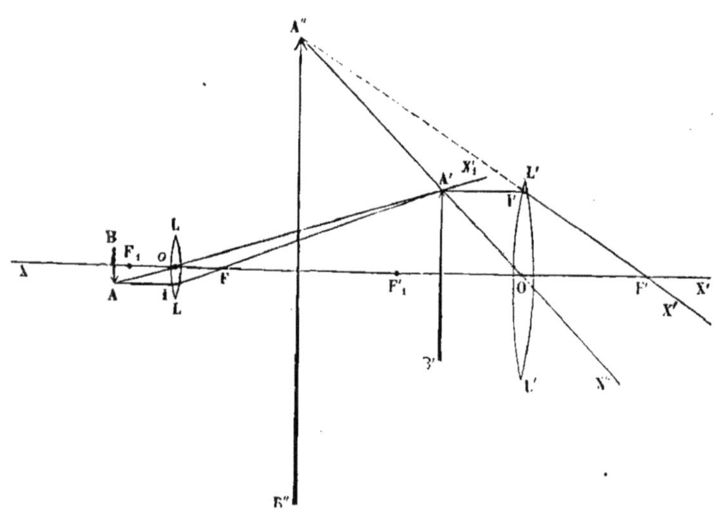

Fig. 239.

d'autre part on a la formule que nous avons démontrée $\frac{1}{p} - \frac{1}{D} = \frac{1}{f}$, d'où $p = \frac{Df}{D+f}$, donc $G = \frac{p'}{p} = 1 + \frac{D}{f}$.

Le microscope composé est l'instrument précédent perfectionné, il grossit les objets jusqu'à 700 et 800 fois sans en altérer les contours :

AB est l'objet donné, placé devant la lentille convergente LL appelée objectif; l'objet étant au delà du foyer principal F_1, son image se forme en A'B', A' et B' étant les foyers conjugués de A et B. Une seconde lentille convergente, l'oculaire L'L' est placée au delà de l'image A'B' de telle sorte, que cette image soit entre la lentille et le foyer principal F'_1. L'œil qui regarde à travers l'oculaire perçoit une image virtuelle et agrandie A''B'' rejetée à la distance de la vue distincte. Il y a deux fois grossissement. L'oculaire doit être mobile, afin de pouvoir s'accommoder à la vue de l'observateur.

Grossissement : si l'objet est rendu dix fois plus grand par l'objectif, et que l'image A'B' soit rendue dix fois plus grande par l'oculaire ; il est clair que l'image finale A''B'' sera cent fois plus grande que l'objet; le grossissement $G = \frac{I}{O} = \frac{A''B''}{AB}$ est le produit des deux grossissements partiels.

Donc $G = \frac{A'B'}{AB} \times \frac{A''B''}{A'B'}$, or, la théorie des lentilles et de la loupe donne :

$$\frac{A'B'}{AB} = \frac{p'}{p} = \frac{f}{p-f} \qquad \frac{A''B''}{A'B'} = 1 + \frac{D}{f'} \qquad \text{Donc } G = \frac{f}{f'} \times \frac{D+f'}{p-f}.$$

Le grossissement varie, pour un instrument donné, suivant la distance D de la vision distincte de l'observateur et suivant la distance p de l'objet à l'objectif.

Nous donnons (*fig.* 240) le dessin d'un microscope :

Le porte-objet P est un anneau qui supporte des lames de verre sur lesquelles on dépose les objets à examiner ; ces objets sont vivement éclairés par le miroir réflecteur M ; O est l'objectif; O' est l'oculaire contenu dans un tube mobile à frottement doux dans le tube T; V' est la vis qui permet de rapprocher le porte-objet de l'objectif.

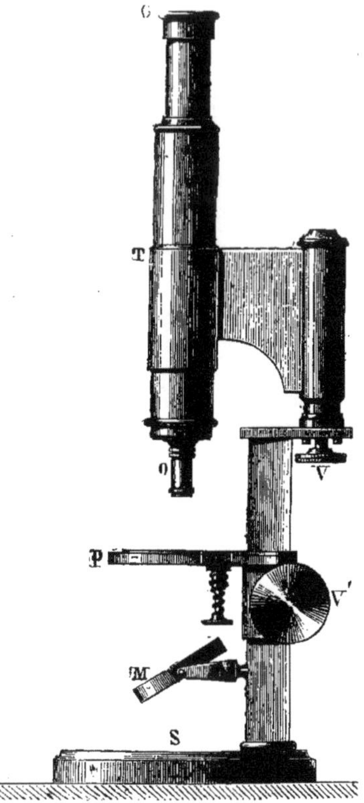

Fig. 240.

Lunette de Galilée. — C'est la plus ancienne et la plus simple; elle servit entre les mains de son auteur à la découverte des premiers phénomènes astronomiques; c'est aujourd'hui notre lorgnette de spectacle.

Elle a pour objectif une lentille convergente L et pour oculaire une lentille divergente L'. L'objectif LI tend à donner de l'objet éloigné AB une image A'B' conjuguée de AB ; cette image est renversée; mais le tuyau porte-oculaire est mobile et l'on peut placer la lentille L' en avant de l'image A'B', et les rayons lumineux qui traversent cette seconde lentille semblent émaner de l'objet A''B''. A'' B'' est une image renversée de A'B', et par suite une image droite de l'objet donné.

Il est facile de construire les images en appliquant la règle donnée dans la théorie des lentilles pour trouver le foyer conjugué d'un point donné (*fig.* 241,242).

Lunette astronomique. — Destinée à l'observation des astres, elle se compose de deux lentilles convergentes. C'est un instrument analogue au microscope; la marche des rayons lumineux y est semblable, seulement l'objectif L est beaucoup plus grand que l'oculaire L'. Le point A donne une image A' qui s'obtient par l'intersection de la ligne AO joignant A au centre optique de la lentille avec la ligne IF qui joint le point de rencontre de la parallèle à l'axe principal au foyer principal F de la lentille. L'image B' de B s'obtient de même, et A'B' est l'image

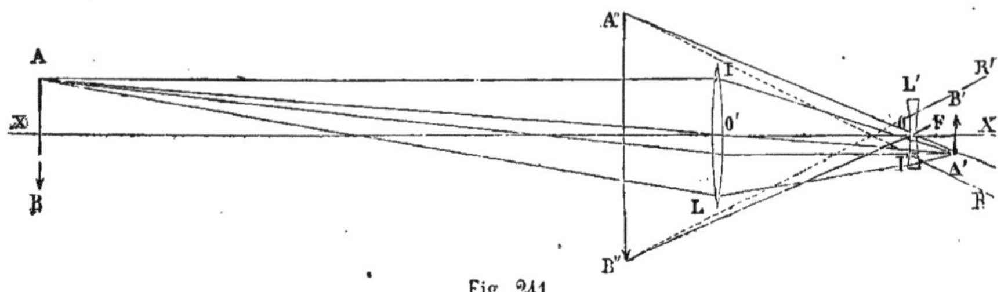

Fig. 241.

de AB. A'B' est située entre l'oculaire et son foyer principal F'_1. Il y a donc pour l'observateur, placé à droite de l'oculaire, formation d'une image virtuelle A"B". Ici l'image est renversée, ce qui importe peu en astronomie (*fig.* 243).

Dans la pratique, l'objet donné est à une distance que l'on peut supposer infinie, de sorte que l'image A'B' se forme sensiblement au foyer principal F de l'objectif. Pour la lunette astronomique, comme pour la lunette de Galilée, on appelle grossissement le rapport de l'angle sous lequel on voit l'image à l'angle sous lequel on verrait l'objet. L'angle sous lequel on verrait l'objet est AO'B, et, vu l'éloignement de l'objet, on peut le remplacer par AOB ou par son égal A'OB'; l'angle sous lequel on voit l'image est A"O'B" ou A'O'B'. Le grossissement est donc le rapport $\frac{A'O'B'}{A'OB'}$ que l'on peut, à cause de la petitesse des angles, remplacer par le rapport de leurs tangentes trigonométriques $\frac{A'B'}{O'C'}$ et $\frac{A'B'}{OC'}$, soit $\frac{OC'}{O'C'}$. Or, $OC' = F$ et $O'C'$ diffère peu de f, donc $G = \frac{F}{f}$.

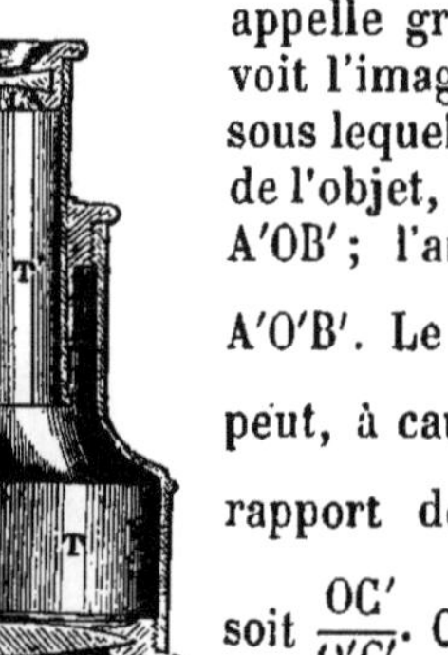

Fig. 242.

Avec un microscope, on peut déplacer l'objet; avec une lunette astronomique, on ne peut le faire, aussi faut-il recourir à un déplacement plus étendu de l'oculaire.

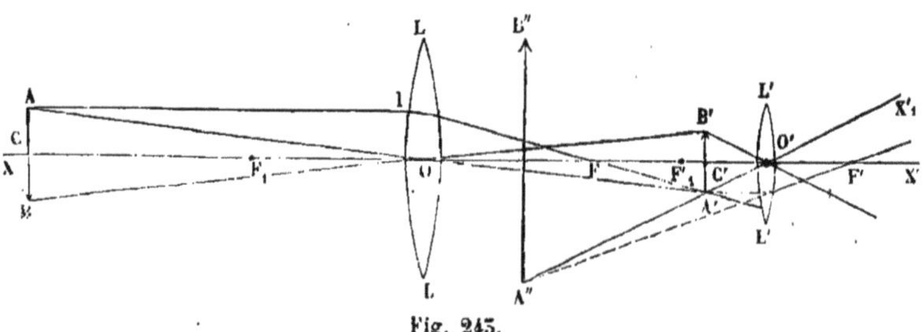

Fig. 243.

Nous donnons (*fig.* 244) un dessin de la lunette astronomique.

Pour la diriger approximativement vers l'astre que l'on veut apercevoir, on se sert d'une petite lunette ou chercheur C dont le champ est beaucoup plus vaste. Dans la lunette astronomique, le grossissement ne dépasse guère 1000 à 1200 fois la grandeur apparente de l'objet.

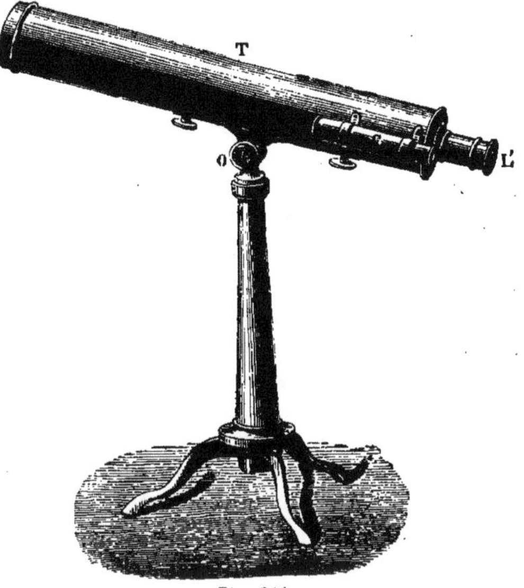

Fig. 244.

Le champ d'une lunette est l'angle au sommet du cône de l'espace que l'on peut apercevoir à travers l'instrument. Les rayons émanés de A et recueillis par l'objectif forment un cône LAL (*fig.* 245) qui, après réfraction, devient LA'L, et c'est la seconde nappe de ce cône qui peut rencontrer ou ne pas rencontrer l'oculaire. On admet que le point A cessera d'être distinctement visible, lorsque l'axe secondaire correspondant au point A touchera le bord de la lentille L'L'. Le champ est donc mesuré par l'angle AOB ou par son égal L'OL', ou bien encore, vu la faible grandeur de cet angle par sa tangente astronomique $\frac{L'L'}{OO'}$ ou $\frac{L'L'}{F+f}$.

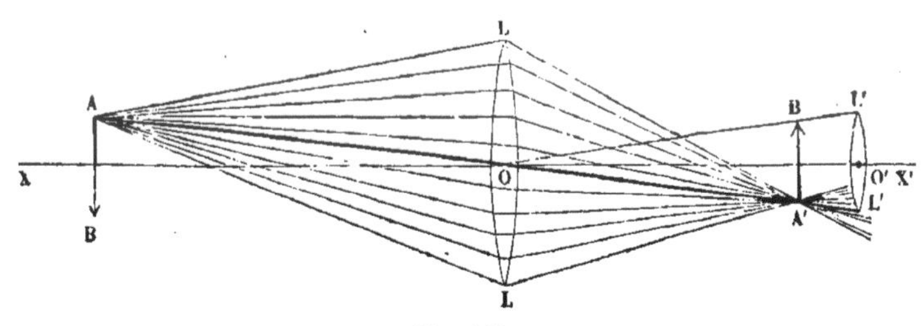

Fig. 245.

Lunette terrestre. — Pour la longue-vue ou lunette terrestre, il est important de ne pas avoir des images renversées. On ajoute donc à la lunette astro-

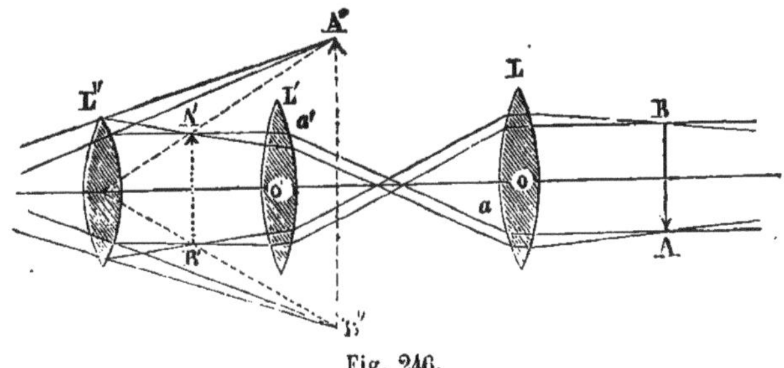

Fig. 246.

nomique deux lentilles convergentes L et L' que l'on interpose entre le véritable oculaire L″ et l'image AB donnée par l'objectif. Cette image se forme au foyer principal de la lentille L, le point A est donc le foyer principal de l'axe secondaire AO, et les rayons émanant de A sortent de la lentille L en faisceau cylindrique *aa′*, lequel faisceau redevient conique après avoir traversé L′ et donne en A′ l'image de A. On obtient ainsi l'image A′B′ égale à AB, si les deux lentilles sont identiques, mais A′B′ est renversée par rapport à AB, c'est-à-dire de même sens que l'objet. La lentille L″ reprend l'image A′B′ et l'agrandit pour donner A″B″, image définitive.

Télescopes. — Les télescopes sont aussi destinés à observer les astres, mais ils sont basés sur la réflexion des rayons lumineux à la surface des miroirs courbes et en particulier des miroirs paraboliques, que M. Foucault est arrivé à construire avec une grande perfection. Les rayons parallèles à l'axe vont, après réflexion, concourir au foyer géométrique de la parabole génératrice.

Principes des appareils lenticulaires des phares. — Les phares datent d'une haute antiquité. Leur nom vient de la tour construite sur l'île de Pharos près d'Alexandrie (Égypte), tour qui servait à marquer aux navigateurs l'entrée du Nil. Cette merveille du monde fut longtemps le type de nos phares : une tour élevée se terminait par une plate-forme où l'on brûlait du bois et du charbon : plus tard on recourut aux chandelles, puis aux huiles de colza, aux huiles minérales, au gaz d'éclairage, et enfin on commence aujourd'hui à se servir de la lumière électrique.

Dans un phare, il n'est besoin que d'éclairer la partie de la zone horizontale qui regarde la mer : tout rayon lumineux, envoyé en dehors de cette zone est perdu. Les perfectionnements successifs ont eu pour but de ramener à l'horizon les rayons perdus et d'augmenter l'intensité de la source lumineuse.

En 1783, Teuler, ingénieur de la généralité de Bordeaux fit usage d'une couronne de miroirs paraboliques à axe horizontal ; au foyer de chacun brûlait une lampe à mèche plate. En donnant à l'appareil un mouvement de rotation autour d'un axe vertical, tous les miroirs, l'un après l'autre, venaient éclairer un point de l'horizon. On avait ce qu'on appelle aujourd'hui un phare à éclipses. Mais les lampes à mèche plate donnaient peu de lumière, chacun sait en effet que ces lampes sont fumeuses, et que la mèche se charbonne, en un mot qu'il y a combustion incomplète de l'huile. A quoi tient cette combustion incomplète ? A l'insuffisance de l'appel d'air. Pour y remédier, Teuler eut l'idée d'employer une mèche cylindrique creuse, la mèche usuelle de nos lampes d'aujourd'hui : la flamme est entourée d'air de toutes parts et la combustion est complète. Quel-temps après, Argan trouva à son tour la lampe à double courant d'air et le nom de Teuler, le premier inventeur, fut oublié. Aujourd'hui, on se sert dans les phares de lampes à deux, trois et quatre mèches, cylindriques et concentriques.

Quand on a un miroir parabolique avec une flamme au foyer, cette flamme ne se réduit pas à un point mathématique ; les rayons qui émanent de ces divers points ne se transforment pas en faisceaux cylindriques, mais en faisceaux coniques, et l'angle maximun au sommet de ces cônes indique l'étendue de la zone éclairée par le miroir.

Les éclipses ne sont point le seul inconvénient de ces miroirs paraboliques, un inconvénient plus sérieux est que ces réflecteurs absorbent la moitié de la lumière incidente, et sont très-vite ternis par l'air de la mer.

C'est en 1819 que Fresnel eut l'idée de les remplacer par des lentilles de verre. Placez au foyer principal d'une lentille un point lumineux ; les rayons, après leur passage à travers la lentille, formeront un faisceau cylindrique parallèle à l'axe principal. Mais la source lumineuse a une certaine surface, de sorte que les rayons émanés des divers points se transformeront en faisceaux coniques : le maximum de l'angle au sommet de ces cônes donnera le champ de la lentille, c'est-à-dire que cet angle comprendra tous les points plus ou moins éclairés par l'appareil.

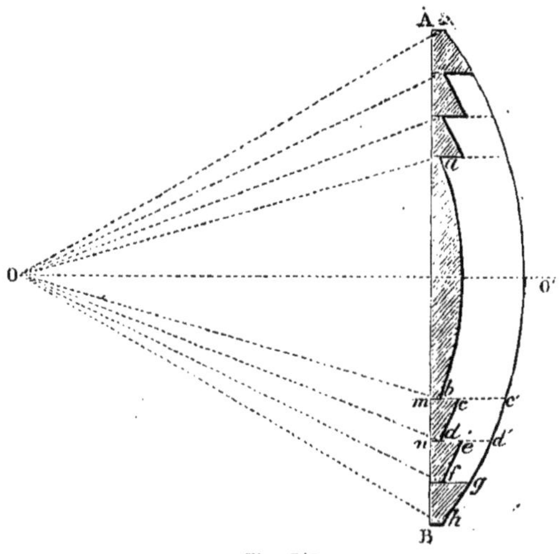

Fig. 247.

Le grand avantage des lentilles est une perte moindre de lumière; les lentilles minces en effet ne perdent que 1/20 de la lumière qu'elles reçoivent. Mais, dans le cas actuel, il fallait des lentilles énormes et par suite très-épaisses qui eussent absorbé beaucoup de lumière en admettant qu'on ait pu les fabriquer : c'est là que nous rencontrons la grande invention de Fresnel : la lentille à échelons.

Elle se compose d'une partie centrale *ab*, qui est une lentille ordinaire plan-convexe, et de parties accolées à cette partie centrale, qui sont formées d'anneaux ou de tores engendrés par la rotation de l'élément *cdmn* autour de l'axe OO'. Un élément (*cdmn*) est limité par trois faces planes et par une face courbe (*cd*) calculée de façon à avoir son foyer principal au point O ; on remplace dans la pratique cette face courbe par son cercle osculateur. Nous avons donc un ensemble n'ayant qu'un foyer, le point O.

Cette forme de lentille nous permet de supprimer l'aberration de sphéricité ; nous avons vu en effet qu'en réalité le foyer principal d'une lentille ne se réduisait pas à un point, mais que tous les rayons parallèles à l'axe principal et refractés par la lentille formaient par leurs intersections successives une surface (la caustique par réfraction). Ici nous pouvons réduire de beaucoup l'étendue de cette surface en prenant pour l'arc (*cd*) non pas l'arc (*c'd'*) transporté parallèlement à lui-même, mais un arc modifié et calculé de façon à avoir le point O pour foyer.

En faisant tourner la section AB autour de l'axe horizontal *OO'*, nous avons formé un panneau qui, vu les dimensions de la flamme, éclaire un cône de l'horizon. Si l'on accole plusieurs panneaux égaux de manière à former un tambour hexagonal ou octogonal par exemple, qu'on donne à ce tambour un mouvement de rotation autour de son axe vertical, on aura un feu à éclipses et à éclats successifs.

En faisant tourner la section AB d'une lentille à échelons autour de la verticale, on obtient une surface de révolution qui éclaire également tous les points de l'horizon. On a construit un feu fixe.

Dans tout cela nous voyons que les rayons dirigés vers le haut et vers le bas sont perdus. Fresnel se proposa de les ramener à l'horizon ; il employa d'abord de petites portions de miroirs paraboliques à axe horizontal qui renvoyaient les rayons dans la direction voulue. Puis il eut recours à des prismes disposés comme le montre la figure 248 (système catadioptrique).

Le rayon envoyé du point O sur la face *ab* du prisme la traverse et se réfracte de manière à venir frapper la face *ac*, on calcule l'angle d'incidence de telle sorte, qu'il y ait réflexion totale sur la face *ac*, et que le rayon émerge du prisme horizontalement.

L'appareil destiné à recueillir les rayons du bas est le même disposé en sens contraire. Dans l'appareil pour feu fixe, les zones catadioptriques sont engendrées par la rotation des prismes tels que (*abc*) autour de l'axe vertical.

Pour varier des feux, on a d'abord le nombre des éclipses et des éclats à la minute, puis la coloration rouge ou bleue. La couleur rouge est la plus employée car elle est moins absorbée par les brouillards. Les colorations et éclats s'obtiennent soit par une enveloppe fixe en verre coloré, soit par un panneau de verre coloré, animé d'un mouvement de rotation autour de l'axe de la lanterne.

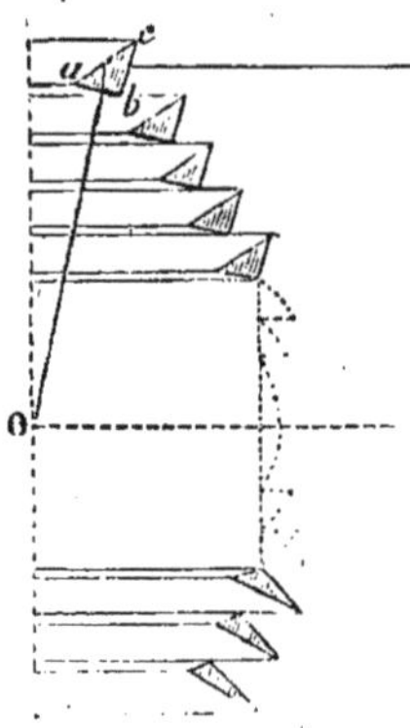

Fig. 248.

La lampe à quatre mèches équivaut à 22 becs ordinaires de carcel. Elle donne dans les feux fixes un éclat égal à 600 becs et, dans les feux tournants un éclat qui va jusqu'à 5,400 becs. Il est urgent que l'huile arrive toujours en excès à la mèche, afin de rafraîchir les garnitures métalliques et d'en empêcher la détérioration rapide.

Nous avons vu en parlant de la lumière électrique, qu'on était arrivé à régler la marche de deux charbons entre lesquels elle se produit, de manière à obtenir une intensité constante. C'est alors qu'on a pu employer cette source lumineuse à l'éclairage des phares et l'expérience se poursuit en ce moment aux deux phares de la Hève, près du Havre. On se sert des courants d'induction donnés par une machine magnéto-électrique que met en marche une machine à vapeur, et l'on arrive de la sorte à produire un éclat qui va jusqu'à 2,500 becs carcel dans un feu tournant.

La lumière électrique exige des appareils lenticulaires de petite proportion, car la flamme se trouve réduite à de petites dimensions, tous ses points sont peu éloignés du foyer principal ; avec un appareil à lampe ordinaire, la lumière électrique ne donnerait qu'un faisceau cylindrique, et n'éclairerait qu'une petite bande de l'horizon. Ce serait là un grave inconvénient, il faut que la lentille donne un faisceau conique d'une certaine ouverture afin que tous les navires puissent apercevoir le phare. Pour conserver l'angle de dispersion, on réduit donc les dimensions de l'appareil dans le rapport des dimensions de la flamme d'une lampe à celles de la lumière électrique.

Il faut en outre débarrasser l'appareil de tous ses montants verticaux, car, vu la faible étendue de la source lumineuse, ils laisseraient dans l'obscurité des angles de l'espace présentant une assez grande étendue.

NOTIONS SUR LA THÉORIE MÉCANIQUE DE LA CHALEUR

Sources mécaniques de chaleur. — Toutes les fois que, par une action mécanique quelconque, on vient à modifier la forme ou les dimensions d'un corps ou à produire un frottement, il y a dégagement ou absorption de chaleur. Quand on produit dans l'état d'un corps une modification qui résulterait d'un abaissement de température, il y a dégagement de chaleur ; si la modification est de celles qui pourraient résulter d'une élévation de température, il y a absorption de chaleur.

C'est ainsi que l'air comprimé brusquement dans le briquet à air dégage assez de chaleur pour enflammer un morceau d'amadou. De même, lorsqu'un corps solide éprouve un accroissement de densité, par exemple du laiton qui passe à la filière, une balle de plomb que l'on aplatit sous un marteau, une médaille que frappe le balancier d'une presse monétaire, il y a dégagement de chaleur facile à constater. Avec la pile thermo-électrique, on constate un refroidissement du fil métallique que l'on étire.

Voici maintenant quelques effets calorifiques du frottement : lorsque l'on fore un canon au moyen d'un outil d'acier, il y a un grand développement de chaleur, il en est de même lorsqu'avec une tarière on perce un trou dans du bois ou du métal ; deux morceaux de glace frottés l'un contre l'autre se résolvent en eau par l'effet de la chaleur dégagée ; les sauvages se procurent du feu en frottant l'un contre l'autre deux morceaux de bois. Il n'est pas nécessaire qu'il y ait usure pour que de la chaleur se dégage : le frottement sans usure peut en faire naître.

Relation entre le travail consommé et la chaleur produite par le frottement. — Pour bien comprendre ce qui va suivre, il est nécessaire de se reporter à la théorie des forces et du travail que l'on expose en mécanique. Une force se mesure en kilogrammes par le moyen du dynamomètre; mais le travail d'une force dépend 1° de l'intensité de cette force et 2° de la distance parcourue par le point d'application ; le travail s'exprime en kilogrammètres, il est le produit de la force par l'espace parcouru. S'agit-il d'élever un fardeau, on devra tenir compte dans l'évaluation du travail et du poids de ce fardeau, et de la hauteur à laquelle on l'élève ; si le fardeau devient deux fois moindre, et la hauteur deux fois plus grande, le travail reste le même ; si le fardeau ne bouge pas, le travail est nul. Nous démontrerons en mécanique que le travail des forces, qui agissent sur un système matériel donné dans un laps de temps déterminé, est mesuré par la somme des demi-variations des forces vives de tous les points du système. (La force vive d'un point matériel de masse m et de vitesse v est mv^2).

L'équation du travail se met alors sous la forme générale :

$$T = \Sigma \left\{ \frac{1}{2} mv^2 - \frac{1}{2} mv_0^2 \right\}$$

expression dans laquelle T est la somme du travail de toutes les forces qui agissent sur le corps depuis le temps t_0 jusqu'au temps t; v et v_0 sont les vitesses finale et initiale d'un point du système de masse m. Nous verrons plus tard que cette équation régit toute la théorie des machines.

Ceci posé, « lorsque deux surfaces frottant l'une contre l'autre n'éprouvent aucune usure sensible, la situation relative des molécules qui les composent étant la même à diverses époques, alors on a en tout point du système $v = v_0$, et le travail des forces moléculaires entre deux quelconques de ces époques est rigoureusement nul. Le travail de la force mécanique par laquelle le frottement est entretenu n'a donc alors pour équivalent ni un véritable travail résistant ni des forces vives directement perceptibles, et il est naturel de lui chercher un équivalent dans la chaleur que le frottement développe. »

« Nous avons vu en optique que la théorie des ondulations était aujourd'hui bien démontrée, et que la lumière comme la chaleur était le résultat d'un mouvement vibratoire transmis à travers les corps. Lorsqu'un corps s'échauffe, il absorbe des rayons de chaleur, il détruit la force vive due au mouvement vibratoire de ces rayons. La chaleur et la lumière sont donc des phénomènes purement mécaniques. Si le phénomène qui donne l'unité de chaleur n'est qu'un phénomène mécanique équivalent à une quantité de travail déterminée, toutes les fois que l'on voudra élever de 0° à 1° un kilogramme d'eau, il faudra dépenser précisément cette quantité de travail ; il en faudra dépenser *m* fois plus pour dégager *m* unités de chaleur ; en d'autres termes, il devra exister entre la quantité de travail dépensé et la quantité de chaleur produite un rapport constant indépendant de la nature des substances frottantes, et c'est à ce rapport que l'on donne le nom d'équivalent mécanique de la chaleur. »

Expériences de Joule. — Cet équivalent peut se mesurer par les expériences de Joule : Deux poids Q et Q' enroulés sur deux tambours A et A' tombent le long de règles graduées, ils entraînent les tambours T et T' et par suite les cordes C

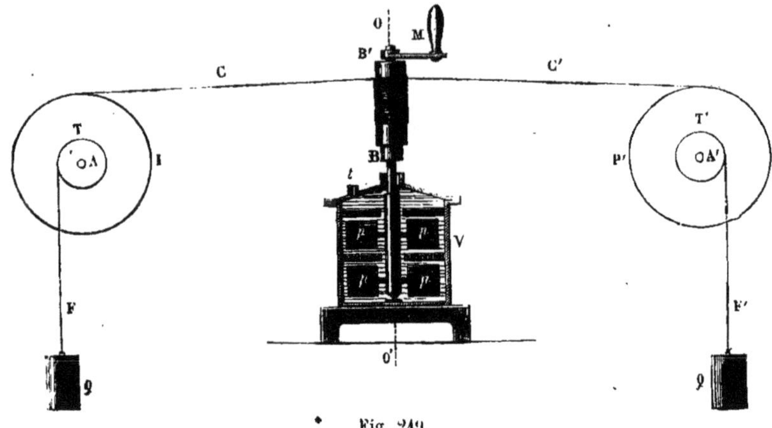

Fig. 249.

et C' enroulées en sens contraire sur le cylindre BB'. Il en résulte que ce cylindre prend, sous l'action des poids qui tombent, un mouvement de rotation, lequel se communique à l'axe OO' et par suite aux palettes (*p*) enfermées dans le vase V plein de liquide. Le mouvement des palettes tend à s'accélérer à mesure que les poids tombent, mais le frottement du liquide s'oppose à cette accélération, le mouvement uniforme s'établit, les forces vives restent constantes à deux époques quelconques de ce mouvement. Le travail mécanique dû à la chute des poids se mesure par le produit de ces poids et des distances qu'ils ont parcourues : ce travail tout entier disparaît en chaleur, il y a échauffement du liquide, et, avec des thermomètres sensibles, en tenant compte du rayonnement du vase et des chaleurs spécifiques du liquide et du métal, on mesure assez exactement la quantité de chaleur développée. Le rapport entre le travail dépensé et cette quantité de chaleur est ce que nous avons appelé l'équivalent mécanique de la chaleur. M. Joule a obtenu de la sorte pour l'équivalent mécanique de la chaleur la série de valeurs suivantes dont l'accord est très-remarquable :

Eau avec palettes en laiton.	424,9
Mercure avec palettes en fer.	425,4
Frottement de la fonte sur elle-même.	426,4

« En observant l'échauffement de l'eau forcée par une pression déterminée à traverser un diaphragme poreux, M. Joule a encore obtenu le nombre 425. »

Nous nous bornerons à cette expérience en ajoutant seulement que les nombres trouvés de cette manière sont parfaitement d'accord avec ceux que donne la compression d'un gaz chassant un liquide devant lui, ou bien encore l'étude de la dilatation des gaz ou des transformations que subit l'eau dans la machine à vapeur. En mécanique, quand nous ferons le calcul des machines à vapeur, nous aurons occasion de revenir sur cette théorie féconde de l'équivalence de la chaleur et du travail, que l'on peut résumer comme il suit :

« 1° Toutes les fois qu'une dépense ou une production de travail ou de forces vives paraît n'avoir aucun équivalent mécanique, cet équivalent est une production ou une consommation de chaleur ;

2° Toutes les fois qu'un phénomène physique paraît impliquer non-seulement une communication de chaleur entre les corps différents, mais une véritable production ou consommation de chaleur, il y a en même temps dépense ou production de travail ou de forces vives.

3° Le rapport d'équivalence du travail et de la chaleur est le même dans tous les ordres de phénomènes, et sensiblement égal à 424,5. »

CHIMIE

CHAPITRE PREMIER

OBJET DE LA CHIMIE

Corps simples et composés. — Différents états des corps.— Force d'agrégation et de cohésion.— Affinité chimique. — Lois des proportions multiples. — Équivalents. — Nomenclature chimique : acides, bases, sels. — Division des corps simples en métaux et en corps non métalliques ou métalloïdes.

La physique nous a fait connaître un ordre de phénomènes qui se produisent dans les corps au contact d'autres corps ou sous l'influence de forces naturelles telles que la chaleur, l'électricité. Le caractère de ces phénomènes est que l'effet disparaît avec la cause : une barre de fer portée de 15° à 100° se dilate, mais ramenée à 15° elle reprend sa forme et ses dimensions premières : le fer doux au contact d'un aimant devient un autre aimant, mais il perd ses propriétés magnétiques quand on éloigne le barreau aimanté ; si l'on dissout du sel marin dans l'eau, et qu'on évapore ensuite le liquide, on trouve comme résidu le sel qu'on avait mis.

Les phénomènes chimiques, au contraire, se produisent au contact intime des corps ou sous l'influence des forces naturelles que nous connaissons, mais ils modifient d'une manière permanente la structure externe et interne des substances : le fer exposé à l'air humide se rouille et finit par disparaître en plaquettes rougeâtres, il s'est formé un nouveau corps tout différent du métal, c'est de l'oxyde de fer.

Un courant électrique qui passe à travers l'eau, la décompose en deux gaz de propriétés différentes, l'hydrogène et l'oxygène. Un gaz vert, le chlore, est mêlé à un autre gaz l'hydrogène, et le mélange placé dans un ballon de verre est exposé à la lumière solaire : souvent il se produit une détonation et les deux gaz se combinent en un gaz incolore, l'acide chlorhydrique. — Les sels d'argent exposés à la lumière solaire se décomposent, ils noircissent, et cette propriété est la base de la photographie.

Nous remarquons dans tous ces faits des modifications permanentes, et si de plus nous opérons les balances à la main, nous voyons que les poids de matière, sur lesquels on agit, restent constants quelles que soient les transformations subies : donc la matière est indestructible, et, suivant le fécond principe posé par Lavoisier à la fin du siècle dernier, « rien ne se perd, rien ne se crée dans la nature. »

Corps simples et composés. — Parmi les corps qui nous entourent, les uns sont susceptibles de se résoudre en plusieurs autres : ainsi, la craie portée au rouge abandonne un gaz, l'acide carbonique, et il reste de la chaux : la chaux elle-même se résout en deux autres substances, un métal, le calcium et un gaz, l'oxygène.

D'autres corps sont simples, c'est-à-dire que, si l'on agit sur eux par tous les moyens connus, il est presque toujours facile de leur ajouter quelque chose, d'augmenter leur poids, mais on ne peut arriver à leur enlever une partie de ce poids. Est-ce à dire que ces corps soient réellement simples et indécomposables, et que la nature ait créé un certain nombre de types primordiaux destinés à engendrer toutes les substances? La raison répugne à admettre cette hypothèse, et conçoit plutôt l'existence d'une substance unique, mère de tous les corps de la nature.

Nous appellerons donc corps simples ceux que l'homme n'a pas encore décomposés, mais qu'il arrivera peut-être à résoudre lorsque la science lui aura donné des moyens d'action plus énergiques.

Différents états des corps. — Nous avons vu en physique que les corps se présentaient à nous sous trois états différents : solide, liquide, gazeux. Un même corps passe de l'un de ces états à l'autre à mesure qu'on l'échauffe ; la cohésion, ou l'adhérence des molécules entre elles, a pour antagoniste la chaleur ; si la cohésion l'emporte, le corps est solide ; augmentez la chaleur, le corps devient liquide, la cohésion est nulle, et le corps épouse la forme du vase qui le renferme ; augmentez encore la chaleur, vous obtiendrez un gaz, qui tend sans cesse à augmenter de volume et à occuper tout l'espace qu'on lui offre ; il n'y a plus cohésion, mais il y a répulsion entre les molécules. On est arrivé dans ces derniers temps à fondre des substances, comme le platine, réputées presque infusibles : on a ramolli le charbon ; d'un autre côté, on a trouvé des froids assez intenses pour liquéfier des gaz, considérés jusqu'alors comme permanents ; on a liquéfié l'acide carbonique, on l'a même solidifié. Toutefois certains gaz ont trompé tous les efforts ; l'oxygène, l'hydrogène, l'azote n'ont pu être liquéfiés ; tout porte à admettre qu'ils le seront un jour, et l'on peut dire que tous les corps sont susceptibles de se présenter sous les trois états : solide, liquide et gazeux.

Affinité chimique. — Les phénomènes ou réactions chimiques se produisent au contact intime des corps. Ainsi, dissolvez dans un vase un peu de la substance appelée baryte, et approchez-en une baguette de verre au bout de laquelle est suspendue une goutte d'acide sulfurique ; approchez la goutte aussi près que vous voudrez du liquide, il ne se produira rien, mais au moment où le contact a lieu, vous verrez apparaître une poussière blanche qui se précipite au fond du vase, c'est du sulfate de baryte. On peut constater avec le microscope que deux gouttes, l'une d'une dissolution de baryte, l'autre d'acide sulfurique, n'agissent réellement qu'au contact. La force qui produit les réactions chimiques n'est donc pas comparable à l'attraction qui fait graviter les planètes autour du soleil, ni à la force d'agrégation qui réunit les molécules d'un même corps ; elle s'exerce au contact intime et on l'appelle affinité chimique. L'affinité est la mesure de la facilité et de l'énergie avec laquelle deux corps se combinent ; il ne faut y voir qu'un mot et une définition : on dit par exemple que l'acide sulfurique et la baryte ont une grande affinité, parce qu'ils se combinent rapidement et énergiquement et que leur union est très-difficile à détruire. Au contraire, deux corps qui n'agissent l'un sur l'autre que dans certaines conditions, et dont le composé est détruit par le moindre choc, ont une faible affinité. Entre beaucoup de substances l'affinité est nulle.

Dans le langage ordinaire, affinité s'entend de deux choses ou de deux personnes qui ont des ressemblances, en chimie au contraire l'affinité s'exerce surtout entre les corps de propriétés et de formes dissemblables, tels que les acides et les bases.

A côté de l'affinité, se trouve la force dissolvante, qui fait qu'un liquide dissout des quantités plus ou moins grandes des corps en contact avec lui : il n'y a pas de réaction chimique proprement dite dans ce phénomène, car on peut généralement par évaporation retrouver le corps dissous. Il faut une similitude de constitution entre le corps dissolvant et le corps dissous, ainsi l'eau dissout les corps très-oxygénés et est sans action sur les huiles et résines qui ne renferment que peu ou point d'oxygène : au contraire, l'alcool et surtout l'éther, peu riches en oxygène, dissolvent parfaitement les huiles et les résines.

Lorsqu'on a détruit la cohésion d'une substance, soit par fusion, soit par dissolution, on peut souvent la faire réapparaître sous des formes géométriques, spéciales pour chaque substance et qu'on appelle formes cristallines.

Tout le monde sait que les substances minérales présentent généralement, non pas une cassure unie et régulière, mais une cassure dite cristalline : en l'examinant soit à l'œil nu, soit à la loupe, on reconnaît que la masse est formée de particules régulières, ou cristaux, enchevêtrées les unes dans les autres. Ces formes élémentaires peuvent, dans certaines circonstances, s'obtenir nettes et amplifiées, et il y a pour cela trois méthodes :

1° *Par fusion.* — Lorsqu'on a une substance facilement fusible telle que le soufre, le bismuth, le plomb, on la fait fondre, puis on laisse le liquide se refroidir lentement. A la surface se forme une couche solide, le travail moléculaire se produit tranquillement à l'intérieur surtout si le refroidissement est lent; au bout de quelque temps, on perce la croûte supérieure, et par le trou formé on fait écouler la partie restée liquide, puis en enlevant la croûte on trouve l'intérieur tapissé de cristaux ou solides réguliers. C'est ainsi que le bismuth donne des cubes pouvant atteindre de fort belles dimensions.

2° *Par sublimation.* — Dans un vase à long col, on place une substance facilement volatile, l'arsenic ou le sel ammoniac par exemple, et l'on chauffe. Le corps se volatilise puis se condense, dans les parties supérieures du col de l'appareil, en cristaux que l'on peut facilement recueillir en brisant le vase.

3° *Par dissolution.* — On dissout dans l'eau un corps très-soluble, tel que le vitriol bleu (sulfate de cuivre) ou l'alun : généralement la solubilité d'un corps augmente avec la température, de sorte qu'en refroidissant le mélange, la quantité dissoute ne pourra être retenue, et une partie retournera à l'état solide : si le refroidissement est lent, il se formera de superbes cristaux réguliers. On sait aussi que la quantité dissoute est proportionnelle au volume de liquide employé, si donc on arrive à réduire le volume de liquide, par l'évaporation par exemple, il se déposera des cristaux au sein de la liqueur, c'est de la sorte qu'on extrait des eaux de la mer le chlorure de sodium ou sel marin.

Les formes cristallines semblent au premier abord excessivement variées ; on peut cependant tracer à l'intérieur d'un cristal des axes principaux, et cela de six manières différentes, ce qui donne six systèmes cristallins :

1° Trois axes rectangulaires égaux, système cubique;

2° Trois axes rectangulaires, dont deux égaux, système du prisme droit à base carrée ;

3° Trois axes rectangulaires inégaux, système du prisme droit à base rectangle ;

4° Trois axes égaux dans un même plan, et un quatrième axe perpendiculaire au plan des trois autres, système du prisme hexagonal régulier ou système rhomboédrique ;

5° Deux axes inégaux perpendiculaires, et un troisième oblique sur le plan des deux autres, système du prisme oblique à base rectangle ;

6° Trois axes obliques inégaux, système du prisme oblique à base de parallélogramme.

De ces six formes-types se déduisent une infinité d'autres formes ; mais les modifications sont toujours régulières. Si un angle de la forme-type est tronqué sur le cristal, tous les angles similaires sont également tronqués ; si une arête est remplacée par une face plane ou pan coupé, toutes les arêtes similaires présentent des pans coupés égaux au premier. Une modification, effectuée sur l'une des parties d'un cristal, doit affecter de la même manière toutes les parties identiques du cristal ; c'est en partant de ce principe, qu'il est facile, avec un modèle en bois ou en plâtre, de déduire du cube toutes les formes cristallines qui composent le système cubique.

Chaque substance affecte, en général, une seule forme cristalline, qui permet de la reconnaître : c'est de ce principe que l'on part en minéralogie pour reconnaître la constitution d'un corps. Certaines substances sont isomorphes (de forme pareille), et se mélangent dans leurs cristaux : cela n'arrive que lorsque les substances ont une constitution chimique analogue, par exemple, les sulfates de cuivre et de fer. Les divers aluns sont isomorphes, et l'alumine peut s'y trouver remplacée par les sesquioxydes de chrome et de fer.

Le dimorphisme (double forme) est la propriété que présentent certaines substances de cristalliser sous deux formes différentes, suivant les conditions où elles sont placées ; ainsi le soufre, fondu et refroidi lentement, cristallise en prismes allongés obliques à base rhombe, appartenant au cinquième système ; au contraire, dissous dans le sulfure de carbone, il cristallise en octaèdres droits à base rhombe du troisième système.

Lois des proportions multiples. — Équivalents. — Les corps ne se combinent pas dans des proportions quelconques, ils se combinent en proportions définies. Ainsi, introduisons dans un vase un poids (p) de gaz hydrogène, et un poids (p') de gaz oxygène, et faisons passer une étincelle électrique dans le mélange, les deux gaz se combinent pour donner de l'eau qui se liquéfie instantanément : le vide se fait donc dans le vase, et si ce vase est un tube ouvert par en bas et plongeant dans une cuve à eau, l'eau va monter dans le tube pour remplir le vide. On constate que si le rapport $\frac{p}{p'} = \frac{1}{8}$, le vide est complet, et le tube est tout entier rempli par l'eau : si $\frac{p}{p'} > \frac{1}{8}$, il reste un excès d'hydrogène ; dans le cas contraire, il reste un excès d'oxygène. La relation qui existe entre les volumes combinés est encore plus simple : deux volumes d'hydrogène se combinent à un volume d'oxygène pour donner de l'eau ; si cette proportion n'est pas observée, il y a un excès de l'un ou de l'autre gaz.

Le fait précédent n'est pas une exception : on reconnait encore que pour oxyder un poids donné (p) de métal, il faut un poids p' d'oxygène tel, que $\frac{p'}{p}$ soit constant. Ainsi 8 grammes d'oxygène oxydent 32gr,75 de zinc, 59 grammes d'étain, 100 grammes de mercure, 108 grammes d'argent, et les poids combinés sont toujours dans le rapport de ces nombres.

Nous pouvons donc établir les lois suivantes :

1° Le poids d'un composé est égal à la somme des poids des composants;

2° Un corps est toujours formé des mêmes éléments unis dans les mêmes proportions (loi des proportions définies);

3° Les volumes de deux gaz ou vapeurs qui se combinent sont entre eux dans des rapports simples, si on les mesure à la même température et à la même pression. Ainsi, 2 volumes d'hydrogène se combinent à 1 volume d'oxygène; 1 volume de chlore se combine à 1 volume d'hydrogène; 1 volume d'acide chlorhydrique, à 1 volume d'ammoniaque; 1 volume de soufre, à 2 volumes d'hydrogène. Cette loi est connue sous le nom de loi de Gay-Lussac; elle se complète par la suivante :

4° Le volume d'un gaz composé ou de la vapeur d'un gaz composé est toujours dans un rapport simple avec les volumes de gaz ou de vapeurs constituants; ainsi, 2 volumes d'hydrogène et 1 volume d'oxygène donnent 2 volumes de vapeur d'eau, et il y a condensation d'un tiers; 1 volume d'hydrogène et 1 volume de chlore donnent 2 volumes d'acide chlorhydrique.

Il résulte de ce qui précède qu'un corps A se combine avec deux corps B et C dans des proportions constantes; soit p le poids de A, p' et p'' les poids de B et C; prenons le même poids p d'un autre corps A', il se combinera avec des poids p_1' et p_1'' de B et C, et l'on remarque que les rapports $\frac{p'}{p''}$, $\frac{p_1'}{p_1''}$ sont les mêmes. Si, de plus, on combine ensemble les deux corps B et C, on est tout étonné de voir que les poids de ces corps qui entrent dans la combinaison sont précisément dans le rapport $\frac{p'}{p''}$, $\frac{p_1'}{p_1''}$. Ainsi, avec 8 grammes d'oxygène se combinent 1 gramme d'hydrogène pour donner de l'eau, 28 grammes de fer pour former de l'oxyde de fer; les mêmes quantités, 1 gramme d'hydrogène et 28 grammes de fer se combinent à 16 grammes de soufre pour donner de l'acide sulfhydrique et du sulfure de fer. Donc, 1 gramme d'hydrogène et 28 grammes de fer peuvent se substituer, et, par suite, sont équivalents vis-à-vis de 8 grammes d'oxygène et de 16 grammes de soufre; si l'on cherche combien il faut de soufre pour saturer 8 grammes d'oxygène, on trouve précisément 16 grammes. Les quantités 8 grammes d'oxygène et 16 grammes de soufre sont donc équivalentes entre elles.

Dans une dissolution de nitrate d'argent, plongez une lame de cuivre, elle se recouvrira d'une poudre noire qui est de l'argent pulvérulent, et une partie du cuivre se sera dissoute dans la liqueur, qui devient bleuâtre : si l'on recueille la poudre noire et qu'on la pèse, qu'on pèse aussi la diminution de poids de cuivre, on trouve qu'un poids p de cuivre a expulsé p' d'argent, et ces poids p et p' sont comme 32 est à 108 : 32 grammes de cuivre sont donc l'équivalent de 108 grammes d'argent. De même, pour déplacer 32 grammes de cuivre, il faut 28 grammes de fer, 33 grammes de zinc et 104 grammes de plomb. Nous avons vu plus haut que 28 grammes de fer saturaient 8 grammes d'oxygène, et 16 grammes de soufre; les mêmes quantités d'oxygène et de soufre sont saturées par 32 grammes de cuivre, 108 grammes d'argent, etc...

Tous ces nombres sont donc équivalents; c'est d'après cela qu'on a donné le nom d'équivalents chimiques à l'expression numérique des rapports qui existent entre les quantités pondérables des divers corps susceptibles d'entrer dans les combinaisons chimiques, et de s'y substituer les unes aux autres pour former des composés chimiquement analogues.

Pour établir ces rapports, on prend l'un des corps simples pour point de départ, et l'on représente par l'unité le poids de ce corps que saturent les autres corps simples; c'est en prenant l'hydrogène pour point de départ, que l'on dresse le tableau suivant :

TABLEAU DES ÉQUIVALENTS DES CORPS SIMPLES RAPPORTÉS A L'HYDROGÈNE = 1

Corps	Symbole	Équivalent
MÉTALLOÏDES.		
Hydrogène	H.	1 00
Oxygène	O.	8 00
Soufre	S.	16 00
Sélénium	Se.	64 50
Tellure	Te.	39 75
Fluor	Fl.	19 00
Chlore	Cl.	35 50
Brome	Br.	80 00
Iode	I.	127 00
Azote	Az.	14 00
Phosphore	Ph.	31 00
Arsenic	As.	75 00
Antimoine	Sb.	122 00
Carbone	C.	6 00
Bore	Bo.	10 89
Silicium	Si.	21 00
Zirconium	Zr.	33 58
MÉTAUX.		
Potassium	K.	39 14
Sodium	Na.	23 00
Lithium	Li.	6 53
Baryum	Ba.	68 50
Strontium	Sr.	43 75
Calcium	Ca.	20 00
Glucinium	Gl.	6 96
Aluminium	Al.	13 67
Magnésium	Mg.	12 00
Thorium	Th.	59 50
Yttrium	Y.	32 18
Cérium	Ce.	47 26
Lanthane	La.	48 00
Didyme	Di.	» »
Manganèse	Mn.	27 50
Uranium	U.	60 00
Pelopium	».	» »
Niobium	».	» »
Erbium	».	» »
Terbium	».	» »
Fer	Fe.	28 00
Nickel	Ni.	29 50
Cobalt	Co.	29 50
Zinc	Zn.	32 75
Cadmium	Cd.	56 00
Chrome	Cr.	26 28
Vanadium	Vn.	68 46
Tungstène	W.	92 00
Molybdène	Mo.	48 00
Osmium	Os.	99 50
Tantale	Ta.	92 29
Titane	Ti.	25 10
Étain	Sn.	59 00
Bismuth	Bi.	106 43
Plomb	Pb.	103 50
Cuivre	Cu.	31 75
Mercure	Hg.	100 00
Argent	Ag.	108 00
Rhodium	Rh.	52 16
Iridium	Ir.	98 57
Palladium	Pd.	53 23
Ruthénium	Rh.	52 16
Platine	Pt.	98 58
Or	Au.	98 18

Nous verrons plus tard de quelle utilité peuvent être dans les calculs pratiques les équivalents ainsi déterminés.

Dans le tableau ci-joint, on a placé en face de chaque corps le signe par lequel on le représente dans les formules chimiques; il faut se familiariser avec ces symboles. Dans les calculs, on donne à ces symboles la valeur numérique de l'équivalent du corps qu'ils représentent.

Nomenclature chimique. — Les alchimistes eux-mêmes avaient senti la nécessité d'une classification, mais ils procédaient sans ordre et sans méthode. Guyton de Morveau et Lavoisier inventèrent la nomenclature encore en usage aujourd'hui, dans laquelle ils s'efforcèrent non-seulement de donner un nom aux composés, mais de montrer par ce nom même quels sont les éléments qui les composent. Leur classification est basée sur la théorie du dualisme : « Un corps quelconque se forme par la combinaison, par la juxtaposition de deux autres corps simples ou composés ; il y a là comme un antagonisme entre les deux éléments, et le composé peut se représenter par la juxtaposition des symboles des deux éléments. »

Acides, bases, sels. — La physique nous a montré que tout composé binaire se décompose par le courant de la pile ; l'un des éléments se rend au pôle positif, l'autre au pôle négatif ; et, comme les électricités de nom contraire s'attirent, on appelle élément électro-négatif celui qui se rend au pôle positif, et élément électro-positif celui qui se rend au pôle négatif.

Pour désigner le composé binaire, on nomme le premier l'élément électro-négatif, qu'on fait suivre de la dénomination (*ure*) et du nom de l'autre élément : le composé de chlore et de fer est du chlorure de fer ; du soufre et du zinc est du sulfure de zinc ; de l'iode et du sodium est de l'iodure de sodium, etc... Dans l'écriture, on juxtapose les deux symboles, en écrivant le premier l'élément électro-positif ; ainsi le sulfure de potassium s'écrit KS ; le chlorure de sodium, $NaCl$; l'iodure de sodium, NaI.

Dans tout cela on avait mis de côté les composés oxygénés, auxquels on reconnaissait des propriétés spéciales. L'oxygène donne deux grandes classes de composés : les acides et les oxydes. Les acides possèdent une saveur plus ou moins aigre, comme leur nom l'indique ; ils ont la propriété de rougir la teinture bleue de tournesol, et de former des sels avec les bases. Les oxydes se divisent en deux grandes classes : 1° les bases, corps à saveur urineuse, qui forment des sels avec les acides, et qui ramènent au bleu la teinture de tournesol, rougie par un acide ; 2° les corps neutres ou indifférents, auxquels s'applique particulièrement le nom d'oxydes, et qui peuvent quelquefois jouer le rôle d'acides en présence des bases puissantes, ou le rôle de bases vis-à-vis des acides énergiques.

Nomenclature des acides. — Un corps, tel que le soufre, forme avec l'oxygène plusieurs acides ; on désigne le plus oxygéné par la terminaison *ique*, et le moins oxygéné par la terminaison *eux* ; on a de la sorte l'acide sulfurique et l'acide sulfureux. Quelquefois, entre les deux, se place un autre acide ayant une proportion intermédiaire d'oxygène, on le désigne par la terminaison (*ique*) et l'on fait précéder le nom de la particule *hypo* (au-dessous), c'est ainsi qu'on a l'acide hyposulfurique intermédiaire entre l'acide sulfureux et l'acide sulfurique.

Il est arrivé aussi que, postérieurement à la découverte de l'acide en *eux*, on a découvert un acide moins oxygéné ; on l'a désigné par le symbole *hypo... eux*, par exemple, l'acide hyposulfureux.

De même, on a préparé certains acides plus oxygénés que les acides en *ique* déjà connus et pour ne pas changer des dénominations en usage, on les a désignés par *hyper... ique* ; ainsi l'on a l'acide hyperchlorique (plus oxygéné que l'acide chlorique, *hyper* veut dire au-dessus.)

Nomenclature des oxydes. — Les oxydes et les bases sont désignés de la même manière sous le nom général d'oxydes. Un métal tel que le fer forme avec l'oxygène plusieurs combinaisons dans lesquelles un équivalent de fer est uni à 1, $1\frac{1}{2}$, 2 équivalents d'oxygène ; les corps ainsi formés ont pour symbole FeO, Fe^2O^3, FeO^2, et on les désigne par les noms de protoxyde de fer, sesquioxyde de fer, bioxyde de fer. La potasse est un protoxyde de potassium, la baryte un protoxyde de baryum. On comprend de même ce que c'est que l'oxyde de carbone.

Quand il y a plusieurs oxydes, on donne souvent au plus oxygéné le nom de peroxyde.

Nomenclature des sels. — Les sels engendrés par des acides en *eux* prennent la terminaison *ite*, et les sels engendrés par des acides en *ique* prennent la terminaison *ate ;* ainsi le sel formé par l'acide sulfureux et le protoxyde de fer s'appelle sulfite de protoxyde de fer, et celui que forme l'acide sulfurique s'appelle sulfate de protoxyde de fer. On conçoit de même ce que veut dire hyposulfite de soude, hyposulfate de soude.

Quelquefois une même base, la potasse par exemple, peut s'unir à 1, 1 $\frac{1}{2}$, 2, 3, 4 équivalents d'acide, on a par exemple :

Un sulfate, un bisulfate, un trisulfate de potasse,
Un oxalate, un bioxalate, un quadroxalate de potasse.

D'autres fois, c'est l'acide qui prend plusieurs équivalents de base, on a alors des sels basiques ou sous-sels ; ainsi le sulfate tribasique de fer contient trois équivalents de base pour un d'acide, tandis que le sulfate de fer contient un de base et un d'acide.

Par rapport aux bases puissantes, l'eau joue le rôle d'acide, et on a alors des composés tels que l'hydrate de potasse, l'hydrate de soude, etc...

Par rapport aux acides énergiques, l'eau joue le rôle de base, et on connaît par exemple l'acide phosphorique monohydraté, bihydraté, trihydraté.

Nous avons vu les composés binaires à terminaison *ure*, tels que le sulfure de fer ; le soufre peut être uni au fer dans des proportions variables d'où résulte un protosulfure, un sesquisulfure, un bisulfure de fer.

L'hydrogène donne avec d'autres corps, le chlore, le soufre, l'iode, le brome des acides qu'on appelle chlorhydrique, bromhydrique, iodhydrique... Si le composé de l'hydrogène avec un corps simple n'est pas acide, on l'appelle hydrure, par exemple hydrure de phosphore, et mieux hydrogène phosphoré.

Les métaux se mélangent en proportions variables, et les mélanges obtenus sont des alliages, ou des amalgames, lorsque le mercure entre dans la combinaison.

La nomenclature précédente est commode et on la conservera probablement longtemps dans la pratique, mais elle est tout à fait artificielle en ce sens qu'elle a pour base le dualisme. Il est parfaitement reconnu aujourd'hui que les corps ne se forment point par la juxtaposition de deux éléments, mais par la substitution d'une ou de plusieurs molécules, simples ou complexes, à un nombre égal d'autres molécules similaires. Nous aurons lieu d'éclaircir ce fait en chimie organique. Il était bon d'en parler afin de prémunir le lecteur contre la nomenclature en usage. L'oxygène n'est pas seul à engendrer des corps jouant le rôle d'acides et de bases ; les sulfures, chlorures, etc., peuvent se combiner entre eux et former de véritables sels : on voit donc que la classification de Lavoisier est aujourd'hui purement artificielle.

Distinction des corps simples en métaux et métalloïdes. — Le tableau des corps simples que nous avons donné plus haut les divise en deux grandes classes : métaux et métalloïdes.

1° Les métaux sont solides à la température ordinaire, sauf le mercure ; ils sont généralement de grande densité ; ils possèdent l'éclat bien connu sous le nom d'éclat métallique. Bons conducteurs de la chaleur et de l'électricité, ils se distinguent par leur ténacité et leur malléabilité, et ne fondent qu'à de hautes températures.

2° Les métalloïdes sont généralement de faible densité; et même l'oxygène, l'hydrogène, le chlore, l'azote sont gazeux. Mauvais coudncteurs de la chaleur et de l'électricité, ils ont, en général, un aspect terne, tout différent de l'éclat métallique. Lorsqu'on décompose par la pile une combinaison formée d'un métal et d'un métalloïde, celui-ci se rend au pôle positif, celui-là au pôle négatif : le métalloïde est donc l'élément électro-négatif et le métal l'élément électro-positif.

Cette division n'a rien d'absolu, car plusieurs métalloïdes, tels que l'arsenic, ont des propriétés métalliques; l'hydrogène a des propriétés chimiques tout à fait analogues à celles des métaux proprement dits.

CHAPITRE II

MÉTALLOÏDES

Oxygène, hydrogène, azote, soufre, chlore, iode, phosphore, arsenic, carbone, bore, silicium.— État naturel, préparation, propriétés physiques, caractères distinctifs. — Usages industriels. — Air atmosphérique. — Principales combinaisons de l'oxygène et de l'hydrogène avec les autres métalloïdes, et de ces métalloïdes entre eux. — Qualités et essais des eaux. — Principes d'hydrotimétrie.

Oxygène. *Description.* — L'oxygène est un gaz incolore, inodore, insipide et qu'on n'a pu liquéfier sous une pression de 40 atmosphères et une température de — 110°. Sa densité par rapport à l'air est de 1,1057 ; donc un litre d'oxygène pèse 1gr,437. Il est peu soluble dans l'eau ; son coefficient de solubilité est à peu près $\frac{1}{20}$, c'est-à-dire que vingt litres d'eau dissolvent un litre d'oxygène, à la pression et à la température ordinaires.

Préparation. — L'oxygène est le principe actif de l'air, où il entre pour $\frac{1}{5}$ du volume ; c'est le principe constituant de l'eau et des oxydes métalliques. Certains de ces oxydes sont peu stables et se décomposent facilement par la chaleur. Chauffez dans une cornue de verre de l'oxyde rouge de mercure, il se décompose,

Fig. 250.

l'oxygène se dégage et on le recueille dans une petite cloche ou éprouvette que l'on a préalablement remplie d'eau et renversée dans une terrine pleine d'eau. Le gaz vient remplacer l'eau, et dans le fond de la cornue reste du mercure. C'est ici le cas de faire, une fois pour toutes, une remarque utile aux personnes qui commencent à faire des opérations chimiques : si on laisse la cornue trop longtemps sur le feu, il ne se dégage plus de gaz à un moment donné, et l'intérieur de la cornue est rempli de gaz dilaté ; que le feu vienne à baisser, cet air se contracte, un vide partiel se fait et l'eau de la terrine s'élève dans le tube de communication puis dans la cornue ; or la cornue est chaude, l'eau est froide, et le verre se brise ; l'explosion peut souvent être dangereuse, surtout si le liquide enfermé dans la cornue est corrosif. Il faut donc avoir soin d'enlever la cornue dès que le dégagement gazeux s'arrête, à moins qu'on ne préfère employer le tube de sûreté dont nous parlerons plus loin.

Le bioxyde de manganèse MnO^2 se décompose par la chaleur, en dégageant de l'oxygène, comme le montre l'équation :

$$3.MnO^2 = Mn^3O^4 + O^2 ;$$

On place le bioxyde de manganèse dans une cornue en terre réfractaire et cette cornue dans un fourneau à réverbère. Le charbon s'allume peu à peu, la

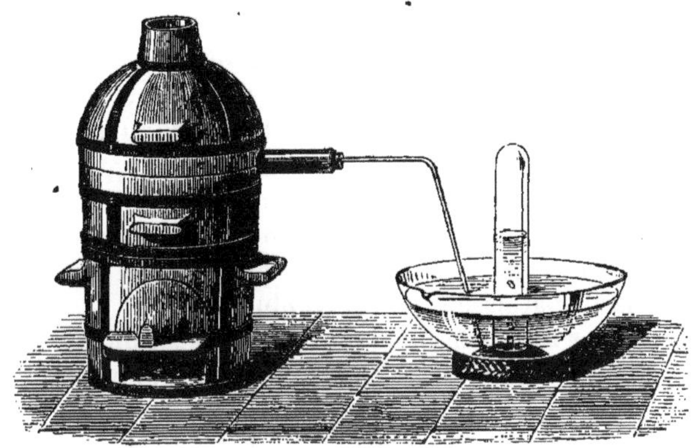

Fig. 251.

décomposition se fait et le gaz se dégage ; on le recueille dans une éprouvette remplie d'eau et renversée dans une terrine. Là encore, il faut prendre garde à l'absorption qui peut se produire, lorsque le dégagement de gaz s'arrête.

Certains sels se décomposent facilement par la chaleur pour se transformer en composés plus stables. C'est ainsi que le chlorate de potasse chauffé dégage tout son oxygène et donne du chlorure de potassium, comme on le voit par l'équation :

$$Ko,ClO^5 = KCl + 6O.$$

Cette équation peut nous servir à calculer le poids d'oxygène que donnerait un kilogramme de chlorate de potasse :

L'équivalent du potassium, est. . . .	39
— de l'oxygène, —	8
— du chlore, —	35,5

Donc, l'équivalent du chlorate de potasse est 122,5 et celui du chlorure de potassium 74,5. L'équation précédente signifie donc que 122,5 kilogrammes de chlorate de potasse donnent 48 kilogrammes d'oxygène et 74,5 kilogrammes de chlorure de potassium ; par suite 1 kilogramme de chlorate donnera un poids x d'oxygène qui s'obtient par la proportion $\frac{x}{48} = \frac{1}{122,5}$. Connaissant le poids de l'oxygène obtenu, il sera facile d'en avoir le volume au moyen de la densité.

Nous avons donné cet exemple pour montrer comment les formules chimiques ne sont pas seulement de simples images, mais encore de véritables équations algébriques permettant de résoudre toutes les questions numériques analogues à la précédente, questions qui se ramènent à la résolution d'une proportion.

La décomposition du chlorate de potasse s'opère avec l'appareil représenté plus haut pour la réduction de l'oxyde de mercure.

Autres modes de préparation de l'oxygène :

1° L'acide sulfurique ordinaire (So^3,HO) décompose le bioxyde de manganèse MnO^2 et le réduit à l'état de protoxyde :

$$MnO^2 + So^3,Ho = MnO,So^3 + HO + O.$$

2° Sur de la baryte (BaO), on fait passer un courant d'air, à une température modérée, et la baryte absorbe l'oxygène de l'air pour se transformer en bioxyde de baryum (BaO^2), lequel porté à une température plus élevée se décompose à son tour en baryte BaO et en oxygène qu'on peut recueillir. Avec une quantité limitée de baryte, on peut donc par des opérations successives préparer une quantité illimitée d'oxygène. On espérait par ce moyen arriver à se procurer de l'oxygène pour les besoins de l'industrie ; mais on reconnut qu'après plusieurs opérations, la baryte devenait inactive et n'absorbait plus l'oxygène.

Propriétés et caractères distinctifs de l'oxygène. — L'oxygène est le principe actif de l'air. C'est lui qui entretient la combustion. Les corps incandescents plongés dans l'oxygène pur y prennent un vif éclat, et quelquefois disparaissent par la combustion.

Fig. 252.

Dans un flacon plein d'oxygène placez un morceau de charbon allumé en un point, il s'enflamme rapidement et disparaît en formant de l'acide carbonique qui remplace l'oxygène. Au bouchon du flacon fixez un fil de fer tordu en spirale et terminé par un fragment d'amadou qu'on enflamme : le fil de fer fond et s'oxyde, et les globules de fer qui se détachent briseraient le vase si l'on n'avait eu soin d'y introduire un peu d'eau. Le diamant, qui est du charbon cristallisé brûle de même dans l'oxygène. Le phosphore, le soufre y brûlent avec une lumière éclatante.

Fig. 253.

Dans l'air, l'action de l'oxygène est moins active parce qu'il y est dilué et comme dissous dans un gaz inactif, l'azote.

L'oxygène n'est pas apte à produire seulement des combustions rapides et lumineuses ; le plus souvent il produit des combustions lentes et obscures, c'est-à-dire des oxydations, c'est ainsi qu'à l'air le fer se rouille, le cuivre se vert-de-grise, etc... Ces phénomènes ont même résultat final que la combustion vulgaire ; ce résultat est l'oxydation du corps considéré.

La respiration est une véritable combustion : l'oxygène de l'air se trouve dans le poumon en présence du sang noir chargé de principes carburés qui donnent de l'acide carbonique. L'oxygène est indispensable à la respiration : un animal meurt rapidement dans le vide, aussi bien que dans tout milieu gazeux où l'oxygène ne se trouve pas en quantité suffisante. L'action de l'oxygène de l'air est mitigée par la présence de l'azote : dans un espace plein d'oxygène pur, tout être vivant, un oiseau, par exemple, éprouve comme une accélération de la vie, puis il tombe épuisé.

Nous voyons, d'après ce qui précède, combien il faut étendre le sens du mot combustion : il signifie simplement combinaison de deux ou plusieurs corps, car toute combinaison s'accompagne d'un développement de chaleur et, si la réaction est énergique, d'un développement de lumière et d'électricité. Les combinaisons formées par l'oxygène sont les combustions que l'on rencontre le plus souvent dans la nature et dans l'industrie humaine. Sous l'influence de l'électricité l'oxygène se modifie et forme l'ozone, qui possède les propriétés de l'oxygène plus énergiquement développées. Sa constitution est encore peu connue.

Usages industriels. — Les usages industriels de l'oxygène prendraient un développement énorme si on pouvait préparer ce gaz à peu de frais : on comprend en effet quels services il rendrait aux établissements métallurgiques de toutes espèces. Une application récente en a été faite au gaz d'éclairage : nous aurons lieu d'y revenir.

HYDROGÈNE

L'hydrogène (qui engendre l'eau) est un gaz incolore et inodore découvert en 1777 par Cavendish. Il est de tous les gaz le plus léger, sa densité par rapport à l'air est 0,069 ; il est donc 14 fois 1/2 moins lourd que l'air. A 0° et sous la pression 0,76 un litre d'hydrogène pèse $0^{gr},0896$. Il a jusqu'à présent résisté à tous les moyens connus de liquéfaction.

Préparation. — L'hydrogène n'existe pas à l'état libre : pour le préparer, le moyen le plus simple est de l'enlever à l'eau qui est un protoxyde d'hydrogène (HO).

1° Le zinc en présence de l'eau et de l'acide sulfurique s'oxyde, forme un sulfate et de l'hydrogène se dégage comme le montre l'équation :

$$Zn + So^3,HO = ZnO,So^3 + H.$$

Dans un flacon de verre, on met de la grenaille de zinc et de l'eau, puis on verse peu à peu de l'acide sulfurique ordinaire au moyen du tube à entonnoir que

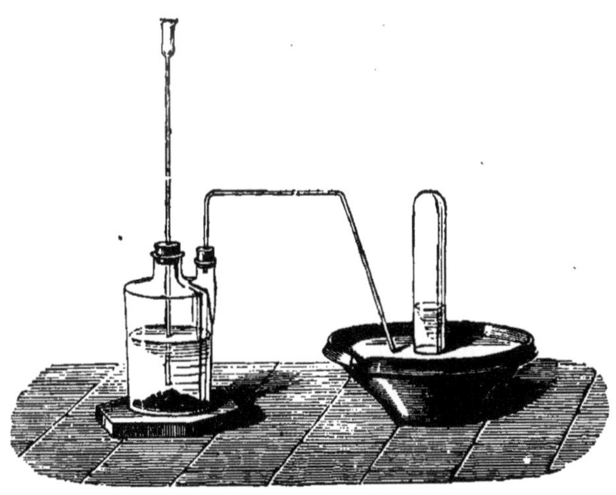

Fig. 254.

représente la figure 254 : le dégagement se fait tumultueusement et il faut opérer avec précaution. Le gaz est recueilli dans une éprouvette pleine d'eau. En substituant les équivalents aux symboles de l'équation précédente, on reconnaît qu'un kilogramme de zinc fournit 338 litres de gaz hydrogène.

2° Le fer porté au rouge décompose la vapeur d'eau, fixe l'oxygène et laisse l'hydrogène libre.

Dans la cornue est de l'eau que l'on vaporise : la vapeur passe dans un tube en grès placé dans un fourneau et rempli de fils de fer fins; l'hydrogène est recueilli dans l'éprouvette. Il est évident que, pour avoir le gaz pur, il faut

Fig. 255.

laisser d'abord le dégagement s'opérer pendant un certain temps afin que tout l'air soit expulsé ; la même remarque s'applique au premier mode de préparation. La précaution n'est pas inutile, car l'hydrogène forme avec l'air un mélange qui détone à l'approche d'un corps enflammé : l'éprouvette peut se briser et blesser l'opérateur.

Propriétés et caractères distinctifs. — L'hydrogène est le plus subtil des gaz ; il traverse facilement les parois de la plupart des vases où on le renferme : un jet d'hydrogène dirigé sur une feuille de papier, la traverse presque intégralement. Tous les gaz possèdent cette propriété de traverser les membranes, qu'on appelle endosmose, mais elle est d'autant plus énergique que la densité est moindre.

L'hydrogène est inflammable, et brûle à l'air avec une flamme bleuâtre très-pâle : il est facile de le vérifier en approchant une allumette d'une éprouvette pleine de gaz hydrogène (il faut avoir soin de tenir l'ouverture de l'éprouvette vers le sol, sans quoi le gaz plus léger que l'air s'échapperait).

La flamme de l'hydrogène est pâle parce qu'elle ne renferme point de particules solides en suspension ; une flamme ne devient brillante que si elle renferme des particules solides qui sont portées à l'incandescence. Aussi voit-on la lampe à hydrogène prendre un éclat remarquable, si on dirige le jet de flamme sur un morceau de craie par exemple (lumière de Drummond); les bougies et lampes ordinaires ont une flamme éclatante, parce qu'il y a combustion incomplète ; des particules de charbon qu'il est facile de recueillir sur un morceau de porcelaine ne sont pas brûlées et deviennent incandescentes.

L'hydrogène est combustible, mais il n'entretient pas la combustion ; une mèche allumée plongée dans une éprouvette d'hydrogène commence par enflammer le gaz, puis s'éteint lorsqu'elle a pénétré dans la masse.

N'étant pas comburant, l'hydrogène n'est pas respirable : les animaux plongés dans ce gaz sont asphyxiés ; toutefois il n'est pas délétère, c'est-à-dire qu'il ne désorganise pas les appareils respiratoires.

En brûlant, l'hydrogène donne de l'eau qu'il est facile de recueillir : mélangé à l'oxygène, dans la proportion de deux volumes d'hydrogène pour un d'oxygène, il constitue un mélange détonant; les deux gaz se combinent instantanément pour former de l'eau qui se trouve condensée en un instant ; il en résulte un vide brusque que vient remplir l'air extérieur, d'où un choc et une explosion.

Usages de l'hydrogène. — L'hydrogène sert à préparer en petite quantité des métaux parfaitement purs : pour cela, on le fait passer au rouge sur des oxydes métalliques, de la vapeur d'eau se dégage et le métal reste à l'état pulvérulent.

Nous avons vu en physique que la combustion de l'hydrogène donnait le plus grand nombre de calories, c'est-à-dire la plus grosse somme de chaleur. C'est sur ce principe qu'est fondé le chalumeau à gaz oxygène et hydrogène : de deux

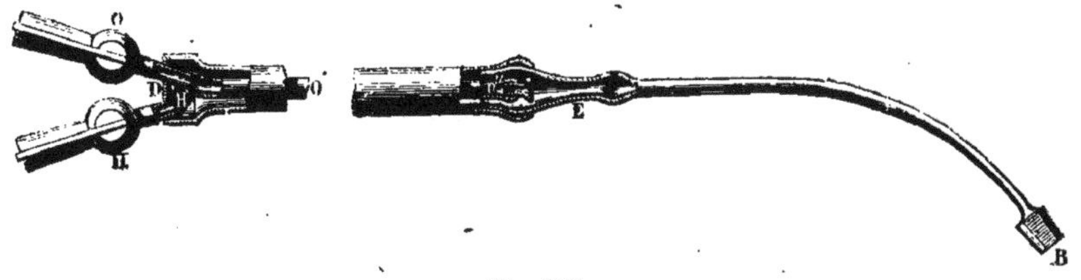

Fig. 256.

réservoirs arrivent par les tuyaux O et H de l'oxygène et de l'hydrogène, les deux gaz se mélangent dans un tube de caoutchouc prolongé par un tube de cuivre B à l'extremité duquel on enflamme le mélange. On règle les robinets O et H de façon qu'il arrive deux fois plus d'hydrogène que d'oxygène. Le jet de flamme donne une température très-élevée qui permet de souder sur eux-mêmes les métaux les plus réfractaires, de fondre le platine, de volatiliser l'argent.

Azote. — L'azote est un gaz incolore, inodore, insipide, non liquéfié jusqu'à présent. Sa densité est 0,972 ; un litre d'azote pèse donc, $1^{gr},257$. Un mètre cube d'eau dissout 25 litres d'azote. Il se distingue, surtout, par des caractères négatifs, c'est le corps neutre par excellence : ses composés sont généralement instables. Il forme avec l'oxygène l'acide azotique, avec l'hydrogène l'ammoniaque. Il existe en grande abondance dans la nature ; l'air en renferme à peu près les $\frac{4}{5}$ de son volume ; c'est un gaz inactif, qui éteint les corps enflammés, qui est impropre à la respiration sans toutefois être délétère.

Préparation. — Pour le préparer, il suffit d'enlever l'oxygène de l'air :

1° Placez sous une cloche un animal que vous y laisserez séjourner jusqu'à ce qu'il soit asphyxié ; il aura enlevé presque tout l'oxygène, mais, en revanche, aura dégagé de l'acide carbonique que l'on pourra absorber par un lait de chaux (liquide laiteux renfermant de la chaux en suspension) ; l'azote reste à peu près pur sous la cloche.

2° Sous une cloche placée sur la cuve à eau est placé un flotteur de Liége portant une coupe avec quelques grammes de phosphore que l'on enflamme. Le phosphore absorbe l'oxygène de l'air confiné pour se transformer en acide phosphorique (PHO^5) qui se dissout dans l'eau. L'azote reste dans la cloche.

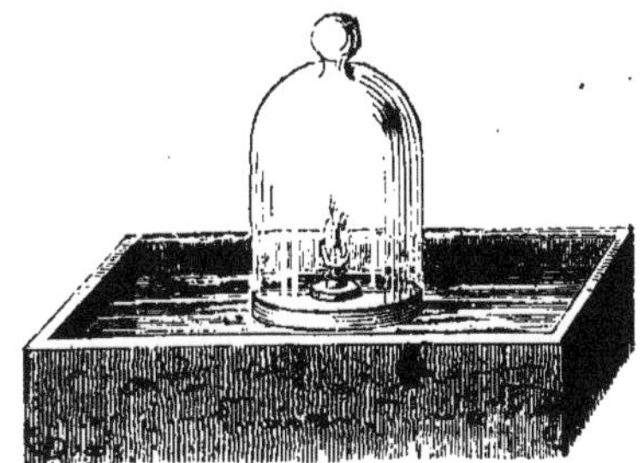

Fig. 257.

3° Plus souvent, on se sert de la propriété qu'ont les métaux d'absorber l'oxygène de l'air à une température élevée pour former des oxydes. C'est ordinairement e cuivre qu'on emploie. Un mince filet d'eau s'échappe d'un flacon pour tomber dans un entonnoir et se rendre dans un autre flacon primitivement plein d'air. Cet air est chassé, et vient passer dans une tube en verre rempli de feuilles de cuivre et chauffé au rouge (ce tube de verre est entouré d'une feuille de clinquant afin de résister à la chaleur). Le cuivre absorbe l'oxygène et l'azote est recueilli dans une éprouvette pleine d'eau.

L'air ordinaire est impur et renferme de l'acide carbonique; pour le purifier,

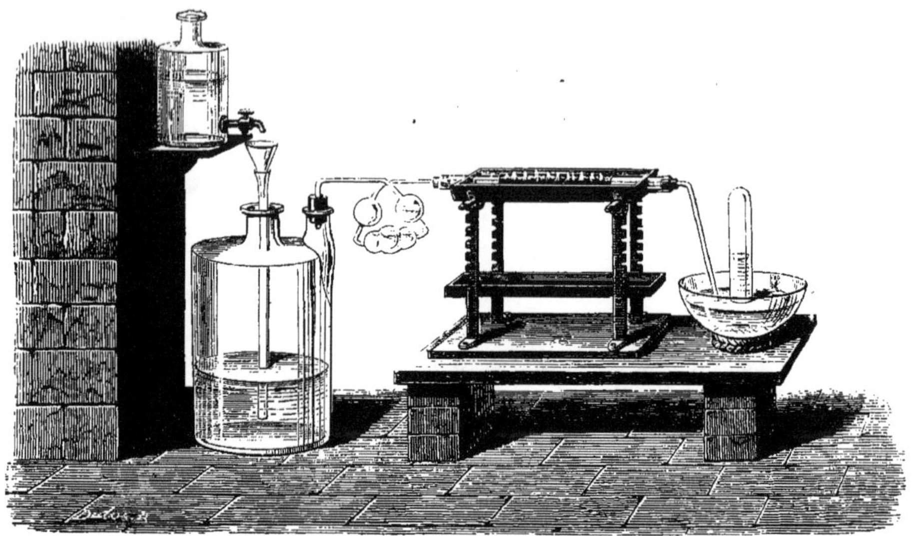

Fig. 258.

on le force à passer dans l'appareil à boules, dit appareil de Liebig, que représente la figure; les boules sont remplies d'une dissolution faible de potasse; l'air est forcé de passer lentement à travers ces boules, et y laisse son acide carbonique qui forme du carbonate de potasse.

Soufre. — Le soufre, à la température ordinaire, est un corps solide, d'un jaune citron, inodore, insipide, friable et facile à pulvériser, mauvais conducteur de la chaleur, puisqu'on peut tenir à la main un bâton de soufre enflammé à l'autre bout, mauvais conducteur de l'électricité, puisqu'il s'électrise par le frottement. Il pèse environ deux fois plus que l'eau. On l'obtient en cristaux, soit par fusion, soit par dissolution : 1° on fait fondre une masse de soufre, puis on la laisse refroidir, il se forme à la surface une croûte que l'on perce au fer rouge, on fait écouler le liquide intérieur; on enlève la croûte, et on trouve le vase tapissé de cristaux ou longues aiguilles flexibles et transparentes, appartenant au cinquième système cristallin; 2° le soufre est soluble dans le sulfure de carbone (CS^2); laissez la dissolution s'évaporer lentement et vous obtiendrez de beaux cristaux octaédriques du quatrième système. Le soufre est donc un corps dimorphe : la dernière forme s'obtient quand l'arrangement des molécules se fait à froid, la première quand l'arrangement se fait à chaud.

Le soufre fond à 114°; si on le chauffe davantage, la liqueur au lieu de rester fluide devient visqueuse, et l'on peut retourner le vase sans que rien s'en échappe; le soufre bout et s'évaporise à 440°.

La densité de la vapeur de soufre n'est constante que si on la prend assez loin du point de vaporisation : vers 1000°, elle est constante, la vapeur est alors un véritable gaz dont la densité est 2,218.

Le soufre se modifie par la trempe : faites couler du soufre fondu dans de l'eau froide, vous obtiendrez une masse flexible et élastique, analogue au caoutchouc.

Le soufre est insoluble dans l'eau, peu soluble dans l'alcool et l'éther, très-soluble dans les matières grasses et bitumineuses, et surtout dans le sulfure de carbone.

Le soufre brûle à l'air, en donnant une flamme bleuâtre d'acide sulfureux (So^2). Il a un rôle analogue à celui de l'oxygène, et tous leurs composés ont de grandes ressemblances; les sulfures métalliques sont analogues aux oxydes.

Préparation. — Le soufre se trouve à l'état naturel dans les terrains volcaniques, mélangé à beaucoup de terre. La plus grande partie vient de Sicile. Voici comme on le purifie à Marseille :

Une marmite M, chauffée par les gaz de la combustion renferme le soufre fondu, qui coule de là dans une cornue en fonte C où s'opère la distillation. La vapeur se rend dans une grande chambre : si la distillation marche lentement,

Fig. 259.

le soufre se condense et s'attache aux prois de la chambre sous la forme de fleur de soufre ; si la distillation marche vite, le soufre se liquéfie et forme une couche liquide sur la sole de la chambre. Une bonde permet de le faire écouler dans des moules plongés dans des auges d'eau froide; ces moules sont cylindriques et donnent le soufre en canons. Si l'air dilaté vient à donner une pression trop forte dans la chambre, la soupape supérieure se soulève.

Si le soufre naturel venait à manquer, on le trouverait dans une masse de minéraux; tous les sulfures métalliques et tous les sulfates, tels que le sulfate de chaux. Le sulfure de fer (FeS^2) se décompose par la chaleur, et l'on a la réaction :

$$3FeS^2 = Fe^3S^4 + S^2.$$

Usages industriels. — Il entre dans la composition des allumettes, de la poudre; est employé dans la thérapeutique pour les maladies de la peau, et donne des composés fort utiles, tels que l'acide sulfureux et l'acide sulfurique.

Chlore. — Découvert par Scheele en 1774, le chlore est un gaz verdâtre (de *chlóros*, jaune verdâtre). Densité 2,44 ; donc un litre de chlore pèse 3gr,17. Sous une pression de cinq atmosphères, à la température ordinaire, le chlore se liquéfie et sa densité est alors par rapport à l'eau 1,33.

Le chlore est délétère et produit rapidement des crachements de sang. Il n'entretient pas la combustion, parce qu'il ne se combine pas avec le carbone de la matière combustible ; toutefois, comme il se combine avec l'hydrogène, la flamme persiste quelque temps avant de s'éteindre, mais elle est très-fumeuse.

Un litre d'eau dissout trois litres de chlore ; la dissolution a une couleur verte assez intense ; elle se conserve dans des flacons en verre noir qui arrête la lumière solaire. Sous l'influence de cette lumière, le chlore décompose l'eau, et donne de l'acide chlorhydrique HCl avec de l'oxygène ; cet oxygène à l'état naissant, c'est-à-dire à peine produit, se trouve en présence du chlore et donne avec lui des acides chlorique ClO^5 et perchlorique (ClO^7) (à l'état ordinaire, le chlore et l'oxygène ne se combinent pas). La dissolution de chlore devient au bout de quelque temps incolore.

Le chlore a pour l'hydrogène une affinité puissante. Si l'on mélange ces deux gaz et qu'on en approche un corps enflammé, il se produit une détonation violente. Si on porte brusquement à la lumière solaire un ballon rempli dans l'obscurité de volumes égaux d'hydrogène et de chlore, le ballon vole en éclats et il se produit une forte détonation ; les deux gaz se sont intégralement combinés en donnant de l'acide chlorhydrique.

Le phosphore s'enflamme quand un courant de chlore vient le frapper ; les métaux échauffés, tels que l'étain, le fer, le cuivre, le mercure brûlent dans le chlore en donnant des chlorures, composés très-stables.

Il semble que le chlore soit modifié par la lumière solaire ; ainsi le chlore et l'hydrogène mélangés dans l'obscurité ne réagissent pas l'un sur l'autre, mais si le chlore a été préalablement insolé, la combinaison se fait immédiatement.

Préparation. — Le chlore se prépare en traitant le peroxyde de manganèse

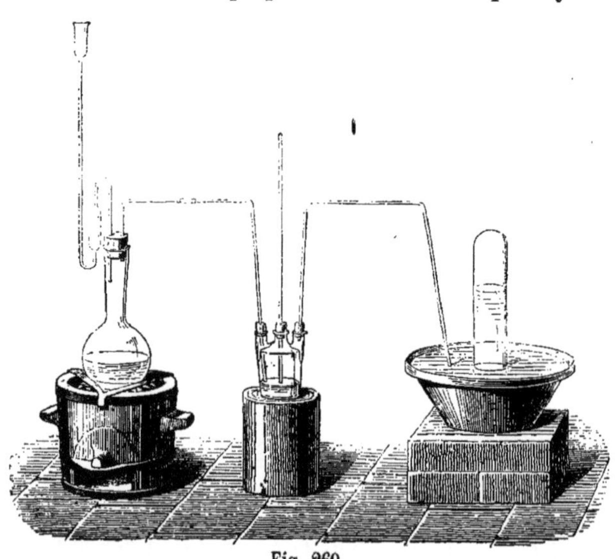

Fig. 260.

MnO^2 par l'acide chlorhydrique HCl. Dans le ballon on met du peroxyde pulvérisé, et on verse peu à peu l'acide par le tube en S; le gaz traverse un flacon laveur renfermant de l'eau, où il se débarrasse de l'acide chlorhydrique entraîné, et l'on recueille le gaz sur la cuve à eau; comme le gaz est soluble dans l'eau, il faut employer le moins d'eau possible.

Le tube en S ajusté dans le ballon joue le rôle de tube de sûreté ; s'il ne se produit plus de gaz dans le ballon et que la pression baisse, l'eau du flacon laveur pourrait s'élever dans le tube de jonction et se rendre dans le ballon, ce qui serait un inconvénient. Mais, si la pression baisse, le liquide du tube en S monte dans la branche de droite, qui est munie d'un renflement, et il arrive un moment où tout le liquide est dans la branche de droite; alors l'air extérieur rentre dans l'appareil en traversant la colonne liquide qui redescend aussitôt, et l'équilibre de pression se rétablit.

Le tube central du flacon laveur joue aussi le même rôle; il plonge d'une certaine quantité dans l'eau du flacon, et si l'atmosphère intérieure vient à prendre une pression moindre, le liquide se déprime dans le tube et il arrive un moment où des bulles d'air rentrent dans le flacon.

Pour obtenir le chlore sec, on fait traverser au gaz, après le flacon laveur, un vase rempli de chlorure de calcium, substance très-avide d'eau. Le gaz se trouve

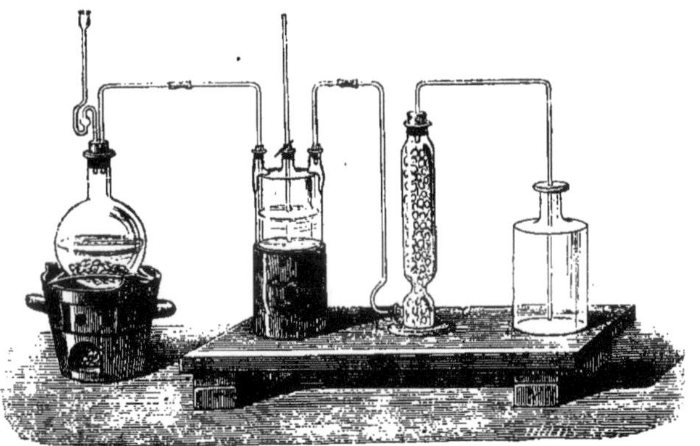

Fig. 261.

desséché et s'en va par le tube abducteur au fond d'un flacon à goulot étroit; vu sa grande densité, le chlore reste au fond du flacon, d'où peu à peu il expulse l'air.

Pour obtenir la dissolution de chlore, on fait passer le gaz dans une série de flacons à trois tubulures comme celui de la figure précédente, et il se dissout. L'appareil prend le nom d'appareil de Woolf. Vers 0°, la dissolution de chlore dépose des cristaux jaunes qui sont un hydrate de chlore ($Cl + 10 HO$) ; on recueille ces cristaux, on les essuie et on les place dans un tube recourbé fermé à la lampe. On chauffe les cristaux au bain-marie, ils fondent, l'hydrate se décompose, le chlore pur distille et vient se condenser à l'état de chlore liquide dans la seconde branche du tube recourbé, qui est au milieu d'un mélange réfrigérant (*fig.* 262).

Usages industriels. — Le chlore est usité dans le blanchiment des toiles. Autrefois, on exposait pendant longtemps les toiles sur un pré, la matière colorante s'oxydait et donnait une substance brune, soluble dans les alcalis (la potasse et la soude) et qu'un lavage au savon faisait disparaître. Aujourd'hui, les toiles sont trempées dans une solution de chlore, puis exposées ; le chlore décompose l'eau, et il se produit un dégagement d'oxygène à l'état naissant ; cet oxygène oxyde la matière colorante et la rend soluble dans l'eau de savon.

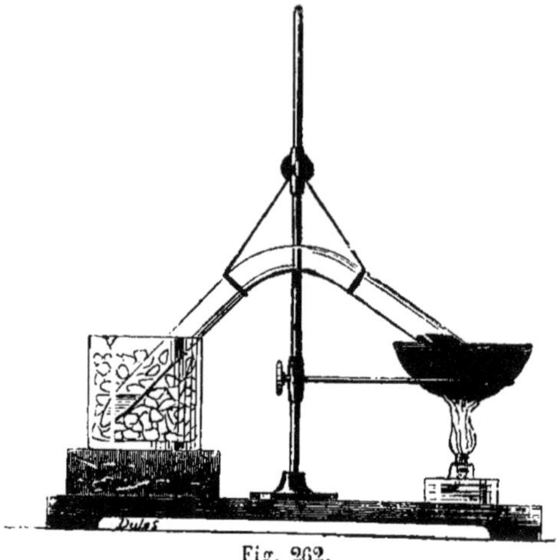

Fig. 262.

Le chlore décompose rapidement toutes les matières de provenance animale et les désorganise profondément ; aussi ne peut-on l'employer au blanchiment de la laine et de la soie.

Le chlore, par son avidité pour l'hydrogène, est susceptible de décomposer presque toutes les matières odorantes ou colorées. L'encre est décomposée par le chlore, car elle est une combinaison d'un sel de fer avec la noix de galle, substance végétale très-sensible à l'influence du chlore ; il reste presque toujours une légère tache de rouille ou oxyde de fer.

En temps de peste, le chlore détruit les miasmes putrides et les rend inoffensifs en leur enlevant leur hydrogène.

Le chlore est difficilement transportable et maniable ; mais il existe une substance, le chlorure de chaux, que nous apprendrons à préparer, qui dégage le chlore sous la moindre influence, et que l'on emploie d'ordinaire pour le blanchiment et la désinfection.

Brome. — Iode. — Le brome est un liquide rougeâtre, dont la densité est 2,97, qui se congèle à — 30°, et dont toutes les propriétés physiques et chimiques sont analogues à celle du chlore. Comme lui, il est brûlant et désorganisateur, très-avide d'hydrogène quoique à un degré moindre ; insoluble dans l'eau, très-soluble dans l'alcool et l'éther.

Pour préparer le sel marin, on évapore à l'air libre les eaux de la mer ; le chlorure de sodium se dépose, et le résidu liquide, qu'on appelle les eaux mères, renferme beaucoup de bromures. Dans cette liqueur, on fait arriver du gaz chlore dont l'affinité chimique est supérieure à celle du brome ; le brome est donc déplacé par le chlore, et si l'on verse sur la liqueur de l'éther, cet éther ne se mélange pas avec le reste du liquide ; il dissout le brome que l'on enlève par décantation.

Le brome n'est guère utilisé qu'en photographie et en médecine.

Son congénère, l'iode, se présente sous la forme de paillettes cristallines à éclat métallique, dont la densité est environ cinq fois plus forte que celle de l'eau. Son odeur est celle du chlore, mais moins intense ; comme lui, il désorganise les matières animales, la peau, par exemple, et décolore les principes végétaux. Les réactions chimiques de l'iode sont analogues à celles du chlore, mais son affinité est moins énergique ; le chlore, le brome et l'iode forment une série décroissante de trois corps analogues, mais le chlore est comme affinité supérieur aux deux autres, et le brome est supérieur à l'iode.

L'iode fond à 107° et bout à 175° ; à toute température il donne de superbes vapeurs violettes (iodés, violet), et une plaque d'argent placée au-dessus d'une couche d'iode solide se recouvre rapidement d'une pellicule d'iodure. C'est en se servant des plaques ainsi préparées que Daguerre parvint à reproduire l'image des objets extérieurs.

L'iode est peu soluble dans l'eau, très-soluble dans l'alcool, l'éther et la benzine, à laquelle il communique une belle couleur améthyste.

L'iode est avide d'hydrogène, mais à un moindre degré que le chlore et le brome. Les moindres traces d'iode se reconnaissent par la propriété suivante : l'iode produit, en contact avec l'amidon, une coloration bleu violet très-intense; une parcelle minime d'iode suffit à donner cette coloration, et c'est un réactif infaillible.

L'iode se trouve dans les eaux mères des salines à l'état d'iodures alcalins, que l'on décompose par le chlore et l'iode se précipite; on en signale la présence dans certaines sources, dans l'eau de pluie, dans les plantes (fucus et varechs) qui se développent au bord de la mer. Certains lacs sont très-chargés de brome et d'iode, tel est le lac Asphaltite ou mer Morte, en Judée.

L'iode se purifie par distillation; les vapeurs viennent se condenser dans des ballons refroidis.

L'iode est utilisé en photographie et en médecine ; on a cru rencontrer en lui un spécifique puissant contre le goître, infirmité si commune dans les Alpes, la Savoie et la Suisse : en tout cas, c'est un poison qu'il ne faut administrer qu'à faible dose.

Fluor. — A côté du chlore, du brome et de l'iode, se place le fluor dont l'existence est plutôt hypothétique que certaine. On rencontre dans la nature un minéral appelé spath fluor, dont les cristaux cubiques traités par l'acide sulfurique dégagent un gaz, tout à fait analogue aux acides chlorhydrique, bromhydrique, iodhydrique, et qui attaque les métaux comme font ces derniers. Ce gaz a la propriété curieuse d'attaquer le verre, ou plus généralement de décomposer les silicates ; aussi s'en sert-on pour graver les thermomètres, baromètres, etc. Pour le préparer, on fait agir l'acide sulfurique sur le spath fluor dans une cornue de plomb auquel s'adapte un tube de plomb où se condense l'acide fluorhydrique. On admet que le radical de cet acide est un corps simple, le fluor.

Phosphore. — Découvert en 1677 par l'alchimiste Brand, de Hambourg, le phosphore excita vivement la curiosité par la propriété qu'il présente d'être phosphorescent, c'est-à-dire de luire dans l'obscurité. Il est solide, sans odeur, avec une saveur d'ail; on peut le rayer à l'ongle ; insoluble dans l'eau, peu soluble dans l'alcool et l'éther, très-soluble dans les huiles grasses et volatiles, et surtout dans le sulfure de carbone ; il cristallise en dodécaèdres.

Le phosphore est essentiellement variable de forme et d'aspect ; à l'état solide et transparent sa densité est 1,82 ; on le conserve sous l'eau distillée, mais il ne tarde pas à y devenir opaque : il se produit à la surface une sorte de désagrégation moléculaire qui, peu à peu, pénètre jusqu'au centre. Par la trempe, le phosphore devient noir : il suffit pour cela de le chauffer au delà de son point de fusion puis de le verser dans l'eau froide. A la lumière solaire, le phosphore devient rouge ; on pourrait croire qu'il s'oxyde, il n'en est rien ; la coloration est due simplement à une modification moléculaire, qui peut fort bien se produire dans le vide. Le phosphore rouge est insoluble dans le sulfure de carbone, tandis que le phosphore blanc y est très-soluble : il est donc facile de les séparer.

A l'air, le phosphore blanc ne se conserve pas, il est rapidement oxydé : le phosphore rouge, au contraire, se conserve très-bien, et ne s'enflamme qu'à 260°. La densité du phosphore rouge est égale à 2 ; il n'est pas lumineux dans l'obscurité ;

il est inodore et non délétère, tandis que le phosphore amorphe possède une odeur particulière et est très-délétère.

L'affinité du phosphore pour l'oxygène est considérable : nous l'avons mise à profit dans la préparation de l'azote. Chauffé à 60°, le phosphore s'enflamme dans l'oxygène, aussi est-il fort dangereux à manier, et il faut le conserver et le manipuler au milieu de vases pleins d'eau.

A l'air libre, le phosphore (en grec, porte lumière) brûle lentement en émettant des vapeurs et de la lumière.

Préparation. — Les alchimistes retiraient le phosphore de l'urine, aujourd'hui on l'extrait des os qui sont formés de substances organiques unies à des phosphates et carbonates de chaux. On calcine les os à l'air, et la cendre renferme les phosphates de chaux. Le phosphate est neutre, c'est-à-dire qu'il a la formule ($3\,CaO, PhO^5$) ; l'acide phosphorique pour être neutralisé (c'est-à-dire pour que la liqueur devienne indifférente au papier de tournesol) a besoin de trois équivalents de base. Avec les cendres on forme une bouillie liquide à laquelle on ajoute de l'acide sulfurique, on filtre le mélange sur une toile et le liquide qui s'écoule renferme du phosphate acide de chaux. L'équation suivante explique la réaction :

$$CaO,Co^2+3CaO,PhO^5+3(So^3,HO)=3(CaO,So^3)+Co^2+(2HO,CaO,PhO^5)$$

Il se dégage de l'acide carbonique, il reste du sulfate de chaux ou plâtre sur la toile, et la liqueur renferme le phosphate acide qui diffère du phosphate neutre en ce que deux équivalents d'eau ont remplacé deux équivalents de chaux.

La liqueur est concentrée à feu nu, puis on mélange le sirop à du poussier de charbon, on dessèche les briquettes obtenues, et on les calcine dans des cornues en terre auxquelles s'adaptent une allonge et un récipient à moitié plein

Fig. 265.

d'eau. Le phosphore vient se condenser sous l'eau, et par l'orifice latéral du récipient se dégagent des gaz inflammables qui sont de l'oxyde de carbone, des carbures d'hydrogène et des phosphures d'hydrogène. L'équation suivante présente un des côtés de la réaction :

$$5C+2(CaO,PhO^5)=5Co+(2CaO)PhO^5+Ph.$$

Il reste dans la cornue un phosphate basique ; pour purifier le phosphore ! on le comprime dans une peau de chamois à travers laquelle il passe et se trouve filtré.

Usages industriels. — Le principal usage industriel est la fabrication des allumettes chimiques. Les allumettes ordinaires se garnissent avec une pâte formée de phosphore en poudre, de chlorate ou d'azotate de potasse, et d'une matière colorante comme le minium ou le bleu de Prusse, et enfin d'une matière gommeuse destinée à relier le tout. Le chlorate ou l'azotate de potasse (salpêtre) sont facilement décomposables et donnent l'oxygène nécessaire pour commencer la combustion lorsqu'on les décompose par le frottement. Depuis quelques années, on a fait des allumettes au phosphore amorphe, qui n'est autre que le phosphore rouge : les allumettes Coignet, par exemple, sont garnies d'une pâte formée de chlorate de potasse, sulfure d'antimoine et colle forte ; et le carton sur lequel on les frotte est enduit d'un mélange de phosphore amorphe, sulfure d'antimoine et colle forte.

Le phosphore se rencontre dans tous les organes animaux et végétaux ; il est indispensable à leur nutrition et à leur développement ; les phosphates sont pour les terres cultivées un excellent amendement.

Arsenic. — L'arsenic est un corps solide, gris d'acier, à éclat métallique, très-oxydable à l'air, se conservant dans l'eau distillée, sa densité est 5, 7 ; inodore, insipide, il se volatilise au rouge sombre sans passer par la fusion. Pour le fondre, il faut le chauffer dans une atmosphère à haute pression.

L'arsenic brûle dans l'oxygène à une température peu élevée ; il donne une flamme d'un bleu pâle. De même, il brûle dans le chlore à la température ordinaire.

L'arsenic n'est pas vénéneux par lui-même ; mais son oxyde, l'acide arsénieux (AsO^3) ou arsenic du commerce est un poison violent.

On trouve dans la nature des minerais qui sont des arsénio-sulfures de nickel et de cobalt : pour en extraire les métaux, on grille ces minerais dans un courant d'air ; il se dégage de l'acide sulfureux qui s'en va dans l'atmosphère et de l'acide arsénieux qui se condense dans les chambres froides.

L'acide arsénieux est solide ; il est dimorphe et on le trouve tantôt à l'état de masses vitreuses cristallisées, tantôt à l'état de substance mate analogue à la porcelaine. Il est soluble et très-rapidement absorbé ; pris à forte dose, c'est un vomitif, et il est moins dangereux ; l'antidote de l'acide arsénieux est la magnésie non calcinée ou l'oxyde de fer qui donnent avec lui des sels insolubles et par suite inoffensifs.

L'arsenic, corps simple, se prépare en distillant l'acide arsénieux avec du charbon. L'arsenic forme avec l'hydrogène un hydrogène arsénié, facilement décomposable par la chaleur.

L'acide arsénieux, ou arsenic vulgaire, est un poison usuel, qu'il est utile de pouvoir reconnaître :

1° Si on a les matières vomies, ou trouvées dans l'estomac, on peut souvent en extraire une poudre blanche pesante, qui, projetée sur les charbons ardents, y brûle avec une odeur d'ail caractéristique ; chauffez cette poudre dans un tube de verre avec du charbon, l'acide arsénieux est décomposé, et à la partie supérieure du tube vient se former un anneau métallique et brillant d'arsenic. On dissout la matière de cet anneau par l'acide chlorhydrique, et on verse dans la liqueur de l'acide sulfhydrique, qui donne un précipité jaune facilement reconnaissable de sulfure d'arsenic ou orpiment ;

2° Il arrive quelquefois que la présence du poison ne peut se constater aussi facilement ; par exemple, lorsqu'on fait les recherches plusieurs jours et même plusieurs mois après la mort. Il faut alors prendre les viscères, le cœur, l'estomac, les intestins, les chauffer avec de l'acide sulfurique pur et concentré, afin de détruire toutes les matières organiques : il ne reste qu'un charbon brillant où se trouve l'arsenic. On traite alors par l'acide azotique, afin de transformer l'arsenic en acide arsénieux, et même en acide arsénique AsO^5, qui est plus so-

Fig. 264.

luble, et on le reprend par l'eau distillée. Cette eau distillée donne avec l'acide sulfhydrique le précipité jaune d'orpiment ; et, en outre, on en essaye une portion à l'appareil de Marsh. L'appareil se compose d'un flacon producteur d'hydrogène (eau et grenaille de zinc, sur laquelle on verse de l'acide sulfurique) : dans ce flacon on a introduit la substance que nous supposons arsenicale. L'hydrogène naissant décompose l'acide arsénieux, suivant l'équation

$$AsO^3 + 6H = 3HO + AsH^3$$

Il se dégage donc du gaz hydrogène arsénié, qui traverse un tube chauffé au rouge, où il se décompose ; l'arsenic métallique se dépose en anneau noir miroitant ; et même si on allume le gaz qui se dégage à l'extrémité, on obtient une flamme livide et allongée ; écrasez cette flamme par une soucoupe de porcelaine, il se déposera sur la soucoupe une poussière noire d'arsenic.

Le gaz qui se dégage entraîne toujours des gouttelettes d'eau tenant en suspension du sulfate de zinc, qui par la chaleur se réduit à l'état d'oxysulfure de zinc, lequel est noir et pulvérulent : on aperçoit sur la figure un petit tube rempli d'amiante, et destiné à parer à cet inconvénient ; l'amiante retient les gouttelettes entraînées.

L'anneau miroitant et les taches noires de la soucoupe pourraient fort bien être dus à l'antimoine, et l'on comprend combien alors l'erreur serait grave, car l'antimoine entre dans beaucoup de médicaments, l'émétique, par exemple. Il y a pour faire la distinction entre l'arsenic et l'antimoine un procédé simple, qui consiste à traiter l'anneau miroitant par un peu d'acide azotique, sursaturer par de l'ammoniaque, évaporer à sec et reprendre par de l'eau distillée : on traite alors la liqueur par l'azotate d'argent, et si l'on a opéré sur de l'arsenic, il se forme un précipité rouge brique d'arséniate d'argent ; si l'on a opéré sur de l'antimoine, c'est un précipité blanc d'antimoniate d'argent.

D'après ce qui précède, on voit qu'il faut entourer la recherche de l'arsenic de précautions minutieuses.

A faible dose, l'acide arsénieux est un médicament qu'on emploie pour diminuer la plasticité du sang, pour combattre l'apoplexie.

Carbone. — Le carbone est le corps le plus répandu de la nature ; le diamant est du carbone pur ; à l'état plus ou moins impur, il constitue les combustibles minéraux, qui prennent le nom d'anthracite, de houille et de tourbe ; il entre dans presque tous les composés organiques, et forme la charpente végétale et animale ; les carbonates sont très-nombreux, et entrent pour beaucoup dans la constitution de l'écorce terrestre.

Le carbone se présente sous diverses formes ; il a deux caractères typiques : jusqu'ici on n'a pu arriver à le fondre, et il brûle dans l'oxygène, en donnant un gaz facile à reconnaître, l'acide carbonique.

Diamant. — Le diamant se trouve surtout au Brésil et dans l'île de Bornéo, au milieu de terrains d'alluvion renfermant des débris de roches anciennes. Il est souvent entouré d'une gangue opaque ; le diamant le plus recherché est blanc ; il en existe de bleus, de jaunes et de noirs. Le diamant est du carbone pur cristallisé dans le premier système (octaèdre régulier) ; densité 3,5 ; non conducteur de la chaleur et de l'électricité, il est de tous les corps celui qui réfracte le plus la lumière ; il est combustible, et donne de l'acide carbonique pur.

On a essayé de faire cristalliser le charbon pour avoir du diamant : M. Despretz, avec une pile puissante de 600 éléments, est arrivé seulement à ramollir le charbon des cornues à gaz ; en décomposant le chlorure de carbone par une pile faible, il a fini par obtenir des cristaux élémentaires ou petits diamants, rassemblés au pôle négatif. La valeur du diamant croît comme le carré du poids, qui s'exprime en carats (le carat est une petite fève de l'Asie).

Par la chaleur d'une pile puissante, le diamant se boursoufle, mais ne fond pas.

Le diamant est le plus dur des corps, il raye tous les autres ; pour le tailler, on se sert de poudre formée avec des diamants de rebut. Ces éclats de diamant sont employés aussi pour couper le verre.

Graphite. — La fonte de fer, sursaturée de charbon, dégage en se refroidissant des cristaux en lames noires très-brillantes, qui semblent être du charbon pur ; — on appelle ce corps le graphite. — Dans les terrains anciens, on trouve encore le graphite (ou plombagine) sous forme de paillettes hexaèdriques.

Anthracite. — L'anthracite est un charbon pur, compacte, très-difficile à allumer, mais qui est un combustible précieux, si on peut lui fournir assez d'oxygène. La houille, sur laquelle nous aurons lieu de revenir en géologie, est un charbon de terre moins parfait que l'anthracite.

La houille, calcinée en vase clos, dégage un mélange de gaz nombreux, lequel mélange purifié forme le gaz d'éclairage ; le résidu est le coke ; on a environ 60 de coke pour 100 de houille. Le coke est employé, soit au chauffage des locomotives, soit au chauffage domestique.

Noir de fumée. — Les corps gras, les huiles, les résines sont très-riches en carbone, et éprouvent à l'air une combustion incomplète ; leur flamme est fumeuse, et dépose du charbon en poudre, dit noir de fumée, qui, calciné à l'abri de l'air, donne du carbone pur.

L'appareil ci-joint montre comment on se le procure : il se dépose sur un cône en tôle, que l'on descend de temps en temps, et que l'on racle (*fig.* 265).

Le noir de fumée sert à préparer l'encre de Chine, l'encre d'imprimerie : c'est un corps décolorant et désinfectant.

Charbon de bois. — S'il est chauffé en vase clos, ou s'il ne reçoit qu'une quantité d'air insuffisante, le bois se carbonise, dégage de nombreux gaz, et, en définitive, il reste du charbon de bois. Les gaz qui se dégagent sont variables avec la marche de l'opération et avec la température : chauffé au rouge, le carbone brûle en dégageant de l'acide carbonique CO^2, ou de l'oxyde de carbone CO, suivant que la combustion est complète ou incomplète. Si le bois a été chauffé brusquement, le charbon se trouve en présence de l'eau, qui ne s'est pas com-

Fig. 265.

plétement dégagée, et il la décompose; il est donc important de n'élever que lentement la température du bois, afin de chasser toute l'humidité et de ne point perdre une partie du charbon.

Fig. 266.

On comprend dès lors que le rendement doit être très-variable.

La méthode moderne est la distillation du bois en vase clos : on place le bois dans des chaudières en tôle chauffées en dessous ; à ces chaudières s'adapte un tube qui laisse passer les gaz ; ces gaz entraînent des huiles, des goudrons et de l'acide acétique (vinaigre de bois), et on recueille toutes ces matières. Ce qui reste des gaz est combustible, et peut être utilement employé à chauffer les chaudières. 100 parties de bois desséché pendant un an rendent à la distillation 27 parties de charbon.

Cette méthode est d'une installation coûteuse, et dans les forêts on emploie toujours le procédé des meules : on dispose quelques bûches verticalement, de manière à former une cheminée, autour de laquelle on empile trois couronnes de bois placé debout ; la meule ainsi formée est recouverte de branchages et de gazons, de façon à intercepter l'air ; cependant, on ménage, à la base, des trous ou évents. Dans la cheminée on jette des branchages, que l'on allume par le haut, la combustion se transmet de proche en proche et du haut vers le bas : on la conduit, en perçant de place en place dans les gazons des trous que l'on bouche ensuite. Il se dégage d'abord une fumée blanche, très-chargée de vapeur d'eau ; puis elle devient ensuite transparente et bleuâtre, parce qu'elle ne renferme plus guère que de l'hydrogène et de l'oxyde de carbone.

Par ce procédé, 100 parties de bois donnent 17 parties de charbon, au lieu de 27, qu'on obtient par la distillation.

Noir animal. — Les os renferment 30 pour 100 de matières organiques très-riches en carbone : calcinés en vase clos, ils donnent une masse spongieuse que l'on broie sous des meules, et qui est un charbon impur mélangé à des carbonates et phosphates de chaux.

Le noir animal est excessivement décolorant ; il décolore l'indigo, le tournesol, le vin rouge, et on l'emploie au blanchiment des sucres bruts. Il possède, en outre, à un haut degré le pouvoir d'absorber les gaz, même quand ils sont en dissolution ; les eaux saumâtres, filtrées à travers une couche de noir animal, deviennent potables. Cette propriété d'absorber les gaz, et de désinfecter les liquides, existe à un très-haut degré dans le charbon de bois ordinaire, qui peut absorber jusqu'à 90 fois son volume d'ammoniaque, 35 fois son volume d'acide carbonique, 9 fois son volume d'oxygène. Les volumes de gaz absorbés par le charbon décroissent comme les coefficients de solubilité de ces gaz dans l'eau. Par la chaleur les gaz absorbés se dégagent.

Le noir animal dont on se sert devient rapidement inactif ; on le révivifie en le calcinant en vase clos.

Le charbon des cornues à gaz est un charbon très-compacte, qui s'attache aux parois de ces cornues, et reste soumis à l'influence prolongée de la chaleur : cette sorte de charbon conduit bien la chaleur et l'électricité.

Le charbon a la propriété de décomposer par la chaleur presque tous les composés oxygénés, et de s'emparer de leur oxygène.

Bore. — Le bore est très-analogue au carbone pour ses propriétés physiques. On le connaît sous trois états :

1° *Bore amorphe.* — Dans un creuset de fonte chauffé au rouge on jette un mélange d'acide borique fondu et de sodium en fragments ; on ferme le creuset, et on agite la masse de temps en temps, puis on la projette dans l'eau froide, et par des lavages successifs on obtient une poudre verte, qui est du bore amorphe. Le sodium a décomposé l'acide borique pour lui enlever son oxygène, et former de la soude qui, avec l'acide borique non décomposé, a donné du borate de soude.

2° *Bore graphitoïde.* — On fait passer un mélange de chlorure de bore $BoCl^3$

et d'oxyde de carbone CO sur de l'aluminium chauffé au rouge dans un tube, il se forme un borure d'aluminium qui, décomposé par l'acide chlorhydrique, abandonne le bore graphitoïde ;

3° *Bore adamantin* ou *cristallisé.* — On fabrique un creuset dans un morceau de charbon de cornue à gaz, et l'on y met quelques gros morceaux d'aluminium avec de l'acide borique en fragments. On chauffe le creuset dans un autre creuset de plombagine, qui est très-réfractaire, de façon à maintenir le mélange en fusion. Au bout de quelques heures, on laisse refroidir, on casse le creuset, et on trouve un culot d'aluminium imprégné de cristaux de bore.

Le bore cristallisé est infusible, brûle dans l'oxygène et dans le chlore ; il raye les diamants les plus durs, et présente les couleurs les plus diverses avec un grand éclat et une grande réfringence.

Silicium. — L'acide silicique ou silice est un corps fort répandu dans la nature, et que l'on peut décomposer par le potassium et le sodium. On obtient alors une poudre brune, infusible, fixe, et insoluble comme le bore et le carbone. Le chlorure de silicium, traité au rouge par le sodium, peut donner à la fois du silicium graphitoïde et du silicium cristallisé ou adamantin.

COMPOSÉS OXYGÉNÉS DES MÉTALLOÏDES

Air atmosphérique. — L'air n'est pas un composé : c'est un simple mélange d'oxygène et d'azote.

C'est un gaz incolore, bleuâtre sous de grandes épaisseurs ; c'est à lui qu'on rapporte la densité des autres gaz ; un litre d'air pèse à 0°, et sous la pression 0,76, $1^{gr},293$. Il est formé d'oxygène et d'azote pour la plus grosse part ; mais il renferme, en outre, tous les gaz qui peuvent se dégager et exister à la surface de la terre : l'acide carbonique, l'eau, l'ammoniaque, l'acide sulfhydrique, l'iode, etc... ; il tient en suspension des particules organiques, dont quelques-unes sont certainement vivantes.

C'est à Lavoisier que l'on doit l'analyse de l'air. Au moyen âge, on avait bien remarqué que des métaux, l'étain par exemple, chauffés à l'air, changeaient d'aspect et de forme en augmentant de poids ; et l'un des alchimistes de l'époque alla jusqu'à dire que l'air imprégnait les métaux, comme l'eau peut imprégner le sable. Ce fait est vrai, seulement un seul des éléments de l'air, l'oxygène, est actif, et vient s'ajouter aux corps pour les modifier.

Malgré ces expériences connues, la science s'en tint longtemps à la théorie du phlogistique : le phlogistique était une substance, ou plutôt un fluide, qui pouvait s'ajouter aux corps ou les quitter ; les métaux possédaient le phlogistique, et ce qu'on appelait les terres, nos oxydes d'aujourd'hui, étaient des métaux déphlogistiqués. On voit que cette théorie arrivait à donner au phlogistique une pesanteur négative.

Lavoisier réforma cette théorie par l'expérience suivante.

Dans un ballon à long col il plaça du mercure ; le col, deux fois recourbé, se rendait sous une cloche pleine d'air, placée au-dessus de la cuve à mercure ; en aspirant avec un siphon, il enleva une partie de l'air confiné sous la cloche, et le niveau du mercure s'y éleva à une hauteur qu'il nota. Puis, pendant plusieurs jours, il chauffa le mercure du ballon au-dessous de l'ébullition, et ce mercure se recouvrit d'une poudre rouge, qui finit par ne plus augmenter. Il constata à ce moment, que le volume de l'air confiné avait diminué de 1/5, et que le gaz restant était irrespirable, et n'entretenait plus la combustion.

D'autre part, il recueillit la poudre rouge, et la chauffa à une température plus

Fig. 267.

élevée que celle de l'ébullition du mercure; il se dégagea un gaz qu'il recueillit, dont le volume était égal au volume disparu, et qui entretenait énergiquement la combustion et la respiration. En mêlant ce dernier gaz au premier, Lavoisier reconstitua l'air atmosphérique.

Scheele arrivait au même résultat, en absorbant l'oxygène d'un volume donné d'air par des sulfures qui se transformaient en sulfates.

On se sert aujourd'hui de plusieurs procédés de dosage très-exacts.

Dosage en volume. — 1° *Par le phosphore à froid.* — Dans un tube gradué on introduit 100 parties d'air, puis un bâton de phosphore humide; il se forme de l'acide phosphoreux que l'eau entraîne. L'absorption complète de l'oxygène est

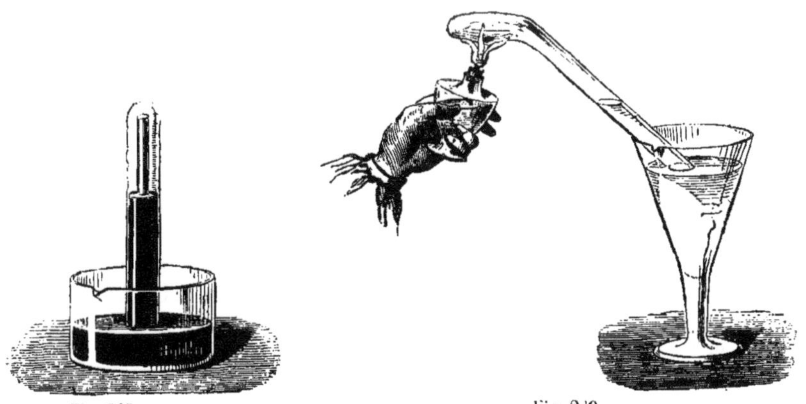

Fig. 268. Fig. 269.

achevée lorsque le phosphore, transporté dans l'obscurité, n'est plus lumineux. On trouve alors qu'il reste dans l'éprouvette 79 parties de gaz, c'est de l'azote, qui était mélangé à 21 parties d'oxygène;

2° *Par le phosphore à chaud.* — Dans l'ampoule d'une éprouvette recourbée on place un fragment de phosphore, et l'on chauffe avec une lampe à alcool, légèrement d'abord pour chasser la vapeur d'eau, puis énergiquement pour enflammer le phosphore. Si la chaleur n'était pas assez vive, le phosphore se vaporiserait, et une explosion serait à craindre. A un moment donné, le phosphore s'enflamme, une lueur parcourt l'éprouvette, et l'expérience est terminée. Il reste 79 d'azote, et 21 parties d'oxygène ont été absorbées.

3° *L'acide pyrogallique et la potasse mélangés absorbent très-rapidement l'oxygène d'un mélange.* — C'est un procédé d'analyse expéditif et commode;

4° *Analyse eudiométrique.* — Mélangeons dans un tube 100 parties d'air et 100 parties d'hydrogène, et faisons passer une étincelle électrique dans le mélange; il y a détonation, et il se forme de l'eau, qui se condense instantanément. Le volume de gaz restant n'est plus que 137, au lieu de 200 : 63 volumes de gaz ont disparu pour former de l'eau; or l'eau est formée de 2 d'hydrogène pour 1 d'oxygène, le volume d'oxygène disparu est donc représenté par le tiers de 63, c'est-à-dire par 21.

Il existe un eudiomètre de Gay-Lussac, mais le plus simple est l'eudiomètre de Mitscherlich dont la figure est ci-jointe, et qui se compose d'une éprouvette reposant sur la cuve à mercure et traversée à la partie supérieure par deux pointes métalliques entre lesquelles jaillit l'étincelle.

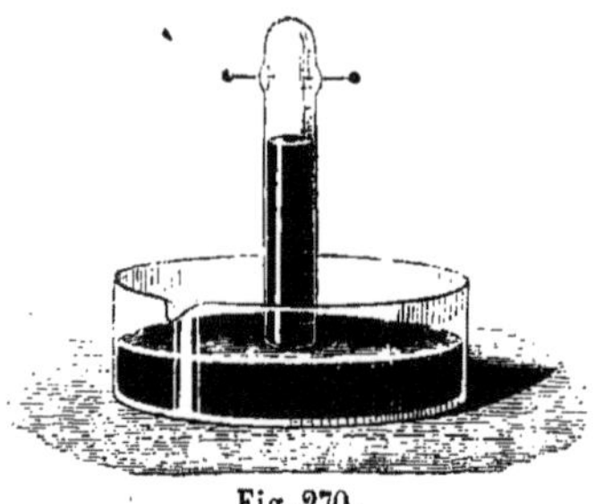

Fig. 270.

Dosage en poids. — On n'obtient par les méthodes précédentes que des résultats peu exacts, car on opère sur de petites quantités d'air et la mesure des volumes est plus sujette à erreur que la mesure des poids. En outre on ne connaît pas la quantité d'eau, d'acide carbonique que l'air renferme. Mieux vaut absorber les différents éléments de l'air par des corps dont on cherchera ensuite l'augmentation de poids.

1° *Procédé de Dumas et Boussingault* (V. planche I, fig. 271). — Dans un ballon en verre B de 15 à 20 litres, on fait le vide, et on pèse le ballon vide. Il s'adapte à un tube de verre peu fusible T, rempli de planures de cuivre poreux (ces planures s'obtiennent en prenant des copeaux de cuivre que l'on oxyde par la chaleur et qu'on ramène ensuite à l'état de cuivre pur par un courant d'hydrogène) : le tube T est fermé par des robinets, et on peut y faire le vide. En avant de lui s'adaptent une série de tubes à boules de Liebig remplis d'une dissolution de potasse concentrée destinée à absorber l'acide carbonique, et une série de tubes en U remplis de pierre ponce humectée d'acide sulfurique concentré, destiné à retenir l'humidité de l'air. Le ballon B est vide, le tube T aussi. On les pèse et soit P et p leurs poids : on porte le tube T au rouge, puis on ouvre le robinet de droite et il se fait un appel d'air. Au contact du cuivre rougi, l'air perd son oxygène ; on ouvre alors le robinet de gauche (r) puis celui du ballon B, de manière à produire une aspiration régulière; l'air se dépouille de son eau et de son acide carbonique dans les tubes en U et dans les tubes de Liebig, l'oxygène est fixé par le cuivre et l'azote se rend dans le ballon. Quand il ne se produit plus de courant gazeux dans les boules, on arrête l'opération, on ferme tous les robinets. Le ballon B est pesé de nouveau, plein d'azote. Soit P' son poids ; P' — P est le poids d'azote, auquel il faut ajouter cependant l'azote qui forme l'atmosphère du tube T. On pèse ce tube, soit p' son poids, puis on y fait le vide, et soit p'' son poids; $p' - p''$ est le poids de l'azote contenu dans le tube et le poids de l'oxygène absorbé est $p'' - p$. On a donc :

$$\text{Poids de l'azote} = P' - P + p' - p'',$$
$$\text{Poids de l'oxygène} = p'' - p,$$

On trouve ainsi que 100 parties d'air sont formées en poids de :

23 d'oxygène
et 77 d'azote;

Connaissant la composition en poids, il est facile, par les densités, de passer à la composition en volumes;

La densité de l'oxygène étant de 1,1056, le volume correspondant au poids 23 d'oxygène sera

$$X = \frac{23}{1,1056} = 20,81\,;$$

La densité de l'azote étant 0,9714, le volume correspondant au poids 77 d'azote sera

$$Y = \frac{77}{0,9714} = 79,19\,;$$

de sorte que la composition exacte de l'air en volumes est la suivante :

	20,8	volumes d'oxygène
	79,2	volumes d'azote
donnent	100,0	volumes d'air.

Ce résultat s'applique à l'air dépouillé de l'eau et de l'acide carbonique qu'il contient en quantité variable.

M. Boussingault arrive à doser l'eau et l'acide carbonique contenus dans l'air au moyen d'une série de tubes en U garnis de pierre ponce imbibée d'acide sulfurique et d'appareils de Liebig.

La quantité d'acide carbonique contenue dans l'air varie entre 4 et 6 dix-millièmes : elle est plus forte dans les lieux habités qu'en rase campagne ; elle diminue à la suite de fortes pluies parce que l'eau dissout l'acide carbonique. Par suite de la respiration des plantes qui absorbent de l'acide carbonique pendant le jour, la proportion est plus forte la nuit que le jour.

On rencontre encore dans l'air des carbures d'hydrogène, que l'on croit provenir de la décomposition des substances putrides ou miasmes enlevés à certaines régions malsaines.

Nous avons dit en commençant que l'air était un mélange; cela résulte des observations suivantes :

1° L'air renferme des volumes d'oxygène et d'azote qui ne sont pas en rapport simple, et les gaz ne se combinent que dans des rapports de volume très-simples.

2° Le mélange de l'oxygène et de l'azote se fait sans manifestation de chaleur, de lumière ou d'électricité.

3° Si l'on recueille sur la cuve à mercure le gaz qui se dégage d'un ballon plein d'eau légèrement échauffée, on constate que dans ce gaz les volumes d'oxygène et d'azote sont dans le rapport de leurs coefficients de solubilité. L'air n'a donc pas un coefficient propre de solubilité, et les deux gaz qui le forment semblent se dissoudre séparément.

De la combustion. — Nous avons donné le mot combustion comme synonyme du mot combinaison chimique. Dans la pratique, les combustions qui nous procurent de la chaleur ou de la lumière sont des oxydations. Le fond des matières combustibles est le carbone et l'hydrogène, et chaleur et lumière sont dues à l'union de ce carbone et de cet hydrogène avec l'oxygène de l'air, union d'où résultent de l'oxyde de carbone, de l'acide carbonique et de la vapeur d'eau.

La combustion a donc pour effet de vicier l'air dans un espace limité : nous aurons à revenir sur ce point en parlant de l'acide carbonique.

La lumière et la chaleur s'accompagnent généralement, mais elles ne croissent pas proportionnellement l'une à l'autre. Ainsi la combustion de l'hydrogène donne beaucoup de chaleur avec une flamme très-pâle. Nous avons déjà vu que, pour qu'une flamme soit brillante, il est nécessaire que le gaz à la combustion duquel elle est due renferme des particules solides ou en fournisse en se décomposant. Nous aurons la preuve des faits précédents en examinant la flamme d'une bougie. A la base du cône est une zone bleuâtre et de faible intensité (*i*); puis une zone blanche (*b*) et enfin au centre une zone brillante. La colonne d'air

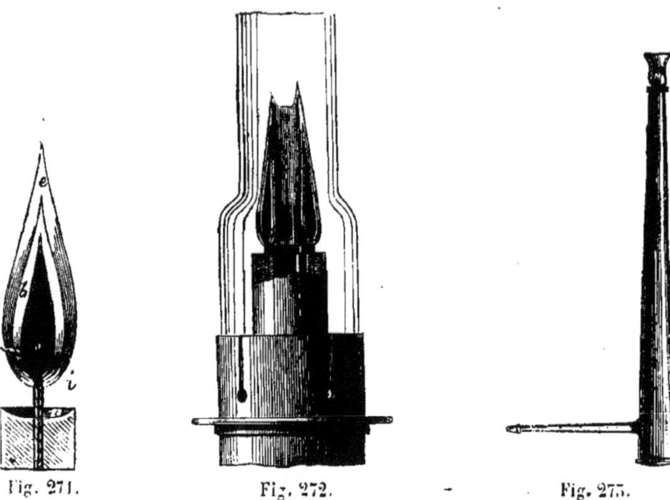

Fig. 271. Fig. 272. Fig. 273.

échauffée par la bougie appelle un air nouveau qui arrive par la base : l'oxygène se trouve en excès, la combustion est incomplète, et il se produit surtout de l'oxyde de carbone (CO) ; dans la zone du milieu, l'oxygène est en quantité suffisante pour brûler complétement le carbone et l'hydrogène, d'où une flamme blanche peu éclairante, il se forme de l'acide carbonique et de l'eau ; à la partie centrale, il n'arrive pas assez d'air, il y a combustion incomplète, du charbon reste en suspension dans la flamme, et on peut le recueillir à l'état de noir de fumée sur une soucoupe de porcelaine, c'est à ces particules solides qu'est dû l'éclat de la flamme.

Mais si la quantité de carbone est trop considérable, l'effet est dépassé, et l'on a une flamme fumeuse peu éclairante. C'est le cas de l'huile brûlée par une mèche plate. Il faut alors recourir à la mèche cylindrique, afin d'avoir un double courant d'air, interne et externe.

Il résulte de ce qui précède que la base de la flamme d'une bougie renferme de l'oxygène en excès, c'est donc là qu'il faut placer les métaux qu'on veut oxyder par la chaleur : au contraire la partie centrale manque d'oxygène et c'est là qu'il faut placer les corps que l'on veut désoxyder, les oxydes métalliques, par exemple, que l'on se propose de réduire.

Pour augmenter la chaleur donnée par une flamme, il faut augmenter la vitesse de combustion, c'est-à-dire faire arriver plus d'air dans un temps donné. Dans nos foyers on se sert pour cela du soufflet ; dans les laboratoires on recourt au chalumeau ; instrument très-simple, composé d'un tube en cuivre avec embouchure en ivoire ; à ce tube s'adapte à angle droit un ajutage garni de platine ; on souffle par l'embouchure de façon à envoyer de l'air qui n'ait point passé par les poumons, c'est-à-dire qui ne soit pas chargé d'acide carbonique, cet air se comprime et sort avec une grande vitesse de la pointe du chalumeau. Avec ce courant d'air, on peut, dans une bougie, produire un dard de flamme possédant une température élevée.

COMPOSÉS OXYGÉNÉS DE L'AZOTE

Protoxyde d'azote (AzO). — Le protoxyde d'azote est un gaz incolore, inodore, à saveur sucrée. Densité 1,5. Cinq volumes d'eau dissolvent quatre volumes de ce gaz. Il renferme beaucoup d'oxygène et l'abandonne très-facilement aussi entretient-il la combustion avec une énergie comparable à celle de l'oxygène pur ; on peut vérifier ce fait en brûlant du soufre, du phosphore, dans le protoxyde d'azote.

Sa propriété la plus curieuse est de produire, lorsqu'on le respire, une sorte

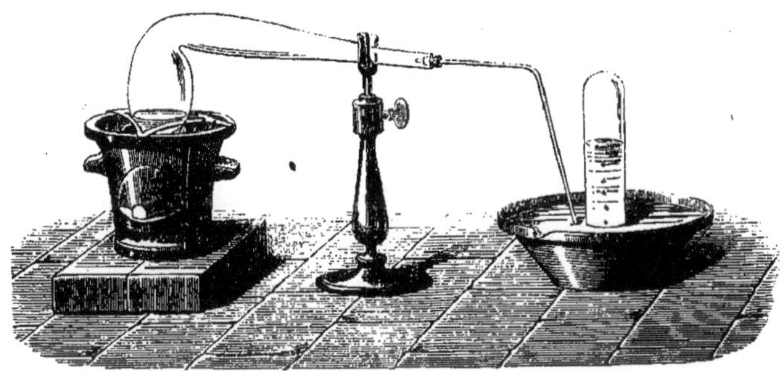

Fig. 274.

d'ivresse accompagnée de gaieté folle ; aussi l'appelle-t-on gaz hilarant. L'expérience deviendrait très-dangereuse si on la prolongeait.

Le protoxyde d'azote a été liquéfié à 0° sous une pression de 30 atmosphères. On le prépare en décomposant par la chaleur l'azotate d'ammoniaque, que l'on chauffe modérément dans une cornue de verre. La réaction est exprimée par l'équation :

$$AzH^3,HO,AzO^5 = 4HO + 2AzO.$$

L'analyse apprend que le protoxyde d'azote est formé de deux volumes d'azote et d'un volume d'oxygène condensés en deux volumes.

Bioxyde d'azote (AzO^2). — C'est un gaz incolore, de densité 1,04, non liquéfié jusqu'à présent, peu soluble. Il est plus stable que le précédent, aussi n'entretient-il pas la combustion ; c'est un gaz neutre, formé de volumes égaux d'azote et d'oxygène. On le sépare du protoxyde lorsqu'il est mélangé avec lui, en agitant le mélange, avec une dissolution de sulfate de protoxyde de fer qui du vert passe au brun en absorbant tout le bioxyde d'azote.

On le prépare en décomposant le cuivre par l'acide azotique.

$$3Cu + 4AzO^5 = 3(CuO,AzO^5) + AzO^2$$

La propriété caractéristique du bioxyde d'azote est une tendance continuelle à l'oxydation supérieure; au contact de l'air, il se répand immédiatement en vapeurs rutilantes d'acide hypoazotique (AzO^4).

Acide azoteux (AzO^3). — L'acide azoteux est très-difficile à préparer pur. On obtient généralement les azotites en décomposant les azotates par la chaleur.

$$KO,AzO^5 = 2O + KO,AzO^3.$$

Acide hypoazotique (AzO^4). — A 9°, l'acide hypoazotique est une masse blanche fibreuse. A 0°, il est liquide, jaune brun, puis sa couleur brune se fonce de plus en plus jusqu'à +22°, où il entre en ébullition en donnant des vapeurs rutilantes caractéristiques. Il corrode les matières organiques; en présence des bases ou seulement de l'eau, il se décompose en acide azoteux et acide azotique :

$$(2AzO^4) + 2KO = KO,AzO^5 + KO,AzO^3.$$

On le prépare en décomposant l'azotate de plomb (PbO,AzO^5) par la chaleur; l'acide azotique tend à se dégager, mais comme il n'existe pas à l'état anhydre, il

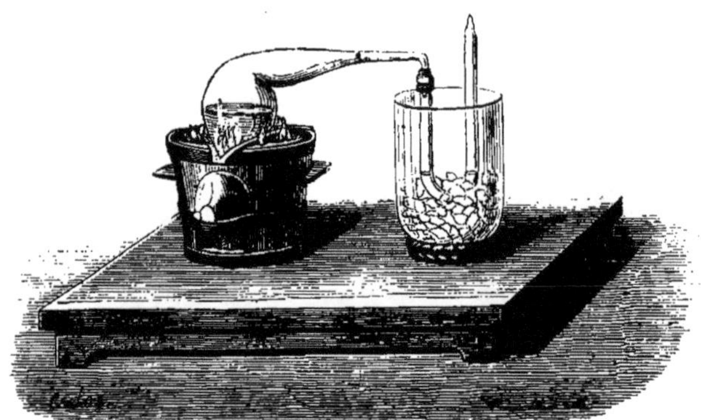

Fig. 275.

se résout en acide hypoazotique que l'on condense au milieu d'un mélange réfrigérant.

Acide azotique (AzO^5,HO). — L'acide azotique n'existe pas à l'état anhydre. Sa dissolution concentrée est un liquide incolore, odorant; il corrode énergiquement les substances organiques. Lorsqu'il est le plus concentré possible, sa densité est un 1,5 et il bout à 86°. Par la chaleur, il se dédouble en oxygène et acide hypoazotique, et si la chaleur est très-élevée il se dédouble simplement en oxygène et azote. L'acide azotique forme avec l'eau deux hydrates ayant des points d'ébullition différents et fixes : AzO^5,HO bout à 86° et $(AzO^5)4HO$ bout à 123°.

Le phosphore et le soufre bouillis avec l'acide azotique se transforment en acides phosphorique et sulfurique.

L'acide azotique est un oxydant très-énergique; il attaque tous les métaux, excepté l'or et le platine. Quelquefois le métal en prenant l'oxygène forme un acide, ainsi l'étain donne l'acide stannique (SnO^2) : généralement il se forme un oxyde basique qui avec le reste de l'acide engendre un azotate, c'est ce qui arrive avec le cuivre, le zinc, l'argent, le mercure; comme il y a toujours décomposition d'une portion de l'acide, il se dégage des vapeurs rutilantes qu'il faut se garder de respirer. Les acides purs et concentrés recouvrent l'argent d'une couche qui arrête la réaction; en général il vaut mieux se servir d'un acide peu concentré. Pour que l'attaque soit énergique, il semble nécessaire que l'acide ne soit pas parfaitement pur, mais renferme un peu de bioxyde d'azote ou d'acide azoteux.

Le fer est violemment attaqué par les acides faibles, il ne l'est pas par les acides concentrés, et même, quand il a été plongé dans les acides concentrés, il n'est plus attaqué par les acides faibles.

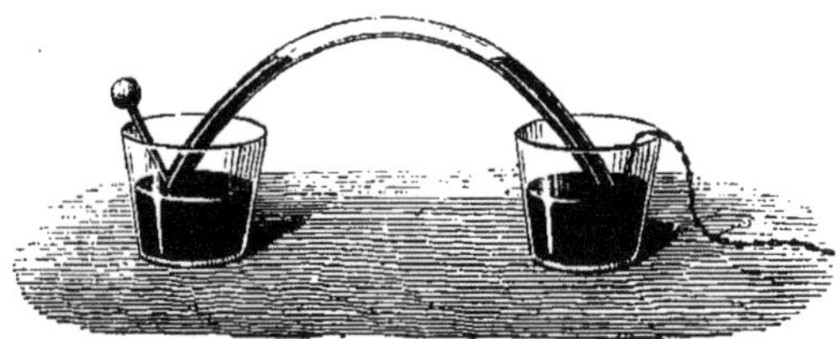

Fig. 276.

L'acide azotique détruit les matières animales et les colore en jaune; c'est ainsi par exemple qu'il agit sur la laine et la soie.

Préparation. — Faites passer une série d'étincelles électriques dans un mélange composé de 3 volumes d'azote et de 7 d'oxygène, lequel mélange est contenu dans un tube recourbé et se trouve en présence de quelques gouttes de potasse; les gaz disparaissent et l'on obtient de l'azotate de potasse. C'est par cette méthode qu'on établit la composition de l'acide azotique, que l'on en fait la synthèse. La synthèse est la création d'un tout dont on donne les éléments ; l'analyse est la disjonction d'un tout en ses divers éléments.

Fig. 277.

L'acide azotique se prépare en chauffant de l'azotate de potasse avec l'acide sulfurique concentré ; l'acide azotique vient se condenser dans un ballon refroidi. Il faut deux équivalents d'acide sulfurique pour un d'azotate, car c'est toujours un bisulfate qui tend à se former, voici la réaction :

$$2(So^3,Ho)+AzO^5,Ko=Ko,Ho,2So^3+AzO^5,Ho$$ (*fig.* 277).

En prenant les équivalents et les transportant dans cette équation, on voit qu'il faut employer à peu près des poids égaux d'acide sulfurique et d'azotate. Au commencement de l'opération paraissent des vapeurs rutilantes dues à ce que l'acide sulfurique, très-avide d'eau, tend à déshydrater les premières parcelles

Fig. 278.

d'acide azotique et par suite à le décomposer; ces vapeurs reparaissent à la fin, parce qu'on élève la température.

Dans l'industrie, on place le mélange au milieu d'un fourneau dans des marmites en fonte, et l'acide se condense dans des bonbonnes en grès (*fig.* 278).

L'acide obtenu renferme de l'acide sulfurique entraîné que l'on précipite à l'état de sulfate de baryte en ajoutant de l'azotate de baryte; puis on le distille.

On substitue souvent à l'azotate de potasse l'azotate de soude qui est moins cher, et qui, à poids égal, donne plus d'acide puisqu'il a un équivalent moins élevé.

En temps d'orage, sous l'influence de l'électricité atmosphérique, il se forme de l'acide azotique auquel on attribue la production des azotates naturels.

On emploie chaque année en France plusieurs millions de kilogrammes d'acide azotique, pour préparer l'acide sulfurique et d'autres produits, et pour graver sur les métaux que l'acide azotique dissout.

On donne encore à l'acide azotique le nom d'acide nitrique, parce que c'est avec le nitre ou salpêtre qu'on le prépare.

COMPOSÉS OXYGÉNÉS DU SOUFRE

Acide hyposulfureux (S^2O^2). — On ne le connait qu'en combinaison avec des bases. L'hyposulfite de soude est très-employé en photographie. On le prépare par l'action du soufre sur le sulfite de soude.

$$So^2NaO + S = S^2O^2,NaO.$$

A côté de cet acide, se rangent quatre autres acides formant ce qu'on appelle la série thionique et qui ont pour formules S^2O^5, S^3O^5, S^4O^5, S^5O^5.

Acide sulfureux (So^2). — C'est un gaz incolore, dont l'odeur est bien connue par celle des allumettes soufrées que l'on enflamme, densité$=$2,2 ; il est acide et rougit la teinture de tournesol pour la décolorer ensuite.

Il se liquéfie à — 12°, et il est facile de l'obtenir liquide en faisant arriver le gaz sulfureux dans un ballon placé au milieu d'un mélange réfrigérant. En revenant à l'état gazeux, ce liquide absorbe une grande quantité de chaleur et produit un refroidissement qui peut aller jusqu'à — 68°.

L'acide sulfureux se forme à toutes les températures et n'est pas décomposable par la chaleur.

L'acide sulfureux est décomposé à chaux par l'hydrogène qui donne de l'eau avec dépôt de soufre, et par le carbone qui donne de l'acide carbonique et du sulfure de carbone.

Le chlore, à la lumière solaire, se combine à l'acide sulfureux pour former un liquide suffocant, l'acide chlorosulfurique So^2Cl, que l'eau décompose en acides chlorhydrique et sulfurique.

Préparation. — 1° Chauffer dans une cornue en terre de la fleur de soufre avec du bioxyde de manganèse

$$MnO^2 + 2S = MnS + SO^2.$$

2° Désoxyder l'acide sulfurique par un métal, le mercure, ou la tournure de cuivre, l'opération se fait avec l'appareil que représente la figure 280, et voici la réaction :

$$Hg + 2(So^3,Ho) = HgOSO^3 + So^2 + 2Ho.$$

Un litre d'eau dissout 50 litres d'acide sulfureux ; on se sert pour préparer cette dissolution de l'appareil de Woolf, dont les flacons sont remplis d'eau récemment bouillie. Le premier flacon est un flacon laveur rempli d'eau et destiné

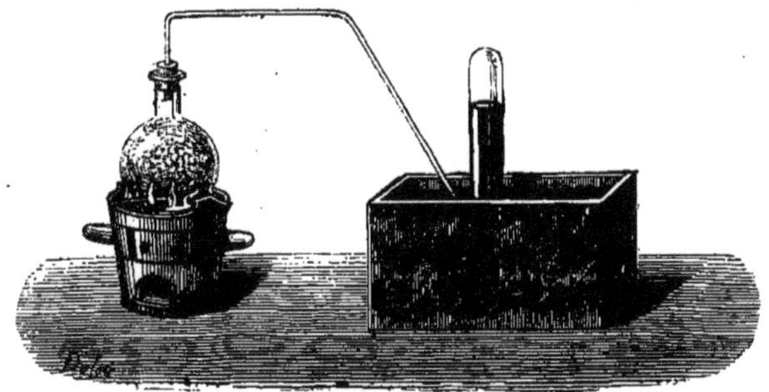

Fig. 279.

à arrêter l'acide sulfurique entraîné. La dissolution d'acide sulfureux s'altère rapidement à l'air, et se transforme en acide sulfurique faible (*fig.* 280).

L'acide sulfureux décolore les matières organiques, par exemple les roses, les violettes, le vin; mais la couleur n'est que masquée, et il est facile de la faire

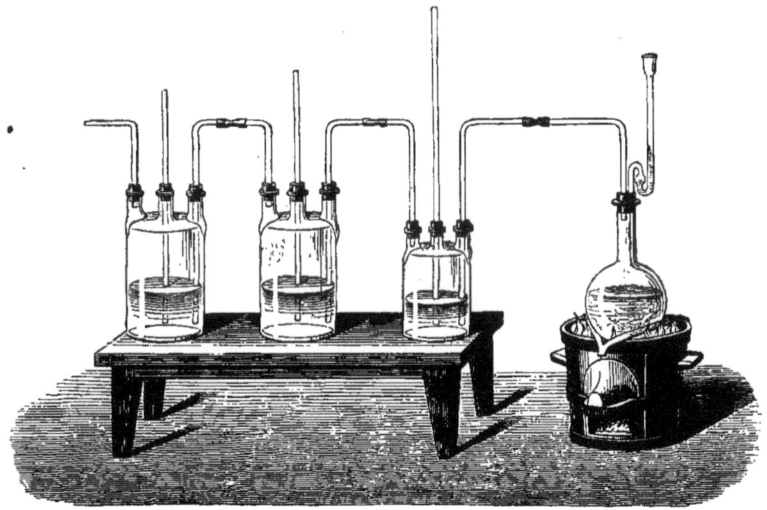

Fig. 280.

reparaître en plongeant les objets dans une eau légèrement alcaline. On l'emploie au blanchiment de la laine et de la soie, en faisant brûler du soufre sur le sol des pièces où les fils sont suspendus; il est préférable au chlore qui altère profondément les étoffes. L'acide sulfureux est encore employé à la guérison des maladies de la peau.

Acide sulfurique (SO^3).— *Acide anhydre.*— Faites passer un mélange d'acide sulfureux et d'oxygène dans un tube contenant de la mousse de platine, échauffée à 300°, et vous pourrez condenser dans un tube en V refroidi l'acide sulfurique anhydre.

La mousse de platine agit par sa présence seule, et n'entre dans la réaction que pour un effet physique encore inexpliqué.

Acide fumant de Nordhausen. — Les pyrites de fer ou sulfures de fer, grillées à l'air s'oxydent et deviennent sulfates ; c'est par ce moyen qu'on obtient le sulfate de fer $FeO, SO^3 + 7HO$, que l'on trouve dans le commerce. On dessèche ce sel, sans arriver toutefois à lui enlever toute l'eau qu'il renferme, puis on le chauffe au rouge sombre dans des cornues de terre ; on recueille dans un récipient refroidi, un acide fumant, très-avide d'eau, qu'on appelle acide fumant de Nordhausen et qui jouit de la propriété de dissoudre facilement l'indigo. Dans la cornue, il reste de l'oxyde rouge de fer, ou colcothar.

Acide hydraté. — C'est un liquide incolore, oléagineux (on l'appelait autrefois huile de vitriol parce qu'on le retirait des sulfates métalliques appelés vitriols), densité = 1,84 — point d'ébullition 325°. — A la température ordinaire, il n'émet pas de vapeur et se congèle à — 35°.

C'est un acide des plus énergiques, fixe et indécomposable, il déplace de leurs combinaisons presque tous les autres acides, et toutefois à une température élevée, il serait lui-même déplacé par l'acide phosphorique.

L'acide sulfurique est très-avide d'eau : une goutte d'eau qui tombe dans un vase plein de cet acide produit le bruit du fer rouge trempé dans l'eau, elle éclate et projette de tous côtés des gouttelettes d'acide ; ce mode d'opérer pourrait être dangereux, aussi faut-il pour mélanger de l'eau et de l'acide sulfurique verser ce dernier dans l'eau ; l'acide étant le plus lourd se rend au fond du vase et il n'y a rien à craindre.

Au contact de l'air, l'acide sulfurique en absorbe la vapeur et augmente de volume.

Un morceau de bois plongé dans cet acide noircit immédiatement, il y a déshydratation et par suite carbonisation ; c'est ce qui explique la couleur jaune sale de l'acide sulfurique mal conservé, il a carbonisé toutes les particules organiques qui se sont mêlées à lui.

L'acide sulfurique forme avec l'eau une véritable combinaison accompagnée d'un développement de chaleur ; mêlez de l'acide concentré avec un peu de glace, la glace fond et il y a dégagement de chaleur ; cependant, la glace pour fondre, a besoin d'absorber beaucoup de chaleur, et il y a là un effet physique corrélatif de l'effet chimique. S'il y a peu de glace, l'effet chimique l'emporte et il y a échauffement de la masse ; s'il y a beaucoup de glace, l'effet physique est le plus fort, il y a refroidissement et l'on obtient un mélange réfrigérant ;

4 d'acide sulfurique et 1 de glace donnent une température de 90° ;
1 d'acide — et 4 — — — 20°

L'acide sulfurique ordinaire est un monohydrate SO^3,HO ; on connaît deux autres hydrates. Dans le mélange de l'eau et de l'acide sulfurique il y a contraction, et il est nécessaire, pour avoir le volume d'acide pur contenu dans un acide du commerce, de recourir à un aréomètre construit d'après les principes qui ont servi à construire l'alcoomètre de Gay-Lussac.

Préparation de l'acide du commerce. — L'acide sulfurique ordinaire se prépare en mettant en présence de l'acide sulfureux SO^2, de la vapeur d'eau HO et de l'acide azotique (AzO^5) en petite quantité. Voici comme on peut concevoir les réactions successives :

1° L'acide sulfureux enlève à l'acide azotique une molécule d'oxygène ;

$$AzO^5,Ho + So^2 = So^3,Ho + AzO^4 ;$$

et en effet, l'acide azotique bouillant dans lequel on fait passer un courant d'acide sulfureux dégage des vapeurs rouges d'acide hypoazotique, et il reste dans la liqueur de l'acide sulfurique que l'on peut précipiter à l'état de sulfate de baryte par l'azotate de baryte.

2° L'acide hypoazotique en présence d'un excès de vapeur d'eau se décompose et donne de l'acide azotique et du bioxyde d'azote :

$$3AzO^4 + nHO = 2AzO^5,nHO + AzO^2.$$

En effet, quelques gouttes d'acide hypoazotique qu'on fait passer dans une éprouvette pleine d'eau sont absorbées et il se dégage un gaz incolore qui s'amasse au sommet de l'éprouvette et qui à l'air se transforme en vapeurs rutilantes. De plus, la liqueur de l'éprouvette est devenue acide.

3° Le bioxyde d'azote s'oxyde à l'air et devient acide hypoazotique

$$AzO^2 + 2O = AzO^4.$$

4° Enfin, cet acide hypoazotique reproduit une nouvelle dose d'acide azotique, comme nous l'avons vu à la réaction (2°).

Dans tout cela, on voit que l'acide azotique est constamment décomposé et constamment régénéré ; la même quantité pourrait donc en théorie servir indéfiniment ; en pratique, il y a des pertes qu'il faut réparer.

Dans les cours, pour démontrer la préparation de l'acide sulfurique, on se sert de l'appareil suivant : Un grand ballon de verre communique avec un flacon où se prépare du bioxyde d'azote, et avec un ballon où se prépare de l'acide sulfureux ; il y a de l'eau dans le fond du ballon. On voit l'atmosphère rougir, puis se

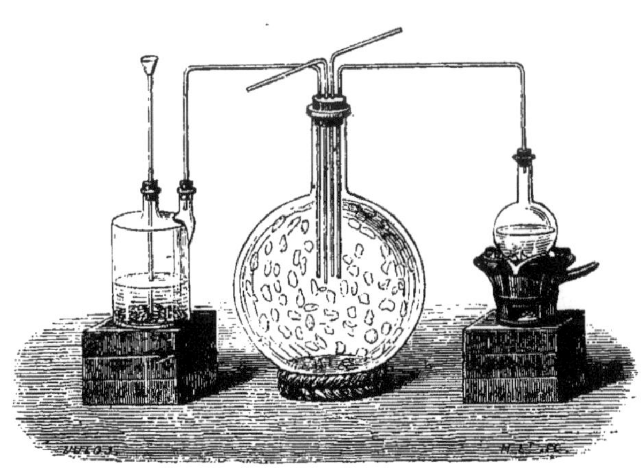

Fig. 281.

décolorer et un liquide huileux coule le long des parois, c'est de l'acide sulfurique. Presque toujours aussi on voit se développer des cristaux, qui sont une combinaison d'acide azoteux et d'acide sulfurique, $AzO^3 2SO^3$; et qui sont une cause d'impureté pour l'acide en même temps qu'une cause de perte considérable pour le fabricant puisqu'ils absorbent de l'acide azotique.

Dans l'industrie, on se sert de l'appareil connu sous le nom de chambre de plomb ; sur la grille d'un fourneau, on brûle du soufre et l'acide sulfureux produit passe dans une série de chambres garnies de feuilles de plomb ; ces chambres sont généralement au nombre de cinq et celle du milieu peut avoir 1,000 à 1,200 mètres cubes de capacité; dans une de ces chambres, on produit une sorte de cascade d'acide azotique; le soufre en brûlant échauffe des chaudières pleines d'eau qui par une série de conduits envoient de la vapeur d'eau dans toutes les chambres. L'acide sulfurique se dépose au fond des chambres et on le recueille ; on n'a pu jusqu'ici éviter la production fort gênante des cristaux cités plus haut, qu'on appelle cristaux des chambres de plomb.

Purification. — L'acide ainsi préparé renferme des vapeurs nitreuses qui disparaissent en le chauffant avec du sulfate d'ammoniaque; celui-ci se décompose et l'ammoniaque donne avec les produits nitreux de l'eau et de l'azote.

Il renferme en outre du sulfate de plomb : on précipite le plomb à l'état de sulfure noir de plomb par un courant d'acide sulfhydrique.

On chasse ensuite l'excès de gaz restant au moyen de la distillation : il y a pour cette distillation des précautions à prendre, l'acide sulfurique par sa viscosité a une grande adhérence sur lui-même et sur le vase qui le renferme, les bulles qui se forment au fond du vase ne s'en détachent que lorsqu'elles possèdent une tension supérieure à celle de l'atmosphère, et à ce moment elles soulèvent et projettent la colonne liquide qui les surmonte.

Pour distiller l'acide sulfurique, il faut donc se servir d'une grille annulaire,

Fig. 282.

de manière à chauffer les parois latérales de la cornue : de la sorte, on ne casse pas la cornue et on n'a pas d'accidents à craindre.

On fabrique en France annuellement 70 millions de kilogrammes d'acide sulfurique. On fabrique avec lui les aluns et les sulfates alcalins ou métalliques ; il sert à préparer tous les autres acides ; nous verrons qu'on l'emploie dans les fermentations industrielles, etc.

COMPOSÉS OXYGÉNÉS DU CHLORE

Acide hypochloreux. CLO. — Dans une dissolution de potasse étendue, on fait arriver un faible courant de chlore et l'on évite de laisser la température s'élever; on obtient un mélange appelé eau de Javel et qui est formé de chlorure de potassium et d'hypochlorite de potasse.

$$2Ko + 2Cl = KCl + Ko,ClO.$$

Si l'on remplace la potasse par une base faible, par exemple de l'oxyde rouge de mercure en poudre que l'on agite dans un ballon plein de chlore, il ne se forme plus d'hypochlorite et l'acide hypochloreux gazeux prend dans le ballon la place du chlore ; l'atmosphère intérieure de verte devient incolore. Ce gaz est très-soluble dans l'eau et possède des propriétés oxydantes et décolorantes très-énergiques.

Acide chloreux (CLO^3). — Gaz jaune foncé, très-lourd, d'une odeur analogue au chlore.

Acide hypochlorique (CLO^4). — Gaz plus jaune que le précédent, très-lourd, se décompose très-facilement en détonant. Dangereux à manier.

Acide chlorique ($CLO^5 HO$). — Dans une dissolution concentrée de potasse caustique on fait passer du chlore en excès, ce n'est plus de l'hypochlorite, mais du chlorate qui se forme :

$$6Ko + 6Cl = Ko,Cl0^5 + Kcl.$$

On décompose le chlorate de potasse par l'acide hydro-fluosilicique qui forme avec la potasse une gelée blanche presque transparente et insoluble.

Concentré dans le vide, c'est un liquide onctueux, soluble dans l'eau en toutes proportions, doué d'une très-grande instabilité. Sous la moindre influence, il cède son oxygène et oxyde les corps en présence ; c'est ainsi qu'il enflamme le papier sec, l'alcool, le soufre, il est décomposé par les acides sulfhydrique, sulfureux et chlorhydrique.

$$\begin{cases} Clo^5 + 5HS = 5Ho + Cl + 5S \\ Clo^5 + 5So^2 = 5So^3 + Cl \\ Clo^5 + 5HCl = 5Ho + 6Cl. \end{cases}$$

Acide perchlorique (CLO^7). — Il est plus stable que le précédent. Le chlorate de potasse légèrement chauffé dégage de l'oxygène, puis la masse s'épaissit et l'on a du perchlorate de potasse, qui, porté à une température plus élevée, se décompose complétement en oxygène et chlorure de potassium. En traitant par l'eau bouillante le mélange de chlorure de potassium et de perchlorate qui résulte d'une ébullition ménagée du chlorate de potasse, on dissout les deux sels et le perchlorate se dépose seul par le refroidissement sous la forme cristalline. On décompose le perchlorate par l'acide sulfurique, et l'on obtient l'acide CLO^7.

COMPOSÉS OXYGÉNÉS DU PHOSPHORE

Acide hypophosphoreux (PhO). — Lorsqu'on fait bouillir le phosphore avec une dissolution alcaline de potasse, soude ou baryte, l'eau est décomposée, et il se forme un hypophosphite et en même temps de l'hydrogène phosphoré.

L'acide hypophosphoreux PhO est visqueux, incolore, facilement décomposable, très-avide d'oxygène; il réduit l'acide sulfurique.

Acide phosphoreux (PHO^3). — Se produit par la combustion lente du phosphore à une basse température.

Sous une cloche mouillée à l'intérieur, on place dans le goulot d'un flacon un entonnoir garni de tubes en verre contenant chacun un bâton de phosphore humide. Le liquide recueilli, renferme l'acide phosphoreux en dissolution. C'est un corps très-avide d'oxygène, et par suite très-réducteur.

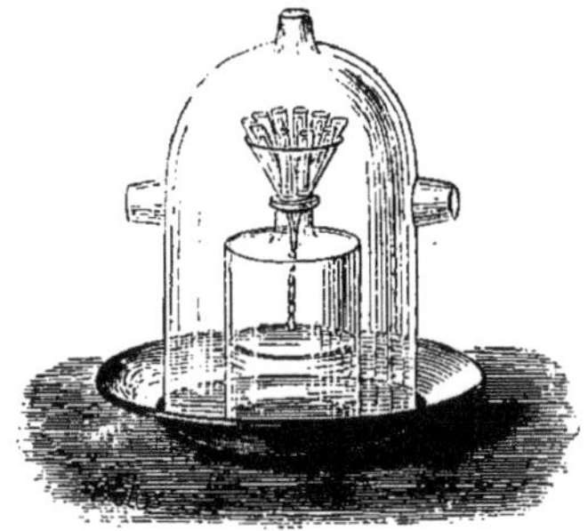

Fig. 2‘3.

Acide phosphorique. PHO^5. — L'acide anhydre se prépare par la combustion du phosphore à l'air. Dans une cloche on plonge un tube fermé par un bouchon à la partie supérieure et qui débouche au-dessus d'une capsule de terre, par ce tube on fait tomber des fragments de phosphore, on allume le premier fragment avec un fil de fer rougi. A droite de la cloche on voit un tube vertical rempli de

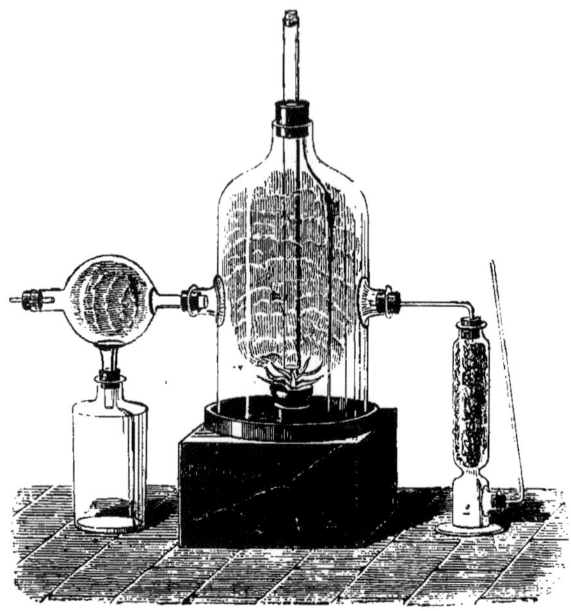

Fig. 284.

chlorure de calcium qui dessèche l'air qu'on envoie avec un soufflet dans ce tube. Il se produit d'abondantes fumées blanches d'acide phosphorique qu'on recueille dans la cloche et dans le flacon placé à gauche de la cloche.

C'est une matière blanche, neigeuse, déliquescente à l'air dont elle absorbe l'humidité, se dissolvant dans l'eau avec le bruit du fer rouge trempé. L'acide une fois hydraté, on ne peut plus lui enlever son eau.

Il y a trois acides phosphoriques hydratés (PhO^5,HO), ($PhO^5,2HO$), ($PhO^5,3HO$), qui sont réellement trois acides distincts. Nous avons vu que l'acide azotique formait deux hydrates AZO^5, HO et AZO^5 4HO ; ces hydrates mis en présence d'une base MO ne donnent qu'un sel AZO^5, MO. Il n'en est pas de même avec les hydrates l'acide phosphorique, l'eau y joue réellement le rôle de base :

L'acide métaphosphorique Pho^5,Ho donne une série de sels Pho^5,Mo
L'acide pyrophosphorique $Pho^5,2Ho$ donne deux séries de sels $Pho^5,2Mo$, et Pho^5,Mo,Ho
L'acide phosphorique $Pho^5,3Ho$ donne trois séries de sels ($Pho^5,3Mo$) ($Pho^5,2Mo,Ho$) ($Pho^5,Mo,2Ho$).

Ces trois états particuliers de l'acide phosphorique constituent donc en réalité trois acides distincts, ainsi qu'on le voit aux réactions suivantes :

Pho^5,Ho —	précipite l'albumine.	Précip. blanc avec l'azotate d'argent.	Précip. blanc avec BaCl.
$Pho^5,2Ho$ —	ne la précipite pas.	Précipité blanc —	Pas de précipité.
$Pho^5,3Ho$ —	ne la précipite pas.	Précipité jaune —	Pas de précipité.

Par la chaleur, ces trois acides sont ramenés à l'état d'acide métaphosphorique, qui est indécomposable par la chaleur seule et chasse tous les autres acides de leurs composés.

L'acide ordinaire $PhO^5, 3HO$ s'obtient en décomposant par l'eau le perchlorure de phosphore $PhCl^5$ et chauffant pour chasser l'acide chlorhydrique

$$PhCl^5 + 8Ho = Pho^5, 3Ho + 5HCl.$$

Le plus souvent on le prépare en faisant bouillir des fragments de phosphore avec l'acide azotique, qui cède son oxygène au phosphore. Au commencement il

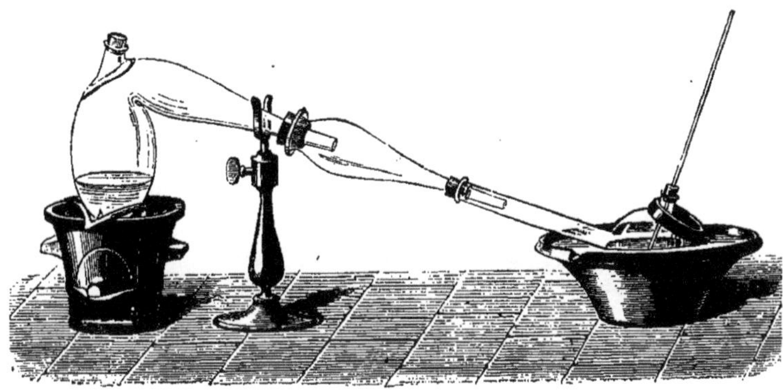

Fig. 285.

passe à la distillation de l'acide azotique ; pour l'utiliser, on reverse dans la cornue le liquide condensé dans le ballon. On condense par la chaleur jusqu'à ce qu'on obtienne un liquide sirupeux.

COMPOSÉS OXYGÉNÉS DU CARBONE

Oxyde de carbone (CO). — C'est un gaz neutre, incolore, inodore, insipide, peu soluble dans l'eau, brûlant à l'air avec une flamme bleue et se transformant alors en acide carbonique CO^2. Ce gaz est indécomposable à la chaleur et à l'électricité, densité 0,967. On ne l'a pas liquéfié jusqu'à présent. L'oxyde de carbone est très-délétère, et une atmosphère qui en renferme plus de $\frac{1}{100}$ de son volume empoisonne rapidement les êtres vivants. Au contraire, l'acide carbonique n'est pas un poison, il asphyxie, parce qu'il n'entretient pas la respiration, mais il ne détruit pas l'organisme, et un animal peut très-bien vivre dans une atmosphère qui contient $\frac{25}{100}$ de son volume d'acide carbonique.

L'oxyde de carbone se produit toutes les fois que la combustion du charbon est incomplète, c'est-à-dire qu'une grande masse de charbon reçoit trop peu d'air. Nous avons vu cet effet se produire en étudiant la constitution de la flamme d'une bougie.

L'oxyde de carbone tend à se transformer en acide carbonique, aussi est-il employé en métallurgie pour réduire les oxydes.

Préparation. — On peut le préparer en faisant passer un courant d'air sur du charbon porté au rouge dans un tube, ou bien en chauffant un excès de charbon avec un oxyde difficile à réduire tel que l'oxyde de zinc. Dans les laboratoires on le prépare en décomposant l'acide oxalique par l'acide sulfurique concentré : on place le mélange des deux acides dans un ballon muni d'un tube de sûreté ;

le gaz se rend dans un flacon laveur à la potasse qui retient l'acide carbonique, et l'oxyde de carbone est recueilli sur la cuve à eau. L'acide oxalique est formé

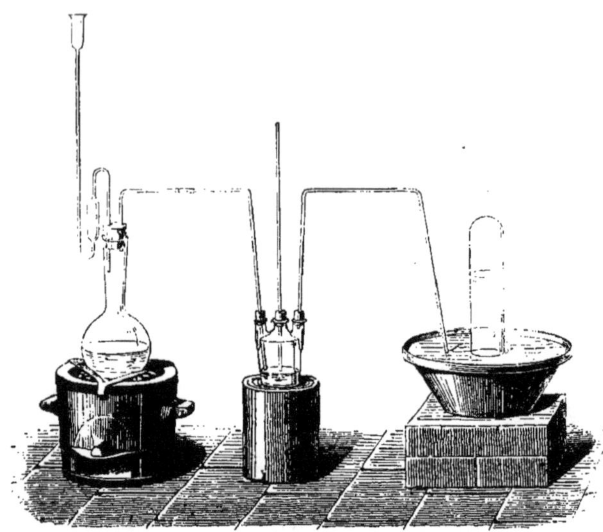

Fig. 286.

par le radical C^2O^3 combiné avec de l'eau, et lorsque l'eau est enlevée à la combinaison par l'acide sulfurique, le radical C^2O^3 est isolé ; et comme il n'existe pas

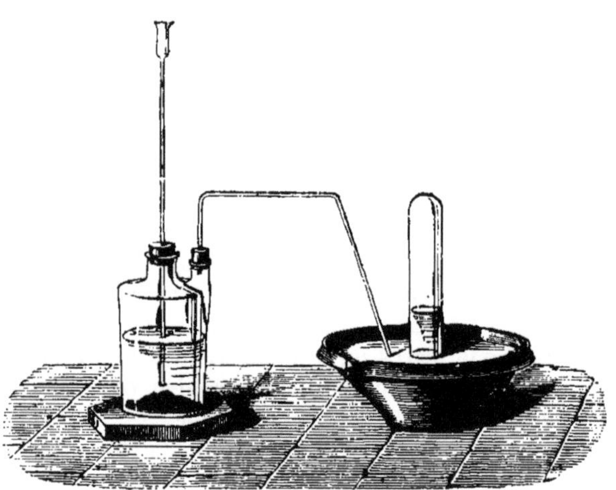

Fig. 287.

à l'état anhydre, il se dédouble en $CO^2 + CO = C^2O^3$. L'acide carbonique est absorbé par la potasse, et l'oxyde de carbone se dégage.

Acide carbonique (CO^2). — Le charbon brûlant dans l'oxygène se transforme en gaz acide carbonique ; ce même gaz se produit en grande quantité dans tous nos appareils de chauffage, et les animaux en exhalent par leur respiration. Les carbonates métalliques et surtout le carbonate de chaux entrent pour une grosse part dans la constitution de l'écorce terrestre.

On le prépare en faisant agir l'acide chlorhydrique sur du marbre ou de la craie, il se forme de l'eau et du chlorure de calcium, composé éminemment soluble et l'acide se dégage.

$$CaO,Co^2 + HCl = Ho + CaCl + Co^2.$$

Il faut avoir soin de verser peu à peu l'acide chlorhydrique dans le flacon pour éviter un dégagement tumultueux.

C'est un gaz incolore, de saveur aigre et piquante, mais agréable, il colore la teinture de tournesol en rouge vineux, c'est donc un acide faible, car les acides énergiques colorent le tournesol en rouge pelure d'oignon, densité 1,53. Il est donc beaucoup plus lourd que l'air et s'accumule dans les parties basses de l'atmosphère ; c'est ainsi que dans la grotte du Chien, près de Naples, un homme debout peut s'avancer sans être incommodé, tandis que les chiens ne peuvent respirer et tombent asphyxiés, parce qu'ils sont plongés dans la zone d'acide carbonique.

Ce même gaz carbonique se dégage en grande quantité dans les fermentations alcooliques, et n'est pas sans occasionner quelques asphyxies, chez les vignerons, les brasseurs, etc. Quand une atmosphère en est trop remplie, il faut la balayer par un fort courant d'air ou absorber le gaz par des dissolutions alcalines de potasse et de soude ou par un lait de chaux.

Soumis à une pression de 36 atmosphères à 0°, le gaz carbonique se liquéfie. L'expérience se fait dans l'appareil de Thilorier : dans un cylindre vertical mobile autour d'un axe horizontal on place du bicarbonate de soude, et dans un

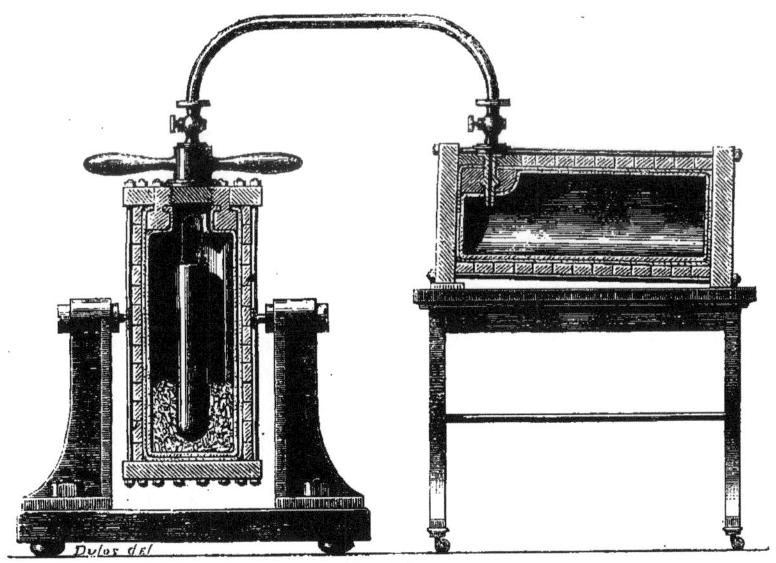

Fig. 288.

tube vertical intérieur de l'acide sulfurique concentré. On ferme solidement le couvercle à vis, et l'on imprime au cylindre un mouvement de rotation autour de son axe : la réaction est faite, et alors on établit la communication avec un cylindre horizontal où se rend le gaz et où il se condense par sa propre pression. Il faut construire des cylindres résistants si l'on ne veut risquer sa vie dans une explosion formidable.

L'acide carbonique liquide est très-fluide, très-dilatable; évaporé à l'air libre, il produit un refroidissement qui va jusqu'à 80°. Si, par un petit tube, on le laisse s'échapper de l'appareil précédent dans l'air, il y a tant de chaleur absorbée qu'une partie de l'acide carbonique se solidifie en neige, très-peu conductrice et par suite facile à conserver quelque temps à l'air. L'acide solide se dissout dans l'éther et produit alors le froid le plus intense que l'on connaisse, qui peut aller dans le vide jusqu'à 110° au-dessous de 0°.

L'acide carbonique est soluble dans l'eau à volume égal; et la quantité de gaz dissous est proportionnelle à la pression. Sous une pression de quinze atmosphères, on dissoudra quinze litres d'acide carbonique dans un litre d'eau. On constitue de la sorte une eau gazeuse qui, mise en contact avec l'air libre, bouillonne et dégage des bulles d'acide carbonique.

L'acide carbonique qui passe sur du charbon porté au rouge est décomposé et ramené à l'état d'oxyde de carbone; c'est le phénomène qui se passe dans les hauts fourneaux.

Les eaux chargées d'acide carbonique dissolvent plus facilement certains minéraux, surtout les carbonates; il semble qu'il se forme des bicarbonates solubles.

Acide borique (BoO^3). — L'acide borique est un solide prismatique, incolore s'il est pur. Il renferme trois équivalents d'eau; il en perd deux à 100° et le troisième au rouge.

Il fond au rouge cerise, et prend alors l'aspect et les propriétés du verre fondu; il est facile de l'étirer en fils minces. L'acide borique se volatilise dans un courant de vapeur.

Les borates sont des verres colorés. Le borate de cobalt est bleu violet, celui de cuivre bleu verdâtre, celui d'oxyde de manganèse est améthyste. Les oxydes métalliques sont solubles dans l'acide borique à de hautes températures et, si le refroidissement est lent, ces oxydes peuvent cristalliser; c'est ainsi qu'en dissolvant l'alumine dans l'acide borique et laissant pendant longtemps le mélange dans les fours à porcelaines, Ebelmen, directeur de la manufacture de Sèvres arriva à reproduire le corindon, pierre précieuse de la nature. Il obtint de même le spinelle, par un mélange d'alumine et de magnésie.

L'acide borique dissous dans l'alcool communique à la flamme de ce liquide une couleur verte toute particulière.

Préparation. — On trouve dans certains lacs desséchés des pays chauds, du borax ou borate de soude, qui, traité dans l'eau bouillante par l'acide chlorhydrique, abandonne par refroidissement des cristaux d'acide borique.

Mais on trouve plus simplement l'acide borique dans les *suffioni* de Toscane. Les suffioni sont des jets de vapeur qui jaillissent de crevasses du sol et qui tiennent l'acide borique en suspension; cette vapeur se condense et on la recueille dans une série de bassins où la dissolution d'acide borique se condense de plus en plus; par refroidissement, on obtient des cristaux d'acide borique.

Acide silicique ou silice (SiO^3). — La silice se présente dans la nature sous de nombreuses formes que l'on peut rapporter à deux genres:

1° Genre quartz, comprenant toutes les variétés cristallisées ou transparentes telles que le quartz ou cristal de roche, blanc ou coloré, l'agate, l'opale, etc.;

2° Genre silex contenant toutes les variétés qui sont opaques, ou qui le deviennent par la chaleur, probablement à la suite d'une perte d'eau, telles sont la pierre à fusil, la meulière, etc.

La silice à l'état libre se rencontre dans les geysers d'Irlande, jets naturels d'eau chaude et de vapeurs.

Elle constitue bon nombre de roches en s'unissant aux oxydes métalliques ; elle entre en grande proportion dans les argiles. Enfin on la trouve dans la tige des céréales, à laquelle elle donne de la rigidité.

La silice anhydre est une poudre blanche, incolore, insipide, insoluble dans tous les liquides excepté dans l'acide fluorhydrique, infusible si ce n'est entre les charbons d'une forte pile.

Elle est décomposable par un mélange de chlore et de carbone, et donne de l'oxyde de carbone avec du chlorure de silicium ; le fer l'attaque aussi en présence du charbon, et il se forme une siliciure de fer.

Les acides les plus faibles précipitent l'acide silicique des silicates solubles ; en effet la silice est un acide très-faible, qui rougit à peine la teinture de tournesol ; mais, à cause de sa fixité, elle peut, à de hautes températures, déplacer les acides énergiques.

Si l'on chauffe, à une température très-élevée, du sable blanc avec de la potasse caustique et du carbonate de potasse en excès, et qu'on reprenne par l'eau, on obtient ce qu'on appelle la liqueur des cailloux qui renferme un silicate de potasse en dissolution. Si l'on verse peu à peu de l'acide chlorhydrique dans cette liqueur, on précipite la silice sous la forme d'une gelée blanchâtre. C'est un hydrate de silice qui, desséché dans le vide, se transforme en l'hydrate simple SiO^3,HO. — A 100°, ce composé perd la moitié de son eau et devient $2SiO^3,HO$. — L'opale est un hydrate naturel de silice.

COMPOSÉS HYDROGÉNÉS DES MÉTALLOÏDES

L'eau (HO). — Protoxyde d'hydrogène.

Nous avons tous vu l'eau affecter les trois états : solide, liquide, gazeux, dans des limites restreintes de température. Nous avons étudié en physique la plupart des propriétés usuelles de l'eau, sa congélation, sa dilatation, sa vaporisation, sa tension de vapeur, etc. ; nous n'y reviendrons pas.

L'eau se congèle à 0°, toutefois, dans un milieu tranquille, elle peut se maintenir à l'état liquide jusqu'à — 12°. — Sa chaleur latente de fusion est de 79 calories. — Son maximum de contraction est à 4°, c'est pourquoi la glace flotte sur l'eau. — Comme le bismuth, l'eau augmente de volume en se congelant.

L'eau pure est incolore, et bleu clair sous de grandes épaisseurs ; quand elle n'est pas pure, elle prend d'autres teintes.

L'eau dissout les solides et, sauf quelques exceptions, la solubilité croît avec la température.

Elle dissout les gaz, mais les abandonne quand la température s'élève : 1° Chaque gaz à 0° et sous la pression 0,76 a son coefficient propre de dissolution; 2° les quantités de gaz dissoutes sont proportionnelles à la pression exercée par le gaz sur le liquide ; 3° dans un mélange de gaz, chaque gaz est dissous comme s'il était seul et occupait tout l'espace du mélange. L'eau pure n'a pas de saveur : mais toutes les eaux naturelles ont une saveur plus ou moins agréable suivant les gaz et les matières de toutes espèces qu'elles tiennent en dissolution.

La physique nous a appris qu'il fallait environ 540 calories pour faire passer 1 gramme d'eau de l'état liquide à l'état de vapeur.

L'eau comprimée ne bout plus à 100° : l'ébullition a lieu à des températures variables, comme nous l'avons vu en physique.

Composition de l'eau. — L'eau résulte de l'union de l'hydrogène avec l'oxygène ; nous l'avons déjà constaté. Une expérience bien simple, due à Cavendish, le prouve : préparez de l'hydrogène avec le flacon habituel et desséchez le

Fig. 289.

gaz en lui faisant traverser un tube rempli de chlorure de calcium ; enflammez le gaz à sa sortie, et au-dessus du jet placez une cloche : vous verrez les parois de la cloche se couvrir d'une buée, puis de gouttelettes d'eau qui s'amasseront et qu'on pourra recueillir dans un verre.

Plusieurs expériences de Lavoisier vinrent ensuite pour montrer que l'eau était bien une combinaison d'oxygène et d'hydrogène.

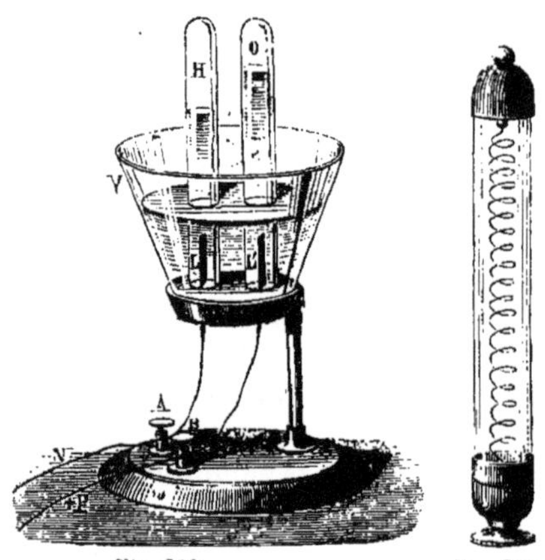

Fig. 290. Fig. 291.

Enfin en 1800, Carlisle et Nicholson firent l'analyse de l'eau en la décomposant par la pile : au-dessus des pôles positif et négatif d'une pile, on place des tubes égaux et l'on ferme le courant, l'eau est décomposée : au pôle positif on recueille un volume de gaz moitié plus petit que le volume recueilli au pôle négatif, ce dernier est de l'hydrogène, le premier est de l'oxygène, comme il est facile de le reconnaître à leurs propriétés. Ainsi l'eau est formée de 2 volumes d'hydrogène et de 1 vol. d'oxygène.

Si avec l'électricité dynamique, on décompose l'eau, on peut la recomposer, c'est-à-dire en faire la synthèse, avec l'étincelle électrique. Dans le tube appelé eudiomètre, rempli d'eau et placé sur la cuve à eau, on fait passer, au moyen d'une mesure spéciale, deux volumes d'hydrogène et un volume d'oxygène ; dans le tube s'élève un fil métallique tordu en spirale, terminé par une boule et relié à l'armature inférieure du tube ; l'armature supérieure est traversée par une tige métallique terminée par un bouton et isolée de l'enveloppe métallique. Entre les deux boules on fait jaillir l'étincelle et les gaz disparaissent ; l'air rentre brusquement dans la cloche. Si l'on a mis les deux gaz en proportions qui diffèrent de $\frac{1}{2}$, il y a un résidu d'oxygène ou d'hydrogène facile à constater. L'eudiomètre à eau présente un inconvénient en ce sens que l'eau ordinaire renferme de l'air qui se dégage au moment où le vide se produit après l'explosion, tandis que l'eau distillée, au contraire, absorbe l'oxygène du mélange. Aussi recourt-on, pour plus d'exactitude, à l'eudiomètre à mercure.

Méthode et appareil de M. Dumas. — Le dosage en poids est toujours le plus exact, c'est celui qu'a employé M. Dumas ; il fait arriver un courant d'hydrogène sec sur de l'oxyde de cuivre, lequel est réduit, abandonne son oxygène : l'eau est absorbée par les tubes qui suivent et l'augmentation de poids de ces tubes donne le poids de l'eau formée ; d'autre part, la diminution de poids du tube renfermant l'oxyde de cuivre, donne le poids de l'oxygène entré dans la constitution de l'eau ; on obtient par différence le poids de l'hydrogène. Voici la description de l'appareil (planche 1, figure 2). Dans le flacon de droite on prépare l'hydrogène qui vient se purifier dans une série de tubes renfermant de l'azotate de plomb qui enlève l'acide sulfhydrique, de la potasse qui enlève les carbures d'hydrogène et une partie de l'humidité : enfin deux tubes plongés dans la glace et remplis d'acide phosphorique anhydre, dessèchent complétement le gaz ; le petit tube qui vient à la suite est un tube témoin dont le poids ne doit pas avoir changé après l'opération ; puis vient un ballon en verre résistant où l'on chauffe l'oxyde de cuivre, ensuite un ballon où l'eau se condense, et enfin une série de tubes à acide phosphorique retenant le reste de l'eau. L'air extérieur ne peut pénétrer dans l'appareil.

On trouve ainsi que l'eau renferme en poids

8gr d'oxygène pour 1gr d'hydrogène ; — sa formule est HO ;

passons aux volumes :

La densité de l'hydrogène est 0,0692, donc le poids de deux volumes d'hydrogène sera proportionnel à $2 \times 0,0692 = 0,1384$.

La densité de l'oxygène étant 1,1057, le poids d'un volume de ce gaz sera proportionnel à 1,1057, nombre 8 fois plus fort que le précédent.

Les densités peuvent faire voir en outre que deux volumes d'hydrogène s'unissent à un volume d'oxygène pour donner deux volumes de vapeur d'eau, car

$2 \times 0,0692$ (densité de l'hydrogène) $+ 1,1057$ (densité de l'oxygène)

font un total égal à 1,244 (double de la densité 0,622 de la vapeur d'eau).

De l'eau des sources et rivières. — La grande masse liquide qui forme les mers est un foyer d'évaporation continuelle ; les vapeurs entraînées par les vents forment les nuages qui se résolvent en pluie. La pluie dissout les gaz contenus dans l'atmosphère, et, tombée sur le sol, elle rencontre une infinité de sels plus ou moins solubles dont elle se charge ; quelquefois même elle pénètre dans le sol pour en sortir à l'état de source thermale ou minérale.

On peut donc dire que la composition de l'eau est fort complexe : de plus elle a une influence énorme dans le mécanisme de la vie animale et végétale, et cette influence s'étend jusqu'à l'industrie puisque l'eau peut se prêter plus ou moins bien à l'alimentation des chaudières à vapeur.

Quand on veut se procurer de l'eau pure, il faut distiller l'eau ordinaire dans un alambic, appareil dont les deux pièces principales sont la chaudière ou cucurbite dans laquelle on chauffe l'eau, et le serpentin, tube contourné en spirale et enfermé dans une cuve à la partie inférieure de laquelle arrive constamment un filet d'eau froide. La vapeur d'eau se condense; on ne recueille point les premières portions d'eau distillée et on s'arrête lorsque l'eau de la chaudière est réduite aux $\frac{3}{4}$ de son volume.

L'eau distillée ne doit donner aucun résidu lorsqu'on l'évapore sur une plaque de porcelaine ; elle ne renferme plus d'air. Elle est alors devenue impropre aux usages domestiques, on ne saurait la digérer.

L'eau potable renferme des gaz nombreux, que l'on peut recueillir en chauffant jusqu'à l'ébullition de l'eau contenue dans un ballon : les gaz se dégagent et on les recueille sur la cuve à mercure, il y a toujours un peu de vapeur d'eau entraînée ; elle se condense au-dessus du mercure.

On recueille ainsi dans les eaux ordinaires de l'air qui diffère de l'air ordinaire en ce sens qu'il renferme plus d'oxygène, ce qui devait se prévoir puisque l'oxygène est plus soluble que l'azote. L'eau renferme aussi de l'acide carbonique qui reste en dissolution, et que l'on peut extraire par d'autres procédés.

Les eaux qui viennent de grandes profondeurs, comme celles des puits artésiens ne renferment pas d'oxygène ; ce gaz a dû servir à oxyder les minéraux, tels que les sulfures rencontrés par les eaux. Elles sont impropres à l'alimentation, à moins d'être préalablement aérées.

Fig. 292.

L'eau de pluie contient 24 cent. cubes de gaz par litre ; une bonne eau potable en renferme 50 centimètres cubes.

Il y a un inconvénient à extraire les gaz de l'eau à l'ébullition, car à cette température l'oxygène peut altérer les matières organiques et disparaître en partie. Pour une expérience délicate, il faudrait mettre le ballon et la cuvette à mercure en communication avec la machine pneumatique et faire un vide partiel, de sorte que l'ébullition descende à 50° environ.

Les matières solides contenues dans l'eau s'obtiennent par évaporation à siccité, dans une capsule de porcelaine, d'une quantité d'eau donnée. Là encore, il est nécessaire de faire l'évaporation dans le vide, car la chaleur détruirait ou modifierait les matières organiques.

Les substances que l'on rencontre ordinairement dans les eaux sont : des carbonates de chaux et de magnésie, des chlorures de magnésium et de sodium, des sulfates de chaux et de soude, des matières organiques, des silicates et de la silice.

Voici d'après M. l'ingénieur en chef Hervé-Mangon le résultat de l'analyse de diverses eaux :

DÉSIGNATION DES EAUX.	MATIÈRES SOLIDES PAR LITRE, EN GRAMMES.											
	SILICE.	ALUMINE.	PEROXYDE DE FER.	CHAUX.	MAGNÉSIE.	SOUDE.	POTASSE.	ACIDE SULFURIQUE.	ACIDE CHLORHYDRIQUE.	ACIDE carbonique combiné.	MATIÈRES organiques et eau combinée.	POIDS TOTAL par litre des résidus solides.
1. — Source des environs d'Orthez (Basses-Pyrénées). . .	0.006	»	»	0.004	0.002	»	0.007	0.002	0.001	0.002	»	0.024
2. — Source d'Argagnon, près d'Orthez.	0.038	0.002	»	0.049	0.005	»	0.020	0.020	0.008	0.033	0.008	0.183
3. — Source à Combes-la-Ville (Seine-et-Marne).	0.024	0.002	»	0.183	0.015	0.027	0.027	0.079	0.003	0.112	0.109	0.555
4. — Fontaine de la place d'Armes, à la Rochelle. . . .	0.006	»	»	0.181	»	0.026	0.026	0.021	0.036	0.196	»	0.466
5. — Eau de Seine à Bercy, le 17 juillet 1846.	0.024	0.001	0.002	0.103	0.002	0.008	0.002	0.018	0.007	0.074	»	0.254
6. — Eau du puits artésien de Grenelle, 1841.	0.006	»	»	0.038	0.007	»	0.026	0.003	0.006	0.052	0.003	0.143
7. — Eau du Château-d'Eau de Reims, 18 juin 1849. . .	0 002	0.001	0.004	0.092	»	0.002	0.003	0.001	0.005	0.072	0.008	0.191
8. — Eau de la Vilaine, à Redon, 18 août 1846.	0.001	0.001	»	0.004	0.004	0.009	»	0.002	0.006	0.001	0.070	0.100
9. — Eau de la Loire à Nantes, vis-à-vis le Château, 7 juillet 1846. .	0.005	0.004	»	0.033	0.009	0.011	»	0.004	0.007	0.020	0.022	0.117
10. — Eau de l'Erdre, au déversoir de Nantes, 7 juillet 1846.	0.002	0 003	»	0.016	0.010	0.021	»	0.006	0.022	0.012	0 051	0.142
11. — Eau de la Maine à Clisson, le 26 juillet 1846. . . .	0.069	0.007	»	0.015	0.008	0.040	»	0.005	0.023	0.009	0.041	0.159
12. — Eau du lac de Grand-Lieu, p. Bouaye, 17 juillet 1846.	0.006	0.005	»	0.008	0.003	0.018	»	»	0.013	0.011	0.012	0.077
13. — Eau de la Garonne, à Toulouse, 16 juillet 1846. . .	0.040	»	0.003	0.036	0.001	0.006	0.003	0 007	0.002	0 034	0.004	0.136
14. — Eau du puits de l'École normale de Rhodez, 20 décembre 1849. .	0.006	0.006	»	0.028	0.048	0.016	0.026	0.024	0.042	0.067	0.009	0.441
15. — Eau du Doubs à Besançon, Pont-Rivotte, 17 jan. 1845.	0.016	0.002	0.003	0.107	0.001	0.005	0.002	0.003	0.001	0 086	»	0.230
16. — Eau du Rhône à Genève, près des pompes, 30 av. 1846.	0.024	0.004	»	0.063	0.004	0.004	0.002	0.026	0.009	0.038	»	0.182
17. — Eau du Rhône à Lyon, juillet 1835.	»	»	»	0.059	traces	traces	»	0.004	traces	0.044	»	0.107
18. — Eau du Rhône à Lyon, 2 mars 1839	traces	»	»	0.084	0.005	»	»	0.018	traces	0.062	0.007	0.182
19. — Eau du Rhin à Strasbourg, mai 1846.	0.049	0.002	0.006	0.082	0.002	0.009	0.001	0.014	0.001	0.062	»	0.232
20. — Eau de la Toiselle (Cher).	0 010	0.021	»	0 082	traces	0.017	0.017	0.003	»	0.064	0.007	0.204
21. — Source de Queven (Morbihan).	0.008	0.011	»	0.012	0.002	0.018	0.018	0.036	0.001	0.011	0.008	0.090
22. — Eau prise au milieu du bois de Boulogne, juin 1856.	0.003	0.006	»	0.067	0.003	0.011	0.011	0.017	0.006	0.042	0 054	0.210
23. — Eau prise au milieu de l'étang de Cazeau (Landes), novembre 1858.	0.002	0.001	»	0.006	0.007	0.028	»	0.010	0.030	»	0.008	0.093

Les sels calcaires communiquent aux eaux de fâcheuses propriétés, et constituent ce qu'on appelle les eaux crues, qui sont impropres à l'alimentation des machines à vapeur et aux usages domestiques.

Le plus nuisible est le sulfate de chaux que l'on trouve dans les eaux des puits de Paris, connues sous le nom d'eaux séléniteuses. Avec le savon, le sulfate de chaux donne un savon calcaire insoluble qui se précipite sur l'étoffe en entraînant toutes les impuretés ; le même effet se produit sur les mains qui deviennent rugueuses.

Les légumes farineux, haricots, pois, lentilles, etc., renferment un principe organique, la légumine, qui forme avec la chaux un composé insoluble ; il en résulte que ces légumes cuits dans des eaux calcaires ou séléniteuses durcissent de plus en plus et ne peuvent servir à l'alimentation.

Dans les chaudières à vapeur, chaque litre d'eau qui passe à l'état de vapeur abandonne quelques grammes de matières plus ou moins solubles. Si ce sont des sels alcalins ou des boues organiques l'inconvénient n'est pas grand, et il suffira de nettoyer la chaudière de temps en temps, ou d'avoir un système d'appareils purgeurs. L'eau de mer toutefois est trop chargée de matières salines pour qu'on puisse l'employer à haute pression ; un peu au-dessus de 100°, cette eau se prend en masse gélatineuse et ne saurait être employée. Il est donc nécessaire d'avoir des machines marines à basse pression et, par suite, très-volumineuses et très-pesantes ; il faut leur adjoindre des condenseurs qui prennent encore une grande partie de l'espace utile.

Le sulfate de chaux est plus soluble à froid qu'à chaud, et même il se décompose complétement vers 200°, et se dépose en plaques adhérentes et très-dures sur les parois de la chaudière ; ces plaques sont amorphes ou cristallisées, suivant que le sulfate a perdu, ou a gardé son eau de cristallisation.

Le sulfate de chaux entraîne avec lui les carbonates de chaux et de magnésie qui s'incorporent dans les plaques et les augmentent d'autant.

Les sels calcaires que l'on rencontre le plus ordinairement sont les carbonates : ils ont, au point de vue des usages domestiques, les mêmes effets que le sulfate ; mais ils sont moins dangereux dans l'alimentation des chaudières.

La quantité de carbonate de chaux que l'eau peut dissoudre est très-variable : l'eau pure ne prend guère que $0^{gr},05$ de calcaire par litre ; mais l'eau chargée d'acide carbonique peut en dissoudre jusqu'à 1 gramme par litre. Il semble que le carbonate ainsi dissous soit à l'état de bicarbonate ; ainsi, les calcaires que l'on trouve dans le résidu solide qui provient de l'évaporation de l'eau, appartiennent à deux catégories : 1° les calcaires réellement dissous par l'eau pure, et qui ne tendent pas à se déposer ; 2° les calcaires dissous uniquement à la faveur de la présence de l'acide carbonique, et qui se déposent aussitôt que l'acide carbonique disparaît.

Ainsi, lorsqu'une eau renferme plus de $0^{gr},05$ de carbonate de chaux par litre, faites-la bouillir, elle perdra son acide carbonique et, par suite, tout l'excès de carbonate qui se précipite en poudre blanche.

Au lieu de la faire bouillir, mettez-la en contact avec des corps solides à forme irrégulière, des branchages, par exemple ; agitez-la par un moyen quelconque, vous produirez encore une perte d'acide carbonique et, par suite, un dépôt calcaire. C'est ainsi que les fontaines incrustantes de Sainte-Allyre, en Auvergne, recouvrent d'une couche calcaire tous les objets qu'on y plonge, branchage, nids d'oiseaux, etc. On obtient de la sorte, ce qu'on appelle à tort des pétrifications, ce sont des incrustations.

C'est ainsi que s'expliquent aussi les incrustations que l'on rencontre quelquefois sur les roues hydrauliques, sur les portes d'écluse, etc. La formation des stalactites et des stalagmites dans les cavernes naturelles est due à la même cause : des eaux chargées de calcaire suintent au sommet de la voûte, se réunissent en gouttes, abandonnent le carbonate et, peu à peu, forment deux cônes qui marchent l'un vers l'autre; celui qui est attaché à la voûte est la stalactite, celui qui repose sur le sol verticalement au-dessus de l'autre est la stalagmite ; avec les siècles, ces deux cônes se rejoignent pour former des colonnes.

Pour produire des incrustations, il n'est pas nécessaire qu'une eau renferme beaucoup de calcaire ; il faut qu'elle ne renferme que juste la proportion d'acide carbonique nécessaire à la dissolution du calcaire ; si elle en renferme beaucoup plus, le carbonate de chaux ne se déposera pas et l'eau, quoique très-chargée, pourra ne pas incruster les conduites qui la renferment.

Dans les conduites d'eau, on rencontre, en outre, une matière organique azotée qui, mélangée au carbonate de chaux, forme un enduit très-dur et très-difficile à enlever. Quelquefois, cette matière organique renferme un peu de fer et se dépose dans l'intérieur des tuyaux sous forme de végétations qui finissent par obstruer complétement le passage.

Dans les chaudières à vapeur, les calcaires produisent deux effets différents : le calcaire qui se dépose par le dégagement de l'acide carbonique est à l'état pulvérulent et ne s'attache pas aux parois; il n'a guère d'inconvénient et s'enlève comme les boues. Mais l'autre partie de calcaire dissoute par l'eau pure se dépose, lorsque la concentration de l'eau est suffisante et se dépose en lames adhérentes; la formation de ces lames adhérentes est très-contrariée, lorsqu'il se dépose une certaine quantité de calcaire pulvérulent. Il en résulte qu'il vaut mieux employer une eau un peu chargée de calcaire en excès, qu'une eau renfermant seulement $0^{gr},05$ de calcaire.

Hydrotimétrie. — L'hydrotimétrie est la mesure de la crudité de l'eau. En voici le principe : la dissolution alcoolique de savon produit dans une eau non chargée de sels terreux (calcaires ou magnésiens), une mousse persistante à la surface ; au contraire, s'il y a dans l'eau des sels terreux, la mousse ne se produit pas et il se forme des grumeaux insolubles qui sont des savons calcaires.

Ceci posé, on prépare une dissolution titrée de savon, c'est-à-dire que l'on dissout un poids connu de savon dans un volume connu d'alcool à un certain degré. La dissolution faite, on la met dans une burette graduée, et, grâce aux données précédentes, on sait combien une division de la burette contient de savon. On verse goutte à goutte la dissolution de savon dans l'eau qu'on veut essayer, et l'on agite après avoir versé chaque goutte; tant qu'il ne se produit pas une mousse persistante, c'est qu'il reste encore des sels terreux dans la liqueur ; aussitôt qu'on reconnaît l'existence de la mousse persistante, l'opération est terminée ; on lit alors sur la burette combien de divisions de la dissolution on a employées, et s'il y en a, par exemple, 17, on dit que l'eau marque 17° à l'hydrotimètre considéré. Si partout on emploie le même hydrotimètre, la même dissolution de savon, il est clair que tous les résultats seront comparables, et que l'on aura de la sorte des renseignements précieux sur la crudité relative des eaux employées.

En somme, ce procédé ne donne que des indications approchées; dans des dissolutions qui ne renfermeraient que des sels neutres de chaux, on pourrait de la sorte calculer exactement la proportion de ces sels, mais les sels de magnésie décomposent aussi le savon ; de même l'acide carbonique ; à ce sujet il faut remarquer que la mousse persistante ne tarde pas elle-même à disparaître parce que l'acide carbonique de l'air la décompose. Les matières organiques modifient aussi les résultats.

Toutefois, l'hydrotimètre donne des renseignements fort utiles et très-précieux dans la pratique.

Le degré de crudité usité en Angleterre (degré de Hardness), correspond à peu près à 0gr,0142 de carbonate de chaux par litre d'eau; le degré français correspond à 0gr,01 de carbonate par litre; ainsi une eau qui marque 20° à l'hydrotimètre renferme théoriquement 0gr,20 de carbonate de chaux par litre.

Voici quelques nombres donnés par M. l'inspecteur général Belgrand :

Sources du granit du Morvan.	2° à 11°	à l'hydrotimètre.
Sources des sables de la craie inférieure. . . .	7° à 12°	—
Sources des sables de Fontainebleau.	6° à 22°	—
Sources de la craie blanche.	12° à 17°	—
Sources des calcaires de la Beauce.	17° à 25°	—
Sources du niveau d'eau des marnes vertes et des marnes du gypse (plâtre ou sulfate de chaux).	25° à 155°	—

D'après M. Belgrand, les eaux du bassin de la Seine ne sont pas incrustantes, lorsque leur degré hydrotimétrique ne dépasse pas 18°.

Purification des eaux. — Nous avons déjà indiqué la distillation et la marche à suivre pour l'employer.

Pour débarrasser les eaux du sulfate de chaux, il suffit de leur ajouter un peu de carbonate de soude qui précipite la chaux à l'état de carbonate insoluble, ou plus simplement des cendres de bois qui, par leur carbonate de potasse, produisent le même effet.

Le sulfate de chaux se transforme en sulfate alcalin inoffensif.

Les eaux calcaires se purifient, soit par l'ébullition, soit par l'addition d'une certaine quantité de chaux, de façon à ramener le bicarbonate à l'état de carbonate insoluble. On peut encore faire bouillir les eaux avec des sels alcalins ou avec des cendres.

On s'assure de la pureté d'une eau distillée au moyen des réactifs suivants :

1° L'oxalate d'ammoniaque donnera un précipité blanc d'oxalate de chaux s'il reste de la chaux ;

2° L'acide sulfhydrique ou mieux le sulfhydrate d'ammoniaque précipite tous les sels métalliques à l'état de sulfures ;

3° L'azotate de baryte indique la moindre trace d'acide sulfurique ; le sulfate de baryte étant absolument insoluble ;

4° L'azotate d'argent indique la moindre trace d'acide chlorhydrique ou de chlorure ;

5° Le chlorure d'or est décomposé et l'or se précipite en présence des matières organiques ;

6° La teinture alcoolique de bois de campêche, du jaune passe au violet en présence de l'ammoniaque ou du carbonate d'ammoniaque.

Composé hydrogéné de l'azote. Ammoniaque. — L'ammoniaque est un gaz incolore, à saveur très-âcre, à odeur vive et piquante ; il a sur les yeux une influence funeste, et provoque sans cesse les larmes, densité 0,591. L'eau en dissout plus de 1,000 fois son volume, et une éprouvette pleine de gaz ammoniac que l'on plonge dans l'eau est instantanément remplie ; le gaz disparaît, et il se produit un choc violent qui souvent brise l'éprouvette.

L'ammoniaque se liquéfie sous la pression ordinaire à —40°, ou encore dans un mélange d'acide carbonique solide et d'éther. On prépare le plus souvent cette dissolution au moyen du chlorure d'argent bien sec, sur lequel on fait passer un courant d'ammoniaque ; le chlorure absorbe à la température ordinaire jusqu'à 320 fois son volume de ce gaz et l'abandonne vers 40°. Dans un tube résistant recourbé on place d'un côté le chlorure d'argent saturé d'ammoniaque et chauffé au bain-marie ; le gaz distille et vient se condenser dans la seconde branche du tube qu'on refroidit au milieu de la glace.

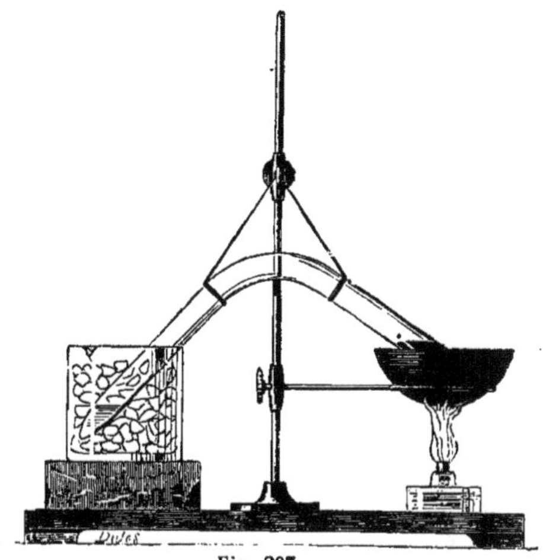

Fig. 293.

L'ammoniaque se décompose au rouge vif, et par l'action continue de l'étincelle électrique, ce qui permet d'avoir sa composition en volume. 1 volume d'ammoniaque est formé de 1 1/2 volume d'hydrogène combiné à 1/2 volume d'azote.

L'ammoniaque n'entretient pas la combustion ; au rouge l'oxygène la décompose en eau et azote ; elle se décompose avec lumière au contact du chlore, et la partie non décomposée s'unit à l'acide chlorhydrique formé, pour donner du chlorhydrate d'ammoniaque ou sel ammoniac :

$$4AzH^3 + 3Cl = 3(AzH^3,ClH) + Az.$$

L'ammoniaque forme avec les oxydes des métaux nobles (or, mercure, argent) des composés mal connus qui détonent avec une grande violence.

Quelques grains d'iode arrosés d'ammoniaque en dissolution et desséchés donnent un produit des plus explosibles, qui est peu connu.

L'ammoniaque en dissolution ou alcali volatil est connue de toute antiquité ; elle est employée à cautériser les plaies et les morsures, à dissiper l'ivresse (dans ce cas, l'ammoniaque arrivant dans l'estomac s'empare de l'acide carbonique produit en grande abondance, pour former du carbonate d'ammoniaque). L'ammoniaque se trouve, soit à l'état isolé, soit à l'état de carbonates dans les résidus de toutes les fermentations et décompositions organiques. On l'a préparée

Fig. 294.

dans l'antiquité en l'extrayant de la fiente des chameaux ramassée sur le chemin que prenaient les caravanes en Égypte pour se rendre au temple de Jupiter Ammon ; d'où vient le nom de sel d'Ammon, sel ammoniac.

Préparation. — Pour l'avoir à l'état gazeux, on pile et on pulvérise ensemble parties égales de chlorhydrate d'ammoniaque et de chaux vive; on place le mélange dans un petit ballon que l'on achève de remplir avec de la chaux vive. On chauffe et l'on recueille le gaz sur le mercure. La chaux décompose le sel, il se forme du chlorure de calcium, de l'eau et du gaz ammoniac.

$$AzH^3,HCl + CaO = CaCl + HO + AzH^3$$

L'eau est absorbée par le chlorure de calcium et par la chaux vive.

— La dissolution ammoniacale qui est seule usitée se prépare avec un appareil de Woolf; cette dissolution étant plus légère que l'eau se rend à la partie su-

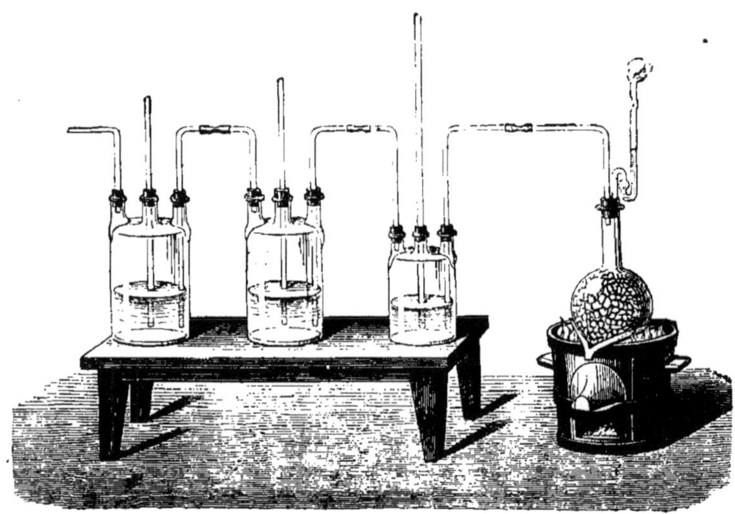

Fig. 295.

périeure des flacons, et il faut avoir soin de faire plonger les tubes qui amènent le gaz jusqu'au fond des flacons.

Dans l'industrie, au lieu de sel ammoniac, on prend les eaux ammoniacales résultant de la purification du gaz d'éclairage préparé par la distillation de la houille.

Sels ammoniacaux. — Avec les hydracides, tels que l'acide chlorhydrique, l'ammoniaque forme des sels de la forme

$$AzH^3,HCl$$

tandis que la potasse et la soude avec les mêmes acides donnent des composés binaires tels que le chlorure de sodium ou sel marin

$$NaO + HCl = NaCl + HO$$

Cependant le chlorure de sodium NaCl et le chlorhydrate d'ammoniaque présentent des propriétés parallèles et sont deux corps à qui l'on doit donner une composition analogue, c'est ce qui engage à écrire le chlorhydrate d'ammoniaque (AzH^4) Cl, et à l'appeler chlorure d'ammonium. L'ammonium est, d'après cela, un radical hypothétique jouant le rôle de corps simple.

Si nous prenons les acides oxygénés, ils forment avec l'ammoniaque des sels qui ont toujours une formule, telle que (AzH^3, HO, SO^3) (AzH^3, HO, AzO^5), ils renferment un équivalent d'eau qu'on ne saurait leur enlever sans les décomposer et comme ces sels sont entièrement semblables aux sulfates et azotates alcalins NaO,SO^3 NaO,AzO^5 on arrive, pour identifier les formules, à appeler le sulfate d'ammoniaque sulfate d'oxyde d'ammonium (AzH^4O, SO^3) (AzH^4O, AzO^5).

La théorie de l'ammonium est une hypothèse ingénieuse qui n'est pas pleinement justifiée.

Acide sulfhydrique (HS).— Gaz incolore, dont l'odeur et la saveur sont celles des œufs pourris; acide faible; densité 1,19, se liquéfie sous la pression de 18 atmosphères à la température ordinaire. Formé de deux éléments combustibles, il brûle à l'air avec une flamme bleue. Il n'entretient pas la respiration ; bien plus, c'est un poison violent ; une atmosphère qui en renferme $\frac{1}{1500}$ de son volume suffit pour tuer un oiseau, et $\frac{1}{200}$ pour tuer un cheval ; les serpents et animaux à sang froid peuvent vivre au milieu de ce gaz.

Se décompose par la chaleur, et même détone s'il est mélangé à l'oxygène. A l'air humide, l'acide sulfhydrique se décompose et il se forme un dépôt de soufre $HS + O = HO + S$.

L'eau dissout environ trois fois son volume d'acide sulfhydrique, mais la dissolution s'altère rapidement à l'air en donnant un dépôt de soufre, et il faut la conserver dans un flacon renversé dont le goulot plonge dans le mercure.

En présence de l'humidité, les acides sulfhydrique et sulfureux se décomposent rapidement avec dépôt de soufre

$$2HS + SO^2 = 2HO + 3S$$

L'acide sulfhydrique humide imprégnant un corps poreux peut s'oxyder complétement, le soufre ne se dépose pas, mais se transforme en acide sulfurique.

Le chlore décompose immédiatement l'acide sulfhydrique, il se produit de l'acide chlorhydrique et du soufre.

L'acide sulfhydrique est à l'état naturel dans certaines eaux bien connues, telles que celles de Baréges. Il se dégage en même temps que l'ammoniaque dans les putréfactions de matières animales et végétales; dans les fosses d'aisances, le sulfhydrate d'ammoniaque produit de fréquents accidents en asphyxiant les vidangeurs ; on peut s'en débarrasser et purifier la fosse avant d'y descendre au moyen d'une dissolution de sulfate de fer que l'on y verse, il se forme du sulfate d'ammoniaque et du sulfure de fer qui se dissolvent, et le gaz dangereux disparaît.

$$FeO,SO^3 + AzH^4S = AzH^4O,SO^3 + FeS$$

Préparation. — 1° Dans un flacon à moitié rempli d'eau on met du sulfure de fer en fragments et on verse peu à peu de l'acide sulfurique par le tube central : il se forme du sulfate de fer et il se dégage de l'acide sulfhydrique qu'on recueille sur l'eau :

$$FeS + SO^3,HO = FeO,SO^3 + HS$$

2° Pour obtenir l'acide sulfhydrique, on chauffe dans un ballon un mélange

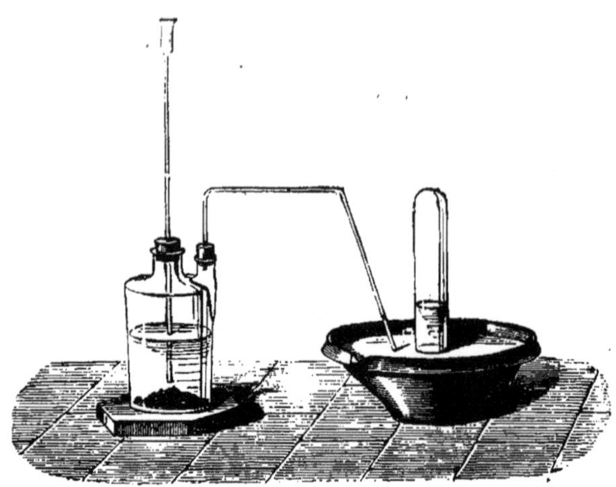

Fig. 296.

de sulfure d'antimoine pulvérisé et d'acide chlorhydrique ; un flacon laveur contenant de l'eau absorbe l'acide chlorhydrique entraîné.

$$Sb^2S^3 + 3HCl = 3HS + Sb^2Cl^3$$

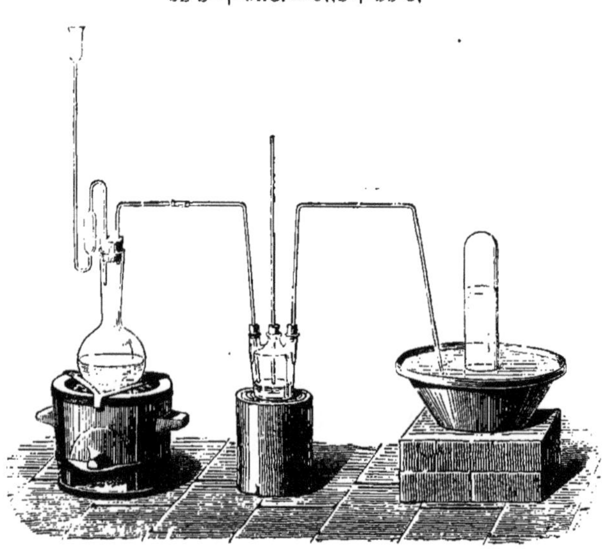

Fig. 297.

Acide chlorhydrique (HCl). — Autant les composés oxygénés du chlore sont faciles à détruire, autant l'unique composé hydrogéné est stable. C'est un acide énergique. Gaz incolore, piquant et suffocant ; n'entretient pas la combustion ; densité 1,25 ; très-soluble dans l'eau, il répand au contact de l'air d'épaisses fumées, parce qu'il absorbe la vapeur d'eau de l'air et forme un composé qui se précipite en brouillard.

Nous avons vu qu'à la lumière solaire, le chlore et l'hydrogène se combinaient avec violence à volumes égaux ; à l'ombre, la combinaison se fait aussi sûrement mais lentement, et l'on constate que 1 vol. d'hydrogène + 1 vol. chlore = 2 volumes acide chlorhydrique. A la température ordinaire, l'eau dissout 500 fois son volume de gaz chlorhydrique : présentez sur la cuve à eau une éprouvette pleine de ce gaz, l'eau s'y précipite avec violence et souvent le choc brise l'éprouvette. La glace fond rapidement dans le gaz chlorhydrique.

On connaît trois hydrates définis d'acide chlorhydrique :

$$HCl + 6HO \quad HCl + 12HO \quad HCl + 16HO$$

Avec les oxydes métalliques MO, l'acide chlorhydrique forme un chlorure et de l'eau

$$MO + HCl = MCl + HO$$

Le signe caractéristique de la présence de l'acide chlorhydrique ou d'un chlorure soluble est de donner dans les sels d'argent un précipité blanc, semblable

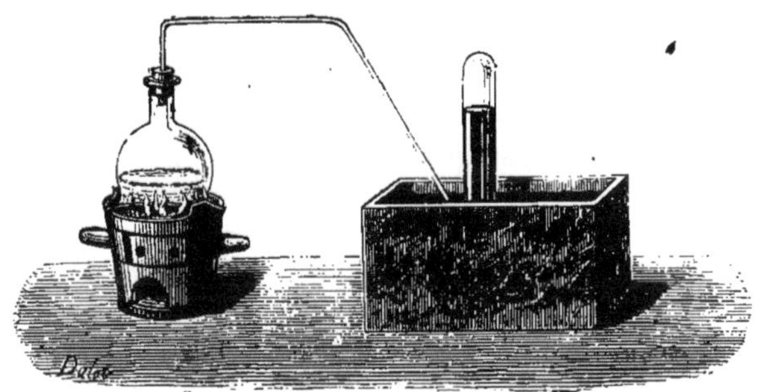

Fig. 298.

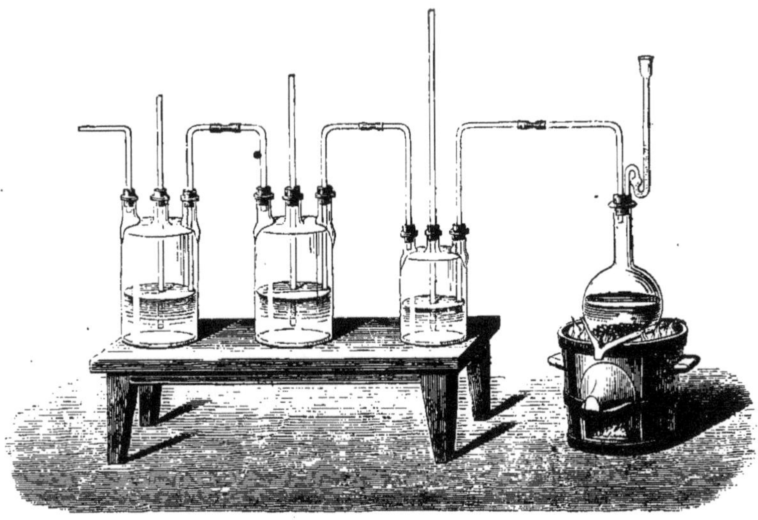

Fig. 299.

à du lait caillé, qui noircit à l'air, absolument insoluble dans l'eau pure et l'acide azotique, mais soluble dans l'ammoniaque.

Préparation. — Chauffer dans un ballon du sel marin ou chlorure de sodium avec l'acide sulfurique concentré, il se forme du sulfate de soude et de l'acide chlorhydrique qu'on recueille à l'état gazeux sur la cuve à mercure.

$$NaCl + SO^3,HO = NaO,SO^3 + HCl$$

La dissolution se prépare avec un appareil de Woolf : le premier flacon est un flacon laveur chargé d'acide chlorhydrique du commerce et destiné à arrêter les vapeurs d'acide sulfurique.

La préparation industrielle se fait avec des cornues en fonte et des bonbonnes en grès.

Eau régale. — L'or et le platine ne sont attaqués ni par l'acide azotique, ni par l'acide chlorhydrique séparés. Mais un mélange de ces deux acides attaque ces métaux qui se transforment en chlorures. En examinant ce qui se passe, on voit que dans le mélange il se produit du chlore et des vapeurs vitreuses.

$$AzO^5 + ClH = AzO^4 + Cl + HO.$$

Le chlore à l'état naissant a une action efficace.

Carbures d'hydrogène. — Le nombre des carbures d'hydrogène est très-considérable, et la chimie organique nous en offre à chaque instant ; les huiles de térébenthine, de naphte et plusieurs huiles et essences sont des carbures.

Nous ne parlerons que des deux carbures les plus simples et les plus stables : l'hydrogène protocarboné ou gaz des marais et l'hydrogène bicarboné ou gaz oléfiant.

Hydrogène protocarboné (C^2H^4). — C'est un gaz incolore, complétement insoluble dans l'eau, densité 0,559. Il brûle avec une flamme pâle à l'approche d'un corps en ignition et détone violemment lorsqu'il est mélangé à l'oxygène ou à l'air et qu'on l'enflamme. Il est sans odeur, sans saveur, neutre aux réactifs colorés tels que la teinture de tournesol.

Avec le chlore, il détone violemment, si l'on expose le mélange à la lumière solaire, avec formation d'acide chlorhydrique ; à l'ombre le chlore s'empare successivement des diverses molécules d'hydrogène, et donne les composés

$$C^2H^3Cl, C^2H^2Cl^2, C^2HCl^3. C^2Cl^4.$$

A une température très-élevée, l'hydrogène protocarboné est réduit en ses deux éléments.

Lorsque avec un bâton on agite la vase des marais, il s'en dégage des bulles gazeuses qu'on peut recueillir dans un flacon plein d'eau, au moyen d'un entonnoir. Ce gaz est un mélange d'hydrogène protocarboné, d'oxygène, d'acide carbonique et d'azote ; on enlève l'oxygène en agitant avec une dissolution d'acide pyrogallique, on enlève l'acide carbonique par la potasse ; l'azote reste mélangé au gaz des marais.

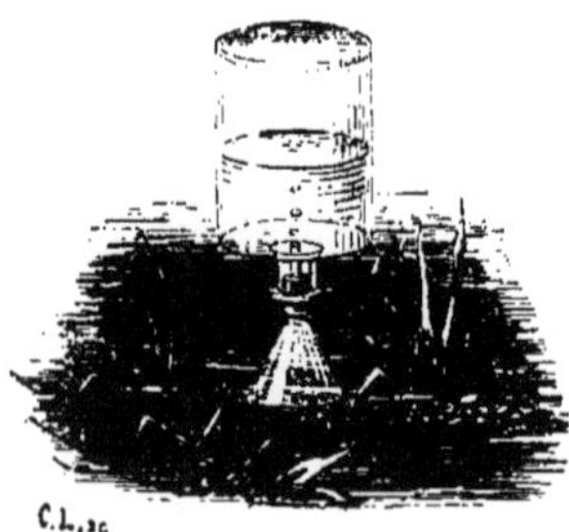

Fig. 300.

On peut le préparer dans les laboratoires en décomposant l'acide acétique, soit sur de la mousse de platine portée au rouge, soit en le faisant bouillir avec les alcalis. On chauffe, dans un ballon un mélange intime d'acétate de soude et de chaux sodée (chaux calcinée avec de la soude caustique, il se forme du carbonate de soude et de l'hydrogène protocarboné :

$$NaO,C^4H^3O^3+NaO,HO=2(NaO,CO^2)+C^2H^4.$$

Il est certains endroits en Italie, en Sicile, en Crimée, à Java, autour de la mer Caspienne, où il existe des dégagements continuels de gaz hydrogène protocarboné. Ce sont comme des volcans gazeux dont on se sert pour cuire la chaux et les briques.

Le sel gemme en renferme quelquefois.

Il se produit spontanément dans les mines de houille, s'accumule à la partie supérieure des galeries, les remplit, et s'il rencontre une lumière détone avec violence. Telle est l'explication du feu grisou qui a causé la mort de tant d'ouvriers.

C'est à Davy que revient l'honneur d'avoir trouvé un remède à ce fléau terrible.

Lorsqu'on abaisse une toile métallique à mailles serrées sur la flamme d'une lampe ou d'une bougie, on écrase cette flamme ; le courant gazeux traverse la toile, mais la flamme est interceptée, la toile métallique absorbe trop de chaleur pour que les gaz puissent s'enflammer. En abaissant suffisamment la toile on peut éteindre la flamme. D'après cela, si l'on a une lampe entourée d'une toile métallique et qu'on la plonge au milieu d'un mélange détonant comme le grisou, la détonation se fera à l'intérieur de l'espace fermé par la toile, la lampe s'éteindra, mais la chaleur sera arrêtée par la toile et le gaz extérieur ne sera pas enflammé. L'ouvrier subira qu'un inconvénient, celui d'être plongé dans l'obscurité.

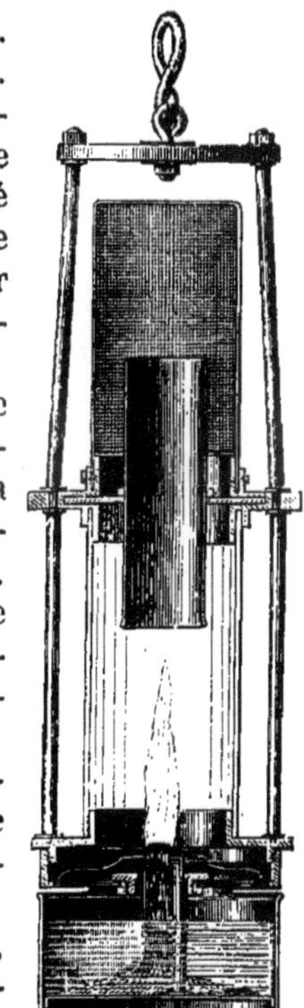
Fig. 301.

La toile métallique avait le désavantage d'intercepter une grosse partie de la lumière, et les ouvriers déchiraient souvent l'enveloppe pour être moins gênés dans leur travail. La lampe de Davy a été perfectionnée, et la figure ci-jointe représente celle de M. Combes, inspecteur général des mines. La flamme de la lampe à huile est entourée d'un cylindre de verre dans lequel pénètre un tube formant la cheminée d'appel, et à la partie supérieure est un cylindre de toile métallique fermé par en haut.

Malgré toutes les précautions prises, le nombre des accidents par le grisou est encore considérable, et il est nécessaire de combiner l'emploi de la lampe de Davy avec une ventilation énergique.

Hydrogène bicarboné (C^4H^4). — C'est un gaz incolore, insipide, à odeur empyreumatique, densité 0,985. Décomposable par la chaleur et l'électricité, on le liquéfie dans un bain d'acide carbonique et d'éther sous une pression de plusieurs atmosphères.

Il brûle à l'air avec une flamme blanche très-éclairante parce qu'elle est très-riche en carbone, sans cependant en renfermer trop, comme les résines et les huiles à flammes fumeuses. Mélangé à l'oxygène, il détone violemment à l'approche d'un corps en ignition.

Le chlore forme avec l'hydrogène bicarboné un mélange qui brûle quand on l'enflamme et donne de l'acide chlorhydrique et du charbon en poussière très-fine. A la lumière diffuse, si l'on abandonne le mélange à lui-même, les gaz disparaissent, et il se forme une huile qu'on appelle liqueur des Hollandais et qui a fait donner au bicarbure d'hydrogène le nom de gaz oléfiant. A volumes égaux les deux gaz disparaissent complétement et l'on a le corps $C^4 H^4 Cl^2$.

Préparation. — Il se produit toujours dans la calcination des substances organiques riches en carbone (résines, graisses, huile, houille); il forme la plus grande partie du volume du gaz d'éclairage, auquel il donne son éclat.

L'alcool $C^4 H^6 O^2$ peut se considérer comme un hydrate de bicarbure d'hydrogène ($C^4 H^4 + 2 HO$; chauffé avec l'acide sulfurique concentré, il abandonne son eau et le gaz $C^4 H^4$ se dégage à l'état de grande pureté. Dans le ballon on verse

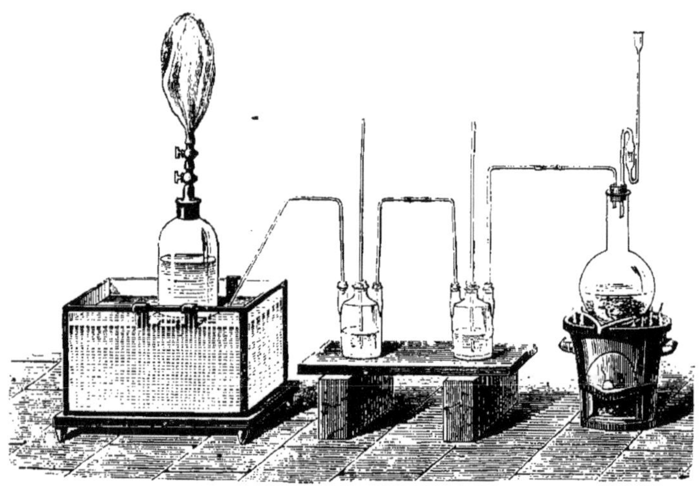

Fig. 502.

de l'alcool concentré, puis de l'acide sulfurique peu à peu de façon à éviter un échauffement brusque. Un premier flacon laveur à la potasse arrête les portions d'acide carbonique et d'acide sulfureux qui se forment : un second rempli d'acide sulfurique concentré arrête les vapeurs d'éther ($C^4 H^5 O$). Il faut chauffer à 180° ; car à 160°, on n'enlèverait qu'un équivalent d'eau à l'alcool et l'on n'obtiendrait que de l'éther $C^4 H^5 O$. Il faut avoir soin de mettre du sable dans le ballon, il régularise le dégagement gazeux, et, sans lui, il se produit un boursouflement considérable.

Gaz d'éclairage. — Inventé par un ingénieur français, Lebon, le gaz d'éclairage ne fut employé qu'en 1820. On sait combien l'usage en est aujourd'hui développé.

On le produit par la calcination en vase clos des houilles à longue flamme: on introduit la houille dans des cornues de terre ou de fonte, fermées avec un couvercle à vis, et que l'on porte au rouge cerise (il ne faut pas chauffer à blanc pour ne pas décomposer les carbures). Voir la planche II. De la cornue sort un tube deux fois recourbé à angle droit et qui débouche dans le barillet B. Le barillet est un cylindre horizontal à moitié rempli d'eau, dans laquelle plonge le tube qui amène le gaz de la cornue. De la sorte le gaz fabriqué ne communique pas avec la cornue, et il n'y a pas d'explosion à craindre.

Le gaz qui se dégage contient beaucoup d'hydrogène et de carbures d'hydrogène, mais aussi on y trouve de l'azote, de l'oxyde de carbone, avec de la vapeur d'eau, du sulfhydrate d'ammoniaque, du sulfure de carbone, de l'acide sulfhydrique, dont il faut débarrasser le gaz, sans quoi il répandrait une odeur infecte et serait moins éclairant.

Une grande partie du goudron reste dans l'eau du barillet et s'échappe peu à peu par un trop-plein. Du barillet B, le gaz passe dans le réfrigérant C, formé d'une série de tubes en U renversés et appliqués sur une bâche en fonte remplie d'eau et séparée par des cloisons, sur lesquelles les tubes sont à cheval. Il faut donc que le gaz traverse toutes les caisses et tous les tubes. Le gaz se refroidit et se débarrasse de son goudron, de sa vapeur d'eau et de son ammoniaque.

Vient ensuite un cylindre de fonte F divisé par une cloison en deux parties et rempli de coke ; le gaz traverse ce coke, et par ce filtrage abandonne le reste du goudron et de la vapeur d'eau.

De là il passe dans les caisses H où il rencontre des claies chargées d'un mélange de plâtre, de sesquioxyde de fer et de sciure de bois. Le plâtre absorbe l'ammoniaque, en donnant du sulfate d'ammoniaque qu'on extraira par un lavage ; l'acide sulfhydrique est décomposé par le sesquioxyde de fer, il se forme du sulfure de fer et un dépôt de soufre.

De là le gaz passe dans le gazomètre.

Tous les résidus du gaz ont une grande valeur, et à toute usine à gaz importante il faut annexer une fabrique de produits chimiques.

Sulfure de carbone (CS^2). — C'est un liquide incolore, très-mobile, doué d'une odeur fort désagréable rappelant celle des choux pourris. Très-volatil, il bout à 46°. Sa densité à 15° est 1,27 et sa densité de vapeur 2,67.

Il brûle avec flamme bleue en donnant des acides sulfureux et carbonique. Sa vapeur mêlée à l'air détone violemment à l'approche d'une lumière. Insoluble dans l'eau, soluble dans l'alcool, l'éther, c'est le dissolvant par excellence du soufre et du phosphore.

Le sulfure de carbone s'unit aux sulfures métalliques MS, en donnant des sels MS, CS^2, analogues aux sels oxygénés $MO\ CO^2$; aussi lui donne-t-on le nom d'acide sulfocarbonique.

Préparation. — On place un tube de porcelaine dans un four à réverbère in-

Fig. 303.

cliné, et d'un bout on le ferme par un bouchon, de l'autre, on lui adapte une allonge en verre qui communique avec un flacon refroidi dans l'eau.

Dans le tube de porcelaine est de la braise de boulanger que l'on porte au rouge, on enlève le bouchon de temps en temps pour introduire des fragments de soufre qui se vaporisent; la vapeur se combine au charbon et le sulfure de carbone se condense dans l'allonge et dans le flacon.

Le caoutchouc est une substance élastique que chacun connaît; c'est une gomme exsudée par certains végétaux. Le caoutchouc pur se durcit par le froid et devient cassant; il se ramollit par la chaleur et devient adhérent; au contraire, le caoutchouc vulcanisé, c'est-à-dire imprégné d'un peu de soufre, prend une élasticité permanente que rien n'altère. Pour vulcaniser le caoutchouc on le plonge dans un bain de sulfure de carbone renfermant deux et demi pour cent de soufre en dissolution, puis on l'expose dans un courant d'air où le sulfure de carbone s'évapore, laissant le soufre.

Cyanogène (C^2Az ou Cy).— Le cyanogène est un carbure d'azote, c'est un gaz incolore, qui a l'odeur forte d'amandes amères, brûle avec une flamme bleu-pourpre. Il est très-instable et tend à se combiner avec les corps en présence.

Il offre ce spectacle singulier de se conduire comme un véritable corps simple, analogue au chlore; il donne avec l'hydrogène un acide énergique, analogue à l'acide chlorhydrique, l'acide cyanhydrique C^2AzH ou CyH, qui est un poison

Fig. 304.

d'une violence inouïe, plus connu sous le nom d'acide prussique. Avec l'oxygène, le cyanogène donne un acide cyanique. Avec les métaux, il forme des cyanures qui ont toutes les propriétés des chlorures.

Le cyanogène se prépare en distillant dans une petite cornue de verre le cyanure de mercure et recueillant le gaz sur le mercure.

Le cyanogène entre avec le fer dans la constitution du bleu de Prusse, c'est de là que vient son nom (*cyanos*, bleu).

Le cyanogène se produit quand le charbon et l'azote se rencontrent à l'état naissant, surtout en présence d'un alcali ou d'un carbonate alcalin. La calcination des matières animales azotées, telles que les débris des abattoirs, avec le carbonate de potasse donne un cyanure de potassium.

L'ammoniaque, passant sur du charbon au rouge, est en partie décomposée et il se forme du cyanhydrate d'ammoniaque.

$$2AzH^3 + 2C = C^2AzH, AzH^3 + 2H$$

CHAPITRE III

MÉTAUX

Leur classification. — Métaux alcalins et terreux; métaux usuels; aluminium, manganèse, fer, chrome, zinc, étain, plomb, cuivre, mercure, argent, or, platine. — État naturel; caractères distinctifs. — Usages industriels. — Notions sur la fabrication des fers fontes et aciers. — Combinaisons des métaux et alliages entre eux et alliages utiles à l'industrie. — Action de l'oxygène sur les métaux. — Sels neutres, acides, basiques. — Cristallisation, fusion solubilité des sels. — Caractères distinctifs des sels, d'après leurs acides et d'après leurs bases.

Classification des métaux. — La classification artificielle des métaux, donnée par Thenard et perfectionnée par M. Regnault, a pour point de départ l'affinité plus ou moins énergique des métaux pour l'oxygène.

On a pris, pour mesurer cette affinité, trois termes de comparaison :

1° La facilité plus ou moins grande avec laquelle les métaux décomposent un composé oxygéné stable, tel que l'eau.

2° La difficulté qu'on éprouve à réduire les oxydes métalliques sous l'influence de la chaleur;

3° La manière dont ils se comportent en présence de l'oxygène.

1re classe	Potassium. Sodium. Lithium. Baryum. Strontium. Calcium.		Décomposent l'eau à froid. — Oxydes irréductibles par la chaleur seule. — Absorbent l'oxygène à toute température.
2e classe	Magnésium. Cérium. Glucinium. Yttrium. Zirconium. Aluminium.	Lanthane. Didymium. Erbium. Terbium. — —	Décomposent l'eau à 100°. — Oxydes irréductibles par la chaleur seule. — Absorbent l'oxygène par la chaleur.
3e classe	Manganèse. Fer. Zinc. Nickel. Cobalt.	Vanadium Cadmium. Chrome. — —	Décomposent l'eau au rouge ou à froid sous l'influence de l'acide sulfurique étendu. — Oxydes irréductibles par la chaleur seule. — Absorbent l'oxygène au rouge.
4e classe	Étain. Antimoine. Uranium. Titane Molybdène.	Tungstène. Colombium. Pélopium. Niobium. Osmium.	Décomposent l'eau au rouge, mais ne la décomposent pas à froid en présence de l'acide sulfurique étendu. — Oxydes irréductibles par la chaleur seule. — Absorbent l'oxygène au rouge.
5e classe	Cuivre. Plomb. Bismuth.		Décomposent l'eau au rouge blanc, mais ne la décomposent pas en présence des acides. — Oxydes partiellement réductibles par la chaleur. — Absorbent l'oxygène au rouge.

6e CLASSE..	Mercure.. . . Rhodium. . .	Ne décomposent l'eau à aucune température. — Absorbent l'oxygène à une certaine température, et l'abandonnent à une température plus élevée.
7e CLASSE..	Argent.. . . . Or. . . . . . Platine. . . . Palladium. . . Ruthénium. . Iridium.. . . .	Ne décomposent l'eau à aucune température. — N'absorbent l'oxygène à aucune température. — Oxydes très-facilement réductibles.

Parmi tous ces métaux, ceux des deux premières classes n'ont pas d'emploi pratique ; on ne saurait les conserver à l'air, et on ne s'en sert que comme agents réducteurs très-énergiques. C'est ainsi que le sodium sert à préparer le bore, le silicium et l'aluminium dont il réduit les oxydes. Les métaux de la première classe ont pour oxydes des alcalis, ce sont les métaux alcalins ; les métaux de la deuxième classe ont pour oxydes ce qu'on appelait autrefois des terres, et ce sont les métaux terreux. Les autres ont vraiment les propriétés métalliques usuelles ; l'éclat, la malléabilité, la ténacité, la conductibilité ; ce sont ceux qui nous occuperont le plus.

Potassium et sodium. — Le potassium est un corps solide ; récemment préparé, il possède l'éclat métallique, mais le perd rapidement à l'air, densité à 15° 0,865, fond à 58°, et bout au rouge sombre en dégageant une belle vapeur verte.

En 1807, Davy tira le potassium de la potasse en décomposant celle-ci par la pile. Plus tard, Gay-Lussac le prépara en décomposant l'hydrate de potasse par le fer à une haute température. Aujourd'hui, on le prépare en décomposant le carbonate de potasse par le charbon à une haute température.

La propriété caractéristique du potassium et du sodium est de décomposer l'eau avec énergie. Un globule de ces métaux projeté dans l'eau, se promène à la surface en produisant le bruit du fer rouge que l'on trempe, et le bruit est accompagné d'une flamme verdâtre.

Le sodium a les mêmes propriétés et le même aspect que le potassium; il est seulement un peu plus stable, densité 0,97. On s'en sert beaucoup aujourd'hui pour préparer l'aluminium, et voici comment on opère : dans un four que l'on peut chauffer à de très-hautes températures, on place une bouteille en fer, renfermant un mélange de carbonate de soude bien sec, de houille et de craie. Au tube de la cornue s'adapte une boîte plate en tôle où le sodium se liquéfie; les gaz s'échappent à la partie supérieure de cette boîte, ces gaz consistent surtout en oxyde de carbone. Le filet de sodium liquide tombe dans une petite marmite, remplie d'huile de naphte et le métal se solidifie. On le purifie en le faisant fondre dans l'huile de schiste qui est moins volatile que l'huile de naphte.

Potasse et soude. — On connaît la potasse et la soude anhydre Ko, NaO, et même des trioxydes Ko^3, NaO^3, mais tout cela est sans usage et l'on n'emploie que la potasse et la soude caustiques Ko,Ho et NaO, Ho.

La potasse caustique est un corps solide blanc, bien connu sous le nom de pierre à cautère parce qu'elle sert à ronger, à brûler, à cautériser les chairs ; elle fond à 400° et se volatilise au rouge blanc. Elle est très-avide d'eau ; aussi à l'air est-elle déliquescente, c'est-à-dire qu'elle absorbe l'humidité atmosphérique et s'affaisse (elle tombe en déliquium) ; elle forme avec l'eau un nouvel hydrate Ko, 5Ho.

Elle se prépare en dissolvant dans une chaudière en fonte du carbonate de potasse que l'on décompose en le faisant bouillir avec de la chaux éteinte; il faut un excès d'eau, sans quoi la potasse concentrée décomposerait le carbonate de chaux qui se forme. On laisse reposer le liquide, pour que le précipité de calcaire se dépose au fond, puis on le décante et on le concentre dans une bassine de cuivre ou mieux d'argent. Lorsque le liquide est à l'état de sirop, on le coule sur une ta-

Fig. 305.

ble de marbre, où la potasse se solidifie; on la coupe en morceaux, et on la renferme dans des flacons à l'abri de l'humidité; c'est la potasse à la chaux.

Le carbonate de chaux employé n'est pas pur et renferme des sels étrangers qui ne disparaissent point et se retrouvent dans la potasse à la chaux. Or ces sels ne sont généralement pas solubles dans l'alcool; la potasse, au contraire, s'y dissout. On agite donc la potasse à la chaux avec de l'alcool, on laisse reposer et la partie supérieure du liquide contient la potasse; on décante, et on concentre dans une bassine d'argent, on obtient ainsi la potasse à l'alcool, qui n'est pas non plus complétement pure et renferme un peu de carbonate, par suite de la décomposition de l'alcool.

Les propriétés et la préparation de la soude sont les mêmes que celles de la potasse; toutefois, elle est déliquescente à l'air, mais ne tarde pas à se transformer en poussière, parce que le carbonate de soude formé avec l'acide carbonique de l'air, n'est pas déliquescent comme le carbonate de potasse.

Carbonates de potasse et de soude. — Les carbonates de potasse et de soude sont, ce qu'on appelle les potasses et soudes du commerce.

Le carbonate de potasse s'extrait de la cendre des végétaux, qui croissent à l'intérieur des terres. On traite ces cendres par l'eau, qui ne dissout ni les terres ni les oxydes de fer et de manganèse, mais qui retient les carbonate, phosphate et sulfate de potasse, les chlorures alcalins et un peu de carbonate de soude. Les carbonates proviennent de la décomposition par la chaleur de tous les sels organiques. On lessive donc les cendres, et on concentre la lessive pour obtenir le salin. On chauffe le salin au rouge afin de brûler les matières organiques, qu'il renferme encore et l'on obtient la potasse brute. On dissout la potasse brute dans l'eau, puis on concentre; les sels étrangers moins solubles se déposent; on décante et on évapore pour obtenir la potasse raffinée.

La valeur de la potasse et de la soude du commerce est très-variable, et dépend de la quantité de carbonate pur qu'elle contient. On constate cette proportion par les essais alcalimétriques. On appelle titre pondéral d'une potasse la proportion pour cent d'alcali pur qu'elle renferme au quintal.

Les équivalents montrent qu'il faut 50 grammes d'acide sulfurique monohydraté pour saturer $48^{gr},16$ de potasse anhydre, et faire le sel Ko,So^3. Dissolvons d'une part 50 grammes d'acide sulfurique dans un demi-litre d'eau, et d'autre part $48^{gr},16$ de potasse pure dans un demi-litre d'eau, il faudra verser tout l'acide dans la potasse pour neutraliser celle-ci; mais si l'alcali n'est pas pur, il faudra, par exemple, seulement la moitié ou le tiers de l'acide pour neutraliser la potasse, donc cette potasse du commerce ne renferme que la moitié ou le tiers de son poids d'alcali pur, et il faut en évaluer le prix en conséquence. Avant de verser l'acide sulfurique dans la potasse, on ajoute à celle-ci quelques gouttes de teinture bleue de tournesol, puis on verse l'acide goutte à goutte; le carbonate de potasse est décomposé, l'acide carbonique se dégage et colore en rouge vineux la teinture de tournesol et, par suite, toute la masse liquide. Aussitôt que la décomposition est terminée, il y a une goutte d'acide sulfurique non neutralisée et qui donne à la teinture une couleur rouge pelure d'oignon, très-facile à distinguer de la teinte vineuse. A ce moment, l'opération est terminée et il suffit de lire sur la burette graduée combien on a versé de centièmes d'acide sulfurique; la potasse essayée renferme autant de centièmes d'alcali pur.

La soude du commerce ou carbonate de soude s'extrait de la cendre des végétaux qui croissent au bord de la mer, et qui sont très-riches en oxalate que la chaleur décompose. Les soudes ainsi préparées renferment beaucoup de sels étrangers et à peine 1/7 de leur poids de soude; elles viennent surtout d'Espagne.

Pendant la Révolution, la France ne trouvait plus de soude et le médecin Leblanc arriva à en préparer par le procédé artificiel suivant :

On transforme le sel marin ou chlorure de sodium en sulfate de soude au moyen de l'acide sulfurique,

$$NaCl = So^3,HO = NaO,So^3 + HCl$$

puis on décompose, à une température élevée le sulfate de soude par la craie ou carbonate de chaux et le charbon ; il se forme de l'oxyde de carbone, un oxysulfure de calcium insoluble dans l'eau, et du carbonate de soude que l'eau dissout.

$$2(NaO,So^3) + 3(CaO,Co^2) + 9C = 2(NaO,Co^2) + 2(CaS,CaO) + 9CO.$$

Le mélange est poussé dans un four par deux trous verticaux que l'on ferme ensuite. On brasse continuellement la masse par des carneaux latéraux au moyen de longues tiges en fer ou ringards. On retire ensuite la matière, en la faisant tember dans des caisses en tôle où elle se refroidit.

Les carbonates alcalins servent dans le blanchissage du linge, dans la fabrication des savons, dans la fabrication du cristal et du verre.

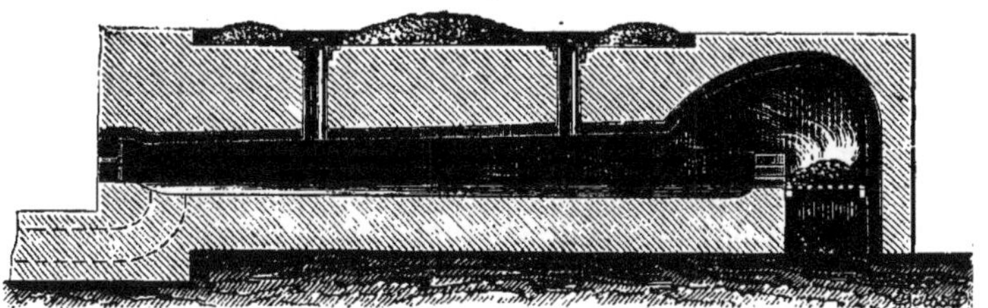

Fig. 306.

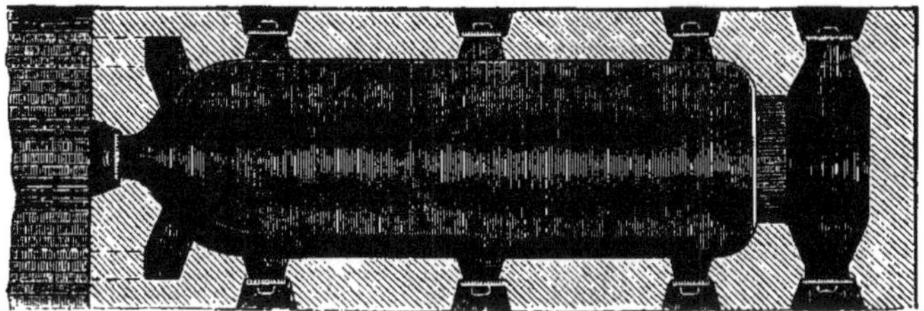

Fig. 307.

Azotate de potasse, nitre ou salpêtre. — Ce sel cristallise en longs prismes à six pans, à saveur fraîche et piquante ; il abandonne assez facilement son oxygène, et se change d'abord en azotite puis en oxyde de potassium ; c'es donc un oxydant énergique; il fuse sur les charbons ardents, c'est-à-dire qu'il fond en produisant une flamme due à la combustion énergique du charbon par l'oxygène dégagé. — Le salpêtre est très-soluble à chaud.

Le salpêtre se trouve à la surface du sol, où il vient effleurir, en Espagne, dans l'Inde, en Égypte, on le retrouve dans les caves, les écuries et tous les lieux humides en général où l'on place des matières organiques azotées en décomposition.

L'acide azotique se produit directement dans l'air par l'électricité ; l'ammoniaque, dégagée dans les putréfactions, se décompose en présence des corps poreux pour donner de l'acide azotique et de l'eau ; l'azote et l'oxygène eux-mêmes peuvent se combiner en présence d'un corps poreux et d'une base. Toutes ces causes peuvent expliquer la génération naturelle du salpêtre : pour qu'elle se produise, il faut la présence d'un calcaire et de matières organiques humides en décomposition ; une température de 20° à 25° est nécessaire aussi.

On prépare artificiellement le salpêtre en mélangeant des terres calcaires avec du fumier, avec des cendres ; on arrose les tas avec des urines, et on dirige sur ces tas une ventilation énergique. Ce sont là des sortes de murailles à la surface desquelles se forment des efflorescences de salpêtre, que l'on racle, et desquelles on tire le nitre par des lessivages.

L'eau qui a servi à une première lessive est employée aux lessives suivantes, et par une série de lavages méthodiques on arrive à concentrer convenablement la dissolution.

On raffine ensuite le salpêtre pour le débarrasser de tous les sels étrangers qu'il renferme, et surtout des chlorures qui, en absorbant l'humidité, ne permettraient pas d'employer le salpêtre à la fabrication de la poudre. On déplace les chlorures en lavant le salpêtre impur avec une dissolution concentrée à froid d'azotate de potasse pur ; le chlorure est entraîné.

Poudre à canon. — C'est un mélange de salpêtre, de soufre et de charbon. Il faut avoir du salpêtre bien pur et bien débarrassé de chlorures; on se sert de soufre distillé en masse, et non de fleur de soufre qui renferme toujours des acides sulfureux et sulfurique.

Pour la poudre de chasse, on se sert de charbon obtenu avec du bois de bourdaine torréfié dans des cylindres en tôle ; c'est une espèce de charbon roux ; pour les poudres grossières, on se sert de charbons faits avec des bois légers d'aulne et de peuplier. Il faut rejeter avec soin tous les fumerons.

« La meilleure poudre, pour une arme donnée, est celle qui brûle d'une manière complète dans le temps que le projectile met à parcourir l'âme de la pièce, de manière à lui imprimer, non instantanément, mais successivement toute la force de projection dont elle est susceptible. »

Une poudre, donnant un effet instantané, briserait l'arme, et c'est même ce qui s'oppose à l'emploi du coton-poudre et de la nitro-glycérine.

La poudre se fabrique au moyen de mélanges et de triturations successives des trois matières constitutives, et l'on se sert pour cela soit de pilons mus par un arbre à cames, soit de barils animés d'un vif mouvement de rotation et renfermant des balles de plomb, soit de meules analogues à celles des pressoirs.

Pour que la poudre s'enflamme, il faut que l'on porte au rouge un point de sa masse et l'on a recours pour cela soit à l'étincelle du silex, soit à une mèche, soit à l'explosion par percussion du fulminate de mercure.

Les produits de la combustion de la poudre sont très-nombreux ; il y a des gaz qui sont l'acide carbonique, l'oxyde de carbone, l'azote, la vapeur d'eau, l'acide sulfhydrique; mais il y a aussi des corps solides, surtout du sulfure de potassium; c'est là ce qui encrasse les armes, et une bonne poudre doit laisser peu de résidu solide.

Gay-Lussac a montré que la poudre donnait 450 fois son volume de gaz mesuré à 0° et sous la pression 0,76. — Si l'on songe à la haute température produite, on voit que ce volume est considérablement augmenté ; ce gaz tend à déplacer la charge mobile et lui imprime une grande vitesse.

L'équation suivante est une image des réactions qui se passent dans l'explosion de la poudre :

$$KO,AzO^5 + S + 3C = KS + 3Co^2 + Az.$$

La composition de la poudre employée dans les armes ordinaires est à peu près :

74.8 de nitre. .	ou en nombre rond,	75 de nitre.
13,3 de carbone.		13 de charbon.
11,9 de soufre. .		12 de soufre.
100,0		100

Chlorure de sodium ou sel marin ($NaCl$). — Il cristallise en cubes comme le chlorure de potassium. Chauffé, il décrépite parce qu'il renferme de l'eau interposée entre ses lamelles, puis il fond sans se décomposer. Sa solubilité dans l'eau est à peu près constante ; 100 parties d'eau dissolvent de 35 à 40 parties de sel.

Le sel du commerce est quelquefois déliquescent à l'air humide, parce qu'il renferme des chlorures de magnésium et de calcium, très-avides d'eau.

Il existe des mines de sel gemme que l'on exploite comme des mines de houille; les plus remarquables sont celles de Cardona, en Espagne, et de Wieliczka, en Pologne. Lorsque le sel gemme est impur, on le dissout à l'intérieur de la mine, et on enlève avec des pompes le liquide concentré.

Dans d'autres contrées, il existe des sources d'eau salée ; on les fait arriver au moyen de rigoles au-dessus de grands murs dont la carcasse est en charpente et l'intérieur en fascinages ; l'eau tombe en gouttelettes à travers tous les branchages, et comme la face de ces murailles regarde les vents régnants de la contrée, il se produit une évaporation considérable, et on recueille une eau suffisamment concentrée pour qu'on puisse l'évaporer sur le feu.

La plus grande masse de sel est tirée de la mer :

Dans les pays du Nord, on prend l'eau de mer dans un vase, et on l'expose à la gelée; on enlève la glace à plusieurs reprises ; or la glace est formée d'eau pure, et il reste un liquide concentré renfermant beaucoup de sel.

En France, sur les côtes de l'Océan et de la Méditerranée, on opère par évaporation de l'eau de mer à l'air libre. L'eau de mer arrive par une pente convenable dans des terrains dont le niveau est inférieur à celui de la marée haute ; on la dirige et on la fait circuler avec une masse de détours dans une série de bassins contigus peu profonds, où l'eau se concentre et dépose beaucoup de sels peu solubles. On l'enlève ensuite au moyen de pompes de ces premiers bassins pour la conduire dans d'autres, où l'on recueille le sel marin, que l'on réunit en tas pour le laisser égoutter.

Voici la composition moyenne de l'eau de mer :

Chorure de sodium.	2,50
Chlorure de magnésium.	0,35
Sulfate de magnésie.	0,58
Carbonates de chaux et de magnésie.	0,02
Sulfate de chaux.	0,01
Eau.	96,54
	100,00

Il reste donc dans les eaux mères qui ont déposé le sel marin plusieurs sels utiles. On amène ces eaux mères dans des bassins, où elles se refroidissent pendant l'hiver : de tous les sels qui peuvent se former par double décomposition, le moins soluble est le sulfate de soude; il se forme donc par la double décomposition du chlorure de sodium et du sulfate de magnésie, et on le recueille.

Il se dépose ensuite un sulfate double de potasse et de magnésie, dont on se sert pour préparer le carbonate de potasse par la méthode de Leblanc. Il existe aussi des bromures, des iodures, que l'on arrive à recueillir pour préparer le brome et l'iode.

Silicates de potasse et de soude. — La potasse et la silice s'unissent en proportions variables : si la silice domine, le sel est peu soluble; si la potasse l'emporte, le sel est soluble.

Lorsqu'on soumet à une haute température un mélange de sable blanc pur, de carbonate de potasse et d'un peu de charbon, le carbonate est décomposé et il se forme un silicate de potasse qui fond ; refroidi, c'est un verre très-dur, mais qui est soluble dans l'eau; on l'appelle verre soluble, et pour le dissoudre, il faut le pulvériser.

La dissolution de verre soluble appliquée comme un vernis sur les matières inflammables telles que le bois, les protége et les rend incombustibles.

La soude et la silice s'unissent aussi en plusieurs proportions.

Ces silicates mélangés à des silicates terreux forment les verres. Les silicates alcalins sont attaquables par l'eau, à moins qu'ils ne contiennent un excès de silice, et alors ils sont presque infusibles.

Les silicates terreux ne sont pas attaquables à l'eau, mais demandent pour fondre des températures élevées, et tendent à cristalliser.

Le mélange des silicates terreux et alcalins est généralement plus fusible que le plus fusible des silicates qu'il renferme et il ne cristallise pas : c'est avec ce mélange qu'on fabrique les verres.

Verres. — Il y en a deux classes : 1° les verres ordinaires incolores à base de chaux et de potasse ou de soude ; 2° les verres colorés qui renferment outre la chaux, la potasse et la soude, de l'alumine et de l'oxyde de fer.

1° *Verres incolores.* — Les plus beaux sont les verres de Bohême, qui sont formés de silice, de potasse et de chaux bien pures. Les verres à base de potasse sont moins fusibles que ceux à base de soude et par suite plus difficiles à travailler, mais ils sont parfaitement transparents, tandis que les verres à base de soude ont toujours une couleur verdâtre que tout le monde a remarqué dans les verres à vitre.

En France le verre blanc se fabrique avec de la soude artificielle, de la chaux vive délitée et du sable quartzeux blanc. Dans les verres de qualité médiocre, on remplace la soude artificielle par un mélange de sulfate de soude et de charbon ; mais ces verres sont toujours un peu jaunes et sales.

C'est la silice qui rend le verre peu fusible : lorsqu'on veut avoir un verre infusible (gobeleterie ordinaire), l'oxygène des bases est le $\frac{1}{4}$ de l'oxygène contenu dans la silice. Pour les glaces, qui doivent être plus fusibles afin d'être coulées, il y a autant d'oxygène dans les bases que dans la silice.

Fabrication. — Les matières sont mélangées et calcinées dans un four où s'opère un commencement de combinaison; cette opération est la fritte. Puis on fait tomber le mélange encore chaud dans des creusets en terre réfractaire placés

Fig. 308.

dans un four circulaire et que l'on chauffe jusqu'au rouge vif. On ajoute généralement à ce mélange un peu d'acide arsénieux qui, en se volatilisant, agite la masse et facilite l'affinage en cédant de l'oxygène aux corps à réduire. S'il y a quelque trace de fer, pour éviter la teinte de verre à bouteille, on ajoute au mélange un peu de silicate de manganèse qui oxyde le fer et le fait passer à l'état de sesquioxyde, dont la couleur est imperceptible. (Le silicate de manganèse s'appelle le savon des verriers.)

Avec sa canne en fer qui est creuse, l'ouvrier cueille dans le creuset une boule de verre, qu'il souffle, d'abord en tenant sa canne en l'air pour élargir la poire, puis en tenant sa canne vers le bas pour allonger la poire et la transformer en cylindre; pour enlever les bases du cylindre on enroule autour un fil de verre chaud qui produit une rupture immédiate; puis on pose le cylindre; sur une table, on le fend suivant une génératrice et on l'étend avec une baguette pour faire un verre à vitre.

2° Les bouteilles se fabriquent aussi par le soufflage, en introduisant la poire formée dans un moule en fonte où elle prend la forme convenable.

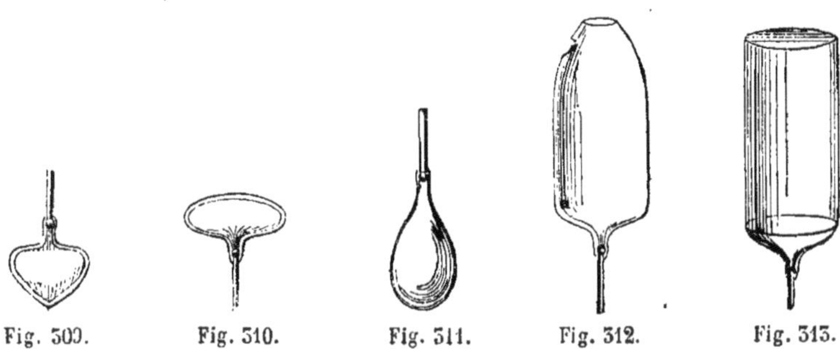

Fig. 309. Fig. 310. Fig. 311. Fig. 312. Fig. 313.

Voici en regard la composition du mélange destiné à la fabrication du verre à vitre et celle du mélange destiné à la fabrication des bouteilles :

COMPOSITION DES GLACES.		COMPOSITION DES BOUTEILLES.	
Sable très-blanc	300	Sable ocreux	100
Carbonate de soude sec	100	Soude de varech	40 à 60
Chaux éteinte à l'air	43	Cendres non lessivées	30 à 40
Calcin (verre cassé) ou rognures	300	Cendres lessivées	150 à 180
		Argile ocreuse	80 à 100
		Calcin	100 à 150

Les bouteilles verdâtres sont colorées par le protoxyde de fer; celles qui sont violettes renferment du sesquioxyde de manganèse.

Cristal. — Le cristal est un verre dans lequel la chaux est remplacée par de l'oxyde de plomb. C'est donc un silicate de potasse et de plomb. On se sert de sable blanc très-pur, et de carbonate de potasse raffiné; le protoxyde de plomb ou litharge renferme du plomb métallique et serait en partie réduit par le charbon et les matières organiques du mélange, on ne s'en sert pas et on recourt au minium (oxyde salin de plomb) qui jamais ne renferme de métal libre et qui, chargé d'un excès d'oxygène, réduit les matières organiques qui pourraient s'introduire dans le creuset. On se sert de creusets couverts, ayant une gueule dirigée vers l'ouvreau du four.

Fig. 314.

Autrefois on coulait le cristal dans des moules en cuivre ou en fonte, aujourd'hui on se sert de moules en bois qui n'altèrent point le poli du cristal. On taille ensuite le cristal d'abord avec une meule en fer, puis avec une meule en grès et enfin avec une meule en bois et de la pierre ponce.

Le strass est du cristal soigné, avec lequel on imite les pierres précieuses en le colorant par des oxydes métalliques :

L'oxyde de cobalt.	donne	le bleu saphir.
L'oxyde noir de cuivre.	—	le bleu céleste.
Le sesquioxyde de manganèse.	—	l'améthyste.
L'oxydule de cuivre.	—	le rouge pourpre.
Le sesquioxyde de chrome.	—	le vert végétal.
L'oxyde d'urane.	—	le jaune serin laiteux.
Le chlorure d'argent ou le charbon en poudre.	—	le jaune.

En ajoutant au cristal du bioxyde d'étain ou acide stannique, on le rend opaque et l'on obtient des émaux que l'on peut colorer par les oxydes précédents.

Le verre de Venise est fabriqué avec un moule cannelé, dans les cannelures duquel on introduit de l'émail, et au centre on met du cristal ; on étire le tout ensemble en donnant au moule un mouvement de rotation, de sorte que les fils d'émail s'enroulent en hélice autour du cristal, et l'on obtient le verre filigrané ou verre de Venise.

Le verre chauffé quelque temps au bain de sable finit par perdre une partie de son alcali et se dévitrifie c'est-à-dire devient opaque.

Le verre fondu plongé brusquement dans l'eau froide éprouve une trempe analogue à celle de l'acier ; il est cassant au delà de toutes limites et l'arrangement de ses molécules est d'une instabilité incroyable. Ainsi le verre fondu projeté par gouttes dans l'eau froide donne les larmes bataviques : si on en casse la pointe, aussitôt la masse entière tombe en poussière ; la fiole philosophique est un flacon refroidi brusquement et qui tombe en poussière lorsqu'on jette un petit caillou à l'intérieur.

Lorsque l'on veut se servir d'un verre refroidi brusquement, il faut le recuire c'est-à-dire le chauffer à une température plus ou moins élevée et alors il devient moins cassant.

Les verres et cristaux sont attaqués avec énergie par l'acide fluorhydrique ; les acides et les bases et même la vapeur d'eau les décomposent à la longue soit en enlevant les alcalins, soit en se substituant à eux.

CARACTÈRES DES SELS DE POTASSE ET DE SOUDE.

	Sels de potasse.	Sels de soude.
Acide tartrique.	Précipité blanc (bitartrate de potasse).	Pas de précipité.
Acide hydro-fluosilicique. . .	Précipité blanc gélatineux. . .	Pas de précipité.
Acide perchlorique.	Précipité blanc.	Pas de précipité.
Sulfate d'alumine (liqueurs concentrées).	Précipité blanc d'alun.	Pas de précipité.
Bichlorure de platine. . . .	Précipité jaune qui est un sel double de platine et de potassium.	Pas de précipité.
Au chalumeau.	Coloration violette dans la partie réduisante de la flamme.	Coloration d'un jaune vif.

Les sels de soude n'ont donc que des caractères négatifs. Aujourd'hui, il est facile d'en reconnaître la présence, même en proportion très-faible, au moyen de l'analyse spectrale. Nous avons vu en physique que le sodium donne dans le spectre solaire une raie caractéristique.

Baryum. Baryte. — La baryte (de *barus*, pesant) est un oxyde, lourd, très-avide d'eau, que l'on rencontre dans la nature à l'état de sulfate et de carbonate.

L'acide sulfurique décèle la présence d'une quantité minime de baryte en formant un sulfate de baryte, absolument insoluble. De même le chlorure de baryum permet de reconnaître des traces d'acide sulfurique.

Strontium. Strontiane. — La strontiane se rencontre dans la nature à l'état de sulfate et de carbonate.

Le sulfate de strontiane est moins insoluble que le sulfate de baryte.

Les sels de strontiane ont pour caractère distinctif de colorer en rouge pourpre la flamme de l'alcool; ce sont eux qui entrent dans la constitution des feux de bengale rouges.

Calcium. Chaux. — Le calcium, comme les métaux précédents se prépare par l'action d'une pile énergique sur la chaux ou le chlorure de calcium. C'est un métal d'un blanc jaune, très-ductile et très-brillant.

Chaux (CaO). — La chaux pure ou protoxyde de calcium est blanche et caustique, elle attaque les tissus animaux ; c'est une base énergique, infusible aux plus hautes températures.

Dans les laboratoires, la chaux pure se prépare en calcinant dans un creuset de terre, du marbre blanc ou du spath d'Islande (carbonate de chaux cristallisé).

L'acide carbonique se dégage et pour l'entraîner en dehors du creuset, on projette de temps en temps quelques gouttes d'eau qui font un courant gazeux.

Nous aurons lieu dans une autre section de traiter la fabrication des chaux usuelles.

La chaux préparée comme plus haut, est appelée chaux vive, elle est très-avide d'eau ; si on laisse tomber sur elle de l'eau goutte à goutte, elle se gonfle, et la température s'élève au point de pouvoir enflammer de la poudre ; des vapeurs se dégagent, et finalement la masse tombe en poussière. Cette poussière est la chaux hydratée CaO, HO ou chaux éteinte.

A l'air, la chaux vive absorbe l'acide carbonique et l'humidité et se transforme en un mélange de carbonate et d'hydrate $CaO,CO^2 + CaO, HO$.

L'hydrate de chaux abandonne facilement son eau par la chaleur et la chaux vive est régénérée.

En suspension dans l'eau, la poussière de chaux éteinte forme une masse laiteuse qu'on appelle lait de chaux.

L'eau dissout $\frac{1}{700}$ de son volume de chaux à 15°, et seulement $\frac{1}{1270}$ à la température de l'ébullition ; la chaux est donc plus soluble à froid qu'à chaud.

Les principaux sels de chaux sont le carbonate et le sulfate, dont nous aurons lieu de parler longuement dans d'autres sections de l'ouvrage.

Chlorure de chaux. — C'est un mélange d'hypochlorite de chaux CaO, ClO et de chlorure de calcium CaCl ; le chlorure de chaux est une poudre blanche amorphe, exhalant l'odeur de chlore. Il renferme presque toujours un excès de chaux libre. Ce chlorure est donc un sel double, et c'est à tort qu'on l'appelle chlorure, comme le chlorure de potasse ou eau de javelle et le chlorure de soude ou eau de Labarraque.

Le plus faible acide décompose l'hypochlorite, l'acide hypochloreux se dégage, mais rencontrant le chlorure de calcium il se décompose et donne de la chaux, tandis que tout le chlore se dégage.

$$CaO,ClO + Co^2 = CaO,Co^2 + ClO$$
$$ClO + CaCl = CaO + 2Cl$$

C'est à ce dégagement continuel de chlore que ce corps doit ses propriétés décolorantes et désinfectantes; on l'emploie au blanchiment des toiles et à l'assainissement des lieux infects. C'est une sorte de chlore solide et facilement transportable.

Le chlorure de chaux se prépare en disposant dans une caisse des couches peu épaisses de chaux bien éteinte et faisant arriver un faible courant de chlore, de manière à ne pas échauffer la masse.

Caractères des sels de chaux. — Ils donnent avec les carbonates alcalins un précipité blanc; pas de précipité avec l'ammoniaque; précipité blanc avec l'acide sulfurique si les liqueurs sont concentrées; précipité blanc caractéristique avec l'acide oxalique et les oxalates alcalins, le précipité se redissout dans l'acide azotique; la potasse précipite la chaux quand les sels sont concentrés; les sels de chaux colorent en jaune rouge la flamme de l'alcool.

Magnésium. Magnésie (Mg, MgO). — Le magnésium, métal blanc et éclatant comme l'argent, se prépare en décomposant le chlorure de magnésium par le potassium; c'est un métal qui brûle à l'air, lorsqu'on l'enflamme, en donnant une lumière d'un éclat remarquable.

La magnésie, MgO, se prépare en décomposant par la potasse des sels magnésiens; la magnésie précipitée se présente, après calcination, sous la forme d'une poudre blanche très-légère, infusible et très-peu soluble dans l'eau. C'est le contre-poison de l'arsenic ou acide arsénieux avec lequel elle forme un composé insoluble.

Le sulfate de magnésie est un purgatif qu'on trouve à l'état naturel dans les eaux de Sedlitz, de Pullna en Bohême et d'Epsom en Angleterre.

Le silicate de magnésie se rencontre en minéralogie sous diverses formes, auxquelles on a donné le nom de talc, péridot, écume de mer. Les roches anciennes renferment du pyroxène et de l'amphibole, qui sont des silicates doubles de chaux et de magnésie.

Il existe dans la nature de grandes masses de carbonate de magnésie, soit pur, soit mélangé au carbonate de chaux et il prend alors le nom de dolomie.

Caractères des sels de magnésie. — Précipités blancs avec les carbonates neutres alcalins, les alcalis (excepté l'ammoniaque), le réactif principal est le phosphate de soude, qui donne un précipité cristallin de phosphate ammoniaco-magnésien, pourvu qu'on ait d'abord versé dans la liqueur un sel ammoniacal; fondu au chalumeau avec de l'azotate de cobalt, un sel de magnésie donne une perle de verre couleur chair.

Aluminium. Alumine (Al. Al^2O^3). — Grâce aux travaux de M. Deville, l'aluminium se prépare aujourd'hui en grande abondance. Wöhler le retira du chlorure d'aluminium qu'il décomposa par le potassium; aujourd'hui, on l'extrait du chlorure double d'aluminium et de sodium que l'on traite par le sodium.

L'aluminium est blanc avec une teinte bleuâtre, très-malléable, très-ductile et très-sonore, bon conducteur de l'électricité. Il peut en bien des cas remplacer l'argent, et il a sur lui l'avantage de peser beaucoup moins à volume égal, puisque sa densité n'est guère supérieure à 2,5.

L'air et l'oxygène ne l'attaquent à aucune température; l'eau ne l'oxyde qu'à une température très-élevée. Les acides sulfurique et azotique ne l'attaquent qu'au rouge; l'acide sulfhydrique est sur lui sans action. L'acide chlorhydrique seul le dissout rapidement.

Le bronze d'aluminium, alliage de ce métal avec le cuivre, est léger et très-dur, mais très-cassant; ce bronze est appelé à rendre de grands services à l'industrie.

Alumine. — L'alumine est très-répandue dans la nature; le corindon, cristal naturel incolore, est de l'alumine pure ; l'émeri, le rubis et le saphir sont formés d'alumine colorée par des oxydes métalliques. Unie à la silice, l'alumine forme les argiles, que certains oxydes viennent diversement colorer.

On prépare l'alumine hydratée en décomposant la dissolution de sulfate d'alumine par le carbonate d'ammoniaque : l'hydrate calciné donne l'alumine anhydre.

L'alumine hydratée est insoluble dans l'eau, mais soluble dans les alcalis ; toutefois, dans l'ammoniaque, la solubilité est faible.

L'alumine est très-difficilement fusible ; elle s'unit aux matières colorantes organiques, telles que le carmin, pour donner des laques, couleurs employées en peinture.

Aluns. — Les principaux sels d'alumine sont les aluns, dont le type est l'alun ordinaire, sulfate double d'alumine et de potasse.

$$KO,SO^3 + Al^2O^3,3SO^3 + 24HO$$

Il se dépose sous forme d'octaèdres, lorsqu'on mélange des dissolutions concentrées de sulfate d'alumine et de sulfate de potasse.

L'alun calciné perd son eau de cristallisation, et par le dégagement de la vapeur, constitue une masse blanche poreuse. Cette masse calcinée donne l'alun caustique, qui est très-avide d'eau et qui peut s'employer à cautériser les chairs. On prépare l'alun : 1° par la calcination de l'alunite, qui est de l'alun renfermant un excès d'alumine ; on lessive après calcination, et on obtient de l'alun dit alun de Rome ; 2° par le grillage de schistes alumineux, imprégnés de pyrites de fer ; on reprend par l'eau, le sulfate de fer se dépose et le sulfate d'alumine reste dans la liqueur, que l'on mélange à une dissolution de sulfate de potasse.

Fig. 315.

L'alun ordinaire a pour isomorphes les aluns de fer, de chrome, de manganèse, qui ont la même formule que plus haut en remplaçant l'alumine Al^2O^3 par les oxydes Cr^2O^3, Fe^2O^3, Mn^2O^3.

Argiles et poteries. — On rencontre assez souvent dans la nature une roche appelée feldspath, qui est un silicate double de potasse et d'alumine : broyée et lavée par les eaux naturelles, cette roche a fini par se transformer en silicate d'alumine ou argile pure, qui porte le nom de kaolin et dont la formule s'approche de Al^2O^3, $Si\,O^3,2HO$. Généralement, l'argile ordinaire n'est pas pure, elle est colorée et salie par des matières étrangères, telles que du sable quartzeux, des carbonates terreux, de l'oxyde de fer, de l'oxyde de manganèse.

Les argiles pures (kaolin et argile plastique) se délayent avec l'eau et forment une bouillie, puis une pâte onctueuse facile à pétrir et susceptible de revêtir toutes les formes possibles ; c'est, en un mot, une matière éminemment plastique ; portées à une haute température, elles se dessèchent, se durcissent, en éprouvant une contraction ou retrait considérable, sans toutefois arriver à fondre ; l'argile ainsi desséchée est une masse poreuse et capillaire, qui happe à la langue à cause de sa tendance à absorber l'humidité.

Les argiles impures (argile figuline ou marne) renferment des calcaires et des oxydes métalliques qui les rendent fusibles à de hautes températures.

Pour fabriquer des vases avec les argiles, on les mélange à des substances dégraissantes ou ciments destinées à diminuer le retrait et, par suite, la déformation et le fendillement des pièces ; et on les recouvre d'un enduit fusible ou couverte, qui prévient l'absorption des liquides par les pores de l'argile cuite.

Les poteries communes ou terres cuites sont formées d'une pâte argileuse, qui conserve sa porosité et que l'on revêt d'une couverte.

La poterie de luxe est de la porcelaine, dont la base est le kaolin; le kaolin est broyé et la poussière est agitée dans des cuves pleines d'eau, afin que les gros fragments tombent au fond; on décante, et en laissant reposer le liquide, on obtient le kaolin réduit en poudre fine. Pour rendre la pâte fusible, on ajoute au kaolin du feldspath, du carbonate de chaux ou du sable quartzeux; et le mélange se fait d'une manière intime, au moyen du marchage, opération qui consiste à faire pétrir la pâte par des hommes qui marchent dessus pieds nus. Enfin, on termine par le pourrissage, dans lequel la pâte subit une sorte de fermentation qui la débarrasse de toutes les matières organiques qu'elle pourrait renfermer.

La pâte faite et rendue homogène, on procède au façonnage des pièces, soit en les ébauchant à la main et au tour, soit en les coulant dans des moules, soit en les moulant par impression au moyen de matrices en plâtre.

C'est alors que l'on expose les pièces à l'air, et qu'on leur fait subir une première cuisson ou dégourdi; puis on applique à la surface l'enduit appelé couverte : la couverte est une sorte de verre, formé de silicate de potasse pour la porcelaine dure, et de silicate de potasse et de plomb (sorte de cristal très-fusible) pour la porcelaine tendre.

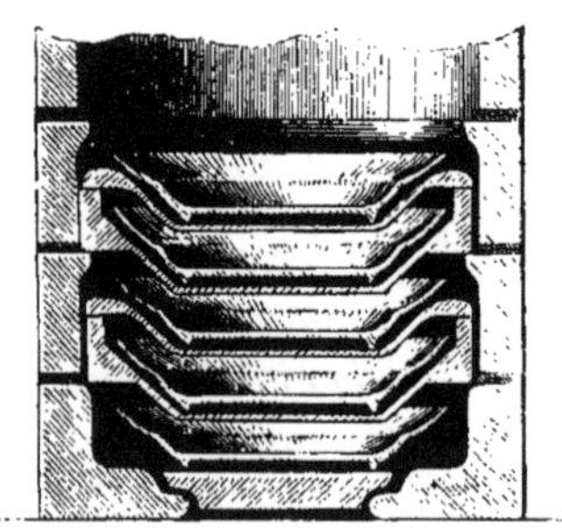

Fig. 316.

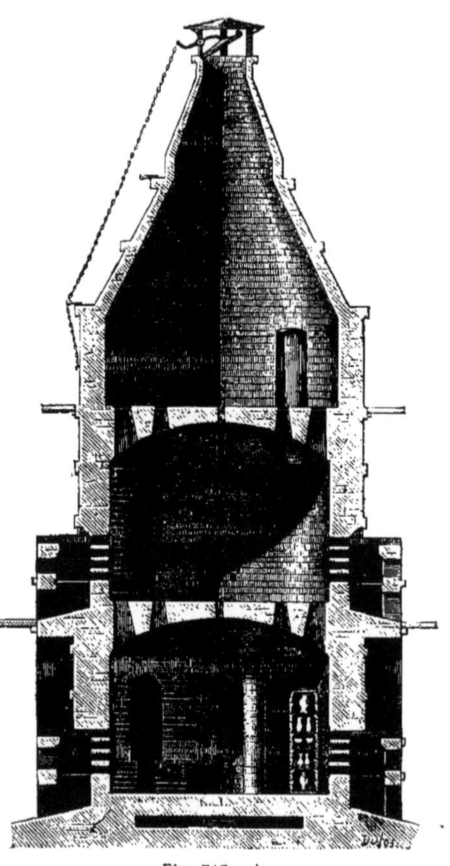

Fig. 317.

Sur la poterie commune, il faut appliquer un enduit opaque qui cache la pâte colorée; on ajoute aux verres précédents l'acide stannique, ce qui forme une espèce d'émail.

La pâte des terres cuites proprement dites (briques, tuyaux, etc...) est formée d'argile dégraissée par du sable, et ne reçoit pas d'enduit.

Les pièces préparées sont placées dans des supports spéciaux et empilées dans des cylindres ou cazettes; puis on enfourne ces cazettes. Les fours sont généralement à trois étages. L'étage supérieur sert à faire le dégourdi; dans les étages inférieurs s'opère la vraie cuisson : les foyers sont latéraux à flamme renversée et c'est l'intérieur du four qui constitue la cheminée de tirage.

On décore les poteries avec des couleurs placées sous la couverte ou mêlées à la couverte ; ces couleurs sont formées d'oxydes inaltérables au feu et aux agents atmosphériques, et dont la dilatation est à peu près la même que celle de la pâte. On distingue les couleurs de grand feu : l'oxyde de cobalt pour les bleus, le sesquioxyde de chrome pour les verts, et l'oxydule d'uranium pour les noirs, et les couleurs moins résistantes, telles que le protoxyde de cuivre (vert), l'oxydule de cuivre (rouge), le pourpre de Cassius (violet et rouge).

Caractères des sels d'alumine. — Donnent avec la potasse et la soude un précipité soluble dans un excès de réactif, avec l'ammoniaque le précipité est presque insoluble ; avec le sulfate de potasse ou d'ammoniaque, il se précipite des cristaux d'alun. Au chalumeau, les sels d'alumine humectés d'azotate de cobalt donnent une perle bleue.

Manganèse. — Métal gris, d'aspect analogue à celui de la fonte. Ses propriétés chimiques sont analogues à celles du fer. C'est le premier exemple d'un métal formant un acide (l'acide manganique).

Fer. — Le fer du commerce, dont nous nous occuperons plus loin, n'est jamais pur : pour obtenir du fer pur, on coupe en morceaux des fils de fer que l'on réunit ensemble et que l'on oxyde par la vapeur d'eau au rouge ; on pulvérise grossièrement les fils oxydés et on les réduit par un courant d'hydrogène pur. Le fer divisé qu'on obtient, projeté dans l'air, s'y oxyde instantanément et s'enflamme.

Le fer pur est blanc, brillant, il est cristallisé soit en grains, soit en fibres ; le fer fibreux est très-tenace. Le fer fond à 1,600° ; à la chaleur blanche, il se ramollit et peut se souder à lui-même, on projette du sable quartzeux sur les deux bouts à souder afin d'absorber l'oxyde de fer qui se forme, et de le changer en silicate de fer fusible.

Le fer et le platine sont les seuls métaux qui se soudent à eux-mêmes sans l'intermédiaire d'une soudure étrangère.

Inaltérable à l'air sec, le fer se rouille à l'air humide, il se change en sesquioxyde ; on trouve toujours de l'ammoniaque dans la rouille ce qui prouve que l'oxydation se fait aussi aux dépens de l'eau.

Le fer s'oxyde au rouge, et le marteau détache des plaques d'oxyde noir connues sous le nom de battitures. Le fer est attaqué par les acides. Sa densité est 7, 8.

Protoxyde de fer ($Fe\,O$). — On ne le connaît qu'à l'état d'hydrate, précipité blanc que l'on obtient en versant de la potasse dans un sel de protoxyde de fer. De blanc le précipité passe rapidement au vert bouteille, puis au brun ; il est alors transformé complétement en sesquioxyde $Fe^2\,O^3$ par l'absorption de l'oxygène de l'air.

Sesquioxyde de fer ($Fe^2\,O^3$). — Il existe dans la nature, sous la forme de cristaux aplatis, d'un noir brillant, et on l'appelle fer oligiste, ou sous la forme de lames miroitantes, et on l'appelle fer spéculaire, ou bien encore sous la forme de masses rouges compactes (hématite ou sanguine).

Le sulfate de fer calciné donne comme résidu du sesquioxyde de fer désigné sous le nom de colcothar, et qui sert à polir les glaces et les métaux et à mettre les planchers en couleur.

En versant de la potasse et plutôt de l'ammoniaque dans un sel de sesquioxyde on obtient cet oxyde hydraté sous la forme d'un précipité brun rougeâtre.

Cet hydrate bouilli dans l'eau se transforme à la longue en une modification insoluble dans les acides.

Oxyde magnétique ($Fe^3 O^4$). — On en trouve en Suède des gisements considérables qui fournissent les aimants naturels. On peut l'obtenir artificiellement en oxydant le fer par la vapeur d'eau. En résumé, c'est un oxyde salin, c'est-à-dire un véritable sel ($Fe O, Fe^2 O^3$) dont le protoxyde est la base et le sesquioxyde est l'acide.

Acide ferrique ($Fe O^3$). **Autres composés de fer.** — Le soufre et le fer pulvérisés et mis en suspension dans l'eau se combinent énergiquement; la masse se boursoufle et l'on a ce que l'on appelle le volcan de Lemeri.

Les pyrites de fer magnétiques se rencontrent en grande abondance dans la nature, leur formule correspond à $Fe^7 S^8$.

Lorsqu'on distille en vase clos des matières animales, on obtient un charbon azoté qui, calciné avec du carbonate de potasse, donne un cyanure de potassium (KCy ou $KC^2 Az$); si l'on agite la masse avec un ringard de fer, il se forme en outre un cyanure de fer qui a pour formule $Fe Cy$ ou $Fe^2 Cy^3$, lequel forme avec le premier cyanure un sel double. On obtient ainsi :

1° Le cyanure double de fer et de potassium ($Fe Cy + KCy$) ou prussiate jaune de potasse ou encore ferrocyanure de potassium;

2° Ou bien le cyanure double ($Fe^2 Cy^3 + KCy$) ou prussiate rouge de potasse ou encore ferricyanure de potassium.

Le sulfate de fer s'obtient par le grillage à l'air puis le lessivage des pyrites de fer; c'est un sel, formant de beaux cristaux verts, connu sous le nom de couperose verte, soluble dans l'eau avec laquelle il donne une belle couleur verte ; il est employé en teinture, on prépare avec lui le colcothar, l'acide sulfurique de Nordhausen.

Caractères des sels de protoxyde de fer. — Ils sont blancs quand ils ne renferment pas d'eau, et verts lorsqu'ils sont hydratés : dissolutions vertes. La potasse et la soude donnent un précipité blanc qui verdit, puis brunit à l'air. L'ammoniaque donne un précipité blanc qui se redissout dans un excès de réactif; l'acide sulfhydrique est sans action, et les sulfhydrates donnent un précipité noir. Le prussiate jaune ne donne pas de précipité, mais le prussiate rouge donne un beau précipité bleu, bien connu sous le nom de bleu de Prusse.

Caractères des sels de sesquioxyde. — Les sels anhydres de sesquioxyde sont bruns; leur dissolution est jaune rougeâtre; les alcalis donnent un précipité ocreux ; les carbonates alcalins donnent le même précipité ocreux avec dégagement d'acide carbonique; l'acide sulfydrique donne un précipité de soufre, et les sulfhydrates des précipités noirs ; le prussiate jaune donne un précipité de bleu de Prusse et le prussiate rouge ne donne rien; l'infusion de noix de galle donne un précipité noir (encre).

Chrome. — Métal gris d'acier, très-dur et très-brillant. Tous les sels de chrome sont colorés d'une manière remarquable.

Nickel et Cobalt. — Se préparent en réduisant les oxydes par l'hydrogène. Ils ont des propriétés analogues à celles du fer. Le nickel donne des sels verts ; le cobalt donne des sels rouges ou roses.

Cadmium. — Se rencontre toujours avec le zinc. Il a l'aspect de l'étain ; on ne l'a pas utilisé jusqu'ici. La sulfure de cadmium est une des plus belles couleurs jaunes connues.

Zinc. — Le zinc existe dans la nature à l'état de sulfure (blende) et de carbonate (calamine).

Le zinc du commerce renferme de nombreuses impuretés : fer, plomb, arsenic, carbone. On le purifie par distillation ; ou bien on prépare le zinc pur en réduisant l'oxyde par le charbon.

Le zinc est un métal blanc bleuâtre ; il est très-malléable vers 150° et se lamine parfaitement, mais à 200° il devient cassant. Il cristallise par refroidissement, fond vers 480° et distille à la chaleur blanche. Le zinc fondu a pour densité 6,86 et laminé 7,21.

Il s'oxyde à l'air, et sa surface se ternit ; mais l'oxyde forme une couche protectrice qui empêche l'oxydation interne. Chauffé à l'air, le zinc s'enflamme, et les vapeurs déposent des flocons blancs d'oxyde de zinc.

Le zinc décompose la vapeur d'eau par la chaleur, et décompose l'eau en présence des acides ; il se dissout dans la potasse et la soude en formant un sel dont l'oxyde de zinc est l'acide.

Oxyde de zinc (Zn O). — Quand le zinc brûle à l'air, la vapeur laisse déposer des flocons laineux d'oxyde anhydre (laine philosophique). On peut encore le préparer en réduisant par la chaleur l'azotate ou le carbonate de zinc.

L'hydrate s'obtient en le précipitant par la potasse de la dissolution d'un sel de zinc ; il est soluble dans les alcalis.

L'oxyde préparé par la combustion du zinc à l'air est employé en peinture sous le nom de blanc de zinc à la place de la céruse ou blanc de plomb (carbonate de plomb) ; le blanc de zinc est bien moins coûteux que l'autre, ne noircit pas par l'acide sulfhydrique et les émanations sulfureuses, mais il s'allie moins bien à l'huile et donne une peinture moins solide.

Sels de zinc. — Le zinc se dissout dans l'acide chlorhydrique, et en condensant on obtient le beurre de zinc (chlorure de zinc), qui sert à former des bains-marie parce qu'à 400° il donne peu de vapeurs.

Le sulfate de zinc s'obtient en grillant la blende ; c'est un sel blanc (vitriol blanc) isomorphe du sulfate de fer (vitriol vert) et du sulfate de cuivre (vitriol bleu).

Caractères des sels de zinc. — Ils sont incolores et donnent avec les alcalis un précipité blanc soluble dans un excès de réactif. Les carbonates alcalins donnent un précipité blanc d'hydro-carbonate. L'acide sulfhydrique ne donne rien, les sulfhydrates donnent un précipité blanc caractéristique.

Métallurgie du zinc. — Les deux sources du zinc sont le carbonate ou calamine et le sulfure ou blende. On grille ces minerais de façon à les réduire à l'état d'oxyde que l'on pulvérise et que l'on mélange intimement avec du charbon pour le réduire.

1° *Procédé per ascensum.* — En Belgique, à la Vieille-Montagne et en Silésie on introduit le mélange dans des cylindres de terre fermés à un bout et à l'autre bout desquels s'adapte un cône en tôle ouvert au sommet pour laisser dégager l'oxyde de carbone.

On dispose ces appareils dans un four ; le zinc distille et vient se condenser dans le tube de tôle (*fig.* 320).

2° *Procédé per descensum.* — On met le mélange dans un vase en terre dont on lute exactement le couvercle ; du fond du vase part un tube de fer fermé en haut par un bouchon de bois poreux. On chauffe, le bouchon se carbonise et laisse passer la vapeur de zinc qui se condense dans le tube de fer et le métal est recueilli dans un vase plein d'eau (*fig.* 319).

Étain. — L'étain (stannum) était connu dans l'antiquité ; en effet, ses minerais sont très-faciles à réduire.

L'étain du commerce est généralement impur ; en le traitant par l'acide azotique on change l'étain en acide stannique insoluble et les autres métaux en azotates solubles. L'acide stannique calciné avec le charbon donne le métal pur.

Fig. 318. Fig. 319.

L'étain est d'un beau blanc, très-malléable et facile à réduire en feuilles minces avec lesquelles on enveloppe le chocolat, le thé, etc., il se moule parfaitement et on en fait des pots, des plats, des couverts.

Lorsqu'on ploie l'étain, il fait entendre un cri, que l'on explique par le frottement des cristaux déplacés ; il exhale une odeur caractéristique assez désagréable.

L'étain fond à 228°, donne des vapeurs au blanc ; il cristallise très-facilement par refroidissement lent, et donne des cubes ou des prismes à base carrée. Ayant une surface d'étain fondu, si on l'attaque par une eau régale faible, on enlève une couche très-irrégulière de la surface, on met à nu la cristallisation intérieure et on produit une sorte de moiré.

Au blanc, l'étain brûle dans l'air avec une flamme blanche.

L'étain est attaqué par les acides, il se dissout dans les alcalis, s'unit directement au soufre, chlore, phosphore, etc...

Acide stannique ($Sn\,O^2$). — L'acide stannique se présente sous deux formes isomères, l'acide stannique et l'acide métastannique qui jouissent de propriétés différentes et forment deux séries de sels. L'acide stannique est une poudre blanche pesante que l'on obtient en versant de l'acide azotique sur de la grenaille d'étain ; la réaction est vive et il se dégage des vapeurs rutilantes.

Bisulfure d'étain (*or mussif, or de Judée*). — S'emploie en peinture et sert aussi à frotter les coussins des machines électriques. On l'obtient en décomposant la dissolution de bichlorure d'étain par l'acide sulfhydrique, on obtient un précipité jaune clair, susceptible de cristalliser en lames brillantes couleur d'or.

Métallurgie de l'étain. — Le minerai d'étain est tout simplement le bioxyde (SnO^2), mêlé à des pyrites de fer; on grille pour oxyder les pyrites, on pulvérise dans les bocards et par le lavage on enlève les sulfates et oxydes de fer. Reste l'acide stannique que l'on mélange intimement avec du charbon ; le mélange est introduit dans un creuset où l'air arrive en abondance par la buse d'une machine soufflante. Il se forme de l'oxyde de carbone qui réduit l'oxyde d'étain et le métal s'écoule dans un réservoir extérieur. On l'agite avec des branches de bois vert qui dégagent de nombreux gaz, mettent la masse en mouvement et rassemblent les crasses à la surface.

Fig. 320.

Le métal est enlevé avec des poches de fer pour être coulé.

Pour le raffiner, on échauffe le métal impur dans un four incliné ; l'étain pur fond d'abord, se dégage par liquation et s'écoule dans un réservoir.

Caractères des sels d'étain. — Les sels d'étain, étendus d'eau, donnent un précipité blanc, qui pour les sels de protoxyde est un sel basique insoluble et pour les stannates est de l'acide stannique.

Les alcalis donnent des précipités blancs, que redissout un excès de réactif dans le cas des sels de peroxyde (le peroxyde d'étain ou acide stannique est un acide faible qui joue le rôle de base avec les acides énergiques, et le rôle d'acide avec les bases puissantes).

L'acide sulfhydrique et les sulfydrates précipitent en brun marron les sels d'étain ; mais le précipité est lent à se former.

Antimoine. — Le sulfure d'antimoine se rencontre dans la nature sous la forme de prismes gris d'aspect métallique.

L'antimoine est un métal très-brillant, blanc à reflets bleus, très-cassant qui brûle dans l'air à la chaleur rouge, qui fond à 450°, et qui a des propriétés chimiques analogues à celles de l'étain.

L'antimoine s'allie aux autres métaux et il communique de la dureté aux alliages.

Il s'unit à l'hydrogène, et offre sous ce rapport des analogies avec le phosphore et l'arsenic.

Le trisulfure d'antimoine (SbS^3) se rencontre dans la nature; grillé à l'air, il se transforme en un mélange d'oxyde et de sulfure ou oxysulfure d'antimoine qui porte, suivant la longueur de l'opération et l'intensité de la chaleur employée les noms de verre d'antimoine, crocus ou foie d'antimoine.

Le kermès est aussi un oxysulfure d'antimoine.

Le trichlorure ou beurre d'antimoine est employé comme caustique et comme mordant en teinture ; il attaque l'acier et le fer et dépose à leur surface une couche d'antimoine préservatrice de l'oxydation ; aussi l'emploie-t-on pour bronzer les armes.

L'émétique est un tartrate double d'antimoine et de potasse.

Bismuth. — Le bismuth se trouve à l'état natif dans la nature. On le purifie, et c'est alors un métal blanc rosé, facile à réduire en poudre ; sa densité est voisine de 10. Il cristallise très-facilement par fusion et refroidissement, et donne de beaux cubes à éclat irisé parce qu'ils sont recouverts d'une couche mince d'oxyde, laquelle produit le phénomène physique des anneaux colorés.

Le bismuth fond à 264°. Ses propriétés chimiques sont analogues à celles de l'étain.

Le bismuth s'enflamme dans le chlore, en donnant un chlorure qui, dissous dans l'eau pure se transforme en un oxychlorure qui est le blanc de perle.

L'azotate de bismuth s'obtient en traitant le bismuth par l'acide azotique ; ce sel, étendu d'eau, se transforme en un sous-azotate insoluble, qui est le blanc de fard.

Tous les sels de bismuth sont décomposés par un excès d'eau, et se dédoublent en un sel acide soluble et un sel basique insoluble.

Plomb. — Le plomb (saturne des anciens) existe dans la nature à l'état d'oxyde et surtout à l'état de galène ou sulfure. Pour débarrasser le plomb du fer, du cuivre et de l'argent qu'il renferme, on le traite par l'acide azotique ; le peroxyde de plomb reste seul et on le réduit par le charbon.

C'est un métal gris à reflets bleuâtres, très-mou et facile à rayer, très-malléable et facile à étirer, mais dépourvu de ténacité.

Densité 11,44, fond à 330°, et peut cristalliser par fusion, il se vaporise et s'oxyde à l'air.

L'eau pure, telle que l'eau de pluie attaque le plomb et forme de l'oxyde ainsi que du carbonate ; l'eau de source, de rivière, qui renferme des sels étrangers, surtout du sulfate de chaux n'attaque pas le plomb, aussi peut-on l'employer pour les tuyaux de conduite.

Sous-oxyde de plomb (Pb^2O). **Protoxyde de plomb.** (PbO). — On le prépare en calcinant l'azotate ou le carbonate et on l'obtient hydraté en précipitant un sel de plomb par un alcali. On peut l'obtenir encore en calcinant le plomb à l'air.

La litharge du commerce est de l'oxyde de plomb fondu, et le massicot de l'oxyde pulvérulent. On peut l'obtenir à l'état cristallisé, sous diverses formes isomères.

Le protoxyde de plomb s'unit à la chaux et donne une substance qui noircit les cheveux parce que le soufre de la matière organique forme avec le plomb un sulfure noir.

Le litharge du commerce est jaune ou rouge suivant qu'elle se refroidit brusquement ou lentement.

Bioxyde de plomb (PbO^2) **ou acide plombique**. — On l'obtient en traitant le minium ou oxyde salin 2 PbO, PbO^2 par l'acide azotique faible, puis on lave et l'azotate de protoxyde est entraîné. Reste l'oxyde puce de plomb, ainsi nommé pour sa couleur brune. Il absorbe l'acide sulfureux pour former du sulfate de plomb. Le bioxyde de plomb peut s'unir aux alcalis.

Minium ou oxyde salin (Pb^3O^4, = 2 PbO, PbO^2). — Dans l'étage supérieur d'un four à deux étages, on met du plomb qui par la chaleur se change en protoxyde pulvérulent ou massicot. On recueille le massicot et on le lave pour enlever les traces de plomb : puis on le porte à l'étage inférieur du four ; le massicot s'oxyde partiellement et se colore en rouge d'autant plus foncé que la température est plus longtemps maintenue. On remue la masse de temps en temps; et on fait subir au massicot plusieurs calcinations successives ; c'est pourquoi on distingue le minium un feu, le minium deux feux.

Le minium obtenu par la calcination du carbonate de plomb est d'un rouge pâle et on l'appelle mine orange.

Le minium est une couleur qui s'emploie comme première couche sur les fers, qui sert à fabriquer des papiers, de la cire à cacheter, et qu'on utilise surtout dans la fabrication du cristal. Le minium ne renferme presque jamais de métaux étrangers, il a cet avantage sur la litharge et de plus, par l'oxygène qu'il abandonne, il brûle les matières organiques.

La galène ou sulfure de plomb se rencontre dans la nature en cubes brillants gris bleuâtre ; il s'obtient en fondant ensemble du plomb et du soufre et la réaction est énergique.

Chlorure de plomb. — On l'obtient en traitant la litharge par l'acide chlorhydrique. Fondu et refroidi, il donne une masse incolore et translucide que les alchimistes appelaient plomb corné.

Le chlorure se combine avec le protoxyde et l'on obtient des oxychlorures jaunes, tels que le jaune minéral et le jaune de Cassel.

Sulfate de plomb. — On le rencontre dans la nature ; il se prépare par double décomposition et on l'obtient comme résidu dans les teintureries quand le sulfate d'alumine agit sur l'acétate de plomb.

Le *chromate de plomb*, ou plomb rouge, existe dans la nature sous la forme de beaux cristaux d'un jaune orangé, qui donnent une poussière jaune.

On l'obtient en versant du chromate de potasse dans l'acétate neutre de plomb. En peinture, on l'appelle jaune de chrome (PbO, CrO^3).

Acétates de plomb. — Dans un vase plat renfermant du vinaigre pur, on fait baigner en partie des lames de plomb : la partie non baignée s'oxyde à l'air, on retourne la lame pour dissoudre l'oxyde, et ainsi de suite.

La liqueur abandonne des cristaux d'acétate neutre, à saveur sucrée puis astringente. L'acétate neutre bouilli avec la litharge donne un acétate sesquibasique ($3\,PbO, 2\,C^4H^3O^3$), dont la dissolution dans l'eau constitue l'extrait de saturne, lequel, étendu d'eau, donne un précipité blanc d'acétate plus basique encore.

Carbonate de plomb, blanc de plomb ou céruse (PbO, CO^2). — Il se rencontre dans la nature en cristaux blancs et on peut le préparer en versant un carbonate alcalin dans un sel de plomb ; c'est une poudre blanche insoluble dans l'eau. Préparation industrielle :

1° *Par le procédé de Clichy.* — Dans une dissolution d'acétate tribasique de plomb ($3\,PbO, C^4H^3O^3$) on fait arriver un courant d'acide carboniqne CO^2 produit par la cuisson de la craie ; il se dépose du carbonate de plomb, et il reste dans la liqueur un acétate moins basique, qui digéré avec de la litharge, reproduit l'acétate tribasique. Il y a toujours quelques pertes d'acide acétique.

2° *Par le procédé hollandais.* — Au fond d'un pot de grès on met de mauvais vinaigre, et sur un rebord que possède le pot intérieurement on dépose soit une feuille de plomb roulée en spirale, soit une grille de plomb. Dans une fosse artificielle, on place des couches alternatives de pots ainsi préparés et de fumier, en ménageant l'accès de l'air dans la masse. Le fumier fermente, la masse s'échauffe, le vinaigre s'évapore et forme avec le plomb oxydé un acétate basique que vient décomposer l'acide carbonique de la fermentation ; au bout de quatre ou cinq semaines, on retire les feuilles de plomb et par le grattage on enlève la céruse formée. Elle est toujours un peu jaunie à cause de l'acide sulfhydrique dégagé.

La céruse donne une couleur d'un blanc pur, qui est très-opaque même en

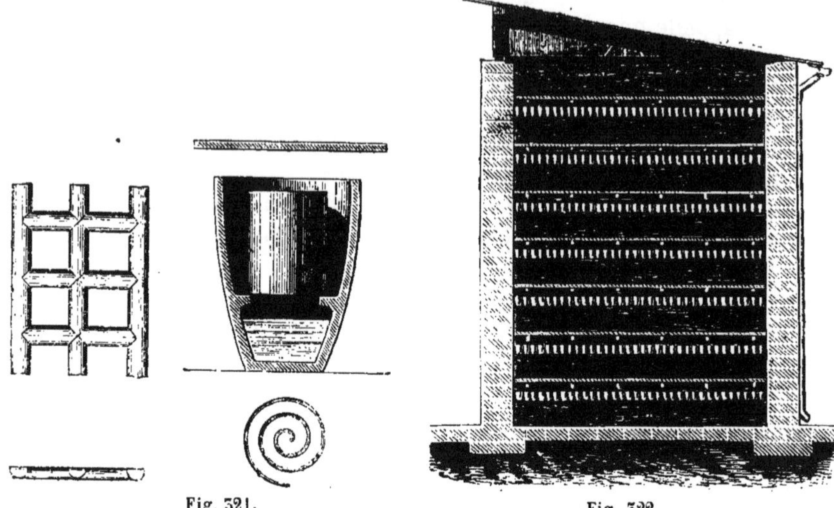

Fig. 321. Fig. 322.

couche mince, et qui fait disparaître la teinte jaune de l'huile, aussi la mélange-t-on à presque toutes les autres couleurs; elle est meilleure que le blanc de zinc, mais c'est un poison violent comme tous les sels de plomb, dont la fine poussière absorbée par la respiration donne les coliques de plomb.

Caractères des sels de plomb. — Les sels basiques ont une belle couleur jaune; saveur sucrée; les sulfates alcalins donnent un précipité blanc insoluble de sulfate de plomb: les sulfures, acide sulfhydrique et sulfhydrates, donnent un précipité noir caractéristique. Chauffés au chalumeau sur un charbon, les sels de plomb donnent un globule métallique.

Métallurgie du plomb. — Le plomb s'extrait de son sulfure ou galène, et cela, par deux méthodes différentes, suivant que la galène est pure ou enfermée dans une gangue siliceuse :

1° *Galène pure. Méthode par réaction.* — Sur la sole d'un four à réverbère déprimé en son milieu, on étend une couche de galène que l'on grille pendant quelques heures au rouge sombre. On agite la masse avec des ringards en fer et l'on a un mélange de sulfure (PbS), d'oxyde (PbO) et de sulfate ($PbO\,SO^3$). On ferme toutes les portes et on donne un coup de feu : il se forme du plomb et il se dégage de l'acide sulfureux.

$$PbS + 2PbO = SO^2 + 3Pb \qquad PbS + PbO,SO^3 = 2SO^2 + 2Pb.$$

Il y a aussi formation d'un sous-sulfure très-fusible (Pb^2S,) qui forme une matte qu'on recueille et qu'on grille de nouveau. C'est ainsi qu'on opère à Poullaouen en Bretagne et en Angleterre (*fig.* 323).

2° *Galène à gangue siliceuse.* — Méthode par réduction. Avec le procédé précédent, on obtiendrait un silicate non réductible par le sulfure. On mélange le minerai avec de la grenaille de fer, qui, par la chaleur, décompose le sulfure ($PbS + Fe = FeS + Pb$); le fer s'empare, en outre, de la silice pour former une scorie fusible. On introduit le mélange avec des couches de combustible dans un fourneau, qui reçoit l'air par une machine soufflante ; à la partie inférieure est un

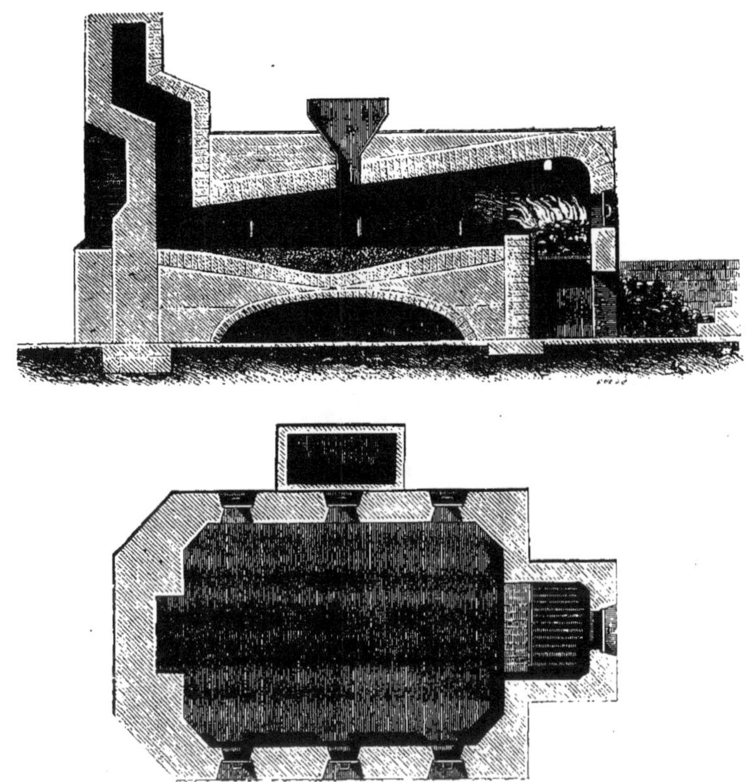

Fig. 325.

canal, et les matières liquides s'écoulent dans un creuset extérieur. On a du plomb et des sous-sulfures ou mattes que l'on traite ultérieurement.

Plomb argentifère. — Le plomb renferme toujours de l'argent, mais il n'y a avantage à l'extraire qu'autant que le plomb contient 1/5000 d'argent. On opère par coupellation : la sole du fourneau est une calotte sphérique en briques réfractaires que l'on recouvre d'une couche de marne bien pilonée, imperméable à la litharge fondue. Le couvercle est en tôle et peut se manœuvrer par une poutre formant un levier presque en équilibre indifférent. Un foyer latéral sert à fondre le métal, qui s'oxyde en se couvrant d'abord de matières noires impures qu'on enlève, puis de litharge que l'on fait écouler à mesure en entaillant la coupelle de marne. Deux soufflets lancent l'air à la surface du plomb fondu, et la chaleur de la réaction suffit seule à maintenir le métal à l'état liquide. Au fond de la sole, reste finalement de l'argent presque pur. La litharge recueillie est vendue au commerce ou réduite par le charbon pour avoir du plomb (*fig.* 325).

En 1861, on a fabriqué plus de deux millions de quintaux de plomb, lequel vaut en moyenne 50 francs le quintal.

Cuivre. — Le cuivre existe en cubes à l'état natif, mais on le rencontre plus souvent à l'état d'oxyde, de sulfure et d'arséniure. Le cuivre est presque toujours mêlé de fer ; pour avoir ce métal pur, on plonge dans une dissolution d'un de ses sels une lame de fer, sur laquelle le cuivre se dépose à l'état de poussière rouge que l'on recuille, ou bien encore on réduit l'oxyde de cuivre par l'hydrogène.

C'est un métal rouge, susceptible de recevoir un beau poli, très-malléable et

Fig. 324.

très-résistant. Densité 8,9. Il émet des vapeurs vertes à une température très-élevée. L'air sec est sans action sur lui à la température ordinaire ; au rouge, il produit un oxyde noir ; l'air humide produit le vert-de-gris, mélange d'hydrate et de carbonate de protoxyde de cuivre (la surface une fois vert dégrisée, la décomposition s'arrête).

Les acides organiques oxydent facilement le cuivre.

Oxydule de cuivre (Cu^2O). — Il forme dans la nature des masses d'un beau rouge, et même des cristaux rouges très-beaux, lorsqu'ils sont transparents. L'oxydule a tendance à s'oxyder et à se transformer en protoxyde (CuO).

Protoxyde de cuivre (CuO). — Au rouge, le cuivre se recouvre d'une couche noire de protoxyde que l'on prépare plus souvent en calcinant l'azotate ou l'acétate. En versant lentement une dissolution de sel de cuivre dans la potasse, on obtient un précipité bleu cendré d'hydrate facilement altérable. Il est soluble dans les acides et aussi dans l'ammoniaque, avec laquelle il donne ce liquide bleu céleste qui remplit les bocaux destinés à orner la boutique des pharmaciens.

Sulfure de cuivre. — Le sous-sulfure (Cu^2S) se produit, lorsqu'on fait fondre du soufre avec de la limaille de cuivre, il y a effervescence et l'on obtient un corps noir. Il existe dans la nature, mélangé le plus souvent à du sulfure de fer et s'appelle pyrite de cuivre, ou cuivre panaché. Le sulfure (CuS) est le précipité noir qu'on obtient en précipitant un sel de cuivre par l'acide sulfhydrique ; la chaleur le réduit en soufre et sous-sulfure (Cu^2S).

Sulfate de cuivre. — On l'obtient, en traitant le cuivre par l'acide sulfurique concentré,

$$Cu + 2(SO^3,HO) = CuO,SO^3 + 2HO + SO^2$$

Dans l'industrie, on chauffe les vieilles plaques de doublage des navires, dans des fours où l'on projette du soufre; il se forme un sulfure, que l'on oxyde en laissant arriver l'air; il se change en sulfate que l'on recueille par lessivage. On obtient une dissolution d'une belle couleur bleue, qui, par refroidissement, abandonne de superbes cristaux de vitriol bleu isomorphes au sulfate de fer (vitriol vert) et au sulfate de zinc (vitriol blanc):

Le sulfate de cuivre est employé dans la teinture; dans la galvanoplastie, c'est lui qui donne le dépôt de cuivre. Il sert à chauler le blé, c'est-à-dire à détruire les germes de pourriture, et, en effet, c'est un poison, un antiseptique énergique; on l'emploie encore à l'injection des bois.

Carbonates de cuivre. — A Chessy, près Lyon, on trouve un hydrocarbonate bleu foncé ($2CuO,CO^2+CuO,HO$), qui, pulvérisé, donne le bleu céleste, connu sous le nom de cendres bleues ou bleu de montagne.

Il existe encore sous la forme de masses compactes, cristallisées en prismes d'une superbe couleur verte; c'est la malachite de Sibérie dont on a pu admirer des blocs énormes à la dernière exposition, et qui sert à faire des objets d'ornement de grande valeur.

Arsénite de cuivre. — En précipitant le sulfate de cuivre par l'arsénite de soude, on obtient un beau précipité vert, dit vert de Scheele.

Si l'on fait bouillir l'acide arsénieux avec l'acétate de cuivre, on obtient un précipité vert superbe, mélange d'arsénite et d'acétate de cuivre, qu'on appelle vert de Schweinfurth. C'est à ces couleurs vertes employées dans les papiers de tenture, qu'il faut attribuer les indispositions produites par le séjour dans certaines chambres.

Caractères des sels de cuivre. — Leurs dissolutions sont bleues. La potasse et la soude précipitent les sels d'oxydule en jaune orange, et les sels de protoxyde en bleu gris. L'ammoniaque précipite les sels de protoxyde en bleu, mais un excès redissout le précipité et l'on obtient une belle liqueur bleue.

L'acide sulfhydrique et les sulfhydrates donnent des précipités noirs. Le prussiate jaune de potasse donne dans les sels de protoxyde un précipité marron caractéristique.

Le fer, le zinc, précipitent le cuivre; aussi recommande-t-on, dans les empoisonnements par des sels de cuivre, de prendre de la limaille de fer.

Métallurgie du cuivre. — On ne trouve que peu de cuivre natif.

Il existe au Pérou des mines considérables de carbonate et d'oxydule, qu'il suffit de réduire par le charbon dans des fourneaux à cuve pour obtenir du cuivre pur.

Notre minerai européen est formé, soit du sulfure de cuivre, soit de pyrites, c'est-à-dire du sulfure double de cuivre et de fer.

Lorsqu'on a du sulfure simple, on le grille à l'air, il se dégage de l'acide sulfureux, et il reste de l'oxyde qu'on réduit par le charbon dans un fourneau.

Le traitement des pyrites est plus long, et il est basé sur ceci : le fer est plus avide d'oxygène que le cuivre, le cuivre plus avide de soufre que le fer, et l'oxyde de fer s'unit facilement à la silice pour former un silicate fusible. On grille la pyrite, il se dégage de l'acide sulfureux, et il reste un mélange de sulfures et d'oxydes de fer et de cuivre que l'on mélange avec des matières siliceuses, et on porte le tout à une très-haute température.

L'oxyde de fer s'unit à la silice; l'oxyde de cuivre décompose le sulfure de fer et il se forme de l'oxyde de fer qui s'unit à une autre partie de la silice, et du sulfure de cuivre qui se joint au sulfure de cuivre non décomposé.

Ainsi l'on obtient une scorie formée de silicate de fer, et dans le fourneau reste un sulfure de cuivre impur ou première matte cuivreuse. Les premières mattes sont grillées à leur tour, puis chauffées avec de la silice et perdent encore une partie du fer qu'elles renferment. On obtient une seconde matte cuivreuse, très-riche en sulfure de cuivre et très-pauvre en fer. On condense ainsi le minerai, jusqu'à ce qu'on obtienne du cuivre impur, appelé cuivre noir, qui renferme 95 p. 100 de métal pur.

Le raffinage se fait dans un four à reverbère : le cuivre noir est fondu et on projette à sa surface le vent de plusieurs tuyères ; le fer, le plomb, le soufre s'oxydent les premiers et on fait écouler les crasses et scories ; puis il se forme un

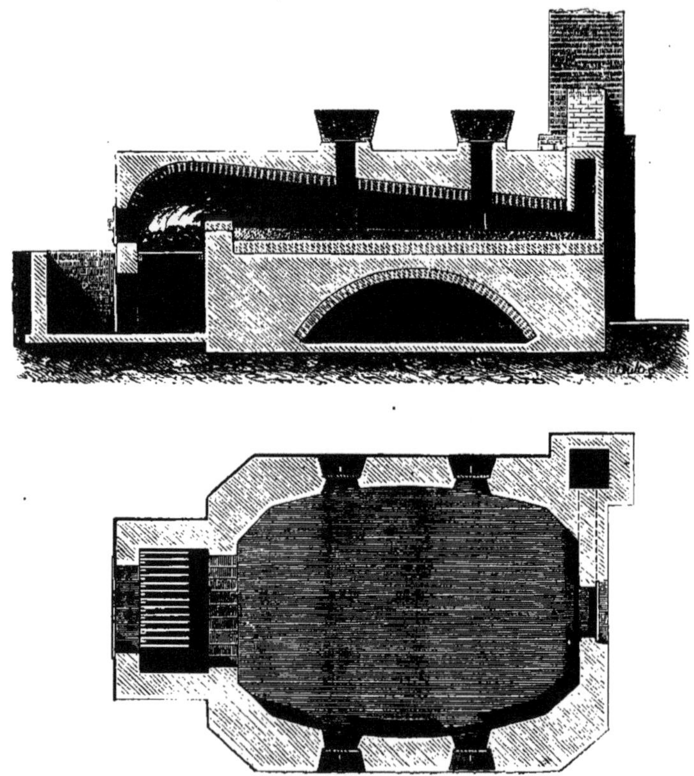

Fig. 325.

peu d'oxydule, et la scorie devient rouge. On arrête alors et on coule le métal dans un réservoir ; on jette de l'eau sur ce réservoir, la surface se solidifie et on enlève avec des crocs des plaques de cuivre rouge, qu'on appelle rosettes ; ces plaques renferment beaucoup d'oxydule de cuivre.

Quelquefois, au lieu d'un four à réverbère on se sert d'un petit fourneau ou creuset brasqué ; la brasque est un mélange réfractaire, formé d'argile et de charbon en poudre.

Lorsqu'on a les rosettes, il faut en réduire l'oxydule ; on les fait fondre dans un creuset et on recouvre la surface liquide de charbons qui décomposent l'oxydule ; dès que l'opération est terminée, il faut couler le cuivre, et il est très-important de choisir le bon moment, sans quoi le cuivre dissoudrait du charbon qui le rendrait cassant et l'opération serait à recommencer.

Quand le cuivre renferme de l'argent, on le mélange avec du plomb qui s'empare de l'argent ; le plomb est beaucoup plus fusible que le cuivre, on l'en sépare par liquation et l'on obtient l'argent par coupellation.

En 1861, la production du cuivre a été de plus de 400 millions de quintaux, et le prix moyen est de 250 fr. le quintal.

Mercure.— Le mercure (vif argent, argent liquide ou hydrargire des anciens), se rencontre à l'état natif, à l'état de chlorure, et surtout à l'état de sulfure rouge ou cinabre. Le mercure renferme quelques impuretés ou métaux étrangers. On le purifie, en le filtrant à travers une peau de chamois, en le distillant et en l'agitant avec de l'acide nitrique faible.

C'est un métal liquide, que l'on solidifie à — 40° ; il ressemble alors à l'argent, il est malléable et on peut en frapper des médailles.

Densité à 0°, 13,6 ; bout à 350°. Il émet des vapeurs même à 0°, car une feuille d'or placée au-dessus d'une cuve de mercure à cette température se recouvre d'un amalgame. Le mercure liquide se divise facilement en globules sphériques, à moins qu'il ne soit impur, et alors il s'attache aux vases, on dit qu'il fait la queue.

Mélangé aux corps gras, le mercure semble s'y dissoudre et se convertit en une substance noire.

Le chlore attaque le mercure à froid ; et à l'ébullition, le mercure brûle dans le chlore.

L'expérience de Lavoisier nous a montré l'action de l'oxygène sur le mercure.

Les acides sulfurique et azotique concentrés attaquent le mercure.

Oxydule de mercure (Hg^2O). — Précipité vert noirâtre qu'on obtient en versant lentement une dissolution d'un sel d'oxydule dans de la potasse.

Protoxyde de mercure (HgO). — Lavoisier le prépara en faisant bouillir le mercure à l'air, il a l'aspect de la brique pulvérisée ; préparé par la calcination de l'azotate de mercure, il est d'un rouge franc. Enfin, en précipitant par la potasse un protosel de mercure, on a une poudre jaune.

Le protoxyde de mercure forme avec l'ammoniaque un composé qui est une base énergique.

Sulfures de mercure. — Le sulfure (Hg^2S) est le précipité noir qu'on obtient en versant l'acide sulfhydrique dans un sel d'oxydule.

Le protosulfure (HgS) s'obtient en précipitant un protosel par l'acide sulfhydrique, c'est un précipité noir pulvérulent, qui, chauffé dans une cornue, se sublime et se condense dans le col de la cornue en donnant des fibres violettes, c'est le cinabre qu'on trouve dans la nature. En grandes masses, le cinabre prend une teinte plutôt rouge que violette.

Le vermillon est un sulfure de mercure préparé par voie humide.

Chlorures de mercure. — Le sous-chlorure (Hg^2Cl) se prépare en chauffant dans une fiole un mélange de sel marin et de sulfate d'oxydule.

$$Hg^2O,SO^3 + NaCl = NaO,SO^3 + Hg^2Cl.$$

Le sous-chlorure vient par sublimation cristalliser dans le col de la fiole ; il faut avoir soin que le sulfate d'oxydule ne renferme pas un peu de sulfate de protoxyde, parce qu'au lieu d'obtenir le sous-chlorure pur ou calomel, qui est un simple purgatif, on obtiendrait aussi du protochlorure $HgCl$, c'est-à-dire du sublimé corrosif, poison violent.

Le sublimé corrosif ($HgCl$), s'obtient de plusieurs manières, entre autres par l'action du sel marin sur le sulfate de mercure.

$$NaCl + HgO,SO^3 = HgCl + NaO,SO^3$$

C'est un toxique énergique, que l'on emploie pour conserver les préparations anatomiques, et pour injecter les bois.

Fulminate de mercure. — C'est un composé ayant pour base le protoxyde de mercure et pour acide un acide spécial appelé acide fulminique ; le fulminate affecte la forme de cristaux blancs jaunâtres, qui détonent avec énergie soit par la chaleur, soit par le choc. On le prépare en faisant bouillir ensemble du mercure, de l'acide azotique et de l'alcool ; le fulminate se dépose au fond du vase.

Iodure de mercure. — Précipité d'un beau rouge que l'on obtient en versant un iodure alcalin dans un sel de protoxyde.

Caractères des sels de mercure. — Outre les caractères que nous avons rencontrés dans l'étude précédente, il en est un plus simple qui consiste à réduire par la chaleur au moyen du chalumeau les sels de mercure placés dans la cavité d'un charbon ardent. On obtient le métal qu'il est facile de reconnaître.

Métallurgie du mercure. — Le minerai du mercure est le cinabre, ou sulfure.

1° A Almaden, en Espagne, on place le minerai dans un four vertical sur une

Fig. 326.

voûte à claire-voie que traverse la flamme du foyer ; le minerai est grillé et se change en acide sulfureux et mercure.

$$HgS + 2O = SO^2 + Hg$$

Le mercure passe dans une série de bouteilles en grès, dont le col de l'une s'engage dans le fond de la suivante, il se condense et se rend dans la rigole centrale d'où il tombe dans une chambre. La vapeur mercurielle qui échappe remonte le tube incliné formé par une autre série de bouteilles, s'y condense en partie, et la condensation s'achève dans la chambre de gauche. Les bouteilles ou allonges en terre s'appellent aludels.

2° A Idria près de Trieste, les aludels sont remplacés par une série de chambres de condensation que parcourt la vapeur mercurielle.

Fig. 327.

3° Dans le duché de Deux-Ponts, on exploite un minerai à gangue calcaire ; on le grille dans une cornue et le mercure se condense dans l'allonge et un récipient.

$$4HgS + 4(CaO,CO^2) = 4CO^2 + CaO,SO^3 + 3CaS + 4Hg.$$

Argent. — L'argent (*argos*, blanc) est un métal d'un beau blanc, susceptible de recevoir le poli le plus brillant, très-malléable et très-ductible, fond vers 1000° et peut par le refroidrissement cristalliser en octaèdres : à une température très-élevée, il émet des vapeurs vertes.

L'argent est inaltérable à l'air ; fondu, il absorbe l'oxygène de l'air et peut en prendre jusqu'à 22 fois son volume ; si l'on plonge le métal dans l'eau, aussitôt le gaz se dégage avec effervescence.

L'acide chlorhydrique attaque peu l'argent ; l'acide sulfurique l'attaque à l'aide de la chaleur ; l'acide azotique l'attaque toujours, de même l'acide sulfhydrique qui le noircit par la formation d'un sulfure. Le sel marin attaque l'argent et forme du chlorure d'argent.

Protoxyde d'argent (AgO). — C'est un corps pulvérulent, couleur olive ; base très-énergique, quoique peu stable à l'état isolé. Il est soluble dans l'ammoniaque et par évaporation il se dépose une poudre noire, éminemment détonante qu'on appelle fulminate d'argent.

Sulfure d'argent. — On le rencontre dans la nature sous forme d'octaèdre. Il forme des sels avec d'autres sulfures, c'est ainsi que l'on rencontre des cristaux de sulfure double d'argent et d'antimoine ou d'arsenic.

$$3AgS,Sb^2S^3 \text{ ou } 3AgS,AsS^3$$

Chlorure d'argent. — Cristaux naturels cubiques, fond à 400°, et donne par le refroidissement une masse transparente que les anciens chimistes appelaient Diane cornée (Diane était le nom de l'argent). On l'obtient en précipitant un sel d'argent par l'acide chlorhydrique, sous la forme de lait caillé, blanc, très-pesant, insoluble dans les acides et dans les alcalis, sauf l'ammoniaque dans laquelle il est très-soluble ; à la lumière diffuse, le chlorure de blanc devient bleu, violet et enfin noir. Son insolubilité dans l'eau est absolue.

Azotate d'argent ($AgOAzO^5$). — On attaque l'argent par l'acide azotique et la liqueur dépose des cristaux d'azotate d'argent. Coulé dans un moule sous forme de crayon, il constitue la pierre infernale, que les médecins emploient pour brûler les chairs. L'azotate est blanc, mais presque toujours noir à la surface par suite d'un commencement de décomposition qui a déposé de l'argent en poussière impalpable. L'azotate d'argent se décompose du reste très-facilement à la lumière, et le goulot des flacons qui le renferment est toujours comme charbonné ; c'est pourquoi il sert à marquer le linge.

On peut le préparer en attaquant la monnaie par l'acide azotique ; on obtient un mélange d'azotates d'argent et de cuivre qu'on évapore et qu'on chauffe jusqu'à fusion ; l'azotate de cuivre se décompose, l'azotate d'argent reste seul et on le reprend par l'eau.

Alliages d'argent. — Dans un verre à pied on verse du mercure et au-dessus de l'azotate d'argent, on voit se développer dans la liqueur des rameaux, des espèces de branchages formés de cristaux accolés; ces cristaux, connus sous le nom d'arbre de Diane, sont un alliage de mercure et d'argent, c'est-à-dire un amalgame d'argent.

Le seul alliage usuel est celui qui sert à la monnaie, à la vaisselle et aux bijoux : Voici le titre légal de ces alliages :

Composition	Usage	Composition	Usage
900 d'argent 100 de cuivre 1000	Pour la grosse pièce d'argent.	837 163 1000	Pour la monnaie divisionnaire, dont la valeur nominale est au-dessous de la valeur réelle.
950 d'argent 50 de cuivre 1000	Médaille. Vaisselle. Argenterie.	800 d'argent 200 de cuivre 1000	Bijouterie.

Il y a au contrôle une tolérance de $\frac{2}{1000}$ pour les monnaies, $\frac{5}{1000}$ pour le reste.

Essai par coupellation. — Dans une petite capsule poreuse, faite avec de la poudre d'os on met un gramme d'argent à essayer, enveloppé dans une feuille de plomb pesant dix grammes. On place la capsule dans un moufle qu'entoure le charbon incandescent d'un four à coupellation. L'air peut s'introduire, le plomb, le cuivre, tous les métaux étrangers s'oxydent, quand l'argent fondu n'est pas altéré ; la litharge dissout les autres oxydes, et est absorbée par la coupelle poreuse. Reste un bouton d'argent que l'on pèse. Cette méthode d'essai n'est jamais très-exacte (*fig.* 329).

Essai par voie humide. — On dissout la pièce de monnaie ou d'orfèvrerie, ou seulement un fragment de cette pièce ayant un poids connu, dans l'acide azotique, et l'on précipite par une dissolution de chlorure de sodium que contient une burette graduée. Du nombre de divisions qu'il faut verser, on conclut la proportion d'argent qui existe dans l'objet ; le chlorure d'argent formé est complétement insoluble, et l'on s'arrête quand une goutte de chlorure de sodium ne produit même plus un nuage dans la liqueur. Le poids de l'objet à essayer sur lequel on opère, a été calculé au moyen des équivalents, de telle sorte que, si c'était de l'argent pur, il faudrait juste 100 divisions de la liqueur salée pour le précipiter ; s'il ne faut que 80 divisions, c'est que l'objet ne renferme que 80 0/0 d'argent pur.

Telle est, sans détails, la méthode inventée par Gay-Lussac et encore usitée à la Monnaie de Paris.

Photographie. — Les sels d'argent se décomposent par la lumière ; une plaque préparée, recouverte d'un sel d'argent, est placée dans la chambre noire,

Fig. 528.

puis on fait tomber sur elle l'image d'un objet extérieur. Les points lumineux altèrent l'endroit sur lequel ils tombent, et y dessinent leur image par une teinte noire d'argent pulvérulent. L'image est donc formée, mais elle disparaîtrait à la lumière, si on n'avait soin de plonger d'abord la plaque dans un bain qui dissout tout le sel d'argent non décomposé.

Tel est en quelques mots le principe de la photographie, qui a pris depuis quelques années tant d'extension. Les sels d'argent ne sont pas les seuls corps, chez qui l'impression lumineuse se transforme en travail mécanique.

Métallurgie de l'argent. — L'argent natif se rencontre quelquefois. Nous avons vu qu'on le trouvait à l'état de sulfure, mêlé au plomb ou au cuivre et qu'on l'extrayait par coupellation.

Le plus souvent on trouve l'argent à l'état de sulfure mélangé à des sulfures de fer, de cuivre, de plomb, d'antimoine et enveloppé d'une gangue quartzeuse, et on le traite par chloruration.

On a pour but de transformer le sulfure d'argent en chlorure, et cela se fait au moyen du sel marin; le chlorure est ensuite décomposé, soit par le mercure (méthode américaine), qui forme un chlorure de mercure et un amalgame d'argent d'où on retire l'argent par distillation, soit par le fer qui s'empare du chlore et précipite l'argent (méthode saxonne).

En 1861, la production de l'argent a été de près de 270,000 kilogrammes (prix 220 francs le kilogramme).

Or. — L'or est trop mou pour être employé seul, aussi est-il toujours allié à l'argent ou au cuivre. Doué d'une belle couleur, il est rare et presque inaltérable, d'où la grande valeur de ce roi des métaux.

Pour l'avoir pur, on dissout de la monnaie dans l'eau régale ; on précipite l'argent par l'acide chlorhydrique, on filtre et on verse dans la liqueur du sulfate de protoxyde de fer, qui réduit le sel d'or et précipite ce dernier sous la forme d'une poudre brune que l'on lave et que l'on fond.

C'est un métal jaune, le plus malléable et le plus ductile ; on le réduit en feuilles de $\frac{1}{1000}$ de millimètres d'épaisseur et, dans cet état, il est translucide et laisse passer une lumière verte, complémentaire du jaune d'or. Densité 19,5, fond à 1100°. N'émet pas de vapeurs sensibles.

L'or est insensible à l'oxygène, à l'acide sulfhydrique, aux acides chlorhydrique, azotique, sulfurique ; l'eau régale, mélange d'acides azotique et sulfurique, est seule à le dissoudre. Il est inattaquable aux alcalis.

Il y a un oxydule (Au^2O) et un sesquioxyde d'or ou acide aurique (Au^2O^3) qu'on obtient en les précipitant de leurs sels.

Pourpre de Cassius. — Dans une eau régale concentrée et tenant de l'or en dissolution, on plonge des lames d'étain, il se forme un précipité d'un beau pourpre découvert au dix-septième siècle par Cassius et fort usité dans la peinture sur porcelaine et dans la coloration des verres.

Sesquichlorure d'or (Au^2Cl^3). — Quand on évapore la dissolution d'or dans l'eau régale, on obtient de longues aiguilles jaunes de sesquichlorure, qui se dissout très-bien dans l'éther. Cette dissolution, dite or potable, sert à dorer les objets d'acier qu'il suffit d'y plonger un instant pour les recouvrir d'une mince lame d'or. Le cyanure d'or est aussi employé dans la dorure.

Alliages d'or. — Le seul alliage usuel est celui que forme l'or avec l'argent et le cuivre ; il est plus fusible et moins mou que l'or. Voici les titres des objets d'or : monnaie : $\frac{900}{1000}$, médailles : $\frac{916}{1000}$, bijoux : $\frac{750}{1000}$, $\frac{840}{1000}$ ou $\frac{920}{1000}$, avec une tolérance de $\frac{2}{1000}$ pour la monnaie et les médailles et $\frac{3}{1000}$ pour les bijoux.

Essais. — 1° Par la pierre de touche, pierre quartzeuse que l'on raye avec l'objet en or ; suivant la couleur de la raie et la manière dont elle se comporte avec l'eau régale, un observateur expérimenté peut juger du titre ;

2° Par la coupellation, en ajoutant quelques grammes d'argent, outre le plomb ; la litharge entraîne dans la coupelle les métaux étrangers, et il reste un bouton renfermant l'or et l'argent ; on enlève l'argent au moyen de l'acide azotique et l'or pur reste seul.

Caractères des sels d'or. — La potasse y donne un précipité rougeâtre. L'ammoniaque précipite une poudre jaune brun de fulminate d'or. L'acide sulfhydrique et les sulfhydrates donnent un précipité noir de sulfure d'or soluble dans les sulfhydrates. Les sels d'or sont facilement réduits par les acides sulfureux, arsénieux, par le sulfate de fer, etc.

Métallurgie de l'or. — On le trouve généralement à l'état natif dans des sables d'alluvion sous la forme de paillettes ou quelquefois de pépites ; on a trouvé des pépites pesant jusqu'à 50 kilogrammes.

C'est par des lavages successifs qu'on extrait l'or des sables ; les orpailleurs du Rhin prenaient l'eau avec une sébile et la jetaient sur une table inclinée garnie de drap : les grains d'or restaient dans le drap que l'on brossait ensuite. En Australie, en Californie, on broie les roches aurifères, et on les lave en les agitant ; l'or tombe au fond des auges ; il est impur, on le traite par le mercure qui le dissout, on filtre l'amalgame dans une peau de chamois, puis on le distille. La production moyenne annuelle de l'or peut s'évaluer à 280,000 kilogrammes valant 3,270 francs le kilogramme.

Platine. — Le platine (*platina* petit argent) est d'un gris intermédiaire entre l'acier et l'argent. Le platine du commerce se dissout dans l'eau régale, et on le précipite par le chlorhydrate d'ammoniaque à l'état de chlorure double de platine et d'ammoniaque ($PtCl^2 + AzH^3,HCl$), qui, calciné, donne une masse spongieuse de platine, qu'on appelle mousse de platine. La mousse de platine se comprime dans un mortier d'acier à grands coups de marteau, et on arrive à le réduire en lames minces.

Le platine ne fond qu'à la température du chalumeau à oxygène et hydrogène; au blanc, on le forge comme le fer et il se soude sur lui-même.

Le platine est très-malléable, très-tenace, altérable seulement par l'eau régale; sa densité est voisine de 22. Les alcalis en présence de l'air peuvent cependant l'attaquer, mais les carbonates alcalins ne l'attaquent pas.

Quand on décompose du bichlorure de platine par un mélange de carbonate de soude et de sucre (lequel est chargé de fournir du charbon), on obtient une poudre noire appelée noir de platine, qui absorbe de grandes proportions de gaz, et facilite les combinaisons chimiques. L'alcool projeté sur du noir de fumée s'enflamme. La mousse de platine elle-même possède cette propriété.

NOTIONS SUR LA FABRICATION DES FERS, FONTES ET ACIERS

Les minerais sont toujours plus ou moins enveloppés d'une gangue, dont il faut autant que possible les débarrasser pour les traiter avec facilité et économie. On emploie pour cela une série de procédés mécaniques que nous ne pouvons décrire ici. Le minerai passe d'abord entre deux rouleaux cannelés en fonte, ou rouleaux broyeurs que l'on peut approcher plus ou moins l'un de l'autre; l'un d'eux est maintenu par un levier, qui, si la résistance du minerai est trop grande, sera mis en mouvement et éloignera le rouleau plutôt que de le laisser briser.

Fig. 329.

Les morceaux obtenus sont passés au bocard, c'est tout simplement un mortier dont le fond est une pièce de bois, et sur lequel vient frapper un pilon à tête de fer mis en mouvement par un arbre à cames.

Le minerai étant pulvérisé, c'est au moyen d'une série de lavages, en l'agitant soit avec de petites roues ou patouillets, soit avec des tables animées d'un mouvement de va-et-vient, que l'on arrive à le séparer des matières étrangères; le minerai, plus lourd que la gangue est retenu, tandis que celle-ci est entraînée par les eaux.

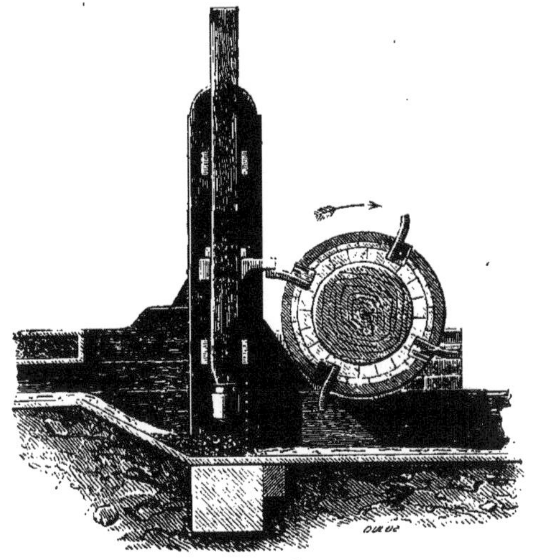

Fig. 330.

Minerais de fer. — Les minerais de fer sont nombreux. Jusqu'à présent on n'a guère exploité que les suivants : 1° fer natif ou météorique ; 2° peroxyde anhydre et hydraté, et oxyde magnétique ; 3° carbonates et oxalates. On rencontre en outre de grandes masses de minerais sulfurés, phosphorés, arséniés ; mais on ne les employait pas parce qu'on n'en tirait que de mauvais fers ; dans ces derniers temps on a tenté de les affiner (procédé Heaton).

Ce qui va suivre ne se rapporte qu'aux minerais oxygénés ou carbonatés (hématite rouge ou brune, peroxyde argileux anhydre ou hydraté, oxyde salin ou magnétique de Suède, fer carbonaté ou spathique).

Théorie de la métallurgie du fer. — Le minerai est un mélange d'oxyde et de carbonate de fer avec de l'argile et du calcaire. L'argile est un silicate d'alumine, renfermant un peu de fer, et plus ou moins de calcaire suivant qu'elle est plus ou moins marneuse. Ce mélange de matières étrangères est susceptible de fondre à une température à laquelle le fer se ramollit ; on pourrait donc, en martelant la boule ou la loupe du minerai à cette température, exprimer à peu près toute la gangue à l'état liquide, et il resterait un morceau de fer. Généralement, l'argile est trop pure pour fondre, c'est une matière infusible avec laquelle on construit la sole des fours, mais si elle est en présence de la chaux, il se forme un silicate double d'alumine et de chaux, plus fusible que le fer et qui s'écoule pour former les scories.

En général, il faut donc, avant le traitement, ajouter de la chaux au minerai. (La potasse ou la soude donneraient encore un mélange plus fusible, mais ces alcalis sont trop coûteux.)

Lorsque le minerai est très-riche et n'a que peu de gangue, il est inutile d'ajouter de la chaux, il se forme un silicate double d'alumine et de fer qui est fusible, et l'on perd ainsi un peu de métal. Ce procédé est inapplicable au minerai ordinaire, car le fer ne suffirait pas le plus souvent à saturer la silice.

Fig. 331.

Forge catalane. — On construit un foyer en briques réfractaires que l'on remplit de charbon de bois, au-dessus duquel on place le minerai. On allume le combustible, et la combustion est activée par le vent d'une tuyère, dont le courant est dirigé vers le centre du foyer.

Le charbon donne de l'acide carbonique, qui, en montant rencontre du charbon porté au rouge, est réduit à l'état d'oxyde de carbone. L'oxyde de carbone est un agent réducteur, qui décompose l'oxyde du minerai, et l'excès de ce gaz vient brûler à la surface. Il se forme un silicate de fer fusible qui s'écoule en partie par un trou inférieur, et qui reste en partie emprisonné dans la loupe pâteuse que forme le métal. On porte cette loupe sous un lourd marteau, mû par des machines, et à chaque coup les scories suintent à la surface et s'écoulent : la loupe reste très-longtemps malléable et finalement on obtient du fer pur.

Ce procédé exige une grande consommation de combustible ; on l'emploie surtout au pied des Pyrénées, où l'on trouve un minerai très-riche et beaucoup de bois; il donne d'excellent fer, mais tend à disparaître.

Méthode du haut fourneau. — Tous les minerais ne sont pas riches comme ceux des Pyrénées; il faut donc les débarrasser de leur gangue, en leur donnant de la fusibilité non par le fer mais par la chaux. Donc, on ajoute au minerai une proportion convenable de carbonate de chaux (castine) s'il est à gangue argileuse, ou une proportion d'argile (erbue) s'il est à gangue calcaire.

Le haut fourneau remonte à peu près au seizième siècle; on l'alimentait alors

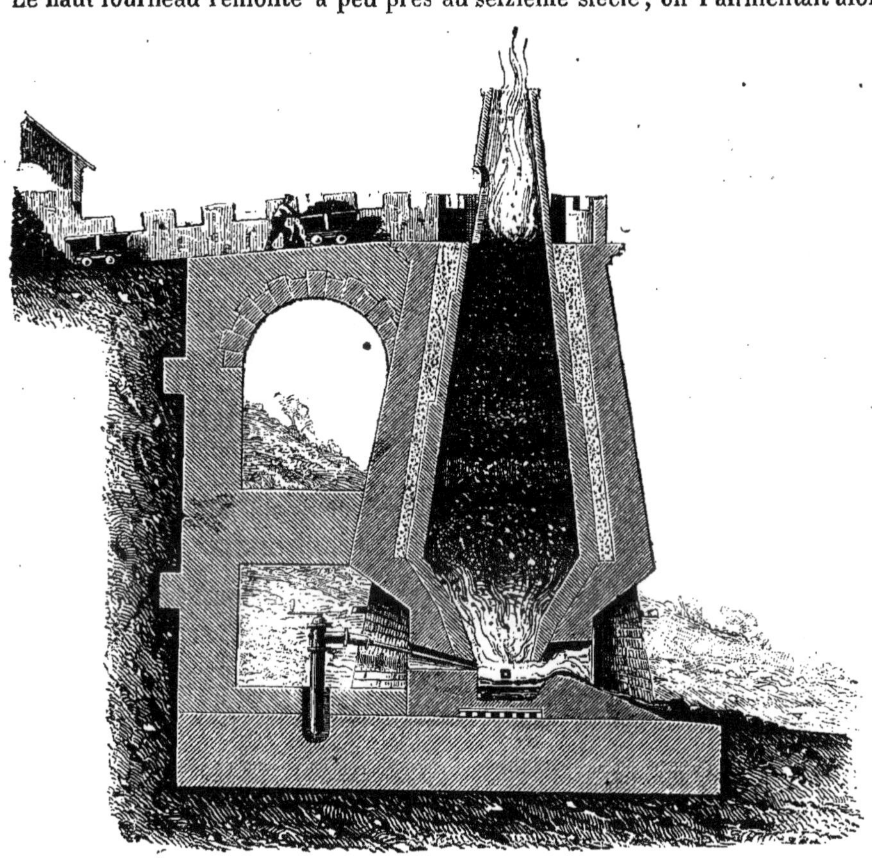

Fig. 332.

au charbon de bois. Au commencement du dix-septième siècle, on eut l'idée de recourir au coke.

Le haut fourneau est toujours adossé à une colline, sur le flanc de laquelle se font les approvisionnements de minerai et de combustible. De petits chariots à rails permettent de les amener à la partie haute du four dans le gueulard. Le four se compose d'un cône supérieur (la cuve) qui s'accole par sa base à un autre cône renversé (les étalages) ; la base commune est le grand ventre.

Au-dessous du dernier cône est une partie cylindrique où débouchent les tuyères, on l'appelle l'ouvrage ; elle est terminée par le creuset, et le creuset est ouvert sur une face par où se fait la coulée.

Un haut fourneau marche sans cesse, et il y a toujours une colonne descendante formée de couches alternatives de minerai et de combustible, et une colonne ascendante gazeuse, produit de la combustion et des réactions chimiques.

Au moyen de tubes de fer et de tubes de porcelaine réfractaire, Ebelmen a pu recueillir et analyser la masse gazeuse à diverses hauteurs, et voici la composition moyenne trouvée par lui :

	VOISINAGE DE LA TUYÈRE	A 0^m,67 AU-DESSUS DE LA TUYÈRE	AU VENTRE	A LA MOITIÉ DE LA CUVE	AU GUEULARD
Acide carbonique.	8.11	0.16	0.17	0.68	7.15
Oxyde de carbone.	16.53	36.15	34.01	35.12	28.37
Hydrogène.	0.26	0.99	1.35	1.48	2.01
Azote.	75.10	62.70	64.47	62.72	62.47
	100.00	100.00	100.00	100.00	100.00

L'air arrive par la tuyère, rencontre le charbon, et le brûle en donnant, outre l'oxyde de carbone, de l'acide carbonique ; celui-ci monte et rencontre un excès de charbon porté au rouge, il se trouve ramené à l'état d'oxyde de carbone, et il y a par le fait de cette décomposition une grande absorption de chaleur. Mais l'oxyde de carbone rencontre l'oxyde du minerai à une haute température ; cet oxyde est décomposé, et l'acide carbonique reformé près du gueulard, comme le montre le tableau ci-dessus. Le fer produit se combine au carbone en présence et même au silicium de la gangue, pour former de la fonte ; la fusion du métal et de la gangue s'achève près des tuyères où la température est très-élevée. La fonte gagne le fond du creuset, et la scorie de silicate fusible ou laitier surnage et finit par se déverser au-dessus de la grosse pierre ou dame qui limite le creuset. Quand le creuset est plein de fonte, on démasque une ouverture ménagée dans la dame et le métal s'écoule dans des rigoles de sable où il se prend en gueuses demi-cylindriques ; quelquefois, on fond immédiatement de grosses pièces demandant peu de soins. Pendant la coulée, on arrête le jet des tuyères ; puis on recommence, et le fourneau marche ainsi plusieurs années jusqu'à ce qu'il ait besoin d'être refait.

La présence de l'oxyde de carbone près des tuyères indique qu'il s'est formé plus haut du silicate de fer, que le charbon réduit directement à une très-haute température.

Il y a, avons-nous dit, une énorme absorption de chaleur par le fait de la transformation de l'acide carbonique en oxyde de carbone ; les minerais sont souvent humides, et la chaleur leur enlève de la vapeur d'eau, d'où la source d'une nouvelle perte de chaleur.

Il sort sans cesse du haut fourneau une flamme bleuâtre produite par la combustion de l'oxyde de carbone et de l'hydrogène ; on a cherché à recueillir ces gaz et à les utiliser pour faire marcher par exemple les machines soufflantes.

Un haut fourneau alimenté au charbon de bois a 10^m de hauteur environ ; lorsqu'on se sert de coke, le fourneau atteint jusqu'à 18^m de hauteur.

De la fonte. — On en distingue deux grandes classes : 1° la fonte grise, qui va du noir au gris clair ; 2° la fonte blanche. Entre les deux on place quelquefois la fonte truitée, qui est un mélange des précédentes.

La fonte grise est douce et se laisse limer et marteler sans se rompre. La fonte blanche a un éclat argentin, elle est dure, ne se laisse pas limer et se brise au moindre choc. Donc, il ne faut pas l'employer pour tout objet exposé à des chocs.

Les objets de fonte s'obtiennent par le moulage dans des moules de sable.

La fonte de première fusion est celle qui sort du haut fourneau ; nous avons dit plus haut qu'elle servait à faire les grosses pièces ; les petits objets, qui demandent à être plus soignés, sont fabriqués avec de la fonte de seconde fusion ; on l'obtient en chauffant la fonte dans des creusets à cuve appelés cubilots.

Certains objets ont besoin d'être très-durs à la surface ; on les obtient en les fondant en coquille, c'est-à-dire dans un moule métallique ; la surface se refroidit instantanément, elle subit la trempe et, par suite, prend une grande dureté.

A quoi tient la différence qui existe entre la fonte blanche et la fonte grise ? Lorsqu'on regarde à la loupe une fonte grise, on voit qu'elle renferme dans sa masse une multitude de paillettes noires, c'est du charbon à l'état de graphite, qui était dissous par le fer à la faveur d'une haute température, et que ce metal a abandonné par refroidissement lent. Au contraire, la fonte blanche a un grain uniforme, elle a été refroidie brusquement, et le fer a retenu en dissolution tout le charbon qu'il avait absorbé à une haute température.

Ce qui prouve bien que cette explication est vraie, c'est que dans une coulée qui donne de la fonte grise, si l'on jette de l'eau sur certaines gueuses, celles-ci seront formées de fonte blanche.

Suivant la marche de l'opération du haut fourneau, suivant les proportions de minerai et de combustible, le métal peut se refroidir lentement ou rapidement et donner de la fonte grise ou de la fonte blanche.

Les fontes riches en manganèse en soufre ou en phosphore, restent presque toujours à l'état de fontes blanches.

Lorsqu'un minerai donne un laitier très-fusible, le métal ne séjourne que peu de temps devant les tuyères et l'on a nécessairement une fonte blanche.

Il est rare que la fonte ne renferme pas du silicium, dû à la décomposition de la gangue ou de l'erbue par le charbon ; le silicium en petite quantité ne nuit pas, il n'a que l'inconvénient de donner moins de fer, parce que, lors de l'affinage de la fonte, il se forme un silicate de fer.

Le soufre et le phosphore rendent la fonte plus fusible ; le phosphore retarde le refroidissement, le soufre l'accélère et donne toujours une fonte blanche ; ces deux métalloïdes rendent la fonte cassante et peu tenace.

Le cuivre rend la fonte plus dure, mais il est nuisible dans la fabrication du fer.

Ainsi, la meilleure fonte pour le moulage des plaques tournantes, coussinets, engrenages, etc..., est la fonte grise qui ne renferme que peu ou point de matière, autres que le carbone et le fer.

Il faut distinguer les fontes au charbon de bois, qui sont toujours pures, si le minerai est pur, des fontes au coke qui sont souvent impures, même avec un minerai pur, parce que le coke renferme des pyrites et des terres.

Fabrication du fer doux par affinage de la fonte. — Affinage au petit foyer. — On remplit de charbon de bois un foyer analogue à celui de la forge catalane, dans le centre duquel on pousse peu à peu, au moyen de rouleaux, une gueuse de fonte. La fonte est plus fusible que le fer, elle se résoud en gouttes qui, sous le vent de la tuyère, sont soumises à une influence très-oxydante. Leur charbon est brûlé, changé en acide carbonique, puis en oxyde de carbone ; le silicium forme un silicate fusible de fer ($3FeO, SiO^3$). Le métal pur tombe au fond du creuset, où il forme une loupe pâteuse parce que le fer est moins fusible que la fonte. A la fin de l'opération, les ouvriers soulèvent la loupe pour l'exposer à la tuyère et la ramollir convenablement, c'est ce qu'ils appellent avaler la loupe. Puis on la porte sous un marteau, mû par des machines, et par le martelage on exprime toutes les scories.

On obtient de la sorte d'excellent fer doux, mais le procédé est coûteux et l'on a un déchet de 25 pour 100.

Affinage par le procédé anglais ou à la houille. — Il comprend deux opérations : 1° le finage ou mazéage ; 2° le puddlage.

1° Le mazéage a pour but surtout d'enlever le silicium de la fonte. On fait tomber cette fonte en gouttelettes dans le courant d'air de la tuyère, dans un fourneau chauffé au coke. Il se forme des silicates plus fusibles et plus légers qui, dans le creuset, nagent sur le métal ; on fait sortir celui-ci par un trou de coulée, et on le refroidit à l'eau froide ; on obtient ainsi des plaques de fonte blanche très-cassante, appelée par les Anglais *fine metal*.

2° *Puddlage.* — Sur la sole réfractaire d'un four à réverbère, on dispose le métal. Sous l'action de la chaleur il fond, et, comme on a soin d'établir dans le four un tirage énergique, l'atmosphère est très-oxydante. Le carbone est brûlé, soit directement par l'air, soit par l'oxygène de l'oxyde de fer, car on a soin d'ajouter toujours des scories de silicate de fer basique ; il y un excès de base, cet excès est réduit et donne du fer. L'ouvrier, avec un ringard, retourne la masse en tous sens, l'oxyde de carbone se dégage en bouillonnant ; et l'on retire le fer doux par loupes de 25 à 30 kilogrammes que l'on porte sous le marteau.

Nous aurons lieu de revenir sur les qualités des fers dans une autre partie de l'ouvrage.

De l'acier. — L'acier est un composé intermédiaire entre le fer ordinaire et la fonte, il contient du carbone en dissolution et il en contient plus que le fer et moins que la fonte. Il en résulte deux modes de fabrication :

1° Enlever à la fonte une partie de son carbone, et l'on a l'acier naturel ;

2° Donner au fer doux une proportion convenable de carbone et l'on obtient l'acier de cémentation.

1° L'acier naturel se prépare au petit foyer, comme le fer doux, seulement on ne pousse pas l'opération jusqu'au bout, et c'est à l'habitude, à l'expérience de l'ouvrier que l'on s'en rapporte pour choisir le moment convenable afin d'obtenir une loupe d'acier. On étire immédiatement cette loupe, et l'on trempe un bout de la barre qu'elle a fournie. Si cette barre est de l'acier, le bout trempé devient cassant et se brise sous le marteau ; si, au contraire, la barre ploie sous le coup, c'est du fer.

De même, dans les fours à puddlage, on peut fabriquer de l'acier puddlé ; il suffit que l'ouvrier exercé dirige convenablement le courant d'air, afin d'arrêter la décarburation au moment opportun.

2° *Acier de cémentation.* — Dans de grandes caisses recouvertes d'un dôme et entourées de toutes parts par la flamme d'un foyer, on dispose des couches alternatives de fer en barre et de charbon (mélangé quelquefois de cendre et de sel marin). La surface des barres absorbe le charbon et les couches intérieures réagissent sur la surface pour lui enlever ce charbon ; au bout d'une quinzaine, on obtient des barres aciérées de constitution non homogène, puisque la surface est très-carburée, tandis que les parties centrales ne le sont pas.

Cet acier présente toujours à la surface de nombreuses ampoules qui semblent dues au dégagement d'un gaz ; aussi, l'appelle-t-on acier poule. Le capitaine Caron a montré qu'il se formait un peu de silicate de fer dans le métal, et, qu'à la longue (la cémentation dure une quinzaine de jours), ce silicate se trouvait décomposé par le carbone de l'acier ; il se dégageait de l'oxyde de carbone produisant les ampoules observées. On éviterait cet inconvénient en cherchant à substituer des matières réfractaires calcaires aux matières siliceuses employées.

L'acier, obtenu par cémentation, est mauvais, et, pour l'employer, il faut le corroyer, c'est-à-dire souder et marteler ensemble à plusieurs reprises un certain nombre de barres de cet acier.

Mieux vaut encore fondre plusieurs barres dans des creusets réfractaires portés à une haute température. On obtient ainsi de l'acier fondu, bien homogène, qu'il est possible d'employer aux ouvrages délicats de coutellerie.

Les aciers de Damas sont obtenus en calcinant le fer avec certaines plantes qui lui cèdent leur carbone. Les aciers sont toujours préparés au moyen de lames minces, c'est probablement là ce qui explique leur supériorité. Le damassé de la surface s'obtient en traitant ces lames par l'acide sulfurique ou azotique, qui enlève la surface, et met à nu la composition intérieure formée de fer mélangé à de l'acier ; l'acier, grâce à son charbon, conserve une teinte noire qui ressort à côté de la teinte brillante du fer.

Les aciers préparés par les méthodes précédentes ne sont bons qu'autant qu'ils sont fabriqués avec des fers purs. Nous parlerons plus loin des nouveaux procédés qui permettent d'obtenir un acier convenable avec un fer quelconque.

De la trempe. — La trempe consiste à refroidir brusquement, par immersion dans une substance à la température ordinaire, un corps qui se trouve à une température élevée. Cette modification brusque détermine souvent un changement moléculaire et par suite un changement des propriétés physiques. Nous avons vu que par la trempe du soufre on obtenait un corps mou et pâteux, que par la trempe du verre on obtenait les larmes bataviques que pulvérise la moindre secousse.

La trempe ne produit rien sur le fer ; mais l'acier porté au rouge et plongé dans l'eau froide devient extraordinairement cassant.

Il résulte d'expériences et de considérations qui ne peuvent trouver place ici, que le carbone est dissous dans le fer à l'état liquide ; si l'on produit un refroidissement brusque, les molécules de carbone tendent à prendre l'état cristallin, c'est-à-dire à se transformer en diamant ; donc le métal acquiert une partie de la dureté du diamant, et l'effet est d'autant plus fort que le métal renferme plus de carbone et que la trempe est plus énergique.

Par un refroidissement lent, le carbone prend l'état amorphe, ne cristallise point, et le fer conserve toutes ses propriétés.

Si l'on vient à chauffer l'acier trempé, à le recuire, comme on dit, le carbone diamant repasse à l'état liquide en proportion d'autant plus grande que la température du recuit est plus élevée, et l'acier reprend dans la même proportion les qualités du fer.

En faisant varier la température du recuit, on pourra donc obtenir un métal ayant des propriétés intermédiaires entre celles du fer et de l'acier, et cela au degré que l'on voudra.

La température du recuit ne se mesure pas au thermomètre mais à la couleur que prend la lame d'acier, cette coloration est due à l'oxydation de la surface. A 200°, la surface est jaune clair (couteaux); à 255°, brune ; à 295°, bleuâtre ; à 300°, indigo (ressorts de montre).

C'est la trempe qui explique les différences que nous avons signalées au début entre la fonte grise et la fonte blanche.

De la constitution des fers, fontes et aciers. — On s'est beaucoup occupé depuis quelques années de la constitution des fers et des aciers, et l'on est arrivé à des procédés de fabrication qui ont donné des résultats inespérés.

Dans l'industrie, on ne trouve pour ainsi dire pas de fers parfaitement purs, toutefois on donne le nom de fer doux au métal plus ou moins pur obtenu par l'affinage de la fonte, et non susceptible de recevoir la trempe. La fonte est le produit brut impur qui résulte de la réduction du minerai ; la fonte se trempe par un refroidissement brusque. L'acier comprend une série de produits intermédiaires entre le fer doux et la fonte ; c'est ainsi qu'il faut le concevoir.

Ainsi, l'acier commence au fer doux et finit à la fonte, mais les limites ne sont pas tranchées, et il faut regarder la série fer doux, acier, fonte, comme continue : on passe de la fonte noire au fer doux en parcourant tous les degrés de l'aciération ; les propriétés se transforment insensiblement en même temps que la composition chimique.

Toutefois on retrouve les mêmes matières étrangères dans les trois termes, fer, fonte, acier d'une même série ; ce qui varie surtout, ce qui constitue la différence réelle au point de vue physique et chimique, c'est la proportion seule de carbone.

Il est vrai que l'esprit a peine à concevoir que des proportions minimes d'un seul corps, le carbone, puisse avoir autant d'influence sur les propriétés d'un métal ; mais cela n'a rien d'étonnant si l'on se rappelle que nous avons vu bon nombre de métaux modifiés profondément dans leur aspect, leur structure, leurs qualités par la présence de quantités minimes de matières étrangères.

M. Fremy, le savant chimiste, a signalé la présence de l'azote dans l'acier, et lui attribue une influence prépondérante ; il n'en est rien ; tous les métaux, à l'état liquide ou pâteux, absorbent de grandes quantités de gaz et l'analyse montre qu'il existe de l'azote aussi bien dans le fer doux que dans l'acier.

Nous avons dit que les fontes, fers et aciers renfermaient toujours beaucoup de matières étrangères, et cela se comprend, quand on réfléchit qu'aux substances du minerai viennent s'ajouter celles des fourneaux et du combustible ; nous reproduirons ici l'analyse d'une bonne fonte de Suède, donnée par M. Grüner, inspecteur général des mines :

Fer	93,660	
Aluminium	0,178	
Manganèse	0,190	
Calcium et magnésium	traces	
Cuivre	0,005	
Silicium	0,941	
Phosphore	0,050	
Soufre	0,120	
Carbone	3,920	dont 2,17 de graphite non dissous.
Total	99,064	

Les fontes grises peuvent renfermer jusqu'à 10 p. 100 de matières étrangères, et les fontes blanches, provenant de fer spathique, et réputées excellentes peuvent encore avoir une composition très-complexe, ainsi que cela résulte de l'analyse ci-dessous faite sur une fonte de Styrie regardée comme très-pure :

Carbone combiné	3,79
Silicium	0,34
Soufre	0,02

Phosphore	0,07
Manganèse	1,06
Calcium	0,05
Magnésium	0,02
Fer	94,57
	99,92

Si l'acier est obtenu par voie d'affinage, les éléments très-oxydables, tels que le manganèse, le calcium, le magnésium s'en vont seuls ; l'aluminium, ainsi que des traces de soufre, de phosphore, de silicium restent toujours dans l'acier.

L'aciération dépend donc uniquement de la proportion de carbone, et l'on distingue en Suède, d'après la dureté mesurée à la suite de la trempe, neuf sortes d'acier Bessemer, qui sont, suivant M. Grüner :

N° 1	renfermant	2 %	de carbone	Acier très-dur, voisin de la fonte blanche.
N° 1 ½	—	1,75	—	Se forge, mais ne se soude pas.
N° 2	—	1,50	—	Se forge bien, mais ne se soude pas.
N° 2 ½	—	1,25	—	Se forge bien et se soude difficilement.
N° 3	—	1,00	—	Acier dur, se forge bien et se soude.
N° 3 ½	—	0,75	—	Acier ordinaire, se forge et se soude bien.
N° 4	—	0,50	—	Acier doux, se forge et se soude très-bien.
N° 4 ½	—	0,25	—	Fer dur ou fer à grains, se trempe très-peu.
N° 5	—	0,05	—	Fer doux ou fer homogène, ne se trempe pas.

Au delà du n° 9, on trouverait ce qu'on appelle le fer brûlé, il ne renferme plus de carbone, mais un peu d'oxygène.

Toutes choses égales d'ailleurs, c'est de la teneur en carbone que dépendent surtout les qualités de l'acier.

Nouveaux procédés de fabrication de l'acier. — Nous avons étudié la fabrication de l'acier, au moyen de deux procédés : 1° affinage direct de la fonte, 2° récarburation du fer doux ou cémentation, et nous avons vu que par ces procédés on arrivait difficilement à obtenir un bon acier homogène, à moins de le corroyer et de le fondre à nouveau.

La cause de cette aciération non homogène tient à ce que l'on opère sur de la fonte qui reste sinon à l'état solide, du moins à l'état pâteux, de sorte que les réactions ne se passent point dans toute la masse.

Le grand avantage des procédés nouveaux, c'est d'opérer sur de la fonte portée à une assez haute température pour qu'elle reste fluide ainsi que le produit obtenu.

Acier Bessemer. — La découverte due à M. Bessemer consiste à faire passer de l'air dans un creuset renfermant de la fonte liquide ; toutes les substances étrangères sont oxydées, et disparaissent successivement suivant l'affinité qu'ils possèdent pour l'oxygène et pour le fer.

Ainsi l'oxydation pénètre dans toute la masse, tandis que dans le mazéage et le puddlage, le métal reste à l'état pâteux, et, fût-il liquide, le vent des tuyères ne frappe que la surface.

Lorsque la fonte traitée par le procédé Bessemer est pure, il suffit d'arrêter l'oxydation au moment où tous les corps étrangers ont disparu sauf la proportion convenable de carbone, et l'on obtient directement l'acier fondu.

Le plus souvent, la fonte est trop impure pour que l'on puisse procéder ainsi ; on prolonge le courant d'air de manière à enlever toutes les matières étrangères et à obtenir non pas même du fer doux, mais du fer brûlé. Dans ce fer brûlé, on ajoute une proportion calculée d'avance de fonte aciéreuse ; le tout fond ensemble et l'on obtient tel acier que l'on veut.

Une circonstance à remarquer et qui facilite singulièrement la réaction, c'est que le courant d'air qui traverse la fonte, au lieu de la refroidir, l'échauffe par suite de la chaleur que dégagent les combinaisons chimiques.

L'appareil dont on se sert est un grand cubilot mobile autour d'un axe horizontal ; l'air est envoyé par le fond, et l'opération terminée, un système d'engrenages permet d'incliner le cubilot et de verser le métal en fusion soit dans des moules, soit dans des poches en fer avec lesquelles on le transporte. On peut opérer en une fois sur plusieurs tonnes de fonte ; on voit que nous sommes loin de la fabrication de l'acier en barreaux de faible volume.

Il est à remarquer que les fontes riches en manganèse ne réussissent pas dans l'appareil Bessemer ; la masse reste pâteuse et il se produit des explosions. La fonte ne doit pas renfermer plus de 2 pour 100 de manganèse.

On a longtemps employé dans les appareils Bessemer de la fonte refondue au four à réverbère ; l'usine de Terre-Noire n'a pas craint de prendre de la fonte de première fusion, et c'est grâce à cette économie qu'elle a pu passer avec la Compagnie P. L. M. un marché de 22,000 tonnes de rails en Bessemer à 315 francs la tonne.

L'acier Bessemer est comme un nouveau métal, d'une dureté exceptionnelle et d'un bon marché relatif ; il rend et rendra à l'industrie de précieux services.

Toutefois, on n'arrive pas par ce procédé à épurer la fonte autant qu'on le croyait d'abord ; le soufre et le phosphore ne sont pas éliminés, et les minerais qui en renferment donnent toujours un mauvais métal, court et rouverin.

On ne peut donc pas utiliser la masse énorme que l'on possède de minerais sulfurés et phosphorés.

Procédé Heaton. — Récemment, M. Heaton vient imaginer un procédé qui permettra probablement de retirer d'excellent acier des minerais les plus impurs. A la rigueur, on peut se débarrasser du soufre par un grillage fait avec soin, mais le phosphore reste toujours. M. Heaton s'en débarrasse en injectant dans la masse de la fonte en fusion de nombreux jets d'azotate de soude, qui changent le phosphore en phosphate de soude liquide qu'on recueille à la surface. Espérons que l'avenir nous apprendra le succès de cette méthode, qui viendra augmenter nos richesses et nos forces industrielles.

COMBINAISONS DES MÉTAUX ENTRE EUX ET ALLIAGES UTILES A L'INDUSTRIE

Avant de traiter des alliages, nous allons donner ici quelques propriétés des métaux simples.

TABLEAU DES CHARGES SOUS LESQUELLES SE ROMPT UN FIL MÉTALLIQUE DE $0^m,002$ DE DIAMÈTRE.

Fer	250^{kg}.	Argent	85^{kg}.	Nickel	48^{kg}.
Cuivre	137	Or	68	Étain	16
Platine	125	Zinc	50	Plomb	12

TABLEAU DES MÉTAUX DISPOSÉS DANS L'ORDRE DE LEUR PLUS GRANDE FACILITÉ A PASSER.

1° Au laminoir.		2° A la filière.	
1° Or.	6° Plomb.	1° Or.	6° Cuivre.
2° Argent.	7° Zinc.	2° Argent.	7° Zinc.
3° Cuivre.	8° Fer.	3° Platine.	8° Étain.
4° Étain.	9° Nikel.	4° Fer.	9° Plomb.
5° Platine.		5° Nickel.	

TABLEAU DE LA CONDUCTIBILITÉ DES MÉTAUX POUR LA CHALEUR, C'EST-A-DIRE DE LA VITESSE AVEC LAQUELLE LA CHALEUR SE RÉPAND DANS LEUR MASSE.

Or	1000	Cuivre	898	Étain	303
Platine	981	Fer	374	Plomb	180
Argent	973	Zinc	363		

On voit que pour la vitesse d'échauffement, les vases de cuivre sont bien au-dessus des vases de fer.

POINTS DE FUSION DES MÉTAUX.

Mercure	— 39°	Bismuth	270°	Cuivre	1090°
Potassium	+ 58°	Plomb	320°	Or	1100°
Sodium	90°	Zinc	410°	Fonte	1500°
Étain	230°	Argent	1000°	Fer doux	1600°
				Platine	2000°

TABLEAU DES CHALEURS SPÉCIFIQUES.

Fer	0,1138	Cuivre	0,0952	Étain	0,0508
Nickel	0,1086	Argent	0,0570	Platine	0,0324
Zinc	0,0955	Plomb	0,0514	Or	0,0324

On voit qu'un vase de cuivre demande moins de chaleur qu'un vase de fer pour s'échauffer d'autant ; que des vases d'argent et d'or en demandent encore moins.

Alliages. — En unissant les métaux, on change leurs propriétés et on obtient de nouvelles substances très-propres à certains usages auxquels les métaux purs ne se prêteraient pas.

Caractères d'imprimerie. — Pour fabriquer les caractères d'imprimerie il faut une substance qui soit à la fois dure et non cassante. Le plomb seul est trop mou ; l'antimoine est cassant. L'alliage formé de 80 de plomb et de 20 d'antimoine, est très-convenable pour cet usage.

Alliage de Réaumur. — Un mélange de 70 d'antimoine avec 30 de limaille de fer donne une alliage très-dur qui fait feu au briquet.

Alliage du plomb et de l'étain. — L'alliage de parties égales de plomb et d'étain, constitue la soudure des ferblantiers ; l'alliage de 2 de plomb pour 1 d'étain, est la soudure des plombiers.

Un alliage est toujours plus fusible que le plus fusible des métaux qu'il renferme. Ainsi l'alliage d'étain Sn^5Pb fond à 194°, Sn^3Pb à 186°, SnPb à 241°.

L'alliage de Darcet est formé de 8 de bismuth, 5 de plomb et 3 d'étain ; il fond au-dessous de 100°. On a voulu l'employer à faire des rondelles fusibles que l'on plaçait sur les chaudières à vapeur, et qui fondaient à la température correspondant à la pression marquée par le timbre de la chaudière ; mais l'essai n'a pas réussi, parce que la plupart des alliages ne sont pas des combinaisons chimiques, mais un mélange de métaux et de composés définis. A la longue, la liquation se produit, c'est-à-dire que l'un des métaux ou l'un des alliages définis se sépare de la masse qui se trouve désagrégée. C'est ce qui arriva pour les rondelles fusibles, qui ne tardaient pas à se désagréger, même à une température inférieure à celle qu'elles ne devaient pas dépasser.

Alliage de cuivre et de zinc. — Le plus commun de ces alliages, le laiton commun renferme $\frac{2}{3}$ de cuivre et $\frac{1}{3}$ de zinc. Dans des creusets de terre, on place le cuivre en grenaille et le zinc en fragments, et l'on place les creusets dans un four ; le mélange fond et on le coule dans des moules. Le laiton graisse la lime et est très-difficile à travailler, si on n'y ajoute pas un peu de plomb et d'étain.

Le similor, le tombac, le chrysocale sont des variétés de laiton, rappelant la couleur de l'or.

Alliages de cuivre et d'étain. — Très-difficiles à produire homogènes, parce que les deux métaux ont des densités et des points de fusion différents, et ils tendent toujours à se désunir.

Bronze des canons.	90	de cuivre et	10	d'étain.
Métal des cloches.	78	—	22	—
Métal des tam-tams et cymbales.	80	—	20	—
Miroirs de télescope.	67	—	33	—
Bronze des médailles.	95	—	5	—

Refroidis lentement, ces alliages sont cassants ; c'est pour cela que, pendant longtemps, on ne pouvait fabriquer de tam-tams en France.

Darcet reconnut que la trempe les rendait malléables et élastiques.

La monnaie de billon renferme 95 de cuivre, 4 d'étain, 1 de zinc.

Amalgames. — Le mercure dissout presque tous les métaux, ainsi que nous l'avons vu. L'amalgame d'or est employé pour la dorure.

Il y a un amalgame de cuivre que les dentistes emploient pour plomber les dents. Chauffé un peu au-dessous de la température d'ébullition du mercure, et broyé dans un mortier, il devient pâteux et facile à pétrir. Au bout d'un certain temps il devient très-dur et prend une texture cristalline.

L'amalgame d'étain constitue le tain des glaces : sur une table de marbre on étend une feuille d'étain au moins aussi grande que la glace, on la recouvre de mercure, puis on fait glisser la glace qui chasse devant elle l'excès de mercure, et empêche l'air de rester emprisonné. On recouvre ensuite de gros blocs de pierre ; au bout de quinze jours, l'excès de mercure a disparu, et le tain adhère à la glace.

Étamage. — L'étamage a pour but de recouvrir d'une couche d'étain peu oxydable la surface des métaux oxydables, cuivre, fer, etc.

Décapage. — Il faut d'abord décaper la pièce à étamer. On décape le cuivre en projetant sur la pièce chauffée du sel ammoniac ou chlorhydrate d'ammoniaque, qui fond et que l'on étend avec une étoupe : ce sel forme avec le vert-de-gris des sels volatils qui se dégagent. Le fer et la tôle se décapent à l'acide chlorhydrique.

Pour étamer une pièce de cuivre, on verse dedans de l'étain liquide que l'on promène ensuite ; il adhère en couche mince, qu'il faut assez souvent renouveler.

La tôle, après des décapages répétés, est séchée et plongée dans un bain d'étain fondu, puis séchée de nouveau, non à l'air, mais dans la vapeur d'eau, afin d'éviter toute oxydation. Avant d'être plongées dans le bain d'étain, les feuilles sont plongées d'abord dans la graisse fondue. On obtient ainsi le fer-blanc.

Le fer galvanisé, ou fer recouvert de zinc se prépare d'une manière analogue. Ce métal est à l'abri de l'oxydation, parce que le fer est négatif par rapport au zinc ; en présence de l'humidité, ils forment un élément de pile et l'oxygène tend à se porter sur le zinc ; celui-ci s'oxyde donc, mais son oxyde est imperméable et adhérent, et une fois qu'il y en a une couche de formée sur le zinc, l'oxydation s'arrête.

Action de l'oxygène sur les métaux. — Dans la classification des métaux, nous avons vu que tous les métaux se combinaient à l'oxygène en l'absorbant directement à une température plus ou moins élevée, à l'exception des métaux de la dernière section. Nous invitons le lecteur à se reporter à cette classification.

Nous avons vu que bon nombre de métaux brûlaient à l'air, et que les métaux réduits en poudre fine s'y enflammaient à la température ordinaire.

L'air sec agit comme l'oxygène, mais avec moins d'intensité à cause de la présence de l'azote.

L'air humide agit plus énergiquement que l'air sec à cause de l'eau et de l'acide carbonique qu'il renferme. Plusieurs métaux, entre autres le fer, qui ne s'oxydent pas dans l'air sec, sont altérés par l'air humide, il se forme généralement un hydro-carbonate de l'oxyde.

Les oxydes étaient connus des alchimistes, qui supposaient que les métaux étaient des oxydes auxquels était venu s'ajouter du phlogistique. Les oxydes métalliques sont généralement solides, cassants et pulvérulents sans saveur ni odeur; leur densité est supérieure à celle de l'eau et inférieure à celle de leur métal, sauf pour la potasse et la soude. Presque tous les oxydes, à l'exception de ceux de métaux de la première section, sont insolubles dans l'eau.

Nous avons reconnu cinq genres d'oxydes :

1° Les oxydes basiques, qui sont les plus stables et qui, par leur alliance aux acides, donnent la plupart des composés usuels;

2° Les oxydes indifférents jouant le rôle d'acides en présence de bases fortes et le rôle de bases en présence des acides énergiques;

3° Les oxydes acides, qui sont généralement des acides faibles et facilement décomposables;

4° Oxydes singuliers, qui ne se combinent pas, mais qui, en présence d'un acide, perdent leur oxygène et sont changés en oxydes basiques;

5° Oxydes salins (minium, oxyde magnétique), qui résultent de l'union de deux oxydes d'un même métal.

L'oxygène fait passer les oxydes à un degré d'oxydation supérieure. L'hydrogène et le carbone les réduisent : $Mo + H = Ho + M$, et $2Mo + C = Co^2 + 2M$.

Le soufre réduit les oxydes faibles et donne un sulfure avec de l'acide sulfureux; si l'oxyde est une base puissante, il se forme un sulfate.

Le chlore décompose, en général, les oxydes et donne de l'oxygène et un chlorure : si le chlore est humide, l'eau est décomposée aussi, il se forme un chlorure et un oxyde supérieur. Avec les alcalis, on obtient, outre le chlorure alcalin, un hypochlorite ou un chlorate.

Un métal décompose les oxydes des métaux, qui viennent après lui dans le tableau de classification, et prend la place de ces métaux.

Des sels. — Les anciens chimistes donnaient le nom de sels à quelques composés cristallisés dont le type était le sel marin.

Lavoisier appelait sel la combinaison d'un acide oxygéné avec une base oxygénée. Ce qu'on appelle aujourd'hui oxysels. Les sulfures, chlorures, etc., se trouvaient exclus de cette définition.

Berzelius, se fondant sur la décomposition qu'éprouvent les composés binaires par la pile, appelait sel une combinaison de deux corps, dont l'un joue le rôle d'élément électro-positif ou de base (se rend au pôle négatif de la pile) et l'autre le rôle d'élément électro-négatif ou d'acide (se rend au pôle positif).

Quoique plus large que celle de Lavoisier, cette théorie tend à disparaître aujourd'hui; les travaux des chimistes modernes, à la tête desquels il faut placer Gerhardt, conduisent à abandonner la théorie du dualisme, imaginée par

Lavoisier, et à réunir les composés chimiques en familles ayant même arrangement moléculaire, une ou plusieurs des molécules du type pouvant être remplacées par une ou plusieurs molécules similaires. C'est là, croyons-nous, le point de vue vraiment philosophique, sous lequel il faut envisager les composés chimiques.

Pour nous restreindre dans le cadre de cet ouvrage, nous nous en tiendrons à la théorie de Lavoisier qui permet de comprendre et d'expliquer suffisamment le mécanisme et la formation des sels usuels.

Les sels sont des corps solides, que l'on peut généralement obtenir à l'état cristallin. Ils sont incolores, si l'acide et la base sont incolores ; si l'un des composants est coloré, le sel affecte une couleur analogue ; si les deux composants sont colorés, la couleur des sels est une fusion des deux teintes.

Rapport de l'oxygène de l'acide à l'oxygène de la base. — *Première loi.* — Dans les sels formés par un même acide, il y a un rapport simple et constant entre le poids d'oxygène de la base et le poids d'oxygène de l'acide. C'est un résultat d'expérience, découvert par Berzelius.

Dans les carbonates,	l'acide contient	deux fois	autant d'oxygène	que la base :
Dans les sulfates,	—	trois fois	—	—
Dans les azotates,	—	cinq fois	—	—
Dans les chlorates,	—	cinq fois	—	—
Dans les phosphates,	—	1 fois et $\frac{1}{3}$	—	—

Deuxième loi. — Les diverses quantités de bases qui s'unissent à un même acide pour former une série de sels, sont entre elles dans les mêmes rapports que les quantités des mêmes bases, qui s'unissent à un autre acide pour former une autre série de sels.

Exemple : 500 grammes d'acide sulfurique s'unissent à 589gr,30 de potasse, 350gr de chaux, 958gr de baryte. Pour 500 grammes d'acide azotique, il faudra 436gr,51 de potasse, 259gr,63 de chaux, etc., et ces nombres sont entre eux comme les premiers.

Nous avons déjà vu cette loi dans la théorie des équivalents. On peut, par ce qui précède, résoudre tous les problèmes de chimie, dans le genre du suivant : combien entre-t-il de soude dans un poids donné de sulfate de soude, ou combien de sodium? Combien faut-il d'acide sulfurique pour saturer un poids donné de soude? Ces problèmes peuvent se varier indéfiniment, mais ils se ramènent toujours à la même question qui se résout par une proportion.

Solubilité des sels. — Il est très-peu de sels complétement insolubles, nous avons cité le sulfate de baryte et le chlorure d'argent. Le plus souvent, l'insolubilité n'est que relative ; ainsi le sulfate de chaux sera, pour ainsi dire, insoluble, si on le compare à l'azotate d'ammoniaque.

La solubilité d'un sel se mesure par la quantité que peut en dissoudre un poids donné d'eau à une température fixée. Elle est, en raison directe, de l'affinité du sel pour l'eau, et, en raison inverse, de sa cohésion.

A une température donnée, lorsque l'eau ne veut plus dissoudre de sel, on dit que la dissolution est saturée. La saturation est spéciale à la température considérée, et si cette température change, la dissolution peut, ou abandonner sous forme de précipité une partie du sel qu'elle renferme, ou dissoudre une nouvelle quantité du sel sur lequel elle repose.

La solubilité augmente, en général, avec la température, suivant une loi irrégulière : sur une ligne d'abscisses on porte les températures, et l'on prend comme ordonnées les quantités dissoutes correspondantes, on obtient alors les courbes de solubilité des divers sels et ces courbes sont très-irrégulières.

Il est probable que tous les sels présentent un maximum de solubilité ; nous avons reconnu l'existence de ce maximum pour les sulfates de soude et de chaux.

Une dissolution saturée d'un sel est parfaitement apte à dissoudre un autre sel.

Les dissolutions salines ont toujours un point d'ébullition plus élevé que celui de leurs dissolvants.

Tous les sels alcalins (potasse, soude, ammoniaque) et tous les azotates sont solubles dans l'eau.

La plupart des sulfates et hyposulfates sont solubles, presque tous les sels renfermant un excès d'acide sont solubles.

Les carbonates, borates, phosphates (excepté les sels alcalins) et tous les sels à excès de base sont insolubles.

Hydratation. — Beaucoup de sels ont réellement une affinité chimique pour l'eau ; ils s'y dissolvent et se combinent avec elle en partie. Il faut donc bien distinguer l'eau de cristallisation de l'eau d'hydratation. Les vitriols nous ont donné des exemples de sels hydratés.

Sels neutres, acides et basiques. — A l'origine, nous avons appelé acide tout oxyde qui rougissait la teinture bleue de tournesol, et nous avons appelé base tout oxyde qui ramenait au bleu la teinture de tournesol rougie par un acide. D'après cela, un sel serait neutre, s'il ne produisait pas d'action sur la teinture de tournesol et les autres réactifs colorés (teinture de violette, teinture de curcuma); il serait acide, s'il rougissait le papier bleu de tournesol, et il serait basique, s'il ramenait au bleu le papier rouge de tournesol.

Cette classification est inadmissible, car il est des sels qu'il faut considérer comme neutres qui agissent sur les réactifs colorés, et d'autres qu'il faut considérer comme acides ou basiques qui n'agissent pas sur ces réactifs.

Comment s'explique cette coloration variable de la teinture de tournesol ?

La base de cette teinture est un lithmate de chaux ; l'acide lithmique est un acide végétal rouge, qui donne des sels bleus. L'acide lithmique est un acide faible ; en présence de l'acide sulfurique, il est déplacé, il se forme du sulfate de chaux, l'acide lithmique se trouve libre et manifeste sa couleur naturelle. Donc un corps qui rougit la teinture de tournesol est un corps capable d'enlever sa base à l'acide lithmique : c'est ce que les acides purs feront à un degré plus ou moins énergique, mais des sels dont l'acide est fort et la base faible produiront le même effet.

Le tournesol étant rougi par un acide, tout corps qui la ramène au bleu est un corps susceptible de se combiner à l'acide lithmique.

Un corps sans action sur le tournesol est tout simplement un corps incapable de décomposer le lithmate de chaux.

Il faut appeler sel neutre tout sel où la quantité d'oxygène de la base est à la quantité d'oxygène de l'acide dans le rapport simple qui constitue la loi de composition du genre auquel le sel appartient.

Ainsi les sulfates seront neutres si la base renferme le tiers de l'oxygène de l'acide ; le sulfate neutre de soude sera en même temps neutre aux réactifs colorés parce qu'il est formé d'un acide et d'une base énergiques ; le sulfate neutre de cuivre pourra fort bien être acide pour les réactifs colorés, parce que l'oxyde de cuivre est une base faible et l'acide sulfurique un acide puissant qui tendra à enlever la chaux à l'acide lithmique.

Un sel est basique si la base renferme plus d'oxygène qu'elle ne devrait en renfermer d'après la loi de constitution du genre.

Un sel est acide si la base renferme moins d'oxygène qu'elle ne devrait en renfermer d'après la loi de constitution du genre.

Fusion des sels. — Les sels anhydres commencent par fondre, puis ils se décomposent à une température plus ou moins élevée. Si l'un des éléments est volatil (acide carbonique, ammoniaque) la décomposition sera facile. Si les deux éléments sont volatils, le sel pourra distiller sans se décomposer, tels sont le carbonate et le chlorhydrate d'ammoniaque.

Un sel hydraté fond plus facilement, parce qu'il fond dans son eau d'hydratation (fusion aqueuse), mais cette eau d'hydratation s'évapore, le sel redevient solide pour fondre réellement puis se décomposer à une température plus élevée (fusion ignée).

Quand un sel hydraté renferme très-peu d'eau d'hydratation, ou bien quand un sel (le sel marin par exemple) renferme de l'eau interposée entre les lamelles de ses cristaux, il n'éprouve pas la fusion aqueuse, mais il décrépite, c'est-à-dire qu'il produit une série de petites explosions dues à de la vapeur d'eau accumulée dans de petits espaces fermés.

Lois de Berthollet. — Les réactions qui ont lieu au contact d'un sel avec un autre sel, avec un acide ou une base, sont résumées dans les lois de Berthollet.

Action des acides (1re *loi*). — Un acide décompose un sel lorsqu'il peut former avec la base un sel insoluble ou moins soluble que le sel donné. Exemple : l'acide sulfurique précipite l'azotate de baryte, et l'acide chlorhydrique précipite les sels d'argent.

2e *loi*. Un acide décompose un sel dont l'acide est plus volatil que lui. — Exemple : Les acides carbonique et sulfhydrique sont chassés par les autres ; à une haute température, les acides phosphorique et borique chassent l'acide sulfurique.

3e *loi*. Un acide décompose un sel dont l'acide est insoluble ou moins soluble que l'acide donné. — Exemple : les acides décomposent le borate de soude.

Action des bases. 1re *loi*. — Une base décompose un sel lorsqu'elle peut avec l'acide former un sel insoluble. La baryte, la chaux précipitent le sulfate de soude.

2e *loi*. — Une base fixe chasse de ses sels une base volatile. C'est ainsi que l'ammoniaque est chassée par la plupart des bases.

3e *loi*.— Une base soluble décompose un sel dont la base est insoluble; celle-ci se précipite. En parlant des caractères des sels métalliques, nous avons eu plus d'une occasion de vérifier cette loi.

Action des sels les uns sur les autres. 1re *loi*. — Deux sels solubles se décomposent, lorsque, par échange réciproque de leurs acides et de leurs bases, ils peuvent former un sel insoluble. Exemple : sulfate de soude et azotate de baryte, sel marin et azotate d'argent.

2e *loi*. — Deux sels chauffés ensemble se décomposent lorsque, par échange réciproque de leurs acides et de leurs bases, ils peuvent donner naissance à un sel plus volatil que chacun d'eux.

3e *loi*. — Deux sels chauffés ensemble se décomposent lorsque, par un échange réciproque, ils peuvent donner naissance à un sel beaucoup moins fusible que chacun d'eux.

Les lois de Berthollet s'appliquent non-seulement aux oxacides, mais aussi aux hydracides, tels que les acides chlorhydrique, sulfhydrique, cyanhydrique.

Un sel étant donné, reconnaître son acide.

Sulfates. — Par l'eau de baryte, les sulfates solubles donnent un précipité blanc de sulfate de baryte, insoluble dans l'eau et dans l'acide azotique. A part le sulfate d'argent, les sulfates à froid ne cèdent leur base à aucun autre acide (le sulfate d'argent est décomposé par l'acide chlorhydrique).

Sulfites. — Sont décomposés par les acides puissants, sulfurique et chlorhydrique ; l'acide sulfureux se dégage et il est facile de le reconnaître à son odeur.

Azotates. — Les azotates fusent sur les charbons ardents, comme nous l'avons vu pour le salpêtre, c'est-à-dire qu'ils se décomposent ; leur oxygène rend la combustion plus active et il se produit une flamme blanche.

Dans un petit tube, si on chauffe légèrement quelques planures de cuivre avec de l'acide sulfurique et un azotate, l'acide sulfurique déplace l'acide azotique, qui rencontre le cuivre et est en partie décomposé par lui ; il se forme un azotate de cuivre et il se dégage des vapeurs rutilantes caractéristiques d'acide hypoazotique.

Un sulfate d'acide de protoxyde de fer, dans lequel on laisse tomber quelques gouttes d'un azotate, se colore en brun : l'azotate est en partie réduit ; et il se dégage de l'acide hypoazotique qui colore la liqueur en brun.

Carbonates. — Ils font effervescence au contact des acides, parce que l'acide carbonique se dégage tumultueusement. L'acide carbonique produit dans l'eau de chaux un précipité blanc.

Phosphates. — Précipité jaune de phosphate d'argent avec l'azotate d'argent.

Arséniates. — Précipité rouge brique avec l'azotate d'argent.

Chlorures. — Ils donnent avec l'azotate d'argent un précipité caillebotté, insoluble dans l'acide azotique, soluble dans l'ammoniaque ; ce précipité blanc brunit puis noircit à la lumière. C'est du chlorure d'argent.

Sulfures. — Reconnaissables à l'odeur d'œufs pourris qu'ils dégagent quand on les traite par l'acide sulfurique.

Étant donné un sel, trouver sa base. — Presque tous les sels sont solubles, soit dans l'eau, soit dans les acides. On les traite donc par l'eau, et s'ils ne sont pas solubles dans l'eau par l'acide chlorhydrique.

Quelques sels, tels que les sulfates de baryte de chaux et de plomb, sont insolubles dans l'eau et l'acide chlorydrique. Mais il est facile de les transformer en sels solubles, il suffit de les calciner avec un carbonate alcalin ; il se fait une double décomposition et en reprenant par l'acide azotique, on recueille un azotate dans lequel la base est précisément celle que l'on cherche.

Nous supposerons donc que l'on donne une liqueur renfermant un sel à déterminer.

On verse dans la liqueur de l'acide chlorhydrique. Il peut se produire un précipité, qui est un chlorure :

Si le chlorure est soluble à chaud dans beaucoup d'eau, on a un sel de plomb ;

S'il est insoluble on ajoute de l'ammoniaque.	Le précipité se dissout. —	Sel d'argent.
	Le précipité noircit. . - -	Sel de sous-oxyde de mercure.

— Si l'acide chlorhydrique ne produit pas de précipité, on traite par l'acide sulfhydrique :

1° Il y a un précipité. On le lave et on le traite par le sulfhydrate d'ammoniaque. .	Le précipité se dissout.	1er Groupe.
	Le précipité ne se dissout pas.	2e Groupe.

2° Il n'y a pas de précipité. On traite la liqueur primitive par le sulfhydrate d'ammoniaque.	Il y a un précipité.	3ᵉ Groupe.
	Il n'y a pas de précipité.	4ᵉ Groupe.

Ceci fait, on sait donc à quel groupe appartient la base, et il sera facile de la reconnaître au moyen du tableau suivant :

PREMIER GROUPE

Sulfure noir. .	La liqueur primitive donne, avec le sulfate de fer, un précipité brun d'or métallique, et cette liqueur est jaune.	Sels d'or.
	La liqueur primitive jaune est précipitée en jaune par le sel ammoniac et ne donne rien avec le sulfate de fer.	Platine.
Sulfure jaune. — On le grille dans un tube ouvert, et on obtient un oxyde.	Volatil.	Antimoine ou arsenic (facile à distinguer).
	Fixe.	Étain (SnO^2).
Sulfure brun marron.		Protoxyde d'étain (SnO).

DEUXIÈME GROUPE

Sulfure noir. . .	Insoluble dans l'acide azotique étendu.			Protoxyde de mercure.
	Soluble dans l'acide azotique, on ajoute de l'acide sulfurique. . .	Précipité blanc.		Plomb.
		Pas de précipité, on ajoute de l'ammoniaque.	Précipité blanc. . . .	Bismuth.
			Liqueur bleu céleste. .	Cuivre.

TROISIÈME GROUPE

Faire bouillir la liqueur avec l'acide azotique pour peroxyder le fer, puis ajouter un mélange d'ammoniaque et de chlorhydrate d'ammoniaque à chaud. . . .	Il y a un précipité.	Couleur de rouille.	Sels de fer
		Blanc.	Alumine.
		Verdâtre.	Chrome.
	Pas de précipité; le sulfure donné par le sulfhydrate était. . .	Noir.	Nickel ou cobalt.
		Couleur chair.	Manganèse.
		Blanc.	Zinc.

QUATRIÈME GROUPE

Ajouter à la liqueur du carbonate d'ammoniaque et faire bouillir. .	Il y a un précipité; on redissout par l'acide chlorhydrique et l'on verse du carbonate d'ammoniaque (il se forme dans la liqueur du chlorhydrate d'ammoniaque).	Pas de précipité.		Magnésie
		Précipité, ajouter acide sulfurique étendu.	Précipité insoluble.	Baryte.
			Précipité soluble dans un excès d'eau.	Chaux ou Strontiane.
	Pas de précipité. .	La liqueur primitive, bouillie avec la potasse, dégage de l'ammoniaque. . . .	Sel ammoniacal.	
		Ne dégage rien. .	Potasse ou soude que l'on distingue par le bichlorure de platine.	

CHAPITRE IV

CHIMIE ORGANIQUE

Nature des substances organiques. — Principes constituants des matières végétales et animales — Applications à l'agriculture. — Fermentation alcoolique. — Corps gras. — Saponification. Huiles siccatives et non siccatives.

NATURE DES SUBSTANCES ORGANIQUES — PRINCIPES CONSTITUANTS DES MATIÈRES VÉGÉTALES ET ANIMALES

Le nombre des substances organiques et des substances qu'on en dérive par des réactions chimiques est immense, et cependant on est arrivé à classer tous ces corps d'une manière si méthodique que l'étude en est facile.

La chimie minérale nous a fait connaître une série de corps formés d'un petit nombre de molécules et doués en général d'une stabilité comparable à celle des roches qui leur donnent naissance.

La chimie organique au contraire étudie une série de substances dont les molécules sont complexes, dont la constitution est instable et se modifie sous les moindres influences; sous ce rapport, ces substances semblent partager la mobilité des êtres vivants qui leur ont donné naissance.

A part cette différence, les composés minéraux et les composés organiques ont des propriétés chimiques analogues, et ce serait un tort que de vouloir les séparer complètement : du reste, il est des corps comme l'eau, l'acide carbonique et l'ammoniaque que l'on peut placer aussi bien dans une section que dans l'autre. La théorie du dualisme, imaginée par Lavoisier, amenait à considérer comme absolument distinctes, les substances minérales et organiques; aujourd'hui on classe les corps par familles ayant une constitution moléculaire analogue, les diverses molécules élémentaires, simples ou complexes, pouvant être remplacées par des molécules similaires, et l'on est tout étonné de voir comment on peut d'un composé simple déduire par substitutions de molécules le composé le plus complexe ; il est à remarquer que ce n'est point là une simple théorie : l'expérience en plus d'un cas en a montré l'exactitude.

Composition d'un végétal. — M. Boussingault a fait la curieuse expérience suivante : sous une cloche où il introduisait un mélange d'oxygène, d'azote, d'eau et d'acide carbonique avec traces d'ammoniaque, dans un sol artificiel ne renfermant point de substances organiques, il semait des graines, et les laissait pousser et se développer. Or il fallait que la plante se fût nourrie uniquement par la réduction de l'acide carbonique de l'eau et de l'ammoniaque empruntés à l'atmosphère ; la plante s'est assimilé de la sorte du carbone, de l'hydrogène et de l'azote ; elle va servir maintenant à nourrir les animaux : il faut donc considérer le végétal comme un intermédiaire emmagasinant pour la nourriture des animaux les principes de l'atmosphère.

L'atmosphère seule est donc le réservoir de la vie; la nourriture des êtres vivants en sort et y retourne.

De ce qui précède il résulte que toutes les substances organiques peuvent renfermer au plus quatre éléments: carbone, hydrogène, oxygène, azote, et c'est en effet ce que l'expérience vérifie.

Ainsi, chose admirable, ces quatre éléments combinés, en proportion diverse, donnent des corps aussi dissemblables que la gomme et les graisses, que la fibre ligneuse et les parfums ou les poisons, que l'alcool et la matière cérébrale.

Par quelles réactions les êtres vivants arrivent-ils à produire tant de choses opposées en usant de quatre éléments simples toujours les mêmes? C'est par le mécanisme de la vie, que l'homme jusqu'ici n'a pu saisir, et ce mécanisme général se complique encore du mécanisme particulier par lequel chaque individu sécrète et prépare en lui-même tantôt un poison violent, tantôt un aliment exquis.

Quand la vie abandonne un être vivant, tous ces composés si complexes ne tardent pas eux-mêmes à mourir, à se résoudre en leurs éléments simples; ceux-ci retournent au fonds commun, à l'atmosphère, qu'ils ne tarderont pas à quitter de nouveau pour fournir une nouvelle course circulaire.

Les quatre éléments dont sont formés les substances organiques ne sont pas toujours réunis; nombre de corps, l'alcool, les éthers, ne renferment pas d'azote; certaines huiles, et certains gaz, comme le gaz des marais, ne renferment que du carbone et de l'hydrogène; enfin le cyanogène ne renferme que du carbone et de l'azote.

Un seul élément, le carbone, est toujours présent, et semble indispensable à la vie des corps organisés.

Par leur excessive mobilité, les molécules organiques doivent être très-sensibles aux actions physiques et chimiques; il est donc facile de les dédoubler en composés plus simples et finalement en leurs éléments simples. Jusqu'à présent on n'a guère pu produire l'inverse et passer du simple au composé; la vie semble nécessaire à cela. Toutefois, M. Berthelot est arrivé avec de l'eau et du gaz oléfiant ($C^4 H^4$) à produire de l'alcool.

$$C^4H^4 + 2HO = C^4H^6O^2$$

Il est peu de matières organiques fixes; quelques-unes sont volatiles, et presque toutes se décomposent par la chaleur, en donnant de l'eau, de l'acide carbonique, de l'oxyde de carbone, de l'azote, des carbures d'hydrogène, des huiles empyreumatiques, de l'acide acétique, avec de l'ammoniaque et de l'acide cyanhydrique quand elles sont azotées.

La plupart des matières organiques, dans une atmosphère chaude et humide, se décomposent et présentent les phénomènes qu'on appelle fermentation, putréfaction.

Le chlore attaque toutes les matières organiques, soit en s'emparant de leur hydrogène et les décomposant, soit en remplaçant l'hydrogène molécule à molécule pour former de nouveaux corps.

L'ammoniaque se substitue quelquefois à des molécules d'hydrogène.

L'acide sulfurique réduit les matières organiques, en leur enlevant une ou plusieurs molécules d'eau dont il est avide.

L'acide azotique est un oxydant énergique; presque toujours il brûle les matières organiques.

La plupart des matières organiques sont des corps indifférents; toutefois il y en a plusieurs qui sont des acides ou des bases analogues aux bases et aux acides minéraux.

Étant donné un corps, il faut toujours commencer par l'analyser, c'est-à-dire par chercher quels éléments il renferme et dans quelles proportions ; nous n'entrerons pas dans les détails de l'analyse organique, mais voici en quoi elle consiste : on brûle la substance par l'oxygène, il se forme de l'acide carbonique et de l'eau, que l'on recueille et que l'on pèse (le composé auquel on emprunte l'oxygène est le chlorate de potasse ou l'oxyde de cuivre, que l'on mélange à la la substance et l'on porte le tout à une température élevée). L'azote est recueilli à l'état gazeux. Les cendres minérales sont pesées à part. L'oxygène se déduit par différence.

Application à l'agriculture. — Nous avons vu plus haut comment un végétal pouvait se développer dans une atmosphère composée d'ammoniaque, d'acide carbonique et d'eau. Cette expérience est curieuse ; mais, en réalité, les choses se passent autrement dans la nature. Outre les substances purement organiques, la plupart des plantes renferment une faible portion de matières minérales que l'on retrouve dans les cendres.

Pour faire une culture parfaite d'une plante donnée, il est donc nécessaire d'introduire dans le sol, s'il ne les possède pas, les substances minérales nécessaires à la vie de la plante. Ainsi, la tige des céréales telles que le blé, doit sa rigidité à un peu de silice ; le blé contient toujours des phosphates que l'on retrouve dans ses cendres (et, en effet, les phosphates sont nécessaires à l'alimentation des animaux puisqu'ils forment la charpente osseuse) ; dans le vin nous rencontrons toujours du tartrate de potasse ; tous les végétaux renferment un peu de calcaire ; certains ont besoin de soude et de potasse. On comprend, d'après cela, qu'un bon engrais doit contenir, outre les substances organiques, des sels calcaires, ou des phosphates, ou des sels alcalins, etc., suivant la nature de culture considérée, et l'on ne saurait trop propager dans les campagnes l'usage de ces engrais minéraux.

Il est nécessaire d'y joindre une grande masse de matières organiques : les plantes se nourrissent en grande partie dans l'atmosphère, à laquelle elles empruntent surtout leur carbone, leur hydrogène et leur oxygène. L'azote provient en grande partie de l'engrais ; toutefois, l'azote contenu dans une plante est toujours en quantité supérieure à celle que renferme l'engrais, et cet excès est emprunté à l'atmosphère. Sous l'influence de l'électricité, il se forme dans l'air de l'azotate d'ammoniaque que la pluie entraîne dans le sol, et qui sert à la nourriture des végétaux.

L'azote est la base de la végétation, et les meilleurs engrais sont ceux qui, par leur décomposition, donnent la plus grande quantité d'azote, non pas à l'état de gaz, mais à l'état de composés ammoniacaux facilement assimilables, dont s'emparent les racines. On comprend, d'après cela, que des engrais agissent plus ou moins vite, suivant qu'ils renferment l'azote sous la forme de sels plus ou moins volatils, suivant que la constitution physique de l'engrais permet une décomposition plus rapide. C'est ainsi que le guano pulvérulent agira très-vite et sera consommé dans l'année, tandis que l'effet d'un fumier pourra durer plusieurs années.

Les matières très-azotées sont le meilleur engrais, elles excitent vivement la végétation du sol, mais il faut bien se garder de croire que, seules, elles puissent suffire à la culture : nous avons plus haut que l'union des matières minérales était nécessaire ; on arriverait très-vite avec des engrais azotés à enlever au sol les principes minéraux nécessaires, et il faut absolument les remplacer ; on s'explique par là qu'un engrais puisse donner de meilleurs résultats qu'un autre engrais plus azoté, parce qu'il renfermera des sels utiles au sol.

Nous sommes persuadé que le succès du guano tient pour beaucoup aux sels, tels que les phosphates, qu'il renferme.

Lorsqu'on emploie des engrais animaux, tontisses de laine, viandes ou sang provenant des abattoirs, il faut avoir soin de mélanger avec eux du plâtre ou de la craie, car ils sont très-pauvres en matières minérales.

La plus grosse masse d'engrais est fournie par les fumiers de ferme. Le fumier de ferme est un engrais complet, en ce sens que les déjections animales l'ont saturé de matières azotées solubles, et que la paille renferme les substances minérales précédemment enlevées au sol et les lui restitue.

Pour avoir l'engrais qui convient à un terrain donné, il faudrait analyser la récolte, savoir ce qu'elle a enlevé au sol de matières organiques ou minérales, et constituer un mélange de sels et de fumiers qui renferme la même quantité de toutes ces matières sous une forme assimilable par les plantes.

Quelques chimistes sont entrés dans cette voie; à leur tête il faut placer MM. Payen et Boussingault; le laboratoire de l'École des ponts et chaussées, dirigé par MM. Hervé-Mangon et Durand-Claye, s'occupe aussi fort activement de cette impulsion nouvelle à donner à l'agriculture. Ce sont là des études qui intéressent au plus haut point la fortune du pays.

Fermentation alcoolique. — *Des sucres.* — Les sucres sont des composés à saveur douceâtre susceptibles d'éprouver la fermentation alcoolique.

On les range en deux grandes classes : 1° sucre cristallisable, que l'on trouve dans la canne, la betterave, l'érable, la châtaigne et dans nombre de fruits; on l'appelle sucre de canne ou de betterave; 2° sucre incristallisable que l'on trouve dans les raisins et dans tous les fruits acides. On l'obtient encore en faisant agir l'acide sulfurique étendu sur l'amidon ou fécule (la fécule se trouve dans les pommes de terre sous forme de grains ronds que l'on extrait en lavant la pulpe des pommes de terre préalablement broyées; on donne spécialement le nom d'amidon à la fécule que l'on retire du froment).

Le sucre cristallisable se transforme facilement en sucre incristallisable, et même cette transformation s'opère toujours quand le phénomène de la fermentation a lieu. On n'a pu, jusqu'à présent, faire la transformation inverse et passer du sucre incristallisable au sucre de canne.

Le sucre de canne, dont les propriétés sont bien connues, a pour formule $C^{12}H^{11}O^{11}$, ou mieux $C^{12}H^{9}O^{9},2HO$, car il y a deux équivalents d'eau que l'on peut remplacer par des bases métalliques, telles que la chaux, et il se forme des sucrates.

Pour extraire le sucre de la canne, on broie la canne (*arundo saccharifera*) entre des cylindres cannelés; le jus recueilli s'appelle vesou, on le chauffe dans des chaudières, on le concentre et on recueille le sucre cristallisé.

Le sucre de betterave se prépare en broyant la betterave, soumettant la pulpe à l'action de presses hydrauliques. Le jus est recueilli et déféqué au moyen de la chaux (la défécation a pour but de neutraliser par la chaux les acides organiques que renferme le jus). On filtre ensuite sur du noir animal, puis on l'évapore dans des chaudières.

On obtient du sucre brut que l'on blanchit par le raffinage en le mélangeant de noir animal et de sang défibriné, qui ne contient plus que de l'albumine. Toutes les matières impures sont précipitées et on fait cristalliser le sirop dans des moules coniques.

Le sucre incristallisable, que l'on trouve à la surface des raisins secs, et que l'on rencontre dans les fruits acides, s'appelle glucose. On le prépare en faisant agir l'acide sulfurique sur l'amidon en présence de la vapeur d'eau, puis on sature l'acide par la chaux. Il existe encore dans l'urine des diabétiques.

De la fermentation. — Sous l'influence d'une température modérée de 20° à 25°, en présence de l'humidité, au contact de l'air et d'une substance organisée azotée qu'on appelle ferment, les matières organiques se décomposent et se résolvent en éléments plus simples; elles subissent ce phénomène particulier qu'on appelle fermentation, dans lequel le ferment ne cède rien, ne se détruit pas et semble n'agir que par sa présence, par une sorte de communication de mouvement.

Fermentation alcoolique. — C'est ainsi que par la fermentation, le glucose ou sucre de raisin $C^{12}H^{12}O^{12}$ se décompose et se dédouble en acide carbonique et alcool :

$$C^{12}H^{12}O^{12} = 4CO^2 + 2(C^4H^6O^2).$$

La fermentation marche rapidement et il suffit d'une faible quantité de ferment ; mais avec le sucre de canne, la fermentation ne marche que lentement et il faut beaucoup de ferment ; c'est que le sucre de canne se transforme d'abord en glucose, ainsi que le montrent les réactifs.

Le phénomène est facile à produire en introduisant daus un flacon un mélange de glucose et d'un peu de levûre de bière (ferment).

Quelquefois le ferment n'existe pas, mais il tend à se produire à l'air ; c'est ce qui arrive pour les fruits sucrés.

D'autres fois il existe, mais se détruit à mesure qu'il produit son effet ; c'est ce qui arrive pour le mélange du glucose et de la levûre de bière.

Enfin, il arrive aussi que le ferment naît dans la substance organique, s'y développe et s'y multiplie. C'est ce que nous voyons dans la fabrication de la bière : on prend de l'orge humectée que l'on fait germer, il se développe de la diastase, substance particulière qui possède la propriété de transformer l'amidon en glucose ; l'orge germée est desséchée, puis moulue et mélangée à de l'orge ordinaire dans des cuviers remplis d'eau à 75°. — Il se forme du glucose, on ajoute un peu de levûre; la fermentation s'établit, il se dégage beaucoup d'acide carbonique et on recueille l'écume, qui n'est autre que de la levûre dont le poids est bien supérieur à celui de la levûre introduite : le ferment s'est donc développé aux dépens de la matière organique en présence.

La fermentation du glucose n'est pas un simple dédoublement, comme le montre la formule de plus haut ; en effet, en prenant les poids de l'acide carbonique et de l'alcool formés on trouve un total inférieur au poids du glucose employé ; la différence est faible, mais elle existe toujours, et, en effet, M. Pasteur a montré qu'il se formait un acide particulier (l'acide succinique qu'on trouve dans tous les vins) et une substance grasse, la glycérine.

Ainsi la décomposition du glucose n'est pas aussi simple qu'elle paraissait au premier abord ; il est même probable qu'il se forme encore d'autres substances (huiles ou essences) en quantités minimes. En somme, cette production d'acide succinique et de glycérine n'est qu'un phénomène accessoire, peu important en pratique.

Chaque ferment a une manière d'agir toute spéciale et produit des dédoublements constants et caractéristiques ; tel ferment agit sur certaines substances et n'agit point sur d'autres qui cependant sont attaquées par un autre ferment.

Constitution du ferment. — En étudiant le ferment au microscope, on crut pouvoir le considérer comme une matière vivante susceptible de se multiplier par bourgeonnement comme certains animaux inférieurs; c'est cette sorte de végétation qui décompose le sucre en alcool et acide carbonique.

D'autres prétendent qu'un ferment est un corps éminemment décomposable et animé de vibrations perpétuelles, qui transmises aux molécules de corps infiniment voisins, les dédoublent à leur tour; le phénomène à ce point de vue n'est plus qu'une communication de mouvement ou de force vive.

Voici l'explication qui résulte des travaux de M. Pasteur : le ferment, tel que la levûre, est un végétal microscopique composé de globules qui se développent par bourgeonnement, et qui sont formés de cellulose (la cellulose est la trame des tissus végétaux) de matières azotées, et de sels minéraux, surtout des phosphates alcalins et terreux. Les globules trouvent dans le sucre les matières azotées et minérales nécessaires à leur existence, ils y vivent et s'y développent en décomposant le sucre, à qui ils prennent de quoi former la cellulose et la matière des globules; le reste du sucre, c'est-à-dire l'alcool, l'acide carbonique, l'acide succinique et la glycérine, se dégage. La levûre augmente donc de poids aux dépens du sucre.

Une preuve de cette explication, c'est qu'avec du sucre bien pur, la fermentation ne se produit pas à moins qu'on n'ajoute de l'ammoniaque pour former les matières azotées et des cendres renfermant des phosphates.

La levûre de bière est un des rares ferments qui vivent à l'air; presque tous les autres y meurent, tandis qu'ils se conservent dans une atmosphère d'acide carbonique ou d'hydrogène. De petites quantités d'acide activent la fermentation; une proportion notable l'arrête; les alcalis la retardent; tous les poisons, tels que la strychnine et l'arsenic, tuent le ferment, comme ils tuent tout ce qui vit ou végète.

Outre la fermentation alcoolique, on connaît surtout la fermentation lactique, butyrique (fermentation des graisses et fromages), visqueuse. La fermentation visqueuse est due à un ferment analogue à la levûre; c'est elle qui cause la graisse des vins blancs; on l'arrête par le tannin, qui détruit le ferment. Le vin rouge, renfermant du tannin qu'il emprunte à la rafle des grappes, n'est pas sujet à la fermentation visqueuse.

La fermentation lactique est due à l'action de la caséine, principe azoté du lait sur le glucose ou sur le lactose (sucre de lait),

$$C^{12}H^{12}O^{12} = 2(C^6H^6O^6)$$

$C^6H^6O^6$, ou mieux $C^6H^5O^5,HO$, est l'acide lactique.

La caséine putréfiée est un autre ferment qui développe de l'hydrogène, de l'acide carbonique et de l'acide butyrique.

$$C^{12}H^{12}O^{12} = 4Co^2 + 4H + C^8H^8O^4 -$$

Vin. — Le vin se produit par la fermentation alcoolique du sucre de raisin, sous l'influence de la chaleur. Il se forme une solution alcoolique, qui dissout la matière colorante de la rafle. Dans la fermentation, il y a production de certaines huiles essentielles auxquelles on doit le bouquet des vins.

Alcool. — L'alcool existe tout formé dans le vin, et c'est par la distillation qu'on le retire des vins communs.

Le vin est chauffé dans la chaudière C, et les vapeurs chargées d'alcool passent en C', seconde chaudière, chauffée moins directement que la première, et qui communique avec elle ; le liquide de C′ est plus riche en alcool que celui de C, mais il est à moins haute température. Il se dégage une vapeur aqueuse chargée d'alcool qui se rend à la partie inférieure du rectificateur R dans un tube en hé-

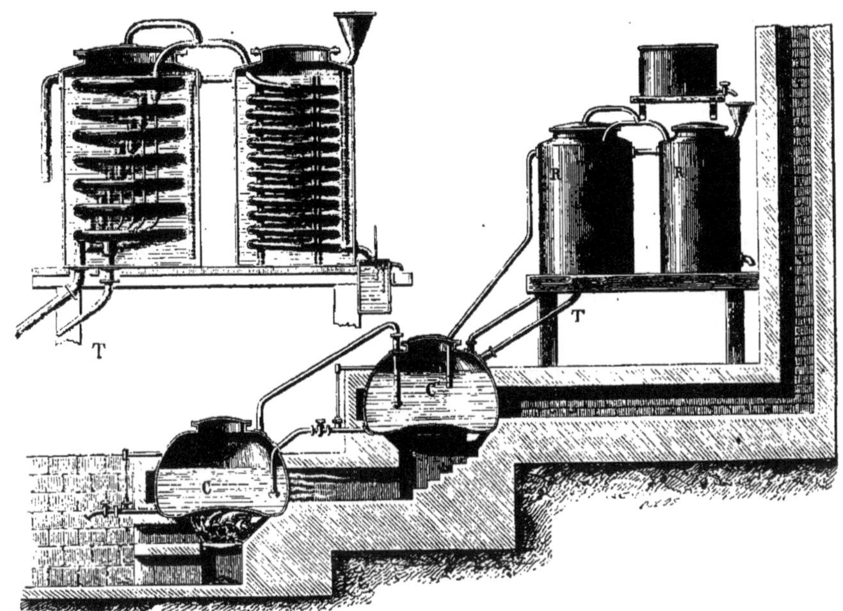

Fig. 333.

lice qu'elle remonte ; l'eau, moins volatile que l'alcool, se condense dans cette hélice et est ramenée, par des tuyaux réunis en T, dans la chaudière C′; cette eau est évidemment chargée d'alcool. L'alcool passe de là dans le serpentin R′, où il se condense, et s'écoule par un robinet dans un vase latéral. Le liquide qui sert à refroidir le serpentin et le rectificateur est le vin à distiller, qui du rectificateur passe dans la chaudière C′. De la chaudière C s'écoule un liquide purgé d'alcool, qu'on appelle vinasse.

L'alcool se prépare encore au moyen de la betterave, dont on recueille le jus sucré ; on mêle ce jus à de la levûre, sous l'influence d'une certaine chaleur et en présence de l'eau ; puis on distille dans un alambic et on recueille l'alcool.

L'alcool anhydre s'obtient en distillant plusieurs fois l'alcool ordinaire sur de la chaux vive.

L'alcool pur est un liquide incolore, mobile, caustique et brûlant parce qu'il est très-avide d'eau. Injecté dans le sang, il le coagule et produit la mort subite. Densité 0,795, bout à 78°, n'a pas encore été solidifié. La vapeur d'alcool mélangée à l'air détone par la chaleur.

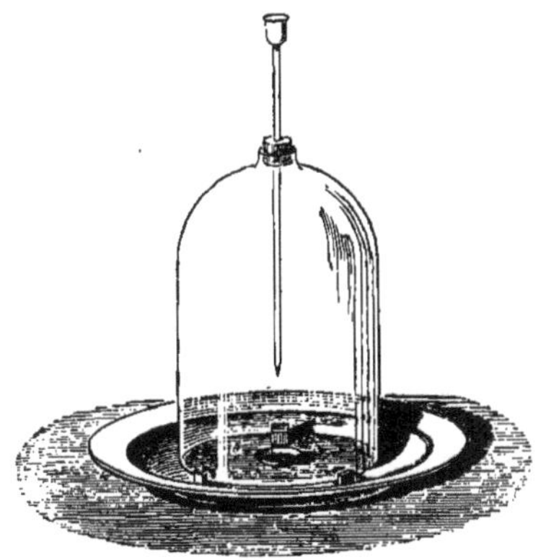

Fig. 334.

Dans un tube effilé on met de l'alcool, qui tombe goutte à goutte sur du noir de platine renfermé dans une capsule ; l'alcool s'oxyde et passe d'abord à l'état d'aldéhyde $C^4H^4O^2$ (en perdant deux équivalents d'hydrogène), puis à l'état d'acide acétique $C^4H^4O^4$.

Le chlore enlève de l'hydrogène à l'alcool et produit d'abord de l'aldéhyde puis un corps appelé chloral, qui a la composition de l'aldéhyde où trois molécules de chlore auraient remplacé trois molécules d'hydrogène :

$$C^4H^6O^2 \text{ (alcool)} + 2Cl = 2ClH + C^4H^4O^2 \text{ (aldéhyde)}$$
$$C^4H^4O^2 + 6Cl = 3ClH + C^4(HCl^3)O^2 \text{ (chloral)}$$

Le potassium agit sur l'alcool et se substitue à une molécule d'hydrogène pour donner le corps $C^4(H^5K)O^2$ de la famille des alcools.

Les vins et eaux-de-vie sont un mélange d'eau, d'alcool, et d'huiles essentielles à parfum plus ou moins agréable

Le malaga contient	15 0/0	d'alcool.
Le sauternes.	15 0/0	—
Le château-margaux ou laffite.	8,7 0/0	—
Le bon vin de Bourgogne.	11 0/0	—
Le champagne.	11,6 0/0	—
Vin au détail à Paris.	8,8 0/0	—
Cidre très-fort	9 0/0	—
Cidre très-faible.	4,8 0/0	—
Bière nouvelle.	3 0/0	—
Bière de Paris.	1,9 0/0	—

Le tafia, le rhum s'obtiennent par la fermentation alcoolique des mélasses extraites de la canne à sucre ; le kirsch est dû à la fermentation des merises ; le rack à la fermentation du riz ; le genièvre à la distillation de l'alcool sur des baies de genièvre.

Action de l'acide sulfurique sur l'alcool. — L'acool s'unit aux acides minéraux pour former des composés qui sont eux-mêmes des acides. Ainsi l'acide sulfurique concentré et l'alcool s'unissent et forment l'acide sulfovinique ($2SO^3$, $C^4H^6O^2$) que l'on peut recueillir en cristaux.

Éther. — Par la chaleur, à 130°, l'acide sulfurique décompose l'alcool, lui enlève un équivalent d'eau et il se dégage de l'éther (C^4H^5O).

$$C^4H^6O^2 = Ho + C^4H^5O.$$

L'éther est un liquide très-mobile, à odeur pénétrante ; il bout à 350°, il est très-volatil ; aussi produit-il sur la peau une sensation de fraîcheur. C'est un corps combustible et détonant. Mélangé à l'acide sulfurique, il reforme l'acide sulfovinique.

Le chlore peut se substituer aux diverses molécules d'hydrogène que renferme l'éther et l'on obtient des composés bien définis :

$$C^4H^5O, \quad C^4(H^4Cl)O, \quad C^4(H^3Cl^2)O, \quad C^4(H^4Cl)O, \quad C^4Cl^5O.$$

L'alcool traité par les acides chlorhydrique, bromhydrique, iodhydrique, etc., donne des composés tout à fait analogues à l'éther sulfurique et qu'on appelle éthers chlorhydrique, bromhydrique etc... Ils ont pour formule

$$C^4H^5Cl, \quad C^4H^5Br, \quad C^4H^5I$$

Tous les éthers forment une famille qui a pour radical la molécule C^4H^5, qu'on appelle éthyle, et l'éther ordinaire est de l'oxyde d'éthyle C^4H^5,O ; les autres sont des chlorure, brômure d'éthyle.

Si l'on fait agir sur l'alcool les acides oxygénés, on obtient encore des corps de propriétés analogues aux éthers; on les appelle éthers composés, et ce sont des sels d'oxyde d'éthyle; ainsi l'éther azotique n'est autre que de l'azotate d'éthyle.

$$C^4H^5O, \quad AzO^5$$

Des alcools. — Nous avons donné tous les développements qui précèdent pour faire voir comment du type $C^4H^6O^2$, alcool vinique, on dérivait une série énorme de corps très-complexes, éthers simples et composés, aldehydes, acide acétique.

Il est d'autres corps, qu'on a appelés par analogie alcools qui, possédant une formule analogue à celle de l'alcool ordinaire, fournissent la même série de substitutions et de composés.

Ainsi, l'esprit de bois, ou alcool méthylique, a pour formule $C^2H^4O^2$; il donne un éther méthylique ou oxyde de méthyle C^2H^3O, et des chlorure, azotate, sulfate de méthyle, dont les formules sont C^2H^3Cl, C^2H^3O, AzO^5, etc.

Le chlorure de méthyle, C^2H^3Cl donne par l'action du chlore le corps C^2HCl^3, anesthésique bien connu, le chloroforme.

On connaît de même la série de l'alcool propylique $C^6H^8O^2$, de l'acool butylique $C^8H^{10}O^2$, de l'alcool amylique $C^{10}H^{12}O^2$ (huile de pomme de terre).

La formule générale des alcools est $C^{2m}H^{2m+2}O^2$, et celle des éthers simples correspondant $C^{2m}H^{2m+1}O$; celle des éthers composés tels que les éthers azotiques $(C^{2m}H^{2m+1}O,AzO^5)$.

D'un alcool quelconque $C^{2m}H^{2m+2}O^2$ dérive toujours par enlèvement de deux molécules d'hydrogène, une aldéhyde $C^{2m}\,H^{2m}\,O^2$: puis, si l'oxydation continue, un acide $C^{2m}\,H^{2m}\,O^4$.

L'*acide dérivé* du 1er alcool, (alcool méthylique $C^2\,H^4\,O^2$) est l'acide formique $C^2\,H^2\,O^4$, ou $C^2\,HO^3$, HO, dans lequel l'équivalent d'eau peut être remplacé par une base pour former un sel. L'acide formique s'obtient en distillant des fourmis dans l'eau.

L'*acide acétique* $C^4H^4O^4$ ou $C^4H^3O^3$, HO dérive de l'alcool ordinaire par oxydation; on le rencontre dans beaucoup de plantes, il est très-employé dans l'industrie : étendu d'eau, il constitue le vinaigre, que l'on prépare en laissant exposée à l'air une boisson alcoolique.

Fig. 335.

En Allemagne, pour préparer le vinaigre rapidement, on se sert d'un tonneau à trois compartiments; en haut est un liquide alcoolique qui s'écoule par des bouts de ficelle sur des copeaux de hêtre, que l'air pénètre; le vinaigre tombe dans le troisième compartiment et s'écoule par un robinet.

On prépare aujourd'hui de grandes quantités de vinaigre par la distillation du bois.

De l'alcool butyrique $C^8H^{10}O^2$ dérive l'acide butyrique $C^8H^8O^4$, qui par oxydation donne l'acide succinique $C^8H^6O^8$.

Outre les alcools $C^{2m}H^{2m+2}O^2$, on trouve des familles analogues de corps appelés alcoolides, et qui ont pour formules $C^{2m}H^{2m}O^2$ donnant des acides $C^{2m}H^{2m-2}O^4$, etc... Nous voulons montrer par là combien les réactions de chimie organique sont simples et se déduisent facilement les unes des autres. On obtient de la sorte des familles de corps, et la classification en est bien facile.

Glycols. — Entre les alcools et la glycérine se placent des corps jouissant de propriétés mixtes, qui s'appellent pour cette raison glycols, et qui ont pour formule $C^{2m}H^{2m+2}O^4$, quand la formule de l'alcool correspondant est $C^{2m}H^{2m+2}O^4$. Et les glycols donnent naissance par oxydation à une série d'acides $C^{2m}H^{2m}O^2$, parmi lesquels on trouve l'acide lactique ($C^6H^6O^6$)

Corps gras. Saponification. — Les animaux et les végétaux fournissent une grande quantité d'huiles et de graisses, qui sont des substances neutres connues sous le nom de corps gras.

Il ne faut pas confondre les huiles de cette espèce avec les huiles ou essences volatiles ; toutes tachent le papier, mais les dernières forment une tache fugitive, et les premières une tache permanente ; celles-ci n'ont ni saveur ni odeur, sont onctueuses au toucher ; celles-là au contraire ont une odeur forte et pénétrante et rendent la peau rugueuse.

Quand les corps gras neutres sont conservés pendant longtemps, ils rancissent ; il s'y développe des acides dont l'odeur est souvent désagréable. Cette particularité est produite par l'absorption de plusieurs équivalents d'eau, et si l'absorption est lente à la température ordinaire, elle est très-rapide à une haute température, 200° par exemple. Un ferment active la décomposition.

On reconnaît que le corps gras s'est transformé en deux éléments : l'un acide, l'autre neutre possédant une saveur douce et sucrée ; ce dernier est la glycérine ou principe doux des huiles.

Ce dédoublement des corps gras tend à se produire sous l'influence d'une base qui détermine la formation de l'acide organique, et aussi sous l'influence d'un acide énergique devant lequel la glycérine, corps neutre, joue le rôle de base.

Ce phénomène de dédoublement est ce que l'on appelle la saponification.

Les corps gras, d'après cela, sont analogues aux éthers neutres, tels que l'éther azotique C^4H^5O,AzO^5, lequel en présence d'une base et de l'eau, ou même de l'eau seule, absorbe de l'eau et se dédouble en un acide AzO^5,HO, qui s'unit à l'alcali et un corps neutre.

L'acide gras formé dans la saponification est l'un des acides stéarique, margarique, oléique ; la substance neutre est toujours la glycérine.

On a pu reproduire des corps gras en combinant ensemble les acides gras nommés plus haut avec la glycérine (il y a de l'eau éliminée).

L'acide gras et la glycérine n'existent pas formés de toutes pièces dans le corps gras ; on en détermine la formation généralement en faisant agir un alcali hydraté sur le corps gras ; on obtient de la glycérine et un savon alcalin.

Glycérine. — S'obtient comme résidu de la fabrication des savons. Lorsqu'on fait un savon calcaire en mettant en présence un corps gras et de la chaux, il reste une liqueur aqueuse, d'où l'on précipite la chaux en dissolution par un courant d'acide carbonique ; on évapore, et l'on obtient la glycérine. A 250°, les corps gras sous l'action de la vapeur d'eau se dédoublent ; la glycérine reste dissoute et on l'obtient par évaporation.

C'est un corps sirupeux, incolore, à saveur sucrée, non cristallisable, soluble en toute proportion dans l'eau et l'alcool.

Par la chaleur, la glycérine s'altère et perd quatre équivalents d'eau en donnant de l'acroléine :

$$C^6H^8O^6 \text{ (glycérine)} = 4HO + C^6H^4O^2$$

En présence des alcalis, la glycérine chauffée donne un mélange d'acétate et de formiate alcalin.

Composition des corps gras naturels. — Les corps gras naturels sont retirés de la graine des végétaux (colza, pavot, noix, amandes, etc.) ou de la pulpe des fruits (olives) ; les graisses animales sont solides (suif, axonge, cire). Ces corps gras naturels sont le plus souvent des mélanges de substances grasses différentes, dont une domine plus ou moins ; parmi ces substances, les principales sont la margarine, la stéarine, l'oléine, et le blanc de baleine.

Margarine. — La margarine est une substance cristallisable et fusible à basse température, que l'on rencontre dans des corps gras d'origine animale et dans des huiles végétales, mélangée presque toujours à de l'oléine ou à de la stéarine.

La margarine s'extrait de l'huile d'olive par congélation ; on presse la masse obtenue pour en chasser l'oléine. En recommençant plusieurs fois, on obtient la margarine pure, qui fond à 49° et qui, par la saponification, se transforme en glycérine et acide margarique.

La margarine peut s'extraire encore de la graisse d'oie ou de la graisse d'homme, qui ont même composition que l'huile d'olive.

Stéarine. — On la rencontre dans beaucoup de corps gras d'origine animale ou végétale; mais on l'extrait surtout du suif de bœuf et de mouton. La stéarine est toujours mélangée à l'oléine, que dissout l'éther, et à la margarine, que dissout l'alcool ; au moyen de lavages à l'éther et à l'alcool, on arrive à obtenir la stéarine à peu près pure.

La stéarine fond à 45° ; en refroidissant, elle ne ressemble plus au suif, mais prend une apparence cristalline analogue à celle de la cire.

Elle cristallise en paillettes nacrées. M. Berthelot a reproduit artificiellement la stéarine.

Par la saponification, elle donne de la glycérine et de l'acide stéarique.

Oléine. — Se trouve avec la margarine dans les huiles grasses, mais on l'en sépare difficilement. Les huiles grasses siccatives renferment un corps analogue à l'oléine, que l'on retire de l'huile d'olives ou de l'huile d'amandes douces.

Par la saponification, l'oléine donne de la glycérine et de l'acide oléique.

Blanc de baleine ou cétine. — Le blanc de baleine ou spermacéti est une matière grasse qu'on trouve dans les cavités de la tête des grands cétacés tels que la baleine. Elle n'est point formée par l'union d'un acide avec de la glycérine et renferme un composé blanc cristallisable, la cétine. La cétine se dédouble, par saponification, en acide palmitique et en éthal (alcool analogue à l'alcool vinique).

De même, la cire des abeilles est formée d'acide cérotique, mélangé à de la myricine. Par la saponification, la myricine se décompose en acide palmitique et alcool mélissique (de la série de l'alcool vinique, $C^{60}H^{62}O^2$).

Fabrication des huiles et bougies. — Les huiles s'obtiennent en comprimant à froid la graine ou le fruit, au moyen de presses hydrauliques. C'est ainsi qu'on prépare les huiles à manger et les bonnes huiles à brûler. On retire du colza une seconde quantité d'huile de qualité inférieure, en comprimant le tourteau entre des plaques chauffées à 60° ; l'huile ainsi obtenue entraîne des matières azotées putrescibles et elle rancit très-vite, à moins qu'on ne la purifie en l'agitant avec de l'acide sulfurique, qui charbonne et détruit les ferments.

Pour les bougies, autrefois on employait la cire ; aujourd'hui on recourt à un mélange d'acides margarique et stéarique qu'on obtient par la saponification des suifs. Autrefois, on faisait bouillir le suif avec de la chaux et de l'eau ; il se formait un savon calcaire insoluble, que l'on décomposait par l'acide sulfurique étendu. Aujourd'hui, on saponifie les suifs en les distillant dans un courant de vapeur surchauffée à 250°, et cela permet d'employer les corps gras les plus sales, les détritus d'abattoirs et jusqu'à l'eau de vaisselle ; dans les chaudières on ajoute un peu d'acide sulfurique. Le liquide recueilli est formé d'une couche huileuse qui se prend en masse par refroidissement et d'une couche aqueuse renfermant la glycérine.

Le moulage des acides margarique et stéarique est assez difficile en ce sens qu'il faut les remuer sans cesse et les laisser refroidir lentement pour empêcher la cristallisation.

Fabrication des savons. — Les savons sont des sels résultant de l'union des acides gras avec les oxydes métalliques.

Les savons à base de potasse, soude et ammoniaque, sont seuls solubles dans l'eau, ils le sont aussi dans l'alcool; ce sont les seuls usités dans les arts. Tous les autres savons sont généralement insolubles.

La consistance d'un savon est proportionnelle à la fusibilité de l'acide gras qui le forme.

Les savons à base de soude sont toujours plus résistants que les savons à base de potasse ; ce sont les savons durs.

Les savons durs, ou à base de soude, se préparent avec l'huile d'olive, le suif et diverses graisses. A Marseille, on se sert de l'huile d'olive.

Les savons mous s'obtiennent au moyen des huiles de graines (lin et colza). Les huiles siccatives donnent des savons plus mous que les huiles non siccatives.

Généralement les savons mous sont colorés en vert par du sulfate de cuivre ou toute autre teinture ; ils servent à la préparation de la laine (foulage et dégraissage).

Les savons durs servent aux usages ordinaires; ils sont blancs. On les parfume avec des essences, lorsqu'ils servent à la toilette.

On voit maintenant des savons sphériques transparents d'un bel aspect. On les obtient en dissolvant le savon ordinaire dans l'alcool ; on chauffe et on coule le sirop dans des moules.

Le meilleur savon est celui de Marseille, qu'on prépare avec de l'huile d'olive, non colorée et récemment préparée, et avec des lessives de soude. L'opération, assez simple, s'effectue dans de grandes chaudières.

Quand la lessive est peu abondante, comme les soudes employées renferment toujours de l'alumine et du fer, il se forme des savons à base d'alumine et de fer, qui sont peu solubles et se disséminent dans la masse du savon, auquel il donne l'aspect marbré bien connu. Quand il y a beaucoup de lessive, les savons d'alumine et de fer se déposent et le savon blanc nage à la surface.

Mais le savon blanc renferme 50 pour 100 d'eau, et le savon marbré 30 à 35 pour 100. Il y a donc grand avantage à acheter du savon marbré.

Huiles grasses. — Nous avons déjà distingué deux sortes d'huiles : 1° les huiles grasses formant sur le papier une tache permanente et susceptibles de donner la saponification, onctueuses et de saveur douce ; 2° les huiles essentielles, donnant sur le papier une tache fugitive, ayant une saveur âcre et une odeur forte.

Toutes les huiles sont plus légères que l'eau.

Huiles siccatives et non siccatives. — Les huiles grasses exposés à l'air en absorbent l'oxygène, et il se dégage de l'acide carbonique. L'huile se concrétionne, s'épaissit et quelquefois durcit. Quand une huile s'épaissit assez pour ne plus tacher le papier sur lequel on l'applique, on l'appelle huile siccative; celle qui ne s'épaissit pas assez pour ne pas tacher le papier est dite non siccative :

HUILES SICCATIVES.	HUILES NON SICCATIVES.
Huile de lin.	Huile de colza.
— d'œillette.	— d'olive.
— de chènevis.	— d'amandes douces.
— de faîne.	— de noisettes.
— de noix.	— de ricin.

Comme caractère distinctif, l'acide hypoazotique solidifie toutes les huiles non siccatives.

Par le froid les huiles grasses se séparent en deux corps gras, l'un liquide, l'autre solide, que l'on peut séparer par compression dans du papier buvard. (Nous avons vu cette réaction dans la préparation de la margarine.)

Les huiles servent à la nourriture, à la fabrication des savons, à l'éclairage, au graissage, à la peinture.

Nous avons vu qu'on pouvait les emprunter à deux sources : 1° à des graines végétales (colza, lin, etc.), nous en avons expliqué sommairement la préparation; 2° à la pulpe de fruits charnus, tels que l'olive; les huiles sont broyées sous la meule d'un moulin, et la pâte comprimée sous un pressoir donne l'huile vierge. Les tourteaux sont ensuite comprimés à chaud, et donnent de l'huile de qualité inférieure.

L'huile d'olive sert à la nourriture, à la fabrication du savon, à adoucir les mouvements des rouages d'horlogerie; elle est presque toujours falsifiée au moyen d'huiles d'œillette et de faîne : on reconnaît la fraude au moyen de l'acide hypoazotique, qui solidifie seulement l'huile d'olive.

Les huiles de navette et de colza ne sont pas siccatives; elles servent à l'éclairage, à la fabrication des savons verts, au foulage des draps et à la préparation des cuirs.

L'huile d'œillette ou de pavot est siccative, d'une saveur douce analogue à celle de la noisette, couleur pâle.

L'huile de lin est siccative, jaune clair, d'odeur forte et de saveur peu agréable. Elle rancit très-vite; on l'emploie pour préparer les vernis gras, les peintures à l'huile, l'encre d'imprimerie, etc.

Fig. 336.

L'huile de chènevis, analogue à la précédente, siccative, s'emploie en peinture et dans la fabrication des savons noirs.

Huiles essentielles. — Les huiles essentielles sont âcres et caustiques. On les divise en deux classes : 1° celles qui renferment de l'oxygène, du carbone et de l'hydrogène; 2° celles qui ne sont que des carbures d'hydrogène.

Les huiles essentielles se rencontrent dans les végétaux; on les en retire par distillation en faisant bouillir les produits végétaux avec de l'eau; si l'huile est plus lourde que l'eau, ce qui est rare, on reçoit le liquide qui sort de l'alambic dans un flacon ordinaire et l'huile reste au fond; si l'huile est plus légère que l'eau, on amène le courant liquide qui sort du serpentin au fond du récipient florentin (sorte de carafe à la base de laquelle est adapté un siphon). L'huile essentielle s'accumule à la surface et déplace peu à peu l'eau, qui s'écoule par le siphon (*fig.* 337).

Principales essences. — 1° *Essence de térébenthine.* ($C^{20}H^{16}$). — Elle s'obtient par la distillation de la térébenthine, liquide visqueux qui s'écoule des fentes faites dans l'écorce des pins. Elle est incolore, d'une odeur forte et désagréable, très-volatile; elle sert à préparer les vernis.

2° *Essence de citron.* — S'obtient en comprimant la peau râpée des citrons. Elle enlève les taches grasses sur les étoffes.

3° Les *essences de roses*, *de bergamote*, *de fleur d'oranger*, *de jasmin*, etc. — S'obtiennent par distillation avec l'eau des pétales de rose, de l'écorce de bergamote, des fleurs d'oranger, jasmin, etc., et on recueille le liquide dans le récipient florentin.

PARIS. — IMP. SIMON RAÇON ET COMP., RUE D'ERFURTH, 1.

Pl. I.

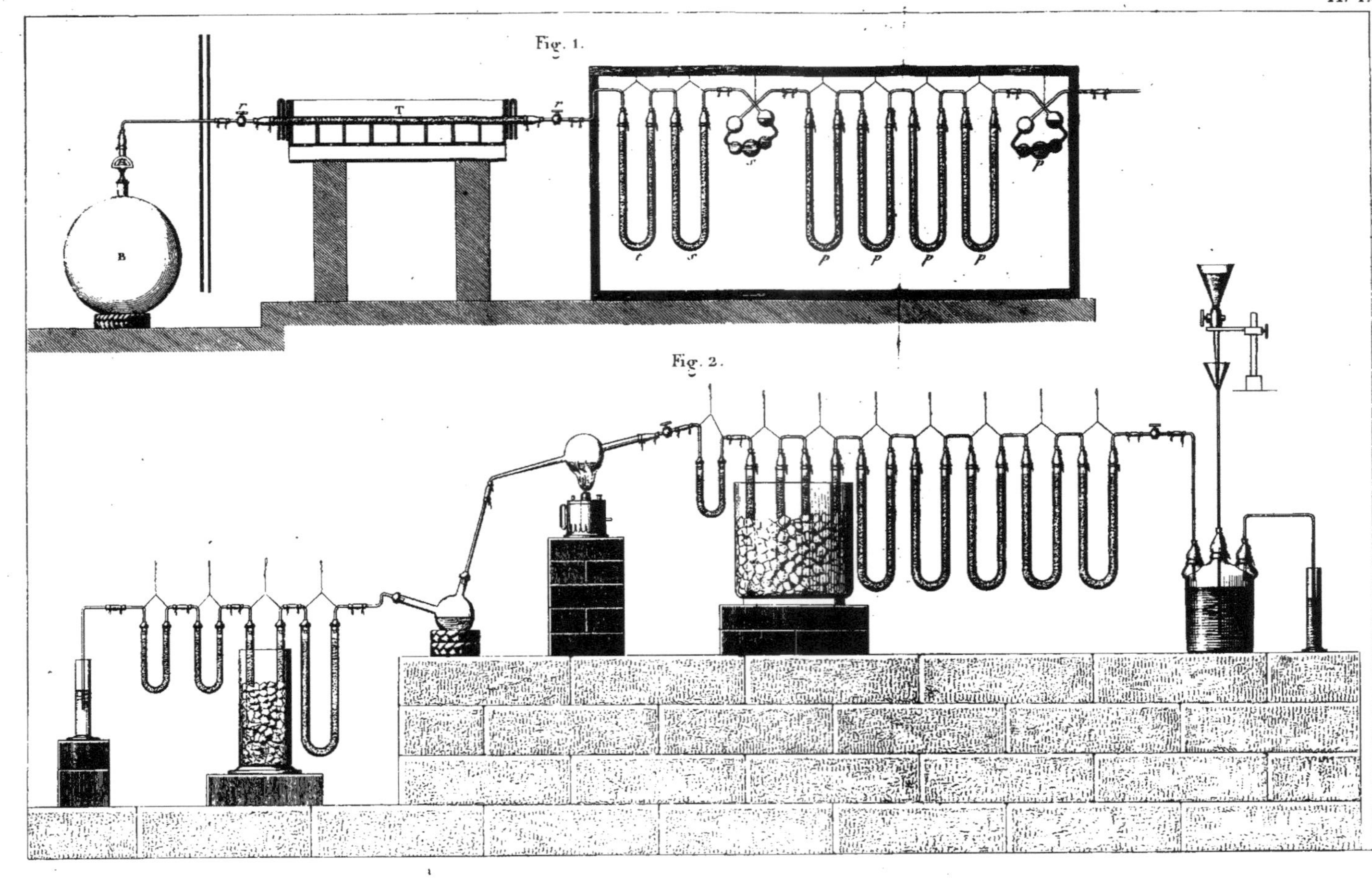

Pl. II

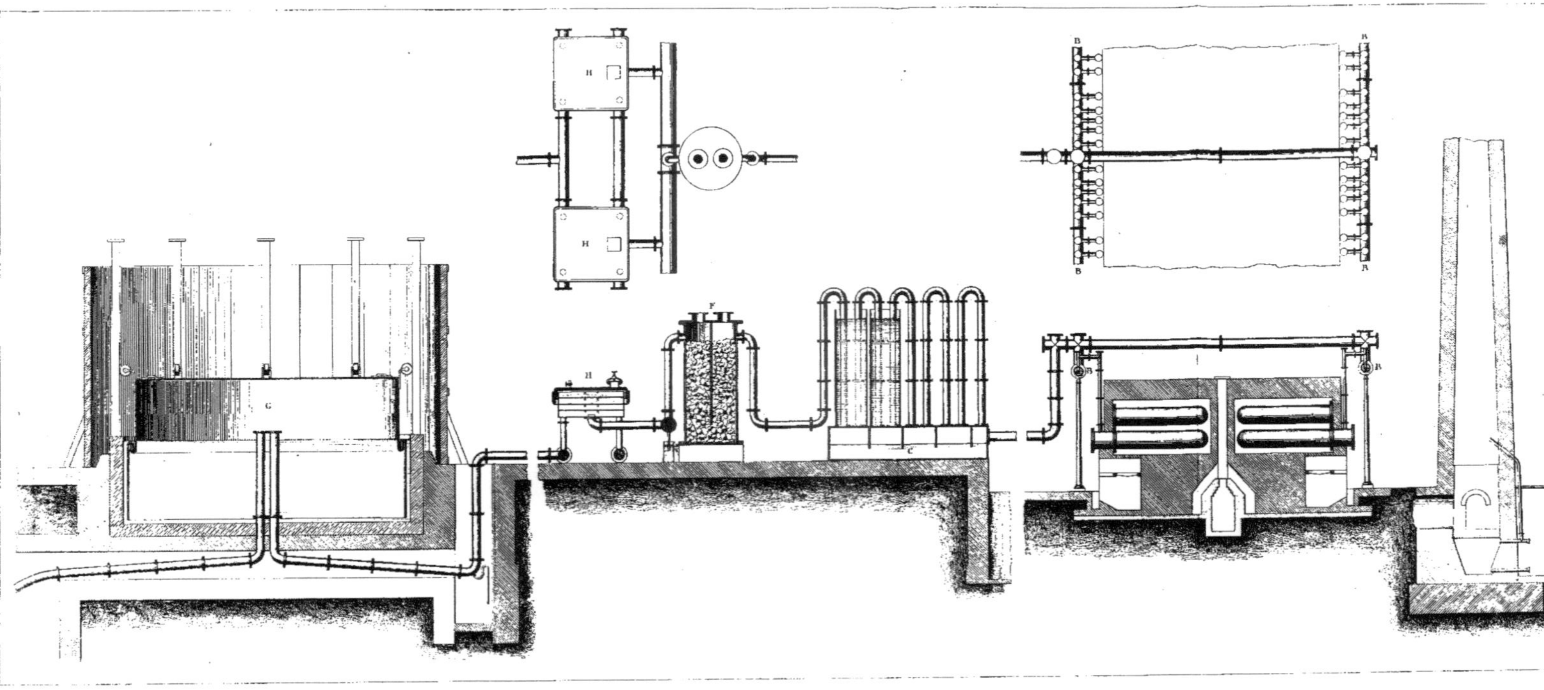

www.ingramcontent.com/pod-product-compliance
Ingram Content Group UK Ltd.
Pitfield, Milton Keynes, MK11 3LW, UK
UKHW021855190726
13855UKWH00001B/323